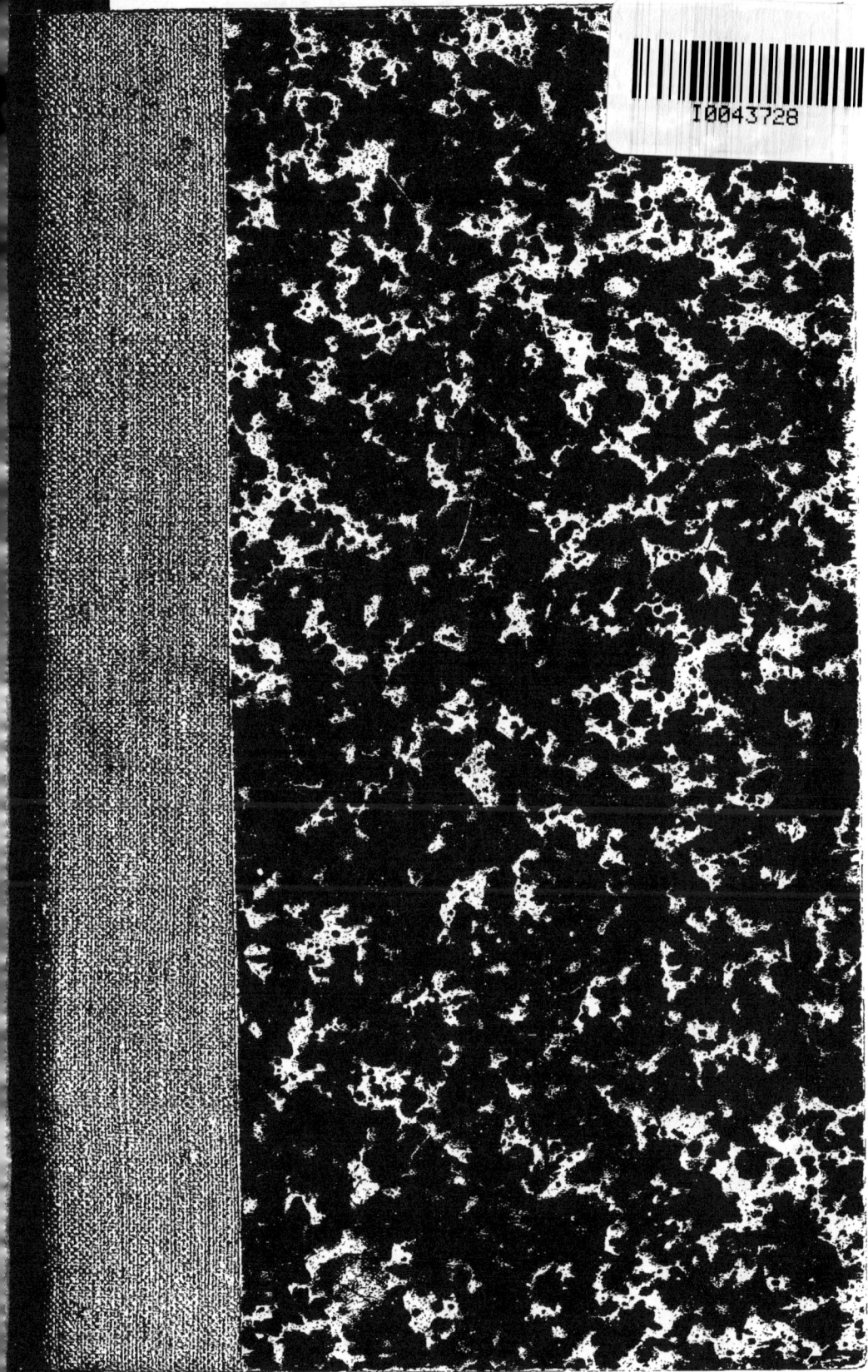

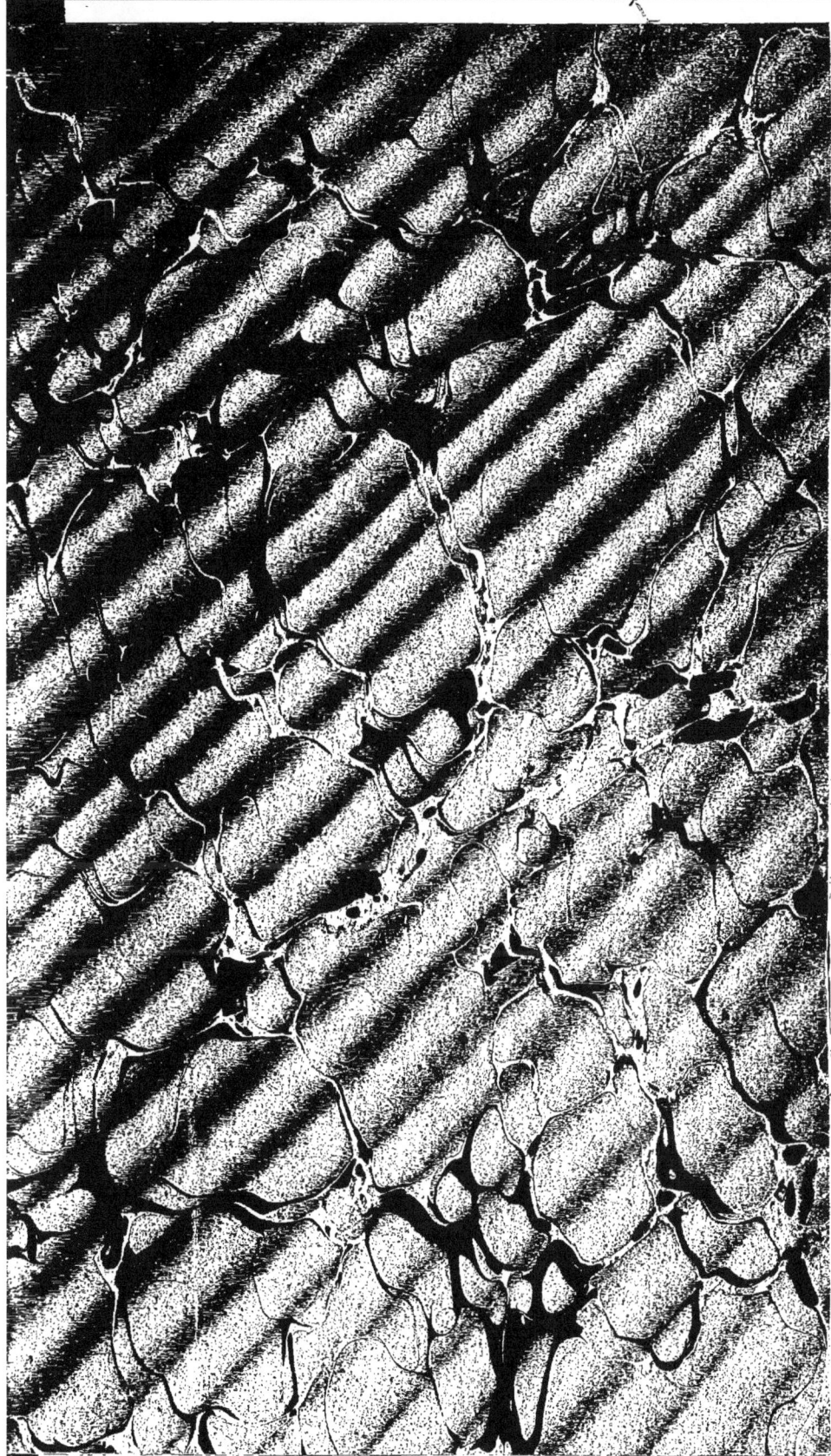

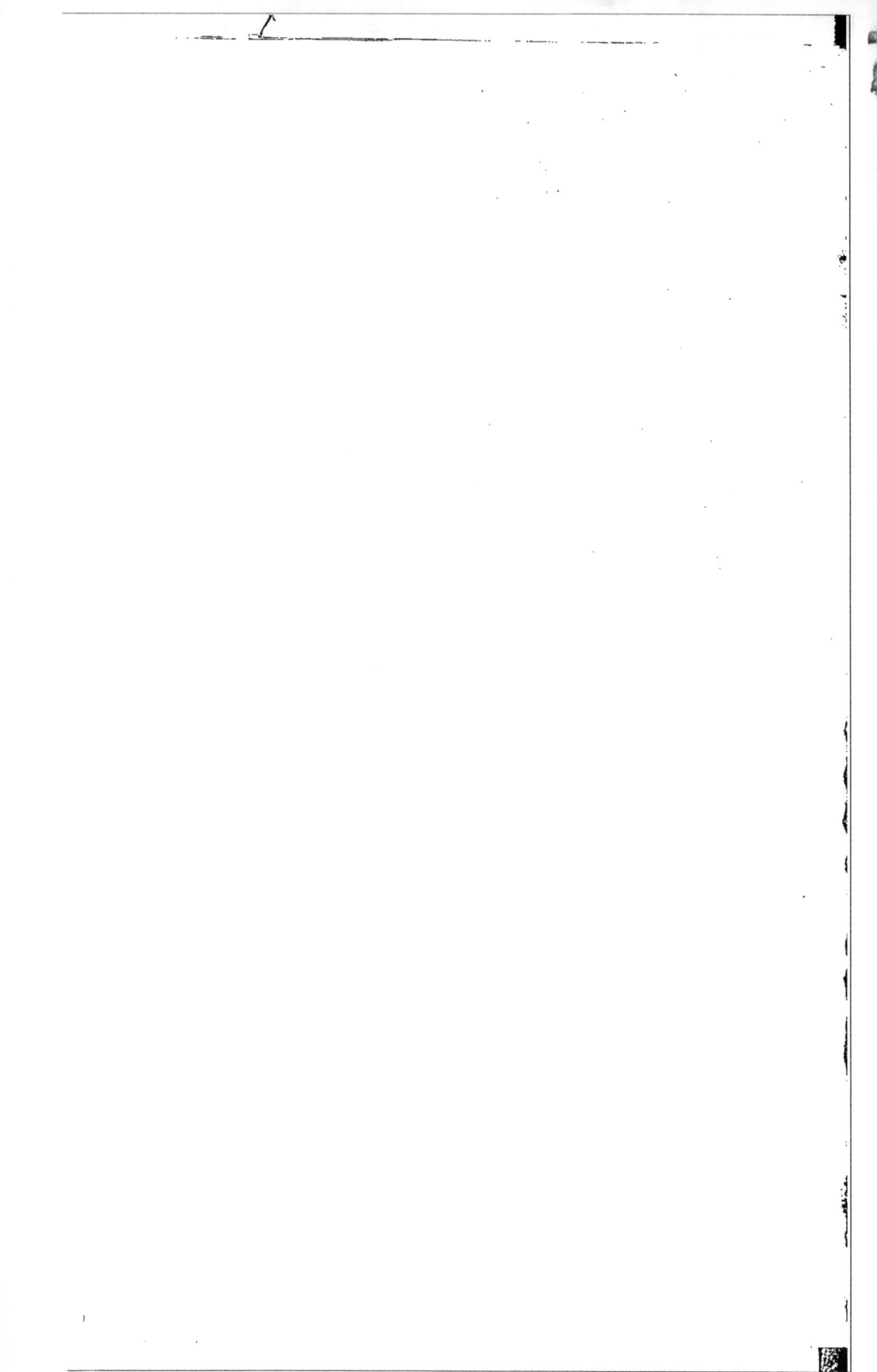

TRAITÉ

DU

LEVER DES PLANS

ET

DE L'ARPENTAGE

PRÉCÉDÉ

D'UNE INTRODUCTION QUI RENFERME DES NOTIONS
SUR L'EMPLOI PRATIQUE DES LOGARITHMES, LA TRIGONOMÉTRIE,
L'ALGÈBRE ET L'OPTIQUE

PAR P. BRETON (DE CHAMP),

ancien élève de l'École polytechnique,
ingénieur en chef au corps impérial des ponts et chaussées,
directeur adjoint du dépôt des cartes et plans au ministère de l'agriculture,
du commerce et des travaux publics.

Paris

Mme Ve BOUCHARD-HUZARD,	GAUTHIER-VILLARS,
libraire de la Société impériale	libraire du Bureau des longitudes
et centrale, d'agriculture de France, etc.,	et de l'École polytechnique,
RUE DE L'ÉPERON, 5.	QUAI DES GRANDS-AUGUSTINS, 55.

1865

TRAITÉ

DU LEVER DES PLANS

ET DE L'ARPENTAGE.

IMPRIMERIE DE MADAME VEUVE BOUCHARD-HUZARD,
rue de l'Éperon, 5. — Paris.

TRAITÉ

DU

LEVER DES PLANS

ET

DE L'ARPENTAGE

PRÉCÉDÉ

D'UNE INTRODUCTION QUI RENFERME DES NOTIONS
SUR L'EMPLOI PRATIQUE DES LOGARITHMES, LA TRIGONOMÉTRIE,
L'ALGÈBRE ET L'OPTIQUE

PAR P. BRETON (DE CHAMP),

ancien élève de l'École polytechnique,
ingénieur en chef au corps impérial des ponts et chaussées,
directeur adjoint du dépôt des cartes et plans au ministère de l'agriculture,
du commerce et des travaux publics.

Paris

Mme Ve BOUCHARD-HUZARD,	GAUTHIER-VILLARS,
libraire de la Société impériale et centrale d'agriculture de France, etc.,	libraire du Bureau des longitudes et de l'École polytechnique,
RUE DE L'ÉPERON, 5	QUAI DES GRANDS-AUGUSTINS, 55.

1865

Tout exemplaire non revêtu de la signature de l'auteur sera réputé contrefait.

AVERTISSEMENT.

Ce traité est destiné aux personnes qui veulent se livrer à la pratique des opérations sur le terrain. Il est précédé d'une introduction qui renferme des notions sur les logarithmes, la trigonométrie, l'algèbre et l'optique. Cette introduction demande à être lue avec beaucoup d'attention : j'entends, par là, qu'il faut refaire soi-même au fur et à mesure tous les calculs indiqués et, autant que possible, les expériences décrites, en ayant soin de varier les données et les circonstances. C'est le seul moyen que l'on ait de se pénétrer suffisamment de ces notions, parfois un peu abstraites, mais indispensables à ceux qui veulent devenir véritablement habiles. Je n'ai rien négligé, d'ailleurs, pour être complet au point de vue de la branche de géométrie à laquelle ce volume est consacré. Ce qui concerne l'optique représente même l'état le plus avancé de la science, tel qu'il résulte des travaux de deux illustres contemporains, Gauss et Biot (*).

Dans le corps de l'ouvrage, j'ai insisté sur les moyens à employer pour la vérification et la rectification des instruments. J'entre à cet égard dans beaucoup de détails peu connus, et dont cependant la connaissance est des plus nécessaires. Je donne la théorie de quelques instruments nouveaux qui paraissent devoir rendre des services dans la pratique. Bien que la théorie de la précision des mesures appartienne à un ordre de recherches trop élevé pour pouvoir prendre place dans une publication qui s'adresse aux arpenteurs, j'ai pensé qu'il y aurait utilité à présenter sur ce sujet quelques notions très-simples, pour les opposer à des idées fausses, trop généralement répandues.

Afin de ne faire qu'un volume, j'ai dû me borner à ce qui se recommande comme plus directement utile, et par

(*) L'un et l'autre sont morts pendant l'impression de ce volume.

conséquent passer sous silence un assez grand nombre d'instruments, de procédés, de problèmes qui présentent un véritable intérêt, mais de curiosité plutôt que d'utilité réelle. Peut-être même n'ai-je pas donné assez d'exemples; mais il sera facile au lecteur d'y suppléer, une fois qu'il aura bien saisi l'usage des expressions littérales.

On remarquera, en divers endroits, des énoncés non accompagnés de démonstration. Ce n'est point oubli de ma part. De même que dans mon *Traité du nivellement*, j'ai pris le parti de ne donner que l'énoncé quand la démonstration me paraissait devoir être trop longue ou trop compliquée.

La table des matières est assez détaillée pour que je puisse me dispenser de toute autre explication; elle est disposée, en outre, de manière à servir de répertoire.

TABLE DES MATIÈRES

ET EXPLICATION DES SIGNES.

—◆—

INTRODUCTION.

TRAITÉ DU LEVER DES PLANS

ET DE L'ARPENTAGE.

LIVRE PREMIER. — LES OPÉRATIONS ÉLÉMENTAIRES.

I. NOTIONS FONDAMENTALES.

II. TRACÉ DES LIGNES DROITES SUR LE TERRAIN.

Procédés ordinaires.

LIVRE SECOND. — LES LEVERS DE PLANS.

1. PRÉLIMINAIRES.

Définitions.

Échelles.

Des trois ordres d'opérations que peut comprendre un lever de plan.

II. LEVERS DE DÉTAILS.

Méthode des perpendiculaires.

Levers à la chaine seule ou au mètre.

III. LEVER DU CANEVAS.

Lever à la chaîne seule.

Méthode des prolongements.

Procédé du graphomètre.

Procédé de la boussole.

Procédé de la planchette.

VI. INDICATIONS SOMMAIRES SUR LE DESSIN DES PLANS.

LIVRE TROISIÈME. — L'ARPENTAGE.

I. OPÉRATIONS GÉOMÉTRIQUES SUR LE TERRAIN.

II. OPÉRATIONS DANS LESQUELLES LE TERRAIN PRÉSENTE DES OBSTACLES.

IV. PROBLÈMES RELATIFS A LA DIVISION DES SURFACES.

LIVRE QUATRIÈME. — LES OPÉRATIONS DE PRÉCISION.

I. MOYENS EMPLOYÉS POUR LA MESURE DES LONGUEURS ET DES ANGLES.

Mesure d'une base.

Mesure des angles.

Division du canevas en feuilles pour les levers de plans.

FIN DE LA TABLE DES MATIÈRES.

EXPLICATION

SIGNES EMPLOYÉS DANS CET OUVRAGE.

—

$+$ signifie *plus*, et $-$ signifie *moins*. Ces signes peuvent être ou l'indication d'opérations à effectuer, ou celle de certaines acceptions des quantités qu'ils accompagnent. Par exemple, pour exprimer que b doit s'ajouter à a, on écrit $a+b$. Pour indiquer, au contraire, que b doit être retranché de a, on écrit $a-b$. Lorsqu'on veut exprimer que c est la variation d'une quantité ou le changement survenu dans cette quantité, on écrit $+c$ quand cette variation est *en plus* et $-c$ quand elle est *en moins*.

$\times$ est le signe de la *multiplication*. Ainsi $a \times b$ signifie que la quantité a est multipliée par b. Ce signe se remplace souvent par un simple point, de sorte que $a \cdot b$ est la même chose que $a \times b$. On pousse même la simplification jusqu'à écrire ab, sans interposer aucun signe. On apprend, par l'usage, dans quelles circonstances il convient de mettre ces signes en évidence ou de les supprimer.

Lorsqu'une expression littérale est multipliée par un multiplicateur numérique, on l'écrit au devant de cette expression, et on lui donne le nom de *coefficient*. Ainsi, dans $7\,abc$ et dans $2/5\,d$, 7 et $2/5$ sont des coefficients.

Pour indiquer a *divisé par* b, on écrit $\dfrac{a}{b}$, c'est-à-dire b au-dessous de a, avec un trait horizontal entre les deux lettres.

Les produits aa, aaa, $aaaa$, etc., que l'on obtient en multipliant par elle-même une quantité a une fois, deux fois, trois fois, etc., sont les *puissances* de cette quantité. On les désigne par a^2, a^3, a^4, etc., au moyen d'un nombre placé à

droite de la lettre qui exprime la quantité, et un peu au-
dessus. Ce nombre est l'*exposant* de la puissance ; il marque
le nombre de fois qu'il faudrait écrire la quantité a pour
exprimer la même puissance dans le système ordinaire de
notation des produits de quantités. Une telle expression,
par exemple a^5, se prononce indifféremment *a cinq*, *a puissance cinq*, *a exposant cinq*.

Un nombre a étant donné, on peut toujours concevoir
un autre nombre appelé *racine*, dont une puissance assignée
soit égale au nombre donné. On comprend que la grandeur
de la racine dépend de l'exposant de la puissance à laquelle
il faut l'élever pour reproduire le nombre a ; c'est pourquoi on distingue les racines en *deuxième*, *troisième*, *quatrième*, etc. Pour les indiquer, on se sert du signe $\sqrt{}$, et
on place entre les branches l'exposant de la puissance de la
racine qui reproduirait le nombre a. Ainsi $\sqrt[4]{a}$ est la *racine quatrième* de a. La racine deuxième prend habituellement le nom de *racine quarrée*, et la racine troisième celui
de *racine cubique*.

Il existe une autre notation qui comprend à la fois les
puissances et les racines. On démontre que l'on peut repré-
senter la racine $n^{\text{ième}}$ de la puissance $m^{\text{ième}}$ d'un nombre a
par le symbole $a^{\frac{m}{n}}$, qu'on lit *a puissance m sur n*, de sorte
que $a^{\frac{1}{3}}$ est la racine cubique de a ou la puissance 1/3 de a.

Dans ce système de notation qui a une grande importance dans l'algèbre, les exposants peuvent être affectés du
signe —. Le symbole a^{-m} est la même chose que $\dfrac{1}{a^m}$.

On expliquera ci-après, dans l'introduction, qu'à chaque
nombre correspond un autre nombre qui est son *logarithme*, et que l'on a souvent à considérer, en même temps
que le logarithme du nombre a, celui de $\dfrac{1}{a}$. On les dési-
gnera respectivement par $\log a$ et $\log a^{-1}$.

Les expressions littérales ou algébriques, c'est-à-dire les assemblages de lettres et de nombres unis entre eux par les signes dont on vient de faire connaître l'explication, se composent de *termes*, c'est-à-dire d'expressions partielles jointes par les signes $+$ et $-$. Ainsi l'expression $-4x + 4\sqrt{a} - 2b + c$ est formée des quatre termes $-4x$, $+4\sqrt{a}$, $-2b$, $+c$, en supposant que les signes indiquent des acceptions et, par conséquent, fassent partie des termes qu'ils précèdent respectivement.

On appelle *monôme* une expression composée d'un seul terme, et *polynôme* celle qui en a plusieurs. On désigne généralement sous les noms de *binôme* et de *trinôme* les expressions composées de deux et de trois termes.

Quand plusieurs termes sont renfermés entre parenthèses, leur ensemble doit être considéré et traité comme un terme unique, tant que l'on conserve les parenthèses; celles-ci peuvent être supprimées moyennant certaines précautions qui sont indiquées en algèbre.

Dans le cas où un polynôme se trouve écrit au-dessus du trait horizontal indiquant la division, on doit le considérer comme s'il était entre parenthèses.

Le signe $=$ placé entre deux quantités exprime qu'elles sont *égales* entre elles. L'ensemble de ces deux quantités et du signe $=$ qui les sépare se nomme une *égalité*. Celle des deux quantités qui est à gauche est le *premier membre* de l'égalité; celle qui est à droite en est le *second membre*.

Les signes $> <$ signifient *plus grand que, plus petit que*, on les place entre les quantités dont on veut exprimer l'inégalité.

Le lecteur est prié de vouloir bien consulter l'addition et l'errata placés à la fin du volume.

INTRODUCTION.

NOTIONS SUR LES LOGARITHMES, LA TRIGONOMÉTRIE,
L'ALGÈBRE ET L'OPTIQUE.

Connaissances qu'il faut acquérir pour se préparer à la pratique des opérations sur le terrain.

1. Ce serait grossir sans nécessité ce volume que d'y comprendre, comme on l'a fait dans quelques ouvrages traitant des mêmes matières que celui-ci, l'exposition des principes de l'*arithmétique* et de la *géométrie*. Je crois plus utile de présenter ici, en faveur des personnes qui n'auraient pas poussé leurs études au delà de ces premiers éléments, diverses notions d'un ordre plus élevé, que l'on doit posséder si l'on veut être en état de connaître complétement et d'approfondir dans toutes ses parties la science des opérations sur le terrain.

Au premier abord, on peut se demander s'il est bien vrai que l'on ait besoin de savoir autre chose que l'*arithmétique* et la *géométrie* pour des objets réputés aussi simples que le *lever des plans* et l'*arpentage*. Il est certain qu'avec ces seules notions on peut comprendre ce que c'est qu'un *plan* ou la *mesure d'un terrain*; mais, une fois arrivé là, il s'en faut de beaucoup que l'on *puisse mesurer un terrain* ou *en faire le plan*. On en vient à bout, sans doute, s'il s'agit d'opérations faciles et n'embrassant qu'une faible étendue de terrain; et encore faut-il que celui qui les exécute soit doué

1

d'assez de sagacité pour surmonter les premiers embarras
de la pratique. Mais en dehors de ces cas très-simples, où
les moyens d'exécution s'offrent, pour ainsi dire, d'eux-
mêmes, on ne peut réussir, et je veux dire par là devenir
habile, qu'autant que l'on prend la peine d'acquérir l'instruction spéciale qu'exigent les opérations plus compliquées. Car en géométrie il y a loin, beaucoup plus loin
qu'on ne le croit, de la *théorie* à la *pratique*. Un petit nombre de remarques vont nous suffire pour faire apercevoir la
vérité de cette assertion.

Dans la *géométrie pure* ou *spéculative*, le but qu'on se propose est, en général, de parvenir à des *vérités* plausibles.
On ne s'y occupe de *problèmes* qu'incidemment et d'une
manière *théorique* plutôt que *pratique*; on s'attache spécialement à mettre en évidence la suite des constructions qu'il
faudra effectuer lorsqu'on voudra les résoudre effectivement.
Les solutions que l'on en donne supposent d'ailleurs exclusivement l'emploi de la *règle* et du *compas*. Dans cette
science, on raisonne sur des figures, le plus souvent tracées
à main levée, *qui n'ont pas besoin d'être exactes*, car elles ne
servent qu'à guider dans les démonstrations, en rappelant
à l'esprit des figures idéales, supposées parfaitement exactes,
qu'il conçoit comme existant dans un espace ou sur un plan
libre de tout obstacle. Au contraire, la *géométrie pratique*
ne s'occupe que peu ou point de *théorie*, mais seulement de
problèmes et des moyens de les résoudre *effectivement*, elle
n'admet que des constructions réalisables, et il faut que ces
constructions soient *exactes*. Or la surface du sol, telle que
la nature nous l'offre, est presque toujours trop irrégulière
pour pouvoir se prêter à des constructions géométriques
semblables à celles que l'on exécute sur le *papier*, avec le
secours de la *règle* et du *compas*. Les constructions qu'il est
possible de faire sur le terrain sont d'une tout autre nature.
Elles se font par le moyen de *rayons de visée* dont on fixe la
direction par quelques points isolés, de sorte que l'on est

réduit à opérer sur de simples alignements qui ne comportent généralement aucun tracé effectif entre ces points.

2. On sent bien que, dans de telles conditions, les solutions fournies par la *géométrie élémentaire* ne sont presque d'aucun usage ou du moins que l'emploi en est extrêmement restreint, et qu'il en faut chercher d'autres qui soient mieux appropriées aux réalités pratiques. De là une *géométrie* spéciale *du terrain,* qui a pour caractère d'exiger, pour chaque problème, une grande variété de ressources, à raison de la diversité des difficultés qui peuvent se présenter dans chaque cas. Cette géométrie a ses instruments qui lui sont propres, dont la théorie repose et doit en effet reposer, pour la plupart d'entre eux, sur les principes de l'*optique*, puisque les lignes droites sont remplacées, sur le terrain, par des *rayons de visée.* La connaissance des *propriétés de la lumière* sur lesquelles ces instruments sont fondés est donc indispensable à quiconque ne veut pas s'abandonner à une aveugle routine. Parmi ces instruments, il en est qui sont destinés à la *mesure des angles* que forment entre eux sur le terrain les lignes droites ou les alignements qui en tiennent lieu; de là résulte la nécessité de savoir aussi faire usage des *logarithmes* et des *tables trigonométriques*, qui fournissent le moyen de tirer de ces angles le parti le plus avantageux.

3. Les constructions que l'on fait sur le terrain se traduisent en constructions sur le papier, soit immédiatement, soit dans le cabinet, mais toujours *très en petit.* Cette dernière circonstance rend très-graves les erreurs que l'on est exposé à commettre dans ces constructions. Car si, par exemple, un décimètre sur le papier correspond à une longueur de 500 mètres sur le terrain, il est bien clair qu'à une erreur de $\frac{1}{5}$ de millimètre sur le papier correspondra, sur le terrain, une erreur plus grande dans le rapport de 500 à $\frac{1}{10}$ ou de

5000 à 1, qui est ici celui du *grand* au *petit*, de sorte que
cette erreur sera de 1 mètre. Or, dans toute construction
graphique qui n'est pas extrêmement simple, il n'est guère
possible d'éviter de commettre des erreurs beaucoup plus
fortes que celle-là, quelles que soient la perfection des instruments dont on dispose et l'adresse de la main. Le seul
moyen que l'on ait de s'affranchir de ces erreurs consiste à
remplacer dans les cas importants les opérations graphiques
par le *calcul*, c'est-à-dire par des *opérations purement arithmétiques*, dont le résultat est, de sa nature, indépendant de
l'imperfection des instruments et du défaut d'adresse de
l'opérateur. Les méthodes par lesquelles on peut parvenir
à ce but comportent, en général, l'emploi de l'*algèbre* (1),
et conséquemment l'application de cette science à la géométrie, que l'on rend ainsi *calculatrice*. Ce n'est pas à dire,
toutefois, que le calcul ait la propriété de dispenser entièrement des opérations *mécaniques*. Il en faut nécessairement
pour se procurer les nombres que l'on fait entrer dans le
calcul. Il en faut de même pour construire sur le papier
les résultats obtenus, mais les unes et les autres sont réduites au moindre nombre possible, et l'on est du moins
assuré, *pourvu que l'on ait opéré sur des données exactes*, que
les erreurs, s'il n'a pas été possible de les éviter complète-
ment, sont renfermées dans d'étroites limites.

Voici donc, en dehors des éléments, plusieurs branches
de connaissances nécessaires pour bien entendre tout ce
qui concerne la géométrie du terrain, et encore n'ai-je indiqué que celles dont l'exposition n'aurait pu, à cause des
développements qu'elles exigent, être placée sans incon-

---

(1) La *théorie des logarithmes* et *l'usage des tables, l'algèbre* et la
trigonométrie figurent aujourd'hui dans les programmes des connaissances exigées des candidats qui se présentent aux examens pour l'ad-
mission aux emplois de *conducteur* des *ponts et chaussées* et d'*a-
gent voyer d'arrondissement*.

vénient dans le corps même de cet ouvrage. Je vais essayer
de faire connaître ce qu'il y a de plus immédiatement utile
à savoir dans chacune d'elles, afin d'en faciliter et d'en préparer l'étude plus complète dans les traités spéciaux.

§ 1er. — *Logarithmes.*

4. Possibilité et avantage de se rendre familier l'u-
sage pratique des logarithmes avant d'en étudier la
théorie. — Une *table de logarithmes* est un *outil*, un *instrument de calcul* dont on peut apprendre à se servir sans savoir
ce que c'est qu'un *logarithme.* Il y a même avantage à commencer ainsi par la *pratique* au lieu de débuter par la *théorie*,
car alors on aperçoit plus promptement l'immense utilité
de cette invention (1), et on fait ensuite plus volontiers les
efforts d'esprit nécessaires pour en comprendre le principe.
En suivant une marche inverse, comme on le fait ordinairement, on risque de s'arrêter en chemin. On devine ce
qui arriverait si l'on venait à se persuader qu'on ne doit
regarder l'heure à sa montre qu'à la condition d'en connaître le mécanisme intérieur, ou que, pour se permettre
de consulter l'almanach, il faut avoir préalablement étudié
l'astronomie. C'est ce qui est arrivé pour les logarithmes,
aussi l'*usage* en est-il infiniment moins répandu qu'il ne devrait l'être. Comme on en trouve la théorie dans tous les
traités d'arithmétique et d'algèbre, ainsi que dans l'instruction qui précède toute table de logarithmes, je ne m'occuperai ici que de la *pratique.*

5. Choix d'une table de logarithmes. — Le logarithme

_____

(1) La *règle à calcul*, dont beaucoup de chefs d'atelier et d'ouvriers
font usage, est une combinaison d'*échelles logarithmiques*, et les
opérations que l'on fait avec cette règle sont de véritables *calculs par
logarithmes.*

d'un nombre se compose d'une partie entière suivie d'une partie *décimale*. C'est principalement par le nombre des chiffres de cette partie décimale que les *tables de logarithmes* se distinguent entre elles. Pour les opérations auxquelles cet ouvrage est consacré, on n'a jamais besoin de plus de *sept* décimales, et même *cinq* suffisent dans un grand nombre de cas. Les tables diffèrent aussi les unes des autres par leur plus ou moins d'étendue. Celles de Callet, qui sont les plus commodes et les plus répandues, donnent les logarithmes des nombres entiers de 1 à 108 000 avec *sept* décimales, et même *huit* dans quelques parties. Celles de Jérôme de Lalande, en un petit volume très-portatif, ne vont que jusqu'à 10 000 et ne donnent que *cinq* décimales. On a publié une édition de ces dernières tables qui donne *sept* décimales au lieu de *cinq*, mais l'expérience a démontré que cette modification n'est pas heureuse. La longueur des calculs est triplée. Les tables de Callet sont exemptes de cet inconvénient, à cause d'une disposition particulière qu'il n'était pas possible d'introduire dans celles de Jérôme de Lalande. Je recommande, en conséquence, de choisir, soit les tables de Callet, soit les petites tables *à cinq décimales seulement*. Il existe des tables à *six* décimales qui tiennent le milieu entre les deux dont je viens de parler, mais elles ne sont pas aussi répandues et n'offrent aucun avantage qui me paraisse être de nature à les faire préférer. A la suite des tables de logarithmes des *nombres*, on en trouve ordinairement d'autres, et notamment des *tables trigonométriques* dont il sera question un peu plus loin.

6. Caractéristique. — Pour pouvoir comprendre, sans le secours de la théorie, l'usage des tables de logarithmes, il faut seulement savoir ce qui concerne la *caractéristique*. On appelle *caractéristique* du logarithme d'un nombre le *rang qu'occupe dans ce nombre le chiffre des unités de l'ordre le plus élevé, à partir du chiffre des unités simples.* Sup-

posons, par exemple, qu'on demande le logarithme du nombre 5247. Le chiffre 5 des unités de l'ordre le plus élevé, qui sont ici les *mille*, occupe le *troisième* rang à partir du chiffre 7 des *unités simples*. En conséquence, la *caractéristique* du logarithme demandé est 3. Cette caractéristique est la partie entière de ce logarithme. Quant à la partie décimale de ce même logarithme, elle est 0.7199111 avec sept décimales, et *demeure la même, quel que soit celui des chiffres du nombre proposé, qui représente des unités simples*. Cette circonstance que la partie décimale se retrouve la même lorsqu'on multiplie ou qu'on divise le nombre proposé par 10, 100, 1000, etc., n'est pas particulière au nombre 5247. C'est une propriété qui appartient à tous les nombres, sous la seule condition que le logarithme de 10 soit 1, ce qui a lieu dans les tables ordinaires. Le logarithme de 5247 est donc 3.7199111 avec sept décimales ou 3.71991 avec cinq décimales seulement. Le logarithme de 52.47 a pour caractéristique 1, puisque le chiffre 5 des unités de l'ordre le plus élevé, qui, dans ce cas, sont des *dizaines*, occupe le *premier* rang à gauche du chiffre 2 des *unités simples*. Ajoutant, suivant ce qui vient d'être dit, les chiffres décimaux du logarithme de 5247, on trouve 1.71991 pour le logarithme à cinq décimales de 52.47. Quand le premier chiffre significatif du nombre proposé exprime des unités simples, la caractéristique est 0. Ainsi le logarithme de 5.247 est 0.71991 avec cinq décimales.

7. Caractéristiques négatives. — La même règle s'applique aux fractions décimales, mais avec une modification importante qui réclame la plus grande attention. La caractéristique exprime alors *le rang du premier chiffre significatif qui est celui des unités de l'ordre le plus élevé, à partir du zéro qui occupe la place du chiffre des unités simples*. Mais cette caractéristique reçoit le signe — que l'on place au-dessus d'elle.

C'est ainsi que les logarithmes des nombres 0.5427, 0.05427, 0.005427 sont respectivement $\overline{1}$.71991, $\overline{2}$.71991, $\overline{3}$.71991. Ces caractéristiques sont dites *négatives*, tandis que celles des logarithmes des nombres qui renferment des unités au moins de l'ordre des dizaines sont appelées *positives*. J'expliquerai bientôt quel est le rôle de ces deux espèces de caractéristiques dans le calcul logarithmique.

Usage des tables de Jérôme de Lalande.

8. Ce que je viens de dire sur les caractéristiques étant bien compris, le lecteur n'éprouvera aucune difficulté à résoudre ces deux questions : 1° *trouver le logarithme d'un nombre donné;* 2° *un logarithme étant donné, trouver le nombre correspondant.* Il n'aura qu'à suivre pas à pas les explications très-complètes dont les tables de Callet sont précédées (1). Quant aux tables de Jérôme de Lalande, les explications que l'on y donne sur ces deux questions sont loin d'être suffisantes, c'est pourquoi je vais essayer d'y suppléer ici.

Les tables dont il s'agit sont formées de trois colonnes. La première contient les nombres entiers de 1 à 10 000; la seconde, les logarithmes de ces nombres, accompagnés de leurs caractéristiques. La troisième colonne, qui n'est remplie qu'à partir du nombre 990, donne la *différence* qui existe entre chaque logarithme et le logarithme qui le précède immédiatement.

(1) Si l'on ne veut s'occuper de la *pratique* du calcul logarithmique, on se bornera à lire dans le *Précis élémentaire sur l'explication des logarithmes et sur leur application*, etc., qui précède les tables de Callet, les § IX et suivants jusqu'au § XV inclusivement, comprenant la disposition et l'usage de ces tables. On pourra, d'ailleurs, ne s'arrêter qu'aux indications concernant les logarithmes des nombres mis sous forme entière ou réduits en fractions décimales.

9. Première question. *Trouver le logarithme d'un nombre donné.* — Quand le nombre proposé n'a pas plus de quatre chiffres significatifs entiers ou non, on commence par écrire la caractéristique, suivant ce qui a été dit ci-dessus *. On cherche ensuite ce nombre dans la table, *comme s'il était entier.* Les décimales du logarithme correspondant sont celles du logarithme cherché.

* Intr. 6 et 7.

Si le nombre proposé a cinq ou même six chiffres significatifs, on détermine d'abord la caractéristique de son logarithme d'après la place qu'occupe le chiffre des unités de l'ordre le plus élevé, soit à gauche, soit à droite du chiffre des unités simples ou du zéro qui en tient lieu. On sépare ensuite sur la droite les chiffres excédant le nombre de quatre, on cherche dans la table le nombre entier formé des quatre chiffres restants, et on écrit les décimales du logarithme correspondant, lesquelles forment une valeur approchée de la partie décimale du logarithme cherché. Pour avoir sa valeur exacte, on ajoute autant de dixièmes ou de centièmes de la différence correspondante que le chiffre ou les chiffres séparés sur la droite représentent de dixièmes ou de centièmes de l'unité. Ce n'est là, toutefois, qu'une nouvelle approximation, mais elle est suffisante.

Exemple 1. — On veut le logarithme de 47.83. La caractéristique est **1**, puisque le chiffre **4** des unités de l'ordre le plus élevé occupe le premier rang à gauche du chiffre des unités. J'ouvre la table, et vis-à-vis du nombre 4783 je trouve le logarithme 3.67970. Le logarithme cherché est donc 1.67970.

Exemple II. — On veut le logarithme de 910.34. La caractéristique est 2. Vis-à-vis du nombre 9103, je trouve le logarithme 3.95918, avec la différence 5 entre ce logarithme et le suivant. Le chiffre séparé à droite du nombre proposé étant 4, j'ajoute au logarithme 3.95918 le produit de 5 par 0.4, c'est-à-dire 2 . Le logarithme demandé est, par suite, 2.95920.

EXEMPLE III. — On veut le logarithme de 1030.47. La caractéristique est 3; le logarithme de 1030, nombre formé par les quatre premiers chiffres du nombre proposé, est 3.01284, et la table donne la différence 42. Je multiplie 42 par 0.47, et je trouve le produit 19.74 que j'ajoute au logarithme tabulaire, en supprimant la fraction décimale de ce produit et *forçant* le dernier chiffre conservé, puisque 0.74 surpasse 0.50. J'obtiens ainsi, pour le logarithme cherché, 3.01304.

10. SECONDE QUESTION. *Un logarithme étant donné, trouver le nombre correspondant.* — Lorsqu'un logarithme est donné, sa caractéristique fait connaître le rang et, conséquemment, l'espèce des unités de l'ordre le plus élevé dans le nombre correspondant. Ainsi 4 indique des dizaines de mille, 3 des mille, 2 des centaines, 1 des dizaines, 0 des unités simples, $\bar{1}$ des dixièmes, $\bar{2}$ des centièmes, $\bar{3}$ des millièmes, etc. Il n'y a donc plus qu'à trouver les chiffres de ce nombre.

A cet effet, on cherche dans la table le logarithme dont la partie décimale approche le plus *en moins* d'être égale à celle du logarithme proposé. Les chiffres du nombre qui correspond à ce logarithme appartiennent au nombre demandé. Si ce logarithme est moindre que le logarithme donné, on considère la différence comme étant le produit de la différence *tabulaire* par la fraction décimale formée des chiffres suivants du nombre demandé, et en divisant ce produit par la différence tabulaire on a les chiffres en question. Cette recherche doit être faite *dans la partie de table qui contient les nombres de quatre chiffres*, c'est-à-dire qui commence à 1000 et finit à 10 000.

EXEMPLE I. — On veut savoir à quel nombre appartient le logarithme 2.95920. Je cherche parmi les logarithmes ceux dont la partie décimale commence par 959 (il y a toujours, dans la partie de la table où les nombres ont quatre chiffres, plusieurs logarithmes consécutifs commençant par trois décimales données); je parcours, en redescendant, les deux dernières décimales, et je vois que c'est le nombre 9103 dont la partie décimale 5918 approche le plus *en moins* de 95920. La différence est 2, que je divise par la différence tabulaire 5, ce qui donne le quotient 0.4 que j'écris à la suite du nombre 9103. J'ai ainsi le nombre 91034, et comme la caractéristique est 2, le nombre cherché est finalement 910.34.

EXEMPLE II. — On veut savoir à quel nombre appartient le logarithme 3.01304. Le premier logarithme de la table, dans les nombres de quatre chiffres, qui ait pour premières décimales 013 est 3.01326. Il surpasse le logarithme proposé, mais le logarithme précédent 3.01284 est moindre; c'est donc celui qui s'en approche le plus *en moins*. En conséquence, les quatre premiers chiffres du nombre demandé sont ceux du nombre 1030 qui correspond à ce logarithme tabulaire. La différence de ce dernier avec le logarithme proposé est 20, que je divise par la différence tabulaire 42, ce qui donne le quotient 0.48 en forçant le dernier chiffre, parce que le premier chiffre négligé est 6. J'ajoute 0.48 au nombre 1030 déjà trouvé, et, comme, d'après la caractéristique, les unités de l'ordre le plus élevé sont des mille, le nombre demandé est 1030.48.

11. On aura reconnu, dans ces exemples, les logarithmes obtenus dans la question précédente; je les ai choisis à dessein pour montrer qu'on ne retrouve pas toujours exactement le nombre auquel un logarithme appartient. En effet, dans le dernier exemple, le nombre trouvé est 1030.48, tandis que l'on était parti de 1030.47 pour former le logarithme proposé, de sorte qu'il y a erreur sur le sixième chiffre.

Pour savoir à quoi s'en tenir à ce sujet, il faut remarquer qu'il peut y avoir plusieurs nombres de six chiffres qui répondent à un même logarithme. Afin de rendre évidente cette assertion, je vais la vérifier sur des logarithmes choisis parmi ceux qui donnent lieu à la plus grande incertitude sur les derniers chiffres de ces nombres. Considérons, à cet effet, les logarithmes 3.99127, 3.99131 des nombres 9801, 9802. La différence entre ces logarithmes étant 4, on ne peut insérer entre eux que trois logarithmes à cinq décimales, savoir 3.99128, 3.99129, 3.99130. Or entre 9801.00 et 9802.00 on peut insérer 99 nombres variant de centième en centième, savoir 9801.01, 9801.02....., 9801.11, 9801.12, 9801.13....., 9801.24, 9801.25....., 9801.98, 9801.99. Si l'on admet que les nombres 9801.00, 9801.25, 9801.50, 9801.75, 9802.00 répondent exactement aux logarithmes 3.99127, 3.99128, 3.99129, 3.99130, 3.99131, il restera 96 nombres intermédiaires dont les 12 premiers auront également pour logarithme 3.99127, les 24 suivants 3.99128, les 24 suivants 3.99129, les 24 suivants 3.99130, et les 12 derniers 3.99131, d'où l'on voit clairement que l'incertitude peut aller, dans ce cas des nombres de six chiffres jusqu'à 12 unités du dernier ordre.

12. En raisonnant d'une manière analogue sur les diverses différences tabulaires, on obtient les résultats que voici :

Différence tabulaire du logarithme.	Incertitude sur le nombre correspondant de six chiffres.
4	12
5	10
6	8
7	7
de 8 à 9	6
de 10 à 11	5
de 12 à 14	4
de 15 à 20	3
de 21 à 33	2
de 34 à 44	1

On conclut de ce tableau que les petites tables peuvent servir à calculer des nombres exprimant des longueurs d'environ 1275 mètres sans erreur de plus de $0^m,01$ en plus ou en moins, puisque les différences tabulaires des logarithmes de ce nombre et des nombres précédents de quatre chiffres sont égales ou supérieures à 34 ; que ces tables peuvent servir à calculer des nombres exprimant des longueurs d'environ 2100 mètres sans erreur de plus de $0^m.02$ en plus ou en moins, puisque les différences tabulaires des nombres précédents de quatre chiffres sont égales ou supérieures à 21, etc. Cette remarque nous sera utile pour déterminer les limites dans lesquelles il est possible de se contenter des petites tables.

Relativement aux nombres de cinq chiffres calculés par le moyen des mêmes tables, il est facile de reconnaître que l'incertitude, pour une différence tabulaire donnée, n'est que la dixième partie de l'incertitude qui correspond à la même différence dans le tableau ci-dessus.

Règles du calcul logarithmique.

13. Caractéristique d'une somme de logarithmes. — La seule combinaison que l'on puisse avoir à faire de plusieurs logarithmes, en suivant les règles que je vais exposer, étant l'*addition* de ces logarithmes, expliquons d'abord comment la règle de cette opération doit être modifiée à raison de l'opposition de signe des caractéristiques *positives* et *négatives*. Lorsqu'on réunit ensemble des logarithmes ayant des caractéristiques, les unes *positives*, les autres *négatives*, chaque unité négative détruit une unité positive, et les unités qui restent conservent leur signe. Ainsi les caractéristiques 3 et $\bar{1}$ donnent pour somme 2, $\bar{4}$ et 1 donnent $\bar{3}$. Rien n'est d'ailleurs changé à la règle ordinaire pour l'addition des parties décimales des logarithmes, que l'on a soin de rendre toujours positives, en opérant comme il a été dit en

parlant de l'usage des tables. Les *entiers* provenant des *re-tenues* sont joints aux caractéristiques *positives* et sont sou-mis, comme ces dernières, à la règle spéciale qui vient d'être énoncée.

Il est essentiel de s'habituer à cette addition de nombres positifs et négatifs entremêlés. C'est ce que l'on appelle l'*addition algébrique*. On en trouve beaucoup d'exemples dans ce qui suit.

14. Complément du logarithme d'un nombre. — Deux lo-garithmes sont *complémentaires* l'un de l'autre lorsque leur somme, faite en tenant compte des signes des caractéristi-ques, comme on l'a expliqué ci-dessus, se réduit à zéro. On voit, par cette définition, que les parties décimales d'un logarithme et de son complément doivent valoir ensemble l'unité, et que la valeur de la caractéristique *négative*, ab-straction faite de son signe, doit surpasser d'une unité la valeur de la caractéristique *positive*.

Exemple I. — Le logarithme de 870.29 étant. 2.93967.

Le compl. de ce logarithme est $\overline{3}$.06033.

Car, en l'ajoutant au logarithme proposé, on trouve pour somme zéro. En effet, les deux parties décimales donnent ensemble 1 qui, ajouté à la caractéristique positive 2, donne 3. Et comme il faut retrancher 3 unités, à cause de la caractéristique $\overline{3}$, on a pour *somme* zéro.

Exemple II. — Le logarithme de 0.05247 est. . $\overline{2}$.71991.

Le complément de ce logar. est. 1.28009.

La somme de ce complément et du logarithme proposé est zéro.

On se sert ordinairement pour désigner le complément d'un logarithme de l'abréviation *compl^t log* et on écrit, en conséquence, compl^t log 0.05247 = 1.28009, mais il me semble plus simple de désigner ce complément comme étant le logarithme de la *puissance moins un* du nombre considéré, et d'écrire log 0.05247^{-1} au lieu de compl^t log 0.05247. Je ferai usage de cette notation, qui est conforme à la théorie algébrique des *exposants*.

Règle. Pour trouver le complément d'un logarithme ajoutez 1 à la caractéristique du logarithme, en tenant compte du signe de cette caractéristique, et changez le signe de la somme, vous aurez la caractéristique du complément. Retranchez ensuite de 9 successivement chacun des chiffres de la partie décimale, en allant de gauche à droite, à l'exception du dernier chiffre que vous retrancherez de 10, les restes de ces soustractions seront les chiffres de la partie décimale du complément demandé.

Cette opération revient, pour ainsi dire à chaque instant, dans le calcul logarithmique.

On démontre, dans la théorie des logarithmes, que le produit des deux nombres qui correspondent respectivement à un logarithme et à son complément est égal à l'unité. J'engage le lecteur à vérifier cette propriété sur quelques exemples.

15. Logarithme du quarré, du cube et, en général, d'une puissance quelconque d'un nombre. — Le *quarré* d'un nombre est le produit de ce nombre par lui-même. *Le logarithme de ce produit est le double du logarithme du nombre proposé.*

Exemple I. — Le logarithme de 5.49 étant 0.73957, le logarithme du quarré de ce nombre est le double de 0.73957, c'est-à-dire 1.47914. Le nombre correspondant à ce logarithme est 30.14, valeur exacte à 0.0001 près.

Exemple II. — Le logarithme de 0.05247 étant $\overline{2}$.71991, le logarithme du quarré de ce nombre est le double de $\overline{2}$.71991, c'est-à-dire $\overline{3}$.43982, en tenant compte de la manière dont les caractéristiques *négatives* se comportent vis-à-vis des unités *positives*. Le nombre correspondant donné par les petites tables est 0.0027531 avec cinq chiffres. Tous ces chiffres sont exacts, ainsi qu'on peut s'en assurer en formant directement le quarré de 0.05247.

Le *cube* d'un nombre est le produit formé de trois facteurs égaux à ce nombre. *Le logarithme de ce produit est égal au triple du logarithme proposé.*

Généralement le logarithme de telle puissance qu'on voudra d'un nombre donné, c'est-à-dire du produit de tant de facteurs égaux à ce nombre qu'on voudra, est égal au *produit du logarithme de ce nombre* par l'*indice* de la puissance, c'est-à-dire par le nombre des facteurs égaux qui servent à former la puissance.

Ce que j'ai dit relativement aux quarrés suffit pour indiquer comment il faut opérer en ce qui concerne les cubes et les puissances supérieures.

16. Logarithme de la racine quarrée, de la racine cubique et, en général, de la racine d'indice quelconque d'un nombre. — On obtient ce logarithme par une opération exactement inverse de la précédente, c'est-à-dire qu'*on extrait la racine demandée en divisant le logarithme du nombre proposé par l'indice de la racine.*

Exemple I. — Trouver les racines quarrée et cubique de 2. Le logarithme de 2 est 0.30103. Celui de la racine *quarrée* en est la *moitié*, ou 0.15052. Celui de la racine *cubique* en est le *tiers*, ou 0.10034. Les nombres correspondants 1.4142 et 1.2599 donnés par les petites tables, sont les racines cherchées avec quatre décimales exactes.

Exemple II. — On veut avoir la racine *cubique* de 0.05247. Le logarithme de ce nombre est $\bar{2}.71991$, et il en faut prendre le *tiers*. La caractéristique $\bar{2}$ n'étant pas divisible par 3, je la remplace par $\bar{3}$, et j'opère comme s'il y avait $\bar{3} + 1.71991$, ce qui ne change pas la valeur du logarithme, puisque $\bar{3} + 1$ est la même chose que $\bar{2}$. J'effectue maintenant la division par 3, qui donne $\overline{1}.57330$. Le nombre correspondant 0.3743 est la racine cherchée avec quatre décimales exactes. La cinquième décimale donnée par les petites tables est 7.

17. Logarithme du résultat d'une suite de multiplications et de divisions. — Lorsque, pour obtenir un nombre, il faut effectuer une suite d'opérations qui consistent *exclusivement* dans des *multiplications* et des *divisions*, le logarithme de ce nombre est *la somme des logarithmes de tous les facteurs que l'on doit combiner par voie de multiplication et des compléments des logarithmes de tous les diviseurs.*

Cette règle est d'un usage continuel. Voici quelques exemples de son application et de son utilité, qui achèveront de dissiper les nuages que son énoncé aura pu laisser dans l'esprit du lecteur.

Exemple I. — On sait que le rapport π de la circonférence au diamètre est exprimé avec une grande approximation par le nombre fractionnaire $\dfrac{355}{113}$. On propose de mettre ce nombre sous la forme décimale.

$$\text{Log } 355. \quad . \quad . \quad . \quad . \quad 2.55023$$
$$\text{Log } 113^{-1}. \quad . \quad . \quad . \quad . \quad \overline{3}.94692$$
$$\text{Log } \frac{355}{113}. \quad . \quad . \quad . \quad . \quad 0.49715$$
$$\frac{355}{113} = 3.1416.$$

Cette valeur est exacte à moins d'une demi-unité du quatrième ordre.

Exemple II. — Les astronomes admettent, comme résultat de leurs observations et de leurs calculs, que la distance du soleil à la terre est d'environ 153 493 000 kilomètres. La terre fait le tour du soleil à peu près en 365 jours 1/4.

2

On demande le chemin qu'elle parcourt en une seconde de temps, son mouvement étant supposé circulaire et uniforme.

Pour avoir ce chemin, il faut diviser la longueur de la circonférence entière qui a pour rayon 153 493 000 kilom. par le nombre de secondes dont une année se compose. L'ensemble des opérations à effectuer est, en conséquence, résumé par cette expression $\dfrac{2\,\pi \times 153\,493\,000}{365{,}25 \times 24 \times 60 \times 60} = x$.

$$
\begin{array}{lr}
\text{Log } 2, & 0.30103 \\
\text{Log } \pi. & 0.49715 \\
\text{Log } 153\,493\,000. & 8.18609 \\
\text{Log } 365{,}25^{-1}. & \overline{3}.43741 \\
\text{Log } 24^{-1}. & \overline{2}.61979 \\
2\,\text{Log } 60^{-1}. & \overline{4}.44370 \\
\hline
\text{Log } x. & 1.48517
\end{array}
$$

$$x = 30.561.$$

Comme c'est le kilomètre qui a été pris pour unité, il s'ensuit que l'espace parcouru par le globe terrestre, en ne tenant compte que de son mouvement autour du soleil, dépasse 30 kilomètres par seconde, c'est-à-dire soixante fois la vitesse d'un boulet de canon en supposant cette vitesse de 500 mètres par seconde.

EXEMPLE III. — On veut avoir une sphère creuse dont la capacité soit exactement de 5 litres. Quel doit en être le rayon intérieur ?

Le rayon inconnu que j'appellerai r doit être tel que l'on ait, suivant ce qui est démontré en géométrie, $\dfrac{4\,\pi\,r^3}{3} =$ 0.005, on doit donc avoir $r^3 = \dfrac{3 \times 0.005}{4\,\pi}$ et, par suite,

$$r = \sqrt[3]{\dfrac{3 \times 0.005}{4\,\pi}}.$$

$$\begin{array}{llll}
\text{Log } 3. & \ldots & \ldots & 0.47712 \\
\text{Log } 0.005. & \ldots & \ldots & \bar{3}.69897 \\
\text{Log } 4^{-1}.. & \ldots & \ldots & \bar{1}.39794 \\
\text{Log } \pi^{-1}.. & \ldots & \ldots & \bar{1}.50285 \\
\hline
\text{Log } r^3. & \ldots & \ldots & \bar{3}.07688 \\
\text{Log } r. & \ldots & \ldots & \bar{1}.02563
\end{array}$$

$$r = 0^{\text{m}}.1061.$$

Si quelques-uns des multiplicateurs ou des diviseurs étaient des radicaux, on chercherait préalablement leurs logarithmes au moyen de la règle relative aux logarithmes des racines*, et on les emploierait ensuite dans le calcul comme des logarithmes de nombres ordinaires. ˙ Iutr. 16

18. Quand le nombre qu'on veut calculer n'est pas exclusivement le résultat d'une suite de *multiplications*, *divisions*, *élévations aux puissances et extractions de racines*, on ne peut plus appliquer les règles énoncées ci-dessus; cependant le calcul logarithmique est encore possible, mais il perd une partie de ses avantages.

Pour donner une idée de la difficulté qui se présente alors, je supposerai que l'on veuille, connaissant les deux côtés de l'angle droit d'un triangle rectangle, calculer la longueur de l'hypoténuse. On sait que l'hypoténuse d'un tel triangle est égale à la racine quarrée de la somme des quarrés des deux autres côtés. Après avoir obtenu les logarithmes des quarrés de ces côtés, on ne pourra pas en faire la somme, il faudra repasser de ces logarithmes aux nombres, puis faire la somme de ces nombres, chercher le logarithme de cette somme, puis prendre la moitié de ce dernier logarithme, et le nombre correspondant sera l'hypoténuse cherchée.

C'est la nécessité de repasser une ou plusieurs fois des logarithmes aux nombres dans le cours du calcul avant d'obtenir le logarithme cherché, qui est alors fâcheuse. Néanmoins, quelque longue que soit cette marche, elle est encore, en général, préférable au calcul sans logarithmes.

La géométrie et l'algèbre fournissent souvent diverses expressions d'une même quantité. On doit évidemment, d'après ce qui vient d'être dit, choisir de préférence celle qui est le plus facilement calculable par logarithmes.

§ II. *Trigonométrie.*

19. On sait qu'un triangle rectiligne est complétement déterminé quand ses trois côtés sont donnés, ou bien deux côtés et un angle, ou bien encore un côté et deux angles, car on peut, dans ces divers cas, construire *géométriquement* le triangle. L'objet de la *trigonométrie rectiligne* est d'en déterminer *par le calcul* dans les mêmes cas, les côtés et les angles inconnus. Il y a aussi une *trigonométrie sphérique*, ainsi nommée parce qu'elle a pour objet la solution des problèmes analogues qu'on peut se proposer sur les triangles *sphériques*. Ces derniers problèmes correspondent à ceux auxquels donne lieu, en géométrie, l'angle solide *trièdre*.

La trigonométrie, quoique son nom signifie *mesure des triangles* (1), ne se borne pas cependant à fournir des méthodes pour la *résolution* des triangles. Elle en fournit aussi pour la solution de toutes les questions où l'on a des angles à faire entrer dans le calcul. Considérée dans sa généralité, elle forme une branche importante de la *géométrie calculatrice.*

_____

(1) Il est formé des deux mots grecs τρίγωνον, *triangle*, et μετρεῖν, *mesurer*.

Je vais faire connaître d'abord ce qui concerne la résolution des triangles rectilignes, sans recourir à l'algèbre ; puis j'indiquerai comment, au moyen d'un petit nombre de principes empruntés à cette dernière science, on parvient à donner soit au calcul, soit aux formules trigonométriques toute la généralité possible. Je présenterai enfin celles de ces formules dont on fait usage le plus fréquemment.

Mesure des angles.

20. Unité angulaire. — A peine est-il besoin d'expliquer que les nombres qui expriment les longueurs s'obtiennent en rapportant ces longueurs à une *unité* usuelle, par exemple au *mètre*, de sorte que chaque côté que l'on considère est alors égal à un certain nombre de mètres, plus une fraction excédante exprimée, elle-même, en subdivisions de cette unité. Pour pouvoir évaluer les angles en nombres, on prend de même un certain *angle* pour *unité*. Cette unité est ordinairement l'angle qu'on appelle le *degré*, et qui est tel qu'il faut 360 degrés placés consécutivement autour d'un même point ou sommet commun pour faire quatre angles droits, et conséquemment 90 degrés pour faire un angle droit. Le degré se subdivise en 60 parties appelées *minutes*, la minute en 60 parties appelées *secondes*. Les fractions de seconde s'évaluent en parties décimales de la seconde. On se sert, pour exprimer les degrés, minutes et secondes, des signes °, ′, ″, placés en exposants. Ainsi, pour exprimer un angle de 48 degrés 3 minutes 17 secondes et 28 centièmes de seconde, on écrit 48° 3′ 17″.28 (1).

(1) Ce système est fort ancien, on le trouve employé chez les Grecs. Mais au lieu d'arrêter le mode de subdivision sexagésimal à la seconde, comme le font les modernes, ils le poursuivaient beaucoup au delà et marquaient les subdivisions ultérieures à la seconde par des accents de plus en plus nombreux.

21. DIVISION DE LA CIRCONFÉRENCE. — Cette évaluation des angles en degrés, minutes et secondes s'applique également aux arcs qui les mesurent, car si l'on conçoit 360 angles de 1° disposés autour d'un même point ou sommet commun, avec les lignes subdivisant ces degrés en minutes et les minutes en secondes, toute circonférence décrite de ce point comme centre, sera divisée par ces droites, quelle que soit la grandeur du rayon, en 360 arcs correspondant aux degrés, chacun de ces arcs en 60 autres correspondant aux minutes, chacun de ces derniers en 60 arcs plus petits correspondant aux secondes, et il est évident que toute subdivision des angles ultérieure aux secondes se reproduirait également sur la circonférence. C'est dans ce sens qu'on dit que la circonférence est divisée en 360°, l'arc de 1° en 60 minutes, l'arc de 1' en 60 secondes, et il arrive même qu'il n'y a pas d'autre expression que celle de *division de la circonférence* pour désigner l'ensemble des conventions relatives au choix de l'unité angulaire et à ses subdivisions. Cela tient, sans doute, à ce que les instruments destinés à la mesure des angles sont des cercles entiers ou des secteurs de cercle divisés en degrés et subdivisions du degré.

22. Puisque la circonférence ne contient, quel que soit son rayon, que 360 degrés, il est évident que l'arc de 1° sur une circonférence de rayon donné est proportionnel à ce rayon. Voici quelques nombres propres à fixer les idées à ce sujet. Les rayons auxquels ils se rapportent sont compris dans les limites de ceux des cercles ou secteurs de cercle qui font partie des instruments usuels

Longueur du rayon.	Longueur de l'arc de 1o.
0m.025	0m.000436
0m.050	0m.000873
0m.075	0m.001309
0m.100	0m.001745

$0^m.125.$ . . . . . $0^m.002182$

$0^m.150.$ . . . . . $0^m.002618$

$0^m.175.$ . . . . . $0^m.003054$

$0^m.200.$ . . . . . $0^m.003491$

Pour obtenir ces nombres, on a calculé, comme on le fait en géométrie, la longueur de la circonférence décrite avec chacun des rayons considérés. Il a suffi de diviser ensuite cette longueur par 360 pour avoir la longueur de l'arc de 1°.

23. Opérations auxquelles donnent lieu les nombres complexes qui expriment les angles. — Il est utile, lorsqu'un angle est évalué en degrés, minutes et secondes, comme on l'a expliqué ci-dessus, de savoir l'exprimer soit en secondes, soit en minutes, soit en degrés, soit en parties de l'angle droit, et aussi de savoir faire l'opération inverse. Voici comment on s'y prendra pour faire ces calculs et quelles sont les précautions à prendre dans l'*addition*, la *soustraction*, la *multiplication* et la *division* des nombres complexes dont il s'agit.

1° Pour réduire un angle en secondes, on commence par convertir les degrés en minutes en les multipliant par 60, puisque chaque degré vaut 60'. On ajoute au produit les minutes de l'angle donné, et on multiplie la somme par 60 pour convertir les minutes en secondes, puisque chaque minute vaut 60''. On ajoute à ce nouveau produit les secondes de l'angle donné et la fraction excédante exprimée en parties décimales de la seconde, la somme obtenue est l'angle exprimé en secondes. C'est ainsi que l'angle de 48° 3′ 17″.28 donne d'abord 2880′ pour 48° et, conséquemment, 2883′ pour 48° 3′, puis 172 980″ pour 2883′ et, par suite, on a 172 997″.28 pour la valeur en secondes de l'angle 48° 3′ 17″ 28.

2° Si l'on veut réduire un angle en minutes, on convertit d'abord les degrés en minutes en les multipliant par 60 et on ajoute au produit les minutes qui entrent dans l'expression de l'angle. On divise ensuite les secondes et la fraction excédante par 60, puisque 1″ est la 60me partie de 1′. On ajoute aux minutes le quotient obtenu, et la somme est l'angle exprimé en minutes. En effectuant ces calculs sur l'angle de 48° 3′ 17″.28, déjà pris pour exemple, on trouve d'abord 2883′ pour 48° 3′, puis en divisant 17.28 par 60, on trouve le quotient 0,288; en l'ajoutant aux minutes trouvées, on a pour l'expression de l'angle en minutes 2883′,288.

3° Veut-on n'avoir, dans l'expression d'un angle, que des degrés et des parties décimales du degré ? Il faut alors diviser par 60 les secondes et parties décimales de la seconde pour les convertir en minutes. On ajoute le quotient aux minutes et on divise la somme par 60. On ajoute le nouveau quotient aux degrés et cette nouvelle somme est l'angle exprimé en degrés. Je prends encore pour exemple l'angle de 48° 3′ 17″.28 sur lequel ont été effectués les calculs ci-dessus. La conversion des secondes en minutes donne d'abord 0′,288; ajoutant 3′ et divisant la somme 3,288 par 60, il vient pour quotient 0,0548; ajoutant ce quotient aux degrés, on a enfin 48°.0548 pour l'expression cherchée de l'angle en degrés.

4° Pour rapporter un angle donné à l'angle droit pris pour unité, on le convertit d'abord en degrés et parties décimales du degré, comme il vient d'être expliqué, puis on divise le nombre obtenu par 90, puisque l'angle droit vaut 90°. Le quotient est l'angle donné évalué au moyen de l'angle droit pris pour unité. En effectuant ces calculs sur l'angle de 48° 3′ 17″ 28, qui nous a déjà trois fois servi d'exemple, on trouve d'abord pour son évaluation en degrés et parties décimales du degré 48°,0548. Divisant ce nombre par 90, il vient 0^q,533942 en se bornant à six décimales.

La lettre *q*, placée en exposant, est employée ici pour désigner le *quadrant* ou quart de la circonférence.

5°. Enfin l'opération inverse par laquelle on ramène à l'évaluation ordinaire en degrés, minutes et secondes, un angle évalué soit en angles droits, soit en degrés, soit en minutes, soit en secondes, ne présentera aucune difficulté si l'on a bien compris les explications qui précèdent et le mécanisme du calcul.

Si l'unité est l'angle droit, on multipliera par 90, et la partie entière du produit exprimera les degrés. On multipliera la partie fractionnaire par 60, la partie entière du nouveau produit exprimera les minutes. En multipliant par 60 la partie fractionnaire du même produit, on aura un troisième produit exprimant les secondes et les parties décimales de la seconde.

Si l'unité est le degré, on multipliera d'abord par 60 la partie fractionnaire, ce qui donnera un produit ayant pour partie entière les minutes. La partie fractionnaire de ce produit, multipliée par 60, donnera les secondes.

Si l'unité est la minute, on divisera par 60 la partie entière, le quotient exprimera les degrés et le reste de la division les minutes. On multipliera la partie fractionnaire par 60, et on aura pour produit les secondes.

Enfin, si l'unité est la seconde, on divisera la partie entière par 60, le reste de la division exprimera les secondes entières. On divisera le quotient par 60, le nouveau quotient obtenu exprimera les degrés et le reste de la division les minutes.

En effectuant ces calculs sur les nombres obtenus dans les cinq exemples ci-dessus, on retrouvera dans tous les cas l'angle 48° 3′ 17″.28.

6° ADDITION. — Cette opération se fait en écrivant les nombres à additionner les uns au-dessous des autres, comme les nombres décimaux, de manière que les unités de chaque espèce et de même ordre soient dans une même colonne verticale. On trace un trait au-dessous du dernier nombre, puis, à partir de la droite, on fait successivement la somme des chiffres contenus dans chaque colonne verticale. Il n'y a de différence avec ce qui se pratique pour les nombres décimaux que dans les colonnes des *dizaines de secondes* et des *dizaines de minutes*. Quand la somme donnée par celle de ces colonnes sur laquelle on opère ne surpasse pas *cinq*, on l'écrit au-dessous telle qu'on l'a trouvée ; si elle surpasse *cinq*, on en retranche le plus grand multiple de *six* qu'elle contient et on n'écrit que le reste. On reporte à la colonne suivante autant d'unités que l'on a retenu de fois *six*.

EXEMPLE. — On veut avoir la somme des angles 81° 24' 52".08, 14° 17' 51".65, 35° 49' 38".76. Je dispose le calcul comme il suit :

81°	24'	52"	08
14	17	51	65
35	49	38	76
131°	32'	22"	49

La colonne des dizaines de secondes a donné pour somme 14 dizaines de secondes. Comme 12 de ces dizaines font 2', j'ai retenu ces deux minutes représentées par 2 fois 6 et écrit seulement le reste 2. J'ai reporté 2 à la colonne des minutes et continué l'opération. La colonne des dizaines de minutes a donné pour somme 9 dizaines de minutes ; comme 6 de ces dizaines font 1°, j'ai retenu 1 pour le reporter à la colonne des degrés et écrit seulement le reste 3.

7° SOUSTRACTION. — Cette opération diffère de celle que l'on fait sur les nombres décimaux en ce que les nombres que l'on ajoute, dans certains cas, aux dizaines de secondes et aux dizaines de minutes pour rendre la soustraction possible, ne valent pas *dix*, mais *soixante*. Cela résulte simplement de ce que le degré vaut 60 minutes et la minute 60 secondes.

EXEMPLE. — Soit à retrancher 19° 49′ 58″ 94 de 33° 11′ 3″ 63. Je dispose le calcul comme on le voit ci-dessous :

33°	11′	3″	63
19	49	58	94
13°	21′	4″	69

Après avoir opéré, suivant la méthode ordinaire, sur les trois premières colonnes, à partir de la droite, j'ajoute 1′ ou 6 dizaines de secondes aux secondes du nombre supérieur, et, par compensation, j'ajoute en même temps 1′ aux minutes du nombre inférieur, moyennant quoi j'opère comme s'il y avait 63″ au lieu de 3″ dans le premier nombre et 50′ au lieu de 49′ dans le second. J'ajoute de même 6 au chiffre 1 des dizaines de minutes dans le nombre supérieur, et, par compensation, j'ajoute 1° au nombre inférieur et j'opère en conséquence comme s'il y avait 71′ au lieu de 11′ dans le premier nombre, et 20° au lieu de 19° dans le second. C'est ainsi que j'obtiens pour reste 13° 21′ 4″ 69.

On fait la preuve de cette soustraction de nombres complexes en ajoutant le reste trouvé en plus petit nombre. La somme doit être égale au plus grand.

8° MULTIPLICATION. — Dans les calculs auxquels conduit la géométrie du terrain, il n'arrive jamais que l'on ait à multiplier un nombre complexe exprimant un angle par un autre nombre complexe. C'est pourquoi je ne considérerai ici que la multiplication d'un tel nombre par un nombre entier ou fractionnaire.

On commence par convertir le nombre complexe proposé en unités d'une même espèce, qui seront des secondes, ou des minutes, ou des degrés, ou même, si l'on veut, des parties décimales du quadrant, puis on effectue la multiplication sur le nombre ainsi obtenu, et enfin on exprime le produit de cette multiplication en degrés, minutes et secondes.

EXEMPLE. — Pour obtenir le produit de la multiplication de l'angle 48° 3′ 17″.28 par le nombre 12.33, on réduit le premier de ces nombres en secondes, ce qui donne 172 997″.28. Multipliant par 12.33, il vient pour produit 2 133 056″.4624 et, par suite, 592° 30′ 56″.4624.

9° DIVISION. — De même que pour la multiplication, et par un motif analogue, je ne considérerai que le cas de la division par un nombre non complexe, entier ou fraction-naire.

On peut convertir d'abord le nombre complexe en unités de même espèce, puis effectuer la division sur le nombre non complexe résultant de cette opération, et convertir enfin le quotient au nombre complexe. Cette marche est semblable à celle qui est indiquée ci-dessus par la multipli-cation.

On peut aussi diviser successivement les degrés, les mi-nutes et les secondes, sauf à convertir les deux premiers restes en unités de l'espèce immédiatement inférieure.

EXEMPLE. — Je veux diviser le produit obtenu ci-dessus 592° 30′ 56″.4624 par le nombre 12.33 qui a servi de mul-tiplicateur. Je divise d'abord 592° par 12.33; j'ai pour quotient 48° et un reste 0°.16 que je convertis en minutes en le multipliant par 60, ce qui donne 9′.60; ajoutant ce produit à 30′, j'ai 39′.60 que je divise par 12.33. Le quo-tient est 3′, et j'ai pour reste 2′.61 que je convertis en se-condes au moyen d'une nouvelle multiplication par 60. J'ajoute le produit 156″.60 à 56″.4624, et je divise la somme 213″.1724 par 12.33, ce qui donne pour quotient 17″.28. Nous retrouvons ainsi le nombre complexe primitif 48° 3′ 17″.28.

24. DIVISION CENTÉSIMALE DE LA CIRCONFÉRENCE. — On voit, par ce qui précède, que la division de la circonfé-rence en 360 degrés et la subdivision des degrés en minutes et des minutes en secondes, suivant le mode sexagésimal,

ont l'inconvénient d'entraîner à des calculs qui présentent quelque complication. C'est pourquoi, lors de l'établissement du système métrique des poids et mesures, on proposa d'assujettir à la division décimale la mesure des angles, et de prendre, à cet effet, pour unité d'angle l'angle droit ou quadrant, et de diviser cette unité en 100 parties égales appelées *degrés*, le degré en 100 *minutes* et la minute en 100 *secondes*. L'emploi de ces anciennes dénominations pouvait faire naître la confusion : c'est afin d'éviter cet écueil que quelques auteurs les ont remplacées par celles de *grade, minute décimale* et *seconde décimale*. Dans ce système, pour exprimer un angle de 53 grades 39 minutes 42 secondes et 44 centièmes, on écrit 53^{g}3942″.44. D'après la définition même du grade et de ses subdivisions, cet angle étant rapporté à l'angle droit vaut 0^q,53394244, son expression est en grades 53^{g}394244, en minutes 5339′4244 et en secondes 533 942″.44. Ainsi donc, toutes ces transformations, qui exigent des calculs dans le système de la division de la circonférence en 360°, se réduisent ici à des déplacements de la virgule ou du point qui sépare les entiers des décimales. Les quatre règles de l'arithmétique s'appliquent d'ailleurs sans exiger rien de particulier, aux nombres qui expriment les angles dans la division centésimale. Malgré les avantages de cette division, l'ancienne est encore à peu près exclusivement suivie. Je l'adopterai, en conséquence, dans cet ouvrage. Toutefois les explications que je donnerai s'appliqueront, dans beaucoup de cas, à l'un et à l'autre mode de division de la circonférence, et pourront facilement, dans tous les autres, servir à guider le lecteur qui, par suite de quelque circonstance particulière, aurait à faire usage de la division centésimale.

25. Conversion des grades en degrés et réciproquement. — Pour convertir les grades en degrés, on les exprime en parties du quadrant, comme il a été dit ci-dessus, puis

on multiplie par 90, ce qui donne les degrés. On multiplie
la fraction excédante par 60, ce qui donne les minutes. On
multiplie enfin la nouvelle fraction excédante par 60, ce
qui donne les secondes.

En effectuant ces calculs sur l'angle 53ᵍ3942.44 pris pour
exemple ci-dessus, on trouve qu'il est égal à 48° 3′ 17″ 28.

Réciproquement, pour convertir les degrés en grades, on
exprime d'abord l'angle donné en parties, du quadrant ce
qu'on sait faire. On multiplie ensuite par 100. La partie
entière du produit exprime les grades et la partie fractionnaire, les minutes et secondes décimales. C'est ainsi que
notre angle de 48° 3′ 17″ 28 vaut 53 grades 39 minutes
décimales 42 secondes décimales et 44 centièmes de seconde
décimale.

Tables trigonométriques.

26. On fait usage, pour la résolution des triangles et, en
général, pour la résolution *numérique* des questions où les
angles entrent dans le calcul, de tables dites *trigonométriques*,
lesquelles ne sont autre chose que *des recueils de triangles
rectangles tout calculés*. Elles présentent avec ordre des
triangles rectangles, sinon de toutes les formes possibles,
du moins de formes assez voisines pour que tout triangle
de cette espèce soit semblable ou à peu près semblable à
quelque triangle *tabulaire*, ce qui permet de calculer facilement les côtés inconnus du triangle proposé. Afin d'abréger les calculs, ces tables donnent non point les longueurs
mêmes des côtés des triangles dont elles sont composées,
mais les *logarithmes* des nombres qui expriment ces longueurs, et, par suite, presque toutes les opérations à effectuer se réduisent à des *additions*, ainsi qu'on le verra plus
loin. Ces mêmes tables s'appliquent également, au moyen
de quelques principes très-simples, à la résolution des autres
triangles, c'est-à-dire de ceux qui ne sont pas rectangles.

27. **Lignes trigonométriques.** — Les côtés des triangles tabulaires sont désignés collectivement sous le nom de *lignes trigonométriques*. Ils ont, en outre, reçu des dénominations particulières que je vais faire connaître. Considérons, à cet effet, le quadrant AB*, menons les tangentes indéfinies AT, BS, traçons à volonté, à partir du centre O, le rayon OM qui, prolongé, rencontre ces deux tangentes en T et en S, abaissons enfin MP, MQ respectivement perpendiculaires sur OA et OB. Les tables dont nous allons expliquer tout à l'heure la disposition et l'usage donnent 1° les logarithmes des côtés PM, OP de l'angle droit OPM du triangle MOP, 2° les logarithmes des côtés AT, BS des triangles TOA, SOB, et cela pour les diverses positions que peut prendre le rayon OM en tournant autour du centre O. On admet que ce rayon, couché d'abord sur OA, se dirige successivement vers les divers points du quadrant. Cela posé, on appelle :

SINUS, TANGENTE et SÉCANTE de l'*arc* AM les droites PM, AT, OT. Ces dénominations peuvent d'ailleurs être appliquées indépendamment de la considération des triangles tabulaires, de là les définitions suivantes, qui sont très-générales :

Le sinus d'un arc est la perpendiculaire abaissée de l'une des extrémités de cet arc sur le diamètre qui passe par son autre extrémité.

La tangente d'un arc est la distance interceptée sur la tangente menée à l'une des extrémités, entre cette extrémité et le prolongement du rayon qui passe par l'autre extrémité.

La sécante d'un arc est la partie du rayon prolongé comprise entre le centre et l'extrémité de la tangente.

Pour désigner ces lignes, on emploie les abréviations *sin*, *tang*, *séc*. On peut écrire, en conséquence, PM = sin AM, AT = tang AM, OT = séc AM.

28. On nomme *complément* d'un arc ou d'un angle ce

* Fig. 1.

qu'il faut lui ajouter pour faire le quadrant ou 90⁰. Le sinus, la tangente et la sécante du complément d'un arc sont
appelés par abréviation COSINUS, COTANGENTE et COSÉCANTE
de cet arc. L'arc BM étant le complément de AM, on écrit
d'une manière abrégée QM $=$ cos AM, BS $=$ cot AM, OS $=$
coséc AM.

Les triangles MOP, MOQ sont égaux entre eux comme
étant les deux moitiés d'un rectangle séparées par une
diagonale. On a donc OP $=$ QM, OQ $=$ PM, ainsi les deux
côtés de l'angle droit de chacun de ces triangles représentent l'un le sinus, l'autre le cosinus de l'arc AM.

Il y a encore deux lignes trigonométriques qui sont le
sinus-verse et le *cosinus-verse* représentés par PA et QB.
Ces dernières dénominations sont peu usitées.

29. SINUS, COSINUS, etc., D'UN ANGLE. Les lignes trigonométriques qui viennent d'être définies sont les sinus, cosinus, etc., de l'*arc* AM, et leur grandeur dépend non-seulement du rapport de cet arc à la circonférence dont il fait
partie, mais encore du rayon OA. Or, un angle est essentiellement indépendant du rayon de l'arc qui le mesure.
Pour avoir des sinus, cosinus, etc., pareillement indépendants du rayon, il suffit de diviser chaque ligne trigonométrique par le rayon, ce qui revient à considérer les lignes
trigonométriques dans une circonférence ayant pour rayon
l'unité de longueur. Alors on n'a plus que des *rapports*. Ce
sont ces rapports que l'on désigne quelquefois par *sinus na-*
turels, *cosinus naturels*, etc.; afin d'éviter toute confusion,
je les appellerai *sinus*, *cosinus*, etc., de l'*angle* MOP.

30. DISPOSITION DES TABLES. Les tables de Callet donnent
les logarithmes des sinus, cosinus, tangentes et cotangentes
de *dix* en *dix* secondes pour tous les degrés du quart de
cercle. Elles sont précédées d'une table des sinus et tangentes
de seconde en seconde par les cinq premiers degrés. Je ren-

voie, pour ces tables, ainsi que je l'ai déjà fait pour celles des logarithmes des nombres, aux explications données par l'auteur lui-même (1). Les détails qui suivent s'appliquent spécialement aux tables de Jérôme de Lalande.

Ces dernières tables donnent les logarithmes des sinus, cosinus, tangentes et cotangentes *de minute en minute* pour tous les degrés du quart de cercle. Elles présentent ces logarithmes sur quatre colonnes intitulées *sin, tang, cot, cos*. On pourrait croire qu'elles ne vont que jusqu'à 45°, mais il n'en est rien. Chaque série, par exemple celle des sinus, va jusqu'à 90°, mais, arrivée à 45°, elle se replie et se confond avec la série des cosinus, que l'on suit *en remontant*. La série des cosinus est de même continuée au delà de 45° par celle des sinus; de même aussi les tangentes par les cotangentes et les cotangentes par les tangentes. On consulte, à cet effet, les titres *cos, cot, tang, sin* inscrits au bas des pages. Les colonnes ascendantes placées à droite pour les minutes correspondent à ces titres inférieurs.

Outre les colonnes des minutes et des logarithmes, on remarque trois autres colonnes intitulées *diff.*; elles donnent les différences des logarithmes. Ces différences sont les mêmes pour les tangentes et les cotangentes, c'est ce qu'indiquent les lettres *d c*, qui signifient *différences communes*.

31. On a supposé le rayon égal non point à l'unité, mais à 10 000 000 000 unités de longueur, de sorte que son logarithme est égal à 10. Il résulte de là que les plus petites divisions de la circonférence sont représentées par des nombres considérables. Le sinus de la millième partie d'une seconde est 48.4814 en parties du rayon. Or le sinus d'un arc est moindre que la tangente et que la sécante, et on a

(1) Voyez notamment dans le *Précis élémentaire sur l'explication des logarithmes et sur leur application*, etc., qui précède les tables de Callet, les § XVI, XVII et XVIII, comprenant la disposition et l'usage des tables des sinus, tangentes, etc.

log sin 1' = 6.46373. Les caractéristiques des logarithmes des lignes trigonométriques ne peuvent donc jamais être moindres que 6, dans les tables de Jérôme de Lalande. Cependant, lorsqu'on parcourt ces tables, on y remarque certaines parties où les caractéristiques sont moindres que 6, cela arrive dans les colonnes intitulées *cot.* et dans une partie de la première des colonnes intitulées *cos.*, mais alors c'est que l'on a retranché 10 de la caractéristique ; il faut rétablir cette dizaine pour avoir le véritable logarithme *tabulaire.*

32. Cette circonstance que le logarithme du rayon est égal à 10, rend très-facile de passer des logarithmes du sinus, de la tangente, etc., d'un *arc*, aux logarithmes du sinus, de la tangente, etc., de l'*angle*, c'est-à-dire aux logarithmes des rapports de ces lignes trigonométriques au rayon; car il n'y a qu'à retrancher 10 de la caractéristique, ce qui la rend négative lorsqu'elle est moindre que 10. Cette soustraction se fait à vue ; 9, 8, 7, etc., deviennent respectivement $\overline{1}$, $\overline{2}$, $\overline{3}$, etc. J'effectuerai toujours cette transformation dans les exemples qui vont suivre.

Je vais expliquer maintenant l'usage de ces tables ; elles donnent lieu à deux questions principales analogues à celles qui se sont présentées pour les logarithmes des nombres. On ne doit pas perdre de vue qu'il ne s'agit, jusqu'à présent, que d'angles moindres que 90°.

33. PREMIÈRE QUESTION. — *Un angle étant donné, trouver le logarithme du sinus, du cosinus, de la tangente et de la cotangente de cet angle.*

Supposons que l'angle donné ne contienne que des degrés et des minutes et prenons pour exemple l'angle de 38° 41'. Cet angle étant moindre que 45°, je cherche le nombre 38 des degrés parmi ceux qui sont écrits *en haut* des pages, puis je parcours *en descendant* la colonne des minutes qui est à gauche et, sur la même ligne horizontale que le nombre 41 des minutes, je lis * les quatre logarithmes qui * Intr. 32. correspondent à l'angle de 38° 41', savoir :

$$\log \sin \ 38°41' = \overline{1}.79589, \quad \log \cos 38°41' = \overline{1}.89244,$$
$$\log \tan g\, 38°41' = \overline{1}.90346, \quad \log \cot 38°41' = 0.09654.$$

Supposons maintenant un angle qui ne contienne également que des degrés et des minutes, mais qui soit plus grand que 45°, et prenons pour exemple l'angle de 51° 19'. Je cherche alors le nombre 51 des degrés parmi ceux qui sont écrits *en bas* des pages, puis je parcours *en remontant* la colonne des minutes qui est à droite et, sur la même ligne horizontale que le nombre 19 des minutes, je lis les quatre logarithmes qui correspondent à l'angle de 51° 19', savoir :

$$\log \sin \ 51°19' = \overline{1}.89244, \quad \log \cos 51°19' = \overline{1}.79589,$$
$$\log \tan g\, 51°19' = 0.09654, \quad \log \cot 51°19' = \overline{1}.90346.$$

Ces logarithmes sont ceux que nous avons trouvés ci-dessus pour l'angle de 38° 41'. On s'expliquera cette circonstance en remarquant que ces deux angles font ensemble 90°, et que conséquemment, d'après la définition même, le sinus de l'un est égal au cosinus de l'autre et que la même relation a lieu entre leurs tangentes et cotangentes.

34. Quand l'angle donné contient des secondes, il faut recourir aux *différences* et faire des calculs analogues à ceux que j'ai indiqués pour les logarithmes des nombres de plus de quatre chiffres. Chaque seconde étant la soixantième partie d'une minute, c'est-à-dire de l'intervalle angulaire auquel correspond la différence donnée par la table, la correction à faire se compose d'autant de soixantièmes de cette différence qu'il y a de secondes. Dans ces calculs, il faut toujours partir du logarithme qui approche le plus *en moins* du logarithme cherché, ce qui exige que l'on parte

de l'angle qui approche le plus *par excès* de l'angle donné,
lorsqu'il s'agit du cosinus et de la cotangente, car leurs logarithmes décroissent pendant que les angles croissent. On
calcule alors la correction non point sur les secondes de
l'angle proposé, mais sur le nombre de secondes à ajouter
à cet angle pour compléter la minute. L'exemple qui suit
achèvera d'éclaircir ce que je veux dire.

EXEMPLE. — On veut les logarithmes du sinus, du cosinus, de la tangente et de la cotangente de 51° 19′ 23″.

Calcul pour le sinus.

Log sin 51° 19′. . . . . $\overline{1}$.89244 (diff. 10),

Pour 23″. . . . . $\dfrac{23 \times 10}{60}$. . . . 4
_____

Log sin 51° 19′ 23″. . . . . $\overline{1}$.89248.

Calcul pour le cosinus.

Log cos 51° 20′. . . . . $\overline{1}$.79573 (diff. 16),

Pour — 37″. . . . $\dfrac{37 \times 16}{60}$. . . . 10
_____

Log cos 51° 19′ 23″. . . . . $\overline{1}$.79583.

Calcul pour la tangente.

Log tang 51° 19′. . . . . . . 0.09654 (diff. 26),

Pour 23″. . . . . $\dfrac{23 \times 26}{60}$. . . . 10
_____

Log tang 51° 19′ 23″. . . . . 0.09664.

Calcul pour la cotangente.

Log cot 51° 20′. . . . . $\overline{1}$.90320 (diff. 26),

Pour — 37″. . . . $\dfrac{37 \times 26}{60}$. . . . 16
_____

Log cot 51° 19′ 23″. . . . . $\overline{1}$.90336.

35. La méthode que je viens d'exposer n'est pas rigou-

reuse ; elle ne donne qu'une approximation. Mais cette approximation est suffisante, quand les différences tabulaires successives ne varient pas avec trop de rapidité. Dans l'exemple ci-dessus, les différences 10, 16 et 26 satisfont à cette condition, car on les trouve répétées plusieurs fois dans les colonnes auxquelles elles appartiennent respectivement. Or cela n'a pas lieu pour les sinus, les tangentes et les cotangentes des petits angles, et conséquemment pour les cosinus, les cotangentes et les tangentes des angles qui diffèrent peu de 90°. L'approximation sera suffisante de 2° à 88°, mais en dehors de ces limites, il pourra y avoir plus ou moins d'incertitude sur les logarithmes qu'elle donnera, et c'est ce dont on pourra aisément se convaincre en · comparant quelques logarithmes ainsi calculés, notamment pour un excédant de 30″, avec ceux que donne la table spéciale qu'on trouve dans l'ouvrage de Callet pour toutes les secondes des cinq premiers degrés du quart de cercle. On fera donc bien d'éviter de se servir des tables de Jérôme de Lalande hors des limites indiquées ci-dessus, et de recourir alors à celles de Callet.

36. Cependant, si l'on n'avait à sa disposition que les petites tables, voici comment on pourrait en tirer parti : on considérerait les sinus et les tangentes comme variant proportionnellement aux angles, ce qui est très-sensiblement vrai pour de petits angles tels que ceux que nous avons à considérer ici. Supposons, pour fixer les idées, qu'il s'agit de calculer les logarithmes du sinus et de la tangente de 1° 17′ 41″. Je réduis en secondes 1° 17′ et 1° 17′ 41″, ce qui donne 4620″ et 4661″. J'écris donc les proportions 4620 : 4661 :: sin 1° 17′ : sin 1° 17′ 41″ et 4620 : 4661 :: tang 1° 17′ : tang 1° 17′ 41″. Appliquant enfin la règle indiquée * pour obtenir le *logarithme du résultat d'une suite*   * Intr. 17. *de multiplications et de divisions*, j'opère comme on le voit ci-dessous.

Log sin 1° 17'. . . $\overline{2}.35018$,   log tang 1° 17'. . . $\overline{2}.35029$

Log 4661.. . . . . 3.66848,   log 4661. . . . . . 3.66848

Log 4620^{-1}.. . . . $\overline{4}.33536$,   log 4620^{-1}. . . . . $\overline{4}.33536$

Log sin 1° 17' 41'' $=\overline{2}.35402$,   log tang 1° 17' 41'' $=\overline{2}.35413$

Ces deux logarithmes sont exacts ainsi qu'on peut s'en convaincre en les cherchant directement dans la table donnée par Callet pour les cinq premiers degrés.

Cette méthode semble ne pouvoir pas s'appliquer aux cotangentes des petits angles, puisqu'elles sont les tangentes d'angles de près de 90°. Mais toute difficulté à cet égard s'évanouira, si l'on fait attention que *la tangente et la cotangente d'un même angle sont toujours telles, qu'en les multipliant l'une par l'autre, leur produit est égal à l'unité.* Cette propriété est très-facile à démontrer géométriquement. Elle se vérifie, d'ailleurs, par ce fait que les logarithmes de la tangente et de la cotangente d'un angle quelconque compris dans la table ont pour somme 0. D'après cela, pour obtenir le logarithme de la cotangente de 1° 17' 41'', il suffit de calculer le logarithme de la tangente de cet angle et de prendre le complément de ce logarithme. Or, on a trouvé ci-dessus log tang 1° 17' 41'' $= \overline{2}.35413$, on a donc immédiatement log cot 1° 17' 41'' $= 1.64587$.

37. Pour faciliter l'application de la méthode qui vient d'être expliquée, il convient de profiter d'une disposition particulière des tables de logarithmes des *nombres*, de laquelle je n'ai encore rien dit. Voici en quoi elle consiste. En tête de chaque colonne de logarithmes, on remarque un nombre suivi de minutes et de secondes. Par exemple, en tête de la dernière colonne des tables de Jérôme de Lalande, on trouve 2.46' 37''. Cette expression est la traduction en *unités sexagésimales* du nombre 9997 qui répond au premier logarithme de la colonne. Il résulte de là que si on considère ce nombre 9997 comme exprimant des secondes , sa valeur en degrés sera 2º 46' 37'', et que, réciproquement, 9997 est la valeur de l'angle 2º 46' 37'' en secondes. Les nombres suivants 9998, 9999, 10000 répondent conséquemment à des angles de 2º 46' 38'', 2º 46' 39'', 2º 46' 40''. On a donc immédiatement le logarithme du nombre qui exprime la valeur de chacun de ces angles en secondes.

Revenant à l'exemple ci-dessus où figurent les angles de 1º 17' et 1º 17' 41'', je cherche en haut des pages d'abord 1º 17' et je trouve au-dessous sa valeur 4620'' et le logarithme de ce dernier nombre. Puis je trouve en tête d'une autre colonne 1º 17' 30'' qui approche le plus *en moins* de 1º 17' 41''. Je parcours cette colonne en descendant jusqu'à 4660 qui répond à 1º 17' 40''. Le nombre suivant 4661 exprime la valeur de 1º 17' 41'' en secondes , et son logarithme se trouve écrit à côté. Cette disposition des tables est fort commode.

38. Les tables dont il est ici question ne donnent pas les logarithmes de la *sécante* et de la *cosécante*. Sous ce rapport , elles semblent ne remplir qu'incomplétement leur but, puisque la sécante et la cosécante sont les hypoténuses de triangles tabulaires. Mais il est facile d'obtenir ces logarithmes au moyen de ceux du cosinus et du sinus. Il suffit, pour cela, de remarquer que *le produit de la sécante d'un angle , par le cosinus de cet angle , est égal à l'unité , et qu'il en est de même du produit de la cosécante par le sinus*. En effet , on a * par les triangles semblables $\dfrac{OT}{OM} = \dfrac{OA}{OP}$ * Fig. 1.

$\dfrac{OS}{OM} = \dfrac{OB}{OQ}$, d'où $\dfrac{OT}{OM} \times \dfrac{OP}{OA} = 1$, $\dfrac{OS}{OM} \times \dfrac{OQ}{OB} = 1$.

Or $\dfrac{OT}{OM}$, $\dfrac{OS}{OM}$, $\dfrac{OP}{OA}$, $\dfrac{OQ}{OB}$, sont la sécante, la cosécante, le cosinus et le sinus de l'angle MOP , ce qui démontre la propriété énoncée. Il suit de là que *le logarithme de la sé-*

*cante n'est autre chose que le complément du logarithme du
cosinus; et, le logarithme de la cosécante, le complément du
logarithme du sinus.*

39. Seconde question. — *Étant donné le logarithme du
sinus, de la tangente ou de la cotangente d'un angle, trouver
cet angle.* — Cette question est l'inverse de la précédente.
La marche à suivre se présente, en quelque sorte, d'elle-
même. Supposons, pour fixer les idées, qu'on demande
l'angle dont le log sin est 1.89248. Je restitue la dizaine représentant le rayon des tables, et j'ai à considérer 9.89248.
Le log sin tabulaire qui en approche le plus *en moins* est
9.89244 qui répond à 51° 19'. La différence avec le logarithme proposé est 4, et la différence tabulaire pour 1' ou
60" est 10. En conséquence, je multiplierai 4 par 60 et je
diviserai le produit par la différence tabulaire 10 ; le quotient de cette division exprimera les secondes de l'angle
cherché. Voici ce calcul et ses analogues, qui n'ont pas
besoin d'une nouvelle explication.

J'appelle x l'angle inconnu qu'il faut déterminer :

1° Soit log sin $x = \overline{1}.89248$

On a pour. . $\overline{1}.89244$ (diff. 10). . . . 51°19' 0"

Reste. . . . . 4. . . . . $\dfrac{4 \times 60}{10} = $ . . . 24

$x = 51°17'24"$;

2° Soit log cos $x = \overline{1}.79583$

On a pour. . $\overline{1}.79589$ (diff. 16). . . . 51°19' 0"

Reste. . . . . 6. . . . . $\dfrac{6 \times 60}{16} = $ . . . 23

$x = 51°19'23"$;

3° Soit log tang $x = 0.09664$

On a pour. . 0.09654 (diff. 26). . . . $51°19'\ 0''$

Reste. . . . . . 10 . . . . $\dfrac{10 \times 60}{26} =$ . . . 23

$x = 51°19'23'';$

4° Soit log cot $x = \bar{1}.90336$

On a pour. . $\bar{1}.90346$ (diff. 26). . . . $51°19'\ 0''$

Reste. . . . . . 10. . . . . $\dfrac{10 \times 60}{26} =$ . . . 23

$x = 51°19'23''.$

40. Les logarithmes proposés dans ces divers exemples sont précisément ceux auxquels on est parvenu précédemment * en cherchant les logarithmes du sinus, du cosinus, de la tangente et de la cotangente de l'angle de 51° 19′ 23″. Nous retrouvons ici cet angle, seulement il y a 1″ de différence en plus, en y revenant par le sinus. Il y a ici une incertitude analogue à celle que j'ai signalée à l'occasion du passage d'un logarithme au nombre correspondant *. Quand la différence tabulaire est très-petite, ce qui arrive pour le sinus dans la partie élevée du quadrant, et conséquemment pour le cosinus dans la partie inférieure, l'incertitude devient très-notable. C'est ce dont on peut se rendre compte à peu près comme je l'ai fait pour les nombres. Mais je laisse au lecteur le soin de faire lui-même cette appréciation.

* Intr. 34.

* Intr. 11 et 12.

41. On remarque à ce sujet, en parcourant les tables trigonométriques, que la différence tabulaire pour les tangentes ne descend pas au-dessous de 25 pour un intervalle de 1′, tandis que pour les sinus et cosinus elle descend beaucoup plus bas et que, même, dans les cinq premiers et les cinq derniers degrés, elle se réduit un grand nombre de

fois à rien, ce qui signifie qu'en réalité elle n'est plus qu'une
fraction de l'unité. L'incertitude est alors très-grande et
peut s'élever jusqu'à plusieurs minutes. On remarque encore que les plus grandes différences tabulaires des sinus et
cosinus ne surpassent jamais les différences correspondantes
des tangentes. Il y a donc avantage, sous le rapport de
l'exactitude, à déterminer un angle par sa tangente plutôt
que par son sinus ou son cosinus.

* Intr. 35
et 36.

42. J'ai fait observer * qu'il ne faut avoir recours aux
différences tabulaires que dans la partie des tables comprises entre 2^0 et 88^0; j'ai expliqué, en même temps, le
procédé au moyen duquel on supplée à l'emploi des différences lorsqu'on veut calculer le logarithme du sinus ou de
la tangente d'un angle moindre que 2^0. Ce même procédé
est celui dont il convient de se servir lorsqu'on passe du
logarithme à l'angle. Les exemples qui suivent montrent
comment on doit l'appliquer dans ce cas.

1° Soit log sin x $= \bar{2}.35402$
On a pour. . . . . $\bar{2}.35018$ $1^0 17' = 4620''$

Log 4620. . . . . .   3.66464
Log sin x. . . . . $\bar{2}.35402$
Log sin^{-1} $1^0 17'$. .   1.64982

                         3.66848 $=$ log 4661
          $x =$ 4661'' $= 1^0 17' 41''$;

2° Soit log tang x $= \bar{2}.35413$
On a pour. . . . . $\bar{2}.35029$ $1^0 17' = 4620''$

Log 4620. . . . . .   3.66464
Log tang x. . . . . $\bar{2}.35413$
Log tang^{-1} $1^0 17'$.   1.64971

                         3.66848 $=$ log 4661
          $x =$ 4661'' $= 1^0 17' 41''$.

L'angle trouvé est le même dans les deux exemples. Cela devait être, car les logarithmes donnés ne sont autre chose que les logarithmes du sinus et de la tangente de l'angle de 1° 17′ 41″, obtenus dans un précédent calcul.

43. Il n'est pas sans intérêt de faire connaître la raison géométrique pour laquelle la détermination d'un petit angle par son cosinus ou d'un angle voisin de 90° par son sinus , est sujette à incertitude. Si OP * est le cosinus donné de l'arc ․ Fig. 2. AM, on déterminera le point M en menant PM perpendiculaire à OA. Mais les tables ne font connaître les logarithmes des cosinus qu'avec cinq décimales seulement , d'où il résulte qu'on ne connaît que par approximation les cosinus eux-mêmes. Si OP est la valeur approchée du cosinus et OP′ sa véritable valeur, et que l'on élève sur OA, par le point P′, la perpendiculaire P′M′, il y aura, sur la détermination de l'arc AM, une erreur MM′. Or, il est évident que, pour une même erreur PP′ sur le cosinus , on aura une erreur MM′ d'autant plus grande sur l'arc que celui-ci traversera plus obliquement l'intervalle des parallèles PM, P′M′, et que, plus les points P, P′ seront voisins du point A, plus cette obliquité sera grande. Pour nous rendre compte de ces circonstances, menons la corde MM′ et le rayon OH qui aboutit au milieu de l'arc MM′, puis abaissons HK perpendiculaire sur OA et MR perpendiculaire sur P′M′. Les triangles OHK, M′MR seront semblables comme ayant leurs côtés perpendiculaires chacun à chacun, de sorte que l'on aura MM′ : MR ou PP′ : : OH : HK, d'où MM′ $= \dfrac{PP′ \times OH}{HK}$. On voit par là que, quand HK est très-petit par rapport au rayon OH, la longueur de la corde MM′ et, à plus forte raison, celle de l'arc correspondant, est égale à un grand nombre de fois l'erreur PP′. Si, par exemple, l'arc AH est de 1°, $\dfrac{KH}{OH}$ sera le sinus de 1°, lequel a pour logarithme $\bar{2}$.24186. Le complé-

ment 1.75814 de ce logarithme sera le logarithme du multiplicateur de PP' dans l'expression de MM', et, par suite, ce
multiplicateur sera 57.30.

Le raisonnement et les conclusions seraient absolument
pareils si au lieu de cosinus d'un petit angle on considérait
le sinus d'un angle voisin de 90°.

44. LIGNES TRIGONOMÉTRIQUES DES ARCS PLUS GRANDS QUE
LE QUADRANT. — Dans la géométrie du terrain, on est fréquemment conduit à considérer des angles obtus, c'est-à-
dire compris entre 90° et 180°. Il n'est même pas rare d'a-
voir à en considérer de plus grands que 180°. Tous ces
angles ont, ainsi que les arcs qui les mesurent, leurs sinus,
cosinus, etc., mais il n'a pas été nécessaire de prolonger
les tables au delà de 90° pour faire connaître les valeurs de
ces sinus, cosinus, etc., parce qu'il est toujours facile de
les exprimer par ceux d'angles ou d'arcs compris entre 0° et
90°. Je vais entrer dans quelques détails à ce sujet.

* Fig. 1.   Remarquons d'abord que si le rayon OM *, que nous
avons supposé tourner autour du centre O en partant de la
position OA, et se diriger successivement vers les divers
* Intr 27. points du quadrant AB *, vient à dépasser la position OB,
et parcourt les quadrants BA', A'B', B'A de manière à reprendre sa première position OA après avoir fait le tour
entier de la circonférence, les triangles tabulaires formés
dans le premier quadrant se reproduiront dans chacun des
trois autres. Supposons, pour fixer les idées, que le rayon
mobile occupe la position OM' dans le second quadrant. Si
on prend dans le premier quadrant BM = BM', et que l'on
* Intr. 27 effectue conformément aux définitions *, la construction des
et 28.   lignes trigonométriques des deux arcs AM', AM, on reconnaît sans peine que le triangle OM'P' qui a pour côtés le
rayon OM', le sinus P'M' de AM' et le cosinus OP' du même
arc est égal au triangle OMP auquel donne lieu l'arc AM et
que l'on a P'M' = PM et P'O = OP ou M'Q = QM. Les si-

nus P'M', PM sont dans la même situation relativement au diamètre A'A qui passe par l'origine commune A des deux arcs, c'est-à-dire qu'ils se trouvent situés d'un même côté de ce diamètre. Mais les cosinus P'O, OP sont dans des situations opposées par rapport au centre O ou plutôt par rapport au diamètre B'B perpendiculaire à A'A. La tangente T'A de l'arc AM' est égale à la tangente AT de l'arc AM, mais dans une situation opposée par rapport au diamètre A'A. La cotangente S'B est égale à la cotangente BS de l'arc AM, et se trouve dans une situation opposée par rapport au diamètre B'B. Quant à la sécante T'O, elle est égale à la sécante OT de l'arc AM, mais au lieu d'être comme pour cet arc, dirigée dans le même sens que le rayon décrivant OM', elle se trouve dirigée à l'opposé de ce rayon. Enfin la cosécante OS' est égale à la cosécante OS de l'arc AM, et se trouve dirigée dans le même sens que le rayon OM', ainsi que cela a lieu dans le premier quadrant.

Toutes les lignes trigonométriques de l'arc AM' sont, en conséquence, égales respectivement à celles de l'arc AM. Or cet arc est égal à A'M' ou à 180° — AM'. On l'appelle le *supplément* de AM', et on dit que deux arcs ou deux angles sont *supplémentaires* l'un de l'autre lorsque pris ensemble ils donnent une somme égale à 180°. Ainsi donc, *les lignes trigonométriques d'un arc ou d'un angle compris entre* 90° *et* 180° *sont égales respectivement à celles de son supplément, mais ont des situations opposées, à l'exception du sinus et de la cosécante.*

Si nous considérons maintenant le rayon décrivant dans la position ON' appartenant au troisième quadrant, de telle sorte que l'arc AN' soit compris entre 180° et 270°, on reconnaît aisément que le sinus, le cosinus, la sécante et la cosécante sont les mêmes en grandeur absolue, mais avec des situations opposées, que pour l'arc AM obtenu en retranchant 180° de l'arc AM', et que la tangente et la cotangente sont les mêmes non-seulement en grandeur absolue, mais encore quant à la situation.

Enfin, dans le quatrième quadrant, les lignes trigonométriques de l'arc AA'N, compris entre 270° et 360°, donnent lieu à des remarques analogues. On aperçoit immédiatement que le sinus, la tangente, la cotangente et la cosécante sont les mêmes en grandeur absolue, mais avec des situations opposées, que pour l'arc AM obtenu en retranchant de 360° l'arc AA'N, et que le cosinus et la sécante sont les mêmes non-seulement en grandeur absolue, mais encore quant à la situation.

45. Usage des signes + et — pour indiquer des situations opposées. — Dans la géométrie calculatrice on tient compte des différences de situation qui viennent d'être signalées, en se conformant à la règle suivante, établie par Descartes :

Si on considère sur une ligne quelconque, droite ou courbe, différentes distances mesurées à partir d'une origine commune, fixe sur cette ligne, on introduira dans le calcul les distances qui ont des situations opposées par rapport à l'origine, en affectant les unes du signe + et les autres du signe — (1).

On fixe, à volonté, le sens des distances *positives*, et les distances *négatives* se prennent du côté opposé. Il est d'usage d'attribuer le signe + aux lignes trigonométriques du premier quadrant, ainsi qu'aux arcs ou aux angles mesurés à partir de l'origine A dans le sens ABA', et à leurs compléments mesurés à partir de l'origine B dans le sens BA. Il résulte de là que les angles mesurés à partir du point A dans le sens AB' doivent être considérés comme *négatifs*, et que le complément d'un angle plus grand que 90° est négatif.

_____

(1) J'emprunte cet énoncé à la *trigonométrie* de M. Lefébure de Fourcy. (*Leçons de géométrie analytique*, 5e édition, Paris, 1846, page 5.)

Ainsi donc, si nous supposons que AM * est un arc de   * Fig. 1.
39⁰ 14′, l'arc AN supposé mesuré dans le sens AB′ aura
pour valeur — 39⁰ 14′. L'arc BM, complément de AM, aura
pour valeur + 50⁰ 46′. Si on considère maintenant l'arc AM′
de + 140⁰46′, le complément BM′ de cet angle sera—50⁰46′.
C'est par une application anticipée de cette règle que j'ai
qualifié ci-dessus les lignes P′O ou M′Q, S′B, OS′ de cosinus,
cotangente et cosécante de l'arc AM′, alors que je n'avais
pas encore dit dans quel sens l'arc BM′ pouvait être considéré comme le complément de AM′. En l'ajoutant à l'arc AM′,
il détruit, en vertu du signe—dont il est affecté, l'excès de
cet arc sur 90⁰. Ce genre d'addition est tout à fait analogue
à celui que j'ai indiqué pour les caractéristiques négatives
des logarithmes *.   * Intr. 13.

Quant aux lignes trigonométriques de l'arc de 39⁰ 14′ pris
ici pour exemple, on trouve facilement, au moyen des tables, en supposant le rayon égal à l'unité, log PM =$\overline{1}$.80105,
log OP = $\overline{1}$.88906, log AT = $\overline{1}$.91198, log BS = 0.08802,
puis au moyen des relations connues entre la sécante et le
cosinus d'une part, la cosécante et le sinus d'autre part *, on   * Intr. 36.
a immédiatement log OT = 0.11094, log OS = 0.19895.
Passant de ces logarithmes aux nombres, on obtient les valeurs suivantes pour l'arc AM :

sin   AM = + 0.63249,   cos   AM = + 0.77457,
tang AM = + 0.81654,   cot   AM = + 1.22467,
séc   AM = + 1.29103,   coséc AM = + 1.58107;

on aura donc pour l'arc AM′ :

sin   AM′ = + 0.63249,   cos   AM′ = — 0.77457,
tang AM′ = — 0.81654,   cot   AM′ = — 1.22467,
séc   AM′ = — 1.29103,   coséc AM′ = + 1.58107;

puis pour l'arc ABN′ :

sin   ABN′ = — 0.63249,   cos   ABN′ = — 0.77457,
tang ABN′ = + 0.81654,   cot   ABN′ = + 1.22467,
séc   ABN′ = — 1.29103,   coséc ABN′ = — 1.58107;

et enfin pour l'arc ABN :

$$\sin \ \text{ABN} = -\ 0.63249, \quad \cos \ \text{ABN} = +\ 0.77457,$$
$$\tang \text{ABN} = -\ 0.81654, \quad \cot \ \text{ABN} = -\ 1.22467,$$
$$\séc \ \text{ABN} = +\ 1.29103, \quad \coséc \text{ABN} = -\ 1.58107;$$

en généralisant ces résultats , on aperçoit sans difficulté que v étant un angle compris entre 90^0 et 180^0, on a :

$$\sin \ \ v = +\sin \ (180^0 - v), \quad \cos \ \ v = -\cos \ (180^0 - v),$$
$$\tang v = -\ \tang(180^0 - v), \quad \cot \ \ v = -\cot \ (180^0 - v),$$
$$\séc \ \ v = -\séc \ (180^0 - v), \quad \coséc v = +\coséc(180^0 - v);$$

que v étant un angle compris entre 180^0 et 270^0, on a :

$$\sin \ \ v = -\sin \ (v - 180^0), \quad \cos \ \ v = -\cos \ (v - 180^0),$$
$$\tang v = +\ \tang (v - 180^0), \quad \cot \ \ v = +\ \cot \ (v - 180^0),$$
$$\séc \ \ v = -\séc \ (v - 180^0), \quad \coséc v = -\coséc(v - 180^0);$$

que v étant un angle compris entre 270^0 et 360^0, on a :

$$\sin \ \ v = -\sin \ (360^0 - v), \quad \cos \ \ v = +\cos \ (360^0 - v),$$
$$\tang v = -\ \tang(360^0 - v), \quad \cot \ \ v = -\cot \ (360^0 - v),$$
$$\séc \ \ v = +\séc \ (360^0 - v), \quad \coséc v = -\coséc(360^0 - v).$$

On pourra donc toujours ramener un angle ou un arc plus grand que 90^0 à dépendre des lignes trigonométriques d'un angle ou d'un arc moindre que 90^0. Je donnerai par la suite d'autres formules qui pourront également servir à effectuer cette réduction.

46. La règle énoncée ci-dessus est d'une très-grande importance. Le lecteur devra s'attacher à ne la jamais perdre de vue et à l'appliquer toutes les fois que l'occasion s'en présentera. C'est par ces applications qu'il reconnaîtra que cette règle est parfaitement appropriée à la nature des choses. D'ailleurs , elle tend à prendre place même dans le langage ordinaire. C'est du moins ce qui arrive dans deux circonstances remarquables, je veux parler de l'expression

des dates dans la chronologie et de la mesure des températures par le thermomètre centigrade. Les dates des événements antérieurs à l'ère chrétienne sont affectées du signe —, celles des événements postérieurs sont censées affectées du signe +. Les températures inférieures au zéro du thermomètre sont affectées aussi du signe —, tandis que les températures supérieures sont souvent affectées du signe + ou bien il est sous-entendu.

47. Quelques auteurs considèrent cet usage des signes + et —pour indiquer des situations opposées comme une simple convention. D'autres ont tenté d'en faire un théorème et d'en donner une démonstration. Sans examiner cette question, qui nous mènerait trop loin, je me bornerai à faire observer que l'emploi des signes + et — de part et d'autre de l'origine à partir de laquelle on mesure différentes distances sur une ligne $x'\,x$ *, s'offre comme une chose toute   * Fig. 3. naturelle, dès que l'on assigne le sens dans lequel on *avance* sur cette ligne. Je suppose, pour fixer les idées, que ce sens soit celui qui est indiqué par la flèche, de telle sorte que la ligne $x'\,x$ devienne le *chemin de x' à x*. Si un point o est donné sur ce chemin, et que l'on veuille parvenir à un autre point m dont la distance au point o est connue, il faudra venir d'abord de x' jusqu'à o, puis, si le point m est au delà de o, parcourir en *plus* la distance om, et s'il est, au contraire, en deçà de o, parcourir en *moins* cette distance om; de sorte qu'il faudra, en l'associant à la distance $x'o$, l'affecter du signe + ou du signe — suivant que le point m sera au delà ou en deçà de o. Or c'est là précisément la règle établie par Descartes, lorsque l'on y *sous-entend* la distance $x'o$ du point x' à l'origine o des distances. Le point x' peut, d'ailleurs, être supposé plus éloigné de o que tout point donné dans la direction $o\,x'$. On voit par là que cette règle n'implique qu'une seule convention, à savoir celle qui définit le sens dans lequel on avance sur la ligne $x'\,x$.

Résolution des triangles rectangles.

48. Premier cas. — *Étant donné l'hypoténuse et un angle aigu, calculer l'autre angle aigu et les deux côtés de l'angle droit.*

On obtient immédiatement l'angle inconnu en retranchant de 90° l'angle aigu donné. Cela fait, soit omp* le triangle proposé, et OMP le triangle semblable des tables de sinus (1). On obtient les côtés de l'angle droit par les proportions $mp : om :: MP : OM$, $op : om :: OP : OM$, d'où $mp = om \times \dfrac{MP}{OM}$, $op = om \times \dfrac{OP}{OM}$. D'ailleurs on a, par les définitions mêmes *, $\dfrac{MP}{OM} = \sin MOP = \cos OMP$,

$\dfrac{OP}{OM} = \cos MOP = \sin OMP$, et par suite, puisque les triangles omp, OMP sont semblables, $mp = om \times \sin mop = om \times \cos omp$, $op = om \times \cos mop = om \times \sin omp$. De là ce théorème : *Dans tout triangle rectangle, chaque côté de l'angle droit est égal à l'hypoténuse multipliée par le sinus de l'angle opposé ou par le cosinus de l'angle adjacent.*

Exemple. — On donne $om = 1037^m.22$, $mop = 38°$ $41' 20''$ et on propose de calculer l'angle omp et les côtés mp, op.

On a d'abord $omp = 90° - 38° 41' 20'' = 51° 18' 40''$; puis on procède, comme il suit, au calcul des longueurs des côtés mp, op.

* Fig. 1 et 4.

* Intr. 29.

(1) Assez ordinairement on représente, en trigonométrie, les angles par les lettres A, B, C, et les côtés opposés respectivement par a, b, c. J'a cru devoir, pour les triangles rectangles, m'écarter de cet usage afin de rendre plus sensible ce que j'ai avancé au sujet des tables trigonométriques, savoir qu'elles sont *des recueils de triangles rectangles tout calculés.*

Calcul du côté mp

$$mp = om \times \sin mop$$

log sin 38° 41' 20''. . . . . . $\bar{1}.79594$
log 1037.22. . . . . 3.01587

_____

log mp. 2.81181

$$mp = 648^m.35.$$

Calcul du côté op

$$op = om \times \cos mop$$

log cos 38° 41' 20''. . . . . . $\bar{1}.89240$
log 1037.22. . . . . 3.01587

_____

log op. 2.90827

$$op = 809^m.60.$$

49. Deuxième cas. — *Étant donné l'hypoténuse et un côté de l'angle droit, calculer le troisième côté et les deux angles aigus.*

omp* étant le triangle proposé et OMP le triangle sem- blable des tables de sinus, supposons, ce qui est permis, que mp soit le côté connu de l'angle droit. On a par la dé- finition même, $\sin \mathrm{MOP} = \dfrac{\mathrm{MP}}{\mathrm{OM}}$. Or les deux triangles omp, OMP étant semblables entre eux par hypothèse, on a $\sin \mathrm{MOP} = \sin mop$ et $\dfrac{\mathrm{MP}}{\mathrm{OM}} = \dfrac{mp}{om}$, d'où $\sin mop = \dfrac{mp}{om}$. Cette formule servira à calculer l'angle mop. On aura en- suite $omp = 90° - mop$. Enfin on déterminera op, comme dans le premier cas, par la formule $op = om \times \cos mop$.

Exemple. — On donne $om = 1037^m.22$, $mp = 648^m.35$ et l'on veut calculer le troisième côté op et les deux angles aigus mop, omp.

* Fig. 1 et 4.

Calcul des angles mop, omp

$$\sin mop = \frac{m\,p}{om}$$

$$omp = 90^0 - mop$$

log 648.35. . . . . 2.81181

log 1037.22^{-1}. . . . . $\bar{4}$.98413

log sin mop. . . . . $\bar{1}$.79594

$$mop = 38^0\ 41'\ 19'',$$
$$omp = 51^0\ 18'\ 41''.$$

Calcul du côté op

$$op = om \times \cos mop$$

log cos $38^0\ 41'\ 19''$. . . . . . $\bar{1}$.89241

log 1037.22. . . . . 3.01587

log op. 2.90828

$$op = 809^m.62.$$

Les données de cet exemple sont empruntées au triangle résolu dans le cas précédent. Mon but, en les choisissant ainsi, a été de faire ressortir les petites différences qui peuvent résulter de l'emploi des tables de logarithmes. On voit que l'angle mop a été obtenu avec $1''$ de moins et, par suite, mop avec $1''$ de plus, mais qu'il n'en est résulté qu'un changement de $0^m.02$ sur la longueur de op.

50. Autre solution. — On a, par le théorème du quarré de l'hypoténuse, $\overline{om}^2 = \overline{mp}^2 + \overline{op}^2$, d'où $\overline{op}^2 = \overline{om}^2 - \overline{mp}^2 = (om + mp) \times (om - mp)$, et, par suite, $op = \sqrt{(om + mp) \times (om - mp)}$. On calcule cos mop par la formule sin $omp = \dfrac{op}{om}$, et on a, d'ailleurs, comme dans la solution qui précède, sin $mop = \dfrac{mp}{om}$.

Prenons les mêmes données que dans l'exemple ci-dessus, nous aurons les calculs que voici :

Calcul du côté op

$$op = \sqrt{(om + mp) \times (om - mp)}$$

$$om + mp = 1685^m.57$$
$$om - mp = 388.87$$

log 1685.57.	3.22675
log 388.87.	2 58981
log $\overline{op}^2$.	5 81656
log op.	2.90828

$$op = 809^m.62.$$

Calcul des angles omp, mop

$$\sin omp = \frac{op}{om}, \ \sin mop = \frac{mp}{om}$$

log 809.62.	2.90828
log 1037.22^{-1}.	$\overline{4}$.98413
log. sin omp.	$\overline{1}$.89241

$$omp = 51° 18' 44''.$$

Pour mop, les nombres sont les mêmes que dans la première solution, on a donc $mop = 38° 41' 19''$.

On voit que les deux angles aigus tels que le calcul les
donne indépendamment l'un de l'autre, valent ensemble
90° 0' 3''. Il y a donc un excédant de 3'', cet excédant provient des petites incertitudes que comporte l'emploi des
logarithmes à cinq décimales. Il est insignifiant dans la
pratique. Il y a, sur la longueur du côté op, un excédant
de 0^m.02 qui est également sans importance.

51. Troisième cas. — *Étant donné un côté de l'angle droit
avec l'un des angles aigus, calculer l'autre angle aigu, l'hypoténuse et le second côté de l'angle droit.*

On obtient immédiatement l'angle inconnu en retran-
* Fig. 1
et 5.
chant de 90° l'angle aigu donné. Cela fait, soit oat* le
triangle proposé et OAT le triangle semblable des tables
de tangentes; on peut supposer, et cela est évidemment
permis, que oa est le côté donné de l'angle droit. Pour obtenir le second côté mt de cet angle, on se servira de la proportion $at : oa :: AT : OA$, d'où $at = oa \times \dfrac{AT}{OA}$. Or on a,

par les définitions mêmes, $\dfrac{AT}{OA} = \tang OAT = \cot OTA$,

on peut écrire $at = oa \times \tang oat = oa \times \cot ota$, et,
par suite, énoncer ce théorème : *Dans tout triangle rec-*
tangle, chaque côté de l'angle droit est égal à l'autre côté mul-
tiplié par la tangente de l'angle opposé ou par la cotangente
de l'angle adjacent.

Quant à l'hypoténuse ot, on la calculera en remarquant
que cette hypoténuse, multipliée par le cosinus de l'angle aot
* Intr. 48.
ou par le sinus de l'angle ota, donne le côté oa*, et que conséquemment il suffit, pour l'obtenir, de diviser le côté
donné oa par le cosinus de l'angle adjacent aot ou par le
sinus de l'angle opposé ota.

EXEMPLE. — On donne $oa = 809^m.60$, $ota = 51° 18' 40''$,
et on propose de calculer l'angle aot, l'hypoténuse ot et le
second côté at de l'angle droit.

On a d'abord $aot = 90° — 51° 18' 40'' = 38° 41' 20''$.

Calcul de l'hypoténuse ot

$$ot = \frac{oa}{\cos aot}$$

log cos^{-1} 38° 41' 20''.	0.10760
log 809.60.	2.90827
log ot.	3.01587

$$ot = 1037^m.21.$$

Calcul du côté at

$$at = oa \tan oat$$

log tang 38° 41′ 20″. . . . . . $\overline{1}$.90354

log 809.60. . . . . 2.90827

---

log at. 2.81181

$at = 648^{\mathrm{m}}.35.$

Les données de cet exemple étant prises parmi les données et les inconnues du triangle de notre premier cas, on voit que l'hypoténuse obtenue présente un déficit de $0^{\mathrm{m}}.01$.

52. QUATRIÈME CAS. — *Étant donné les deux côtés de l'angle droit, calculer l'hypoténuse et les deux angles aigus.*

Soit oat * le triangle proposé et OAT le triangle semblable des tables de tangentes. On a la proportion $at : oa :: $ AT : OA qui donne $\dfrac{\mathrm{AT}}{\mathrm{OA}} = \dfrac{at}{oa}$. Or, d'après les définitions, $\dfrac{\mathrm{AT}}{\mathrm{OA}}$ est la tangente de l'angle AOT ou aot, de sorte que l'on a tang $aot = \dfrac{at}{oa}$. On a ensuite $ota = 90° — aot$.

* Fig. 1 et 5.

On calcule enfin l'hypoténuse ot, comme dans le cas précédent, en divisant l'un des côtés de l'angle droit par le cosinus de l'angle adjacent ou par le sinus de l'angle opposé.

EXEMPLE. — On donne $oa = 809^{\mathrm{m}}.60$, $at = 648^{\mathrm{m}}.35$, et on propose de calculer l'hypoténuse ot et les deux angles aigus aot, ota.

Calcul des angles aot, ota

$$\tan aot = \frac{at}{oa}$$

$$ota = 90° — aot$$

log 648.35. . . . . 2.81181

log 809.60 $^{-1}$. 3.09173

---

log tang aot. . . . . $\overline{1}$.90354

$aot = 38° 41′ 19″.$

$ota = 51° 18′ 41″.$

Calcul de l'hypoténuse ot

$$ot = \frac{oa}{\cos \ aot}$$

log cos^{-1} 38° 41' 19''. 0.10759
log 809.60. . . . . 2.90827

log ot. 3.01586

$ot = 1037^{m}.19.$

* Intr. 18. J'ai fait remarquer ailleurs * pourquoi la formule $ot = \sqrt{\overline{oa}^2 + \overline{at}^2}$, qui donnerait directement la valeur de l'hypoténuse ot, est peu commode pour le calcul logarithmique. La solution qui vient d'être exposée, et qui consiste à déterminer l'angle aot et à se servir de cet angle pour avoir ot, est un exemple des artifices auxquels on peut recourir pour rendre certains résultats plus facilement calculables par logarithmes.

Résolution des triangles rectilignes en général.

53. Dans ce qui va suivre, afin de soulager la mémoire du lecteur et d'abréger l'écriture des angles et des côtés du triangle à résoudre, je désignerai, en général, les premiers par les lettres A, B, C placées à leurs sommets et les côtés respectivement opposés par les lettres a, b, c.

Principe fondamental. — *Dans tout triangle rectiligne, les côtés sont entre eux comme les sinus des angles opposés.*

* Fig. 6 et 7. On sait que par trois points A, B, C * non en ligne droite on peut toujours faire passer une circonférence. Soit O le centre de cette circonférence et R son rayon. Abaissons de ce centre sur les côtés du triangle les perpendiculaires OD, OE, OF dont les prolongements passent par les milieux M, * Fig. 6. N, P des arcs BC, CA, AB. Supposons d'abord * que les trois angles A, B, C soient aigus, et que conséquemment le centre O

soit intérieur au triangle. L'angle BOC est double de l'angle A, car le premier ayant son sommet au centre O a pour mesure l'arc BC compris entre ses côtés, et le second ayant son sommet à la circonférence a pour mesure la moitié du même arc également compris entre ses côtés. Il suit de là que l'angle BOM, qui est la moitié de BOC, puisqu'il a pour mesure l'arc MB moitié de CB, est égal à A. Or, dans le triangle rectangle BOD, on a * BD = OB × sin BOD et *Intr. 48.

BD n'est autre chose que $\frac{1}{2} a$. Cette égalité devient conséquemment $\frac{1}{2} a = R \times \sin A$ ou $a = 2R \sin A$. On trouverait de même $b = 2R \sin B$, $c = 2R \sin C$, de sorte que l'on a $\dfrac{a}{\sin A} = \dfrac{b}{\sin B} = \dfrac{c}{\sin C}$ conformément à l'énoncé ci-dessus.

Supposons maintenant que l'un des angles du triangle ABC * soit obtus, et que ce soit, par exemple, l'angle A. *Fig. 7. Le centre O de la circonférence circonscrite étant alors extérieur au triangle, l'angle BOD de l'égalité ci-dessus BD = OB sin BOD est égal non plus à l'angle A, mais à son supplément, car l'angle BOM, supplément de BOD, est égal à A comme ayant pour mesure, de même par ce dernier, la moitié de l'arc BMC. Or nous savons * que le sinus du supplément d'un angle est égal au sinus de cet angle. On a *Intr. 44. donc encore sin BOD = sin A et, par suite, $a = 2R \sin A$, on trouverait, d'ailleurs comme ci-dessus, $b = 2R \sin B$, $c = 2R \sin C$, d'où $\dfrac{a}{\sin A} = \dfrac{b}{\sin B} = \dfrac{c}{\sin C}$, ce qui achève de démontrer le principe énoncé.

54. La résolution des triangles rectilignes non rectangles se réduit toujours à l'un des quatre cas suivants.

PREMIER CAS. — *Étant donné un côté et deux angles, calculer le troisième angle et les deux autres côtés*. *Fig. 8.

On obtient immédiatement l'angle inconnu en retranchant de 180⁰ la somme des deux angles donnés, puisque les trois ensemble doivent valoir 180⁰.

Appelons maintenant a le côté donné. On déterminera b et c par la relation démontrée ci-dessus $\dfrac{a}{\sin A} = \dfrac{b}{\sin B}$ $= \dfrac{c}{\sin C}$, de laquelle on tire $b = \dfrac{a \sin B}{\sin A}$, $c = \dfrac{a \sin C}{\sin A}$.

Exemple. — On donne $a = 1149^{\text{m}}.88$, $B = 29^0\ 3'\ 50''$, $C = 42^0\ 16'\ 20''$, et on veut calculer A, b, c.

On a $B + C = 71^0\ 20'\ 10''$; en retranchant cette somme de 180⁰, on a $A = 180^0 - 71^0\ 20'\ 10'' = 108^0\ 39'\ 50''$, et il reste à déterminer b et c.

Calcul du côté b

$$b = \frac{a \sin B}{\sin A}$$

log sin⁻¹ 108⁰ 39′ 50″. 0.02346

log sin 29⁰ 3′ 50″. . . . . . . $\overline{1}$.68644

log 1149.88. . . . .   3.06065
_____

log b. 2.77055

$b = 589^{\text{m}}.59.$

Calcul du côté c

$$c = \frac{a \sin C}{\sin A}$$

log sin⁻¹ 108⁰ 39′ 50″. 0.02346

log sin 42⁰ 16′ 20″. . . . . . $\overline{1}$.82779

log 1149.88. . . . .   3.06065
_____

log c. 2.91190

$c = 816^{\text{m}}.40.$

55. Deuxième cas. — *Étant donné un angle, l'un des*

côtés qui comprennent cet angle et le côté qui lui est opposé, calculer les deux autres angles et le troisième côté.

Supposons que le côté a soit donné ainsi que c et l'angle C opposé à ce dernier côté. Si on veut construire le triangle graphiquement, on fera d'abord un angle ACB égal à l'angle donné C, on prendra sur l'un des côtés CB $= a$, puis, du point B comme centre, avec un rayon BA égal au côté c, on décrira un arc de cercle. Si l'angle C est *obtus* *, le côté c * Fig. 9. devra être $> a$, car des deux côtés d'un triangle, le plus grand est celui qui est opposé au plus grand angle. Il est évident que, si cette condition est remplie, le triangle sera possible, et que son sommet A sera déterminé par l'intersection de l'arc de cercle et du côté CA. Il y aura une seconde intersection A', mais telle que le triangle A'BC ne satisfera pas à la question.

Si l'angle C est *aigu* * et que c soit $> a$, on aura de même   * Fig. 10. deux intersections A, A', dont une seule donnera un triangle ABC répondant à la question. Mais si on a $c < a$ *,   * Fig. 11. on aura deux triangles ABC, A'BC, dont les angles A et A' seront supplémentaires l'un de l'autre. Chacun de ces deux triangles fournira une solution. Ces deux solutions se réduiront à une seule quand l'arc de cercle, au lieu de couper le côté CA, lui sera tangent. Le triangle unique qu'on obtiendra alors sera rectangle. Enfin il n'y aurait aucune solution si le côté c était moindre que la perpendiculaire BP abaissée du point B sur le côté CA de l'angle donné. Or la longueur de cette perpendiculaire est égale à $a \sin C$ *. Il faut donc,   * Intr. 48. pour que le triangle soit possible, que l'on ait $c > a \sin C$.

56. Ceci étant compris, pour résoudre le triangle, on calculera d'abord l'angle aigu A opposé au côté a, au moyen de la relation $\dfrac{a}{\sin A} = \dfrac{c}{\sin C}$ d'où l'on tire $\sin A =$ $\dfrac{a \sin C}{c}$. Ce premier calcul fera connaître si le triangle

est possible, c'est-à-dire si l'on a $c > a \sin C$ ou ce qui est la même chose $\dfrac{a \sin C}{c} < 1$, car nous avons vu ci-dessus que telle est la condition qui doit être remplie pour que le triangle soit possible. Si on trouvait $\dfrac{a \sin C}{c} > 1$, c'est-à-dire $\sin A > 1$, les tables ne donneraient aucune valeur pour l'angle A, car le sinus d'un angle ne peut surpasser l'unité, puisque le sinus d'un arc ne saurait surpasser le rayon.

Ayant calculé l'angle A, on aura $B = 180^0 - (C + A)$ et la longueur du côté inconnu b sera donnée par la formule $b = \dfrac{c \sin B}{\sin C}$.

S'il y a une seconde solution, c'est-à-dire si l'angle C est aigu et que l'on ait $c < a$, l'angle A' sera le supplément de A et on aura pour déterminer le troisième angle B' de ce second triangle l'égalité $B' = 180^0 - (C + A') = A - C$. La longueur du côté b' opposé à cet angle sera donnée par la formule $b' = \dfrac{c \sin B'}{\sin C}$.

EXEMPLE. — On donne $a = 1149^m.88$, $c = 816^m.40$, $C = 42^0\ 16'\ 20''$, et on propose de calculer A, B, b et, s'il y a lieu, A', B', b'.

Calcul de l'angle A

$$\sin A = \frac{a \sin C}{c}$$

log sin 42⁰ 16′ 20″...	$\overline{1}$.82779
log 1149.88.	3.06065
log 816.40⁻¹..	$\overline{3}$.08810
log sin A.	$\overline{1}$.97654

$A = 71^0\ 20'\ 15''$.

Le triangle est possible, et, puisque l'on a $c < a$ et que

l'angle C est aigu, il y a deux solutions, savoir : celle qui correspond à l'angle aigu A = 71° 20′ 15″, et celle qui correspond à son supplément A′ = 108° 39′ 45″.

Première solution : A = 71° 20′ 15″.

Calcul de l'angle B

$$B = 180° — (C + A)$$

$$180°$$
$$A = 71° 20′ 15″$$
$$C = 42° 16′ 20″$$
$$\overline{\hphantom{XXXXXXXXX}}$$
$$B = 66° 23′ 25″.$$

Calcul du côté b

$$b = \frac{c \sin B}{\sin C}$$

log sin⁻¹ 42° 16′ 20″.. . . . . .   0.17221
log sin   66° 23′ 25″.. . . . . . $\overline{1}$.96204
log 816.40.. . . . .   2.91190
$$\overline{\hphantom{XXXXXXXXXXXXXXXXXXXXXXXXXXX}}$$
log b.. . . . .   3.04615
    b = 1112ᵐ.13.

Deuxième solution A′ = 108° 59′ 45″.

Calcul de l'angle B′

$$B′ = 180° — (C + A′)$$

$$180°$$
$$A′ = 108° 39′ 45″$$
$$C = \hphantom{0}42° 16′ 20″$$
$$\overline{\hphantom{XXXXXXXXX}}$$
$$B′ = \hphantom{0}29° \hphantom{0}3′ 55″.$$

Calcul du côté b'

$$b' = \frac{c \sin B'}{\sin C}$$

log sin^{-1} 42° 16′ 20″.. . . . . . 0.17221

log sin   29° 3′ 55″.. . . . . . $\bar{1}$.68646

log 816.40.. . . . . 2.91190

log b'. 2.77057

$b' = 589^{m}.61.$

On aura reconnu dans cette seconde solution le triangle proposé comme exemple dans le premier cas, sauf quelques petites différences. On pourra faire la même remarque dans les deux cas suivants.

57. Troisième cas. — *Étant donné deux côtés et l'angle qu'ils comprennent, calculer le troisième côté et les deux autres angles.*

• Fig. 12. Supposons * que les côtés CA $= b$, CB $= a$ et l'angle C soient donnés et que l'on ait $a > b$. Du point C comme centre décrivons sur le côté CA prolongé une demi-circonférence DBE. Nous aurons AD $= a + b$, AE $= a - b$. Joignons BD, BE, abaissons AF, CH perpendiculaires sur BD et AG perpendiculaire sur BE. L'angle DBE sera droit comme étant inscrit dans la demi-circonférence et, par suite, on aura BF $=$ AG. L'angle C et l'angle ADF ayant pour mesure le premier l'arc BE et le second la moitié du même arc, on aura ADF $= \frac{1}{2}$ C. AF étant parallèle à CH qui divise en deux parties égales l'angle BED, lequel est égal à A $+$ B, on aura DAF $=$ DCH $= \frac{1}{2}$ (A $+$ B) et conséquemment BAF $=$ A $- \frac{1}{2}$ (A $+$ B) $= \frac{1}{2}$ (A $-$ B).

Cela posé, le triangle rectangle ABF donnera tang BAF

$$= \text{tang} \frac{1}{2} (A - B) = \frac{BF}{AF} = \frac{AG}{AF}, \text{ or } AG = AE \cos EAG$$

$$= (a - b) \cos \frac{1}{2} C, \quad AF = AD \sin ADF = (a + b) \sin \frac{1}{2} C,$$

et conséquemment $\text{tang} \dfrac{1}{2} (A - B) = \dfrac{(a - b) \cos \dfrac{1}{2} C}{(a + b) \sin \dfrac{1}{2} C} =$

$\dfrac{(a - b)}{(a + b)} \cot \dfrac{1}{2} C$. La légitimité de la substitution de $\cot \dfrac{1}{2} C$

à $\dfrac{\cos \dfrac{1}{2} C}{\sin \dfrac{1}{2} C}$ est facile à établir. En effet, le cosinus et le sinus

de l'angle $\dfrac{1}{2} C$ sont les deux côtés d'un triangle rectangle

dont l'un des angles aigus est $\dfrac{1}{2} C$, et le sinus est le côté

opposé à cet angle, donc en divisant le cosinus par le sinus,
on aura la cotangente du même angle *.   ᵇ Intr. 51.

Connaissant $\dfrac{1}{2} (A - B)$ par la formule ci-dessus, on déterminera les angles A et B comme il suit. On a la relation
$A = 180^0 - B - C$. Ajoutant de part et d'autre A, ce qui
ne détruit pas l'égalité, il vient $2A = 180^0 + (A - B) - C$.
Prenant enfin la moitié de chaque membre, on trouve
$A = 90^0 + \dfrac{1}{2} (A - B) - \dfrac{1}{2} C$, et il n'y a plus qu'à substituer dans le second membre la valeur obtenue pour
$\dfrac{1}{2} (A - B)$ pour avoir celle de A. On trouve par un raison-

nement analogue $B = 90^0 - \dfrac{1}{2} (A - B) - \dfrac{1}{2} C$.

Il ne reste plus qu'à indiquer comment on calculera le
côté c. On se servira, à cet effet, du triangle BAD dont le
côté AD est connu ainsi que les angles adjacents. On aura,

dès lors, la relation $\dfrac{AB}{\sin ADB} = \dfrac{AD}{\sin ABD}$, or $ABD =$

$B + \dfrac{1}{2} C = 90^0 - \dfrac{1}{2} (A - B)$, donc $\sin ABD = \cos \dfrac{1}{2} (A - B)$,

on aura par conséquent $\dfrac{c}{\sin \dfrac{1}{2} C} = \dfrac{(a + b)}{\cos \dfrac{1}{2} (A - B)}$, d'où

$$c = \dfrac{(a + b) \sin \dfrac{1}{2} C}{\cos \dfrac{1}{2} (A - B)}.$$

EXEMPLE. — On donne $a = 1149^m.88$, $b = 589^m.59$, $C = 42^0 16' 20''$, et on propose de calculer A, B, c.

Calcul de l'angle $\dfrac{1}{2} (A - B)$

$$\operatorname{tang} \dfrac{1}{2} (A - B) = \dfrac{(a - b)}{(a + b)} \cot \dfrac{1}{2} C$$

$$a + b = 1739^m.47$$

$$a - b = 560^m.29$$

$$\dfrac{1}{2} C = 21^0 8' 10''$$

log cot 21° 8′ 10″.. . . . . . 0.41275

log 560.29.. . . . . 2.74841

log 1739.47⁻¹ . . . . $\overline{4}$.75958

_____

log tang $\dfrac{1}{2}$ (A — B). . . . . $\overline{1}$.92074

$$\dfrac{1}{2} (A - B) = 39^0 48' 2''.$$

Calcul des angles A et B.

$$A = 90^\circ - \frac{1}{2} C + \frac{1}{2} (A - B)$$

$$B = 90^\circ - \frac{1}{2} C - \frac{1}{2} (A - B)$$

$$90^\circ - \frac{1}{2} C = 68^\circ\ 51'\ 50''$$

$$\frac{1}{2} (A - B) = 39^\circ\ 48'\ 2''$$

$$A = 108^\circ\ 39'\ 52''$$

$$B = 29^\circ\ 3'\ 48''$$

Calcul du côté c.

$$c = \frac{(a + b) \sin \frac{1}{2} C}{\cos \frac{1}{2} (A - B)}$$

log cos^{-1} 39° 48′ 2″. 0.11448

log sin   21° 8′ 10″. . . . . $\overline{1}$.55701

log 1739.47. . . . . 3.24042

_____

log c. 2.91191

$c = 816^\text{m}.42.$

58. **AUTRE MÉTHODE.** — Il arrive assez souvent que les côtés a et b sont connus seulement par leurs logarithmes. On peut alors éviter de repasser de ces logarithmes aux nombres correspondants pour calculer ensuite $a + b$ et $a - b$. Considérons, à cet effet, l'angle u dont la tangente est $\frac{b}{a}$: je dis que l'on a $\frac{a - b}{a + b} = \text{tang} (45^\circ - u)$. Pour le démontrer, menons * perpendiculairement à CA le rayon CI   * Fig. 13. et joignons IA, ID, IE. Le triangle rectangle AIC donne

tang $AIC = \dfrac{b}{a}$, de sorte que AIC est l'angle u. On a ensuite

par le triangle AEI, $AE = AI \times \dfrac{\sin AIE}{\sin AEI}$, c'est-à-dire

$a - b = AI \times \dfrac{\sin (45^0 - u)}{\sin 45^0}$, et par le triangle ADI, $AD =$

$AI \times \dfrac{\sin AID}{\sin ADI}$, c'est-à-dire $a + b = AI \times \dfrac{\sin (45^0 + u)}{\sin 45^0}$.

* Intr. 30.   Mais nous savons * que $\sin (45^0 + u)$ est la même chose
que $\cos (45^0 - u)$. Si donc nous divisons $a - b$ par $a + b$,

il viendra en supprimant les facteurs communs, $\dfrac{a - b}{a + b} =$

$\dfrac{\sin (45^0 - u)}{\cos (45^0 - u)} = \text{tang} (45^0 - u)$ ce qu'il fallait démontrer.

En ayant égard à cette relation, l'égalité démontrée
* Intr. 57. ci-dessus * $\text{tang} \dfrac{1}{2} (A - B) = \dfrac{a - b}{a + b} \cot \dfrac{1}{2} C$,   devient

$\text{tang} \dfrac{1}{2} (A - B) = \text{tang} (45^0 - u) \cot \dfrac{1}{2} C$. De là résulte,

pour résoudre le triangle, la méthode que voici. On cal-

cule d'abord l'angle u par la formule $\text{tang } u = \dfrac{b}{a}$, puis

l'angle $\dfrac{1}{2} (A - B)$ par la formule $\text{tang} \dfrac{1}{2} (A - B) =$

$\text{tang} (45^0 - u) \cot \dfrac{1}{2} C$, et on a ensuite $A = 90^0 - \dfrac{1}{2} C$

$+ \dfrac{1}{2} (A - B)$, $B = 90^0 - \dfrac{1}{2} C - \dfrac{1}{2} (A - B)$. Enfin on a,

pour le calcul A du côté c, la relation $\dfrac{c}{\sin C} = \dfrac{a}{\sin A}$

ou $c = \dfrac{a \sin C}{\sin A}$.

EXEMPLE. — On a $\log a = 3.06065$, $\log b = 2.77055$,
$C = 42^0\ 16'\ 20''$, et il s'agit de calculer A, B, c.

Calcul des angles u et $45° - u$.

$$\tan u = \frac{b}{a}$$

$\log a^{-1}$. . . . . $\overline{4}.93935$
$\log b$.. . . . . 2.77055
_____

$\log \tan u$. . . . . $\overline{1}.70990$

$$u = 27° \ 8' \ 46''$$
$$45° - u = 17° \ 51' \ 14''$$

Calcul de l'angle $\frac{1}{2} (A - B)$.

$$\tan \frac{1}{2} (A - B) = \tan (45° - u) \cot \frac{1}{2} C$$

$\log \tan \ 17° \ 51' \ 14''$. . . . . $\overline{1}.50799$
$\log \cot \ \ 21° \ 8' \ 10''$. 0.41275
_____

$\log \tan \frac{1}{2} (A - B)$. . . . . $\overline{1}.92074$

$$\frac{1}{2} (A - B) = 39° \ 48' \ 2''.$$

Calcul des angles A et B.

$$A = 90° - \frac{1}{2} C + \frac{1}{2} (A - B)$$
$$B = 90° - \frac{1}{2} C - \frac{1}{2} (A - B)$$

$$90° - \frac{1}{2} C = \ 68° \ 51' \ 50''$$
$$\frac{1}{2} (A - B) = \ 39° \ 48' \ \ 2''$$
$$A = 108° \ 39' \ 52''$$
$$B = \ 29° \ \ 3' \ 48''.$$

Calcul du côté c.

$$c = \frac{a \sin C}{\sin A}$$

log sin^{-1} 108° 39′ 52″. 0.02346

log sin   42° 16′ 20″. . . . $\overline{1}$.82779

log a. 3.06065

———————————   ———————————

log c.. . . . . 2.91190

$c = 816^m.40.$

59. Remarque. — Le mérite des deux méthodes qu'on vient d'exposer est de rendre facilement calculables par logarithmes des expressions qui s'offrent d'abord sous une forme peu commode pour l'application de ce calcul; cependant il ne serait guère plus long de décomposer le triangle ABC en deux triangles rectangles APB, APC, * en abaissant du sommet A une perpendiculaire sur le côté opposé. On résoudrait d'abord le second, dans lequel on connaît l'hypoténuse b et l'angle C, puis le premier dont les deux côtés de l'angle droit seraient alors connus.

* Fig. 14
et 15.

60. On démontre en géométrie que l'on a $\overline{AB}^2 = \overline{AC}^2 + \overline{BC}^2 - 2BC \times CP$ quand l'angle C est aigu *. Or on a CP $= b \cos C$, et conséquemment $c^2 = a^2 + b^2 - 2ab \cos C$. Quand l'angle C est obtus *, la géométrie donne $\overline{AB}^2 = \overline{AC}^2 + \overline{BC}^2 + 2BC \times CP$. Or ici CP $= b \cos(180° - C)$. On peut donc écrire $c^2 = a^2 + b^2 + 2ab \cos(180° - C) + 2ab \cos C - 2ab \cos C$. Les deux derniers termes exprimant des opérations inverses se détruisent, mais on peut considérer aussi l'avant-dernier comme détruisant celui qui le précède, à cause que $\cos(180° - C) = - \cos C$ *. On a

* Fig. 14.

* Fig. 15.

* Intr. 45.

donc dans tous les cas $c^2 = a^2 + b^2 - 2ab \cos C$. Ceci suppose que *retrancher* $2ab \cos C$ quand $\cos C$ est négatif, revient à *ajouter* la valeur absolue de $2ab \cos C$. C'est ce qui a lieu en effet, comme on le verra plus loin *.

* Intr. 74 et 76.

61. QUATRIÈME CAS. — *Étant donné les trois côtés, calculer les trois angles.*

Appelons p le demi-périmètre $\frac{1}{2}(a + b + c)$ du triangle, on calculera les trois angles par les formules

$$\tan \frac{1}{2} A = \sqrt{\frac{(p-b)(p-c)}{p(p-a)}}, \quad \tan \frac{1}{2} B = \sqrt{\frac{(p-a)(p-b)}{p(p-c)}},$$

$$\tan \frac{1}{2} C = \sqrt{\frac{(p-a)(p-b)}{p(p-c)}}.$$

En effet, menons * les droites AO, BO, CO qui partagent en deux parties égales les trois angles A, B, C. Ces trois droites se rencontrent, comme on sait, en un même point, centre du cercle inscrit au triangle. Abaissons de ce point sur les côtés du triangle les perpendiculaires OD, OE, OF, on aura AE = AF, BF = BD, CD = CE, et conséquemment, la somme de trois de ces segments aboutissant respectivement aux trois angles A, B, C sera égale au demi-périmètre p. On aura, par exemple, CD + BD + AE = p, d'où AE = $p - a$, et de même BD = $p - b$, CE = $p - c$. Du point A élevons AO′ perpendiculaire sur OA jusqu'à la rencontre du prolongement de CO en O′, et de ce point O′, abaissons O′D′, O′E′ perpendiculaire sur les côtés CB, CA prolongés et O′F′ perpendiculaire sur AB. On aura, par cette construction, BD′ = BF′, AE′ = AF′, car le point O′ est le centre d'un cercle tangent aux trois côtés du triangle en D′, E′, F′. Il résulte de là que le périmètre AF′ + BF′ + BC + CA du triangle sera égal à D′B + BC + CA + AE′, c'est-à-dire à CD′ + CE′. Or CD′ = CE′, donc on aura CE′ = p et AE′ = $p - b$. Or les triangles rectangles OAE, OCE

* Fig. 16.

donnent tang $\frac{1}{2}$ A $= \dfrac{\text{OE}}{p-a}$, tang $\frac{1}{2}$ C $= \dfrac{\text{OE}}{p-c}$; on aura

donc $\dfrac{\text{tang} \frac{1}{2} \text{A}}{\text{tang} \frac{1}{2} \text{C}} = \dfrac{p-c}{p-a}$. D'un autre côté, l'angle O'AO étant

droit, l'angle O'AE' est le complément de OAE et consé-quemment AO'E' est égal à $\frac{1}{2}$ A. On a, d'après cela,

tang $\frac{1}{2}$ A $= \dfrac{p-b}{\text{O'E'}}$. Le triangle O'CE' donne d'autre part

tang $\frac{1}{2}$ C $= \dfrac{\text{O'E'}}{p}$, on a donc tang $\frac{1}{2}$ A tang $\frac{1}{2}$ C $= \dfrac{p-b}{p}$.

Multipliant cette valeur de tang $\frac{1}{2}$ A tang $\frac{1}{2}$ C par celle

de $\dfrac{\text{tang} \frac{1}{2} \text{A}}{\text{tang} \frac{1}{2} \text{C}}$, il vient tang^2 $\frac{1}{2}$ A $= \dfrac{(p-b)\,(p-c)}{p\,(p-a)}$ et

enfin tang $\frac{1}{2}$ A $= \sqrt{\dfrac{(p-b)\,(p-c)}{p\,(p-a)}}$.

On démontrerait d'une manière tout à fait semblable les formules qui expriment tang $\frac{1}{2}$ B et tang $\frac{1}{2}$ C.

EXEMPLE. — On a $a = 1149^{\text{m}}.88$, $b = 589^{\text{m}}.60$, $c = 816^{\text{m}}.40$, et on veut calculer A, B, C.

Calcul préliminaire.

$$a + b + c = 2555^{\text{m}}.88$$
$$p = 1277^{\text{m}}.94$$
$$p - a = 128^{\text{m}}.06$$
$$p - b = 688^{\text{m}}.34$$
$$p - c = 461^{\text{m}}.54$$

Calcul de l'angle A.

$$\tan\frac{1}{2}A = \sqrt{\frac{(p-b)(p-c)}{p(p-a)}}$$

$\log\ 1277.94^{-1}$. . . . . $\overline{4}.89349$
$\log\ \ \ 128.06^{-1}$. . . . . $\overline{3}.89259$
$\log\ \ \ 688.34$. 2.83780
$\log\ \ \ 461.54$. 2.66421

$\log\ \tan^2\frac{1}{2}A$. 0.28809

$\log\ \tan\frac{1}{2}A$. 0.14405

$$\frac{1}{2}A = 54° \ 19' \ 58''$$

$$A = 108° \ 39' \ 56''.$$

Calcul de l'angle B.

$$\tan\frac{1}{2}B = \sqrt{\frac{(p-c)(p-a)}{p(p-b)}}$$

$\log\ 1277.94^{-1}$. . . . . $\overline{4}.89349$
$\log\ \ \ 128.06$. 2.10741
$\log\ \ \ 688.34^{-1}$. . . . . $\overline{3}.16220$
$\log\ \ \ 461.54$. 2.66421

$\log\ \tan\frac{1}{2}B$. . . . . $\overline{2}.82731$

$\log\ \tan\frac{1}{2}B$. . . . . $\overline{1}.41366$

$$\frac{1}{2}B = 14° \ 31' \ 55''$$

$$B = 29° \ 3' \ 50''.$$

Calcul de l'angle C.

$$\tan \frac{1}{2} C = \sqrt{\frac{(p-a)(p-b)}{p(p-c)}}$$

log 1277.94⁻¹.	$\overline{4}$.89349
log 128.06.	2.10741
log 688.34.	2.83780
log 461.54⁻¹.	$\overline{3}$.33579

log $\tan^2 \frac{1}{2}$ C.. . . . . $\overline{1}$.17449

log $\tan \frac{1}{2}$ C. . . . . $\overline{1}$.58725

$$\frac{1}{2} C = 21^\circ \ 8' \ 9''$$

$$C = 42^\circ \ 16' \ 18''.$$

Vérification.

$$A = 108^\circ \ 39' \ 56''$$
$$B = \ 29^\circ \ 3' \ 50''$$
$$C = \ 42^\circ \ 16' \ 18''$$

$$A + B + C = 180^\circ \ 0' \ 4''$$

Il y a un excédant de 4″.

§ III. *Digression sur l'algèbre.*

Avantage des expressions littérales et formules algébriques sur les énoncés en langage ordinaire.

62. Dans le paragraphe qui précède, j'ai donné quelques formules ou expressions *littérales* notamment pour la résolution des triangles. Chacune de ces formules est l'écriture abrégée de la règle à suivre pour résoudre une question ;

elle indique les opérations à effectuer sur les nombres qu'on met à la place des lettres dans chaque cas particulier. Toute formule peut, d'ailleurs, se traduire en langage ordinaire. Par exemple, celle-ci,

$$\tan \frac{1}{2}\,A = \sqrt{\frac{(p-b)\,(p-c)}{p\,(p-a)}}$$

par le moyen de laquelle on calcule l'angle A d'un triangle dont les côtés a, b, c sont donnés [*], s'énoncerait de cette manière :   [*] Intr. 61.

Ajoutez ensemble les trois côtés; prenez la moitié de la somme trouvée; retranchez-en alternativement chacun des côtés, et divisez le produit des restes correspondant aux côtés qui comprennent l'angle à déterminer, par le produit de la demi-somme et du troisième reste : la racine quarrée du quotient sera la tangente de la moitié de cet angle.

On voit combien l'expression littérale ci-dessus l'emporte par la brièveté sur sa traduction en langage ordinaire. Il arrive même que cette traduction n'est pas toujours possible ou du moins qu'elle devient inintelligible à cause de sa longueur et de sa complication, alors que la formule offre aux yeux le tableau d'opérations dont l'esprit saisit sans effort l'enchaînement. Il y a donc, en général, avantage à remplacer les énoncés par des formules, et cet avantage est d'autant plus marqué que les opérations à effectuer sont plus nombreuses.

63. L'arithmétique et la géométrie offrent un certain nombre d'énoncés susceptibles d'être ainsi remplacés et que les auteurs remplacent en effet ordinairement par des formules ou expressions littérales. Mais le plus souvent on parvient à ces expressions par le *calcul algébrique* ou *littéral*. C'est, sans doute, pour ce motif que les expressions littérales sont également appelées *algébriques*.

Dans ce genre de calcul, on représente par des lettres

non-seulement les quantités *inconnues*, et qu'il s'agit de déterminer, mais encore les *données*, c'est-à-dire les quantités
que l'on est censé connaître dans chaque cas particulier.
On exprime ensuite ou plutôt on *figure* par le moyen de ces
lettres, et avec le secours d'un petit nombre de signes d'o-
pération (1), les conditions posées par l'énoncé. On obtient
ainsi un certain nombre de relations ou *équations* entre les
données et les inconnues. Il ne s'agit plus alors que de dé-
gager ces dernières, ce qui exige que l'on fasse subir aux
équations obtenues certaines transformations. C'est dans
ces transformations que consiste la *résolution* proprement
dite des équations.

Quand cette résolution est possible sous forme littérale
(ce qui n'arrive pas toujours), chaque inconnue est exprimée
par une formule dans laquelle il n'entre que les données de
la question, et qui présente le tableau complet des opérations à effectuer quelles que soient les valeurs des nombres
que l'on mettra à la place des lettres.

Il est évident qu'on pourrait aussi résoudre la question
en ne représentant par des lettres que les *inconnues*, et en
introduisant immédiatement dans le calcul les nombres qui
expriment les données. Mais il arriverait alors que ces
nombres, soumis successivement à diverses opérations
arithmétiques, donneraient lieu à d'autres nombres dans
lesquels on ne les reconnaîtrait plus, de sorte que, à la fin
des opérations, on n'apercevrait pas de quelle manière les
données entrent dans les résultats, et, par suite, lorsqu'on
aurait à résoudre la même question avec d'autres données,
on serait dans la nécessité de recommencer tous les calculs.
On voit par là que le surcroît d'abstraction, qui résulte de
l'introduction de lettres à la place des nombres, n'est pas
un inconvénient, mais un très-grand avantage, puisque par

_____

(1) Voyez le tableau de ces signes à la suite de la table des matières.

ce moyen chacune des données se conserve sans altération dans le calcul, y reste en évidence et se retrouve explicitement dans les formules qui expriment les inconnues.

64. Il faut bien se garder de croire que les lettres qu'on introduit ainsi dans les calculs sont des *quantités*, comme ces dénominations *quantité littérale, quantité algébrique*, très-fréquemment employées par les auteurs, pourraient le faire supposer. Une lettre occupe simplement la *place* d'un nombre et aide l'esprit à suivre ce nombre dans les diverses opérations où il est engagé. En figurant par des lettres et des signes conventionnels ces opérations, on épargne à l'esprit un travail considérable et qui même serait bien souvent au-dessus de ses forces.

65. L'invention du calcul algébrique est moderne, c'est au géomètre français Viète qu'appartient presque tout l'honneur de cette invention. Avant lui on se servait, il est vrai, de lettres pour représenter des nombres, mais c'était seulement pour éviter les périphrases que sans cela il eût fallu employer continuellement dans le discours. La signification de ces lettres une fois fixée, on ne les faisait pas entrer dans des opérations figurées, qui alors étaient encore inconnues. Tout le raisonnement s'exprimait en langage ordinaire, ce qui était excessivement long et pénible. La seule abréviation qu'on se permît consistait à représenter par une lettre, dans le cours d'une démonstration, le résultat de quelque opération ; mais en cela on se proposait uniquement de s'épargner la peine d'avoir à rappeler, chaque fois qu'il était question de ce résultat, de quelle manière on l'avait obtenu. Quant au résultat final, il était toujours présenté sous forme d'énoncé. On peut juger par là de l'importance de la conception de Viète.

On rencontre aujourd'hui des expressions littérales dans la plupart des ouvrages de mathématiques, et il n'y a plus

guère que ceux qui sont destinés à la première instruction
où l'on n'en trouve pas. Il est indispensable de se rendre familière la langue algébrique, si on veut être en état de lire
les écrits où elle est employée. Or cela est heureusement
très-facile.

Signes + et − dont les quantités sont affectées dans le calcul algébrique.

66. En arithmétique et en géométrie, on considère les
quantités d'une manière absolue. Les signes + et − que
l'on emploie pour indiquer des opérations à effectuer ne
sont que la traduction des mots *plus* et *moins*.

En algèbre aucune quantité n'est introduite dans le calcul
sans être affectée du signe + ou du signe − , c'est-à-dire
sans être rendue positive ou négative. Si parfois une expression n'est accompagnée d'aucun signe , on doit la considérer comme affectée du signe + qui est alors conventionnel-
lement sous-entendu. Mais il faut bien se garder de croire
qu'une quantité absolue soit naturellement affectée du
signe +. Elle n'est par elle-même affectée d'aucun signe :
on lui en donne un pour l'introduire dans le calcul.

Ces signes servent à indiquer soit des acceptions , soit
des situations opposées de quantités de même nature. On
en a déjà vu des exemples dans les règles que j'ai données
pour l'usage des logarithmes et dans ce que j'ai dit relativement aux signes des lignes trigonométriques des arcs
plus grands que 90°.

67. En général, quand des grandeurs se présentent avec
des acceptions contraires, de telle sorte que, si on les figure
par des longueurs respectivement proportionnelles placées
bout à bout sur une ligne droite ou courbe , à partir d'un
point fixe choisi pour origine, on doive porter les unes dans
un sens , les autres dans le sens opposé , on exprime cette

circonstance en affectant les unes du signe + , les autres du signe —.

Les exemples de grandeurs qui se présentent ainsi avec des acceptions contraires sont fort nombreux. On peut prendre pour type de cette opposition d'acceptions les gains et les pertes d'un spéculateur, qui sont les changements ou variations de son avoir soit en plus, soit en moins. Si on représente l'avoir primitif de ce spéculateur par une longueur oa * portée sur une droite $x'x$ dans la direction oa à partir d'un point o pris pour origine, les gains successifs tels que ab, bc devront être portés dans le même sens consécutivement, et les longueurs ob, oc représenteront les situations successives du spéculateur. Mais, si une perte cd survient, il faudra évidemment rétrograder pour que la distance od représente la nouvelle situation, c'est-à-dire porter la longueur cd dans la direction cx' et non dans la direction cx. On devra donc, suivant la règle énoncée ci-dessus, affecter les gains et les pertes des signes opposés + et —. Mais il faudra, en même temps, substituer à ces deux dénominations de *gains* et de *pertes* une dénomination unique, par exemple, celle de *changement survenu*, puisque son signe devra en compléter la signification.

* Fig. 17.

68. Il est à remarquer que ce mode de représentation renferme implicitement la règle de Descartes *. Supposons, en effet, une perte de assez forte pour anéantir et au delà tout ce que possède le spéculateur. Dans ce cas, le point e devra tomber quelque part dans la direction ox', et la longueur oe, qui se trouvera conséquemment dans une situation opposée à celle que l'on a adoptée pour y porter les gains, représentera une perte. Elle devra donc être affectée du signe —. Or, si l'on eût calculé arithmétiquement la situation du spéculateur, on aurait, en effet, trouvé celui-ci en perte, et on aurait dû, pour se conformer à la règle citée, porter cette perte dans la direction ox, ce qui aurait donné précisément le point e.

* Intr. 45.

Toute nouvelle perte telle que *ef* devra être portée encore
dans le même sens, et *of* sera la situation correspondante.
Mais si des gains surviennent, il faudra les porter dans la
direction *fx*. On pourra, de cette manière et suivant les
chances de la spéculation, passer un nombre quelconque
de fois de la région *ox* à la région *ox'*, et toujours la distance du point *o* au point obtenu représentera fidèlement,
soit en gain, soit en perte, la situation du spéculateur.

69. Ainsi donc, lorsqu'on donne un signe à la quantité
absolue, cela revient à considérer celle-ci comme étant la
mesure du changement éprouvé par une certaine grandeur
et à indiquer le sens de ce changement. Les deux dénominations employées dans le langage ordinaire pour désigner
les changements qui ont lieu dans l'un et l'autre sens sont
en même temps remplacées par une dénomination unique.
C'est ainsi que, les signes + et — une fois admis pour distinguer les pertes des gains, on peut dire légitimement qu'une
perte est un *gain négatif* ou bien qu'un gain est une *perte
négative*, suivant qu'on juge à propos de conserver la dénomination de *gain* et celle de *perte*. En définitive, d'une part
on modifie le langage ordinaire en substituant à deux dénominations distinctes une dénomination unique. D'autre
part on introduit dans le calcul, par le moyen des signes +
et —, une distinction qui équivaut à celle que l'on a fait
disparaître du langage en le modifiant.

Ce changement laisse, au fond, les choses telles qu'elles
sont, mais il abrége évidemment les énoncés en ne conservant qu'une espèce de quantité au lieu de deux.

J'ai déjà montré l'usage des signes pour exprimer des
situations opposées. Je vais maintenant compléter ces indications.

70. MANIÈRE DE DÉSIGNER UN SEGMENT. — Dans la géométrie ordinaire, il est indifférent d'écrire *ba* ou *ab* pour

désigner un segment tel que *ab* *. Un géomètre célèbre,   * Fig. 17.
M. Chasles, a proposé (1) d'écrire toujours ces deux lettres
de manière à indiquer le sens dans lequel ce segment est
censé avoir été parcouru. Si on s'est transporté de *a* en *b*,
il écrit *ab;* si, au contraire, on est venu de *b* en *a*, il écrit *ba*.
Ce changement, dans l'ordre des lettres, implique un changement de signe du segment. Pour comprendre la raison de
ce changement de signe, il faut considérer la droite $x'x$
comme étant le chemin de x' à x, ainsi que je l'ai fait dans
une autre occasion *. Si après s'être transporté en *a*, on va   * Intr. 46.
ensuite en *b*, dans la direction ax, le chemin parcouru est
égal à la différence des longueurs $x'b$, $x'a$. Comme ici, par
hypothèse, $x'b$ est plus grand en valeur absolue que $x'a$, *ab*
est la variation *en plus* de $x'a$, et conséquemment doit être
affecté du signe +. Si, au contraire, on est allé de *b* en *a*,
ba est la variation *en moins* de $x'b$, et, par suite, *ba* doit
être affecté du signe —. Ces conclusions sont indépendantes de la position de l'origine *o* des distances, et conséquemment sont exactement les mêmes de quelque manière
que les points *a* et *b* se trouvent situés sur la droite $x'x$ relativement à ce point.

Il n'est donc pas exact de dire, comme on le fait ordinairement, que la droite $x'x$ se compose de deux parties, l'une
positive, l'autre négative, séparées par l'origine *o*. Ce qui
est plus vrai, c'est que les points x', x, situés à l'infini sur
cette droite, sont comme deux *pôles* que l'on peut appeler
pôle négatif et *pôle positif*, parce que toute distance parcourue prend le signe de celui de ces pôles vers lequel on
chemine.

71. Usage des signes + et — dans les systèmes de
coordonnées. — On appelle *systèmes de coordonnées*, dans la
géométrie calculatrice, les divers moyens *généraux* auxquels

---

(1) *Traité de géométrie supérieure.* Paris, 1852, in-8°, n° 1.

on a recours pour fixer la position, soit sur un plan, soit dans l'espace, des points, des lignes, des surfaces que l'on a à considérer.

Le plus simple de ces systèmes, et celui qui est le plus en usage, consiste, lorsqu'il s'agit de points situés dans un

* Fig. 18. plan, à tracer dans ce plan deux droites $x'x$, $y'y$ * et à fixer la position de chaque point tel que m, en faisant connaître les segments oa, ob que déterminent les parallèles à ces droites menées par le point m. On forme ainsi un parallélogramme, et il est évident que la position du point m doit être considérée comme donnée sans aucune ambiguïté, lorsqu'on fait connaître dans quel sens il faut marcher et quelle longueur il faut parcourir sur la droite $x'x$ pour aller de o en a, et aussi dans quel sens il faut marcher à partir du point a, parallèlement à la droite $y'y$ et quelle longueur il faut parcourir pour aller de a en m. Or il suffit, pour cela, d'attribuer des signes aux segments dont il s'agit, conformément à la règle de Descartes. Ces deux chemins, auxquels on peut substituer ob et bm, sont désignés ordinairement par les lettres x et y et reçoivent dans le discours les dénominations d'*abscisse* et d'*ordonnée*. Pris ensemble, on les appelle les *coordonnées* du point m. Les droites $x'x$, $y'y$ sont les *axes* et le point o l'*origine* des coordonnées. Quand les deux axes $x'x$, $y'y$ se coupent à angle droit, les coordonnées sont dites *rectangulaires;* dans les autres cas, on les appelle

* Fig. 1. *obliques.* Le cosinus et le sinus d'un arc AM * ne sont autre chose que les coordonnées rectangulaires de l'extrémité M de cet arc, rapportées aux axes A'A, B'B qui passent par le centre O du cercle. Les signes de ces coordonnées, pour les

* Intr. 45. quatre quadrants AB, BA', A'B', B'A *, sont ceux que présentent les coordonnées d'un point dans les quatre angles xoy, yox', $x'oy'$, $y'ox$.

* Fig. 19.   Pour fixer la position d'un point m * dans l'espace, on se sert de trois *axes coordonnés* $x'x$, $y'y$, $z'z$ ou plutôt de trois *plans coordonnés* menés par un point et dont les intersec-

tions sont les axes $x'x$, $y'y$, $z'z$. Les coordonnées sont alors les segments oa, ob, oc que déterminent respectivement sur les axes $x'x$, $y'y$, $z'z$ les plans menés par le point m parallèlement aux plans yoz, zox, xoy. Ces six plans forment un parallélipipède dont les côtés offrent pour arriver au point m six chemins différents, savoir $oarm$, $oaqm$, $obrm$, $obpm$, $ocpm$, $ocqm$, lesquels se composent chacun de trois parties, égales aux coordonnées oa, ob, oc ou x, y, z. Il est évident que ces coordonnées, moyennant l'adjonction des signes de situation $+$ et $—$, déterminent complétement et sans ambiguïté le point m auquel elles appartiennent. La dénomination de *coordonnées rectangulaires*, dans ce cas de trois axes, signifie toujours que les trois plans coordonnés se coupent deux à deux à angle droit.

On se sert aussi très-fréquemment de *coordonnées polaires*. Dans ce système de coordonnées, on fixe la position d'un point m^* sur un plan au moyen de l'angle xov qu'une ⋅ Fig. 20. droite $v'v$ susceptible de tourner autour d'un point fixe o et de prendre toutes les situations autour de ce point fait avec une droite fixe $x'x$ passant par ce même point, et de la distance om qu'il faut parcourir sur la droite $v'v$ à partir du point o pour arriver au point m. Cette longueur om est appelée le *rayon vecteur* du point m. Le point o, qui est l'*origine des rayons vecteurs*, est désigné aussi sous le nom de *pôle* (1) *de la droite* $v'v$. Le point m sera déterminé complétement et sans ambiguïté par ses coordonnées polaires, savoir l'angle xov et la longueur om, si on connaît 1° l'amplitude de l'angle xov ainsi que le signe $+$ ou $—$ correspondant au sens de la rotation qu'il faut imprimer à ov pour décrire cet angle; 2° la longueur om et le signe de situation indiquant s'il faut marcher à partir du point o dans la direction ov ou ov' pour arriver au point m. La sécante OT d'un arc AM ⋅ ⋅ Fig. 1. et l'angle AOM ne sont autre chose que les coordonnées

(1) Du mot grec πολέω, *je tourne*.

polaires du point T de la droite AT sur laquelle se mesurent les tangentes. Les changements de signe qu'éprouve la sécante lorsque le point M parcourt la circonférence sont conformes à ce qui vient d'être expliqué.

Les coordonnées polaires s'étendent sans difficulté à des points situés dans l'espace. Chaque point est alors déterminé par deux angles analogues aux longitudes et latitudes géographiques et par la longueur du rayon vecteur.

Comment on a égard aux signes + et — des quantités dans les opérations algébriques.

72. Les opérations algébriques sont au nombre de six : addition, soustraction, multiplication, division, élévation aux puissances, extraction des racines. Elles sont soumises à des règles particulières que je ne développerai ici qu'autant qu'il le faudra pour l'intelligence des calculs présentés dans cet ouvrage. Mais j'insisterai sur la différence qui existe quant à la signification entre ces opérations et les opérations correspondantes de l'arithmétique, et je donnerai toutes les explications nécessaires pour faire bien comprendre comment on doit avoir égard, dans le calcul, aux signes + et — dont les quantités sont affectées avant d'y être introduites.

73. ADDITION. Reportons-nous à l'hypothèse que nous avons faite précédemment [*] d'un spéculateur dont on considère les situations successives. Chacune de ces situations s'obtient *arithmétiquement* par une suite *d'additions* et de *soustractions* dans lesquelles figurent l'avoir primitif du spéculateur, puis ses gains et ses pertes, suivant l'ordre amené par les chances de la spéculation. Ces situations, que nous avons représentées par une construction géométrique, reçoivent en algèbre le nom de *sommes*. C'est là une pure convention qui, au premier abord, peut sembler étrange.

* Intr. 67.

Mais à mesure qu'on avance dans l'étude de l'algèbre, on reconnaît combien cette convention est utile et commode.

J'ai donné, en exposant l'usage pratique des logarithmes, plusieurs exemples numériques d'addition algébrique. Il serait sans utilité d'en présenter ici de nouveaux.

D'après la convention ci-dessus, *lorsqu'on opère sur des expressions littérales, il suffit, pour en faire la somme, de les écrire les unes à la suite des autres chacune avec son signe, n'importe dans quel ordre.* On effectue ensuite les réductions possibles.

EXEMPLE. — On veut obtenir la somme de $+ x$, $+ \sqrt{a}$, $- 3b$, $- 5x$, $+ 3\sqrt{a}$, $+ b$, $+ c$. Cette somme est $+ x + \sqrt{a} - 3b - 5x + 3\sqrt{a} + b + c$ ou $- 4x + 4\sqrt{a} - 2b + c$, en remarquant que $+ x - 5x$ peut être remplacé par $- 4x$, $+ \sqrt{a} + 3\sqrt{a}$ par $+ 4\sqrt{a}$, et $- 3b + b$ par $- 2b$.

La somme de deux polynômes, et généralement de tant de polynômes qu'on voudra, s'obtient en faisant l'addition de tous les termes dont ils se composent, chacun de ces termes étant pris avec son signe. Car tout polynôme peut être considéré comme étant la somme des termes dont il est formé, de sorte que la somme des polynômes n'est autre chose que la somme de tous leurs termes.

74. SOUSTRACTION. — Concevons que deux quantités soient données, et qu'on les représente graphiquement en grandeur et en situation en prenant sur une droite $x'x$ Fig. 17. une origine o, et portant à partir de cette origine, dans le sens indiqué par le signe de chaque quantité, les deux longueurs oa, ob. *Soustraire oa de ob, c'est déterminer la longueur du segment ab qu'il faut ajouter à oa pour que la somme soit égale à ob.* ab est le résultat de cette soustraction. D'après ce qui a été expliqué relativement à la manière de dé-

* Intr. 70. signer un segment *, ab sera positif ou négatif suivant qu'on ira de a en b en marchant dans le sens $x'x$ ou dans le sens xx'. La soustraction ainsi définie est toujours possible, quels que soient les signes et grandeurs des segments oa, ob ou quelles que soient les quantités sur lesquelles on opère.

Or il est évident qu'on obtiendra le résultat que représente le segment ab, en ajoutant à la quantité ob la quantité oa, *après avoir changé son signe*, car alors, en ajoutant à cette somme la même quantité oa prise avec son signe, elle y détruira la quantité oa introduite avec un signe contraire, et conséquemment la nouvelle somme se réduira à ob. La quantité ab est donc, en effet, égale à la somme des quantités ob, oa, prises la première avec son signe, la seconde avec un signe contraire au sien.

EXEMPLE. — On veut retrancher $- c + d + e - f$ de $a - b$. J'écris $+ c - d - e + f$ à la suite de $c - b$, et le résultat de la soustraction est $a - b + c - d - e + f$. En effet, en ajoutant à ce résultat la quantité soustraite $- c + d + e - f$, on retrouve $a - b$, ce qui prouve la justesse de l'opération.

75. Il n'est pas sans intérêt de remarquer ici que ce genre de soustraction est pratiqué dans diverses circonstances où l'on a à considérer des quantités de part et d'autres d'une origine commune. Les indications du thermomètre centigrade et la chronologie en fournissent des exemples d'autant plus remarquables qu'ils nous sont fa- * Intr. 46. miliers *. Si on a observé un jour $- 5°$ ou $5°$ au-dessous de zéro, et un autre jour $- 1°$, il faut, pour connaître la quantité dont la température a varié de $- 5°$ à $- 1°$, retrancher $- 5°$ de $- 1°$, ce qui donne $- 1° + 5°$ ou $+ 4°$. Il y a donc une variation en plus de $4°$, ce qui est vrai. L'époque d'Euclide est $- 300$ ans, celle de Pappus $+ 400$, en d'autres termes, ces deux géomètres florissaient, le premier 300 ans avant Jésus-Christ et le second 400 ans après.

Il y a donc de l'un à l'autre une distance de 400 + 300 ans. Si on veut remonter de l'époque de Pappus à celle d'Euclide, il faut retrancher de cette dernière celle de Pappus, ce qui donne — 300 — 400 ou — 700 ans, et conséquemment rétrograder de 700 ans vers la création du monde.

76. Dans tout ce que je viens de dire sur l'addition et la soustraction, j'ai évité, à dessein, de me servir des signes + et — pour indiquer ces opérations elles-mêmes. Je ne me suis servi que des signes dont les quantités sont nécessairement affectées dans le calcul algébrique. Si on veut maintenant les introduire, en outre, comme signes d'opération, on reconnaîtra aisément, en enveloppant d'une parenthèse la quantité a et le signe qui lui appartient, et laissant en dehors le signe d'opération, que + (+ a), + (— a) sont la même chose que + a, — a, et que — (+ a), — (— a) sont la même chose que — a, + a.

77. MULTIPLICATION. — En arithmétique, *multiplier un nombre par un autre, c'est former un nouveau nombre qui soit composé avec le premier comme le second est composé de l'unité.* Ainsi, multiplier 12 $^7/_8$ par 5 $^2/_3$, c'est former un nombre qui contienne cinq fois 12 $^7/_8$, plus les deux tiers de 12 $^7/_8$, de même que 5 est composé de cinq fois l'unité et de $^2/_3$ de l'unité. Cette définition convient à la multiplication algébrique, et, pour l'appliquer, il n'y a plus qu'à y ajouter ce qui concerne les signes.

Or, pour chaque unité *positive* du multiplicateur, comme cette unité n'est autre chose que l'unité absolue à laquelle on a appliqué le signe +, on prendra une fois le multiplicande tout entier en lui appliquant le signe +, c'est-à-dire en conservant à chaque terme le signe qu'il a. Pour chaque unité *négative* du multiplicateur, cette unité n'étant autre chose que l'unité absolue à laquelle on a appliqué le signe —, on prendra une fois le multiplicande tout entier en lui ap-

pliquant le signe — , c'est-à-dire en changeant le signe de
chaque terme. Ce sont là des conséquences immédiates de
la définition de la multiplication et de ce qui a été démontré

* Intr. 76.

ci-dessus *, savoir que $+ (+ a)$ et $+ (- a)$ sont la même
chose que $+ a$ et $- a$, et que $- (+ a)$ et $- (- a)$ sont la
même chose que $- a$ et $+ a$.

78. Quand le multiplicande et le multiplicateur sont des
nombres a et b, on trouve immédiatement, d'après ce qui
vient d'être expliqué, que l'on a

$$(+ a) \times (+ b) = + ab, \qquad (- a) \times (+ b) = - ab,$$
$$(+ a) \times (- b) = - ab, \qquad (- a) + (- b) = + ab,$$

ce qui s'exprime en disant : *plus par plus donne plus*, *moins
par plus et plus par moins donne moins*, *moins par moins
donne plus*.

Cette règle est ce qu'il y a de plus important à connaître
pour la multiplication algébrique. Le mécanisme de l'opération consiste à multiplier tous les termes du multiplicande
par chacun des termes du multiplicateur et à faire la somme
des produits ainsi obtenus. Je ne m'y arrêterai pas davantage.

79. DIVISION. — Cette opération est l'inverse de la multiplication. On considère le *dividende* comme étant le produit de la multiplication du *diviseur* par une expression algébrique qu'il s'agit de former et qui est le *quotient*.

Quand le dividende et le diviseur sont l'un et l'autre des
expressions monômes, on indique la division en plaçant le
diviseur sous le dividende et en les séparant par un trait
horizontal. On examine ensuite si l'expression ainsi formée
est susceptible de quelque simplification par la suppression
de facteurs communs. Relativement aux signes on suit la
même règle que pour la multiplication, de sorte que le signe
du quotient est $+$ ou $-$ suivant que le dividende et le diviseur sont de même signe ou de signes contraires.

EXEMPLE. — Soit proposé de diviser $- 18\, a^2\, b^2\, c \sqrt{g}$ par

$+ 12\, a^2\, b^2\, c^2\, f$; le quotient est $-\dfrac{18\, a^2\, b^2\, c\, \sqrt{g}}{12\, a^2\, b^2\, c^2\, f}$. Il se ré-

duit à $-\dfrac{3\, a\, \sqrt{g}}{2\, c\, f}$, par la suppression du facteur $6\, a^2 b^2 c$,

commun au dividende et au diviseur.

Pour opérer cette réduction 1° on divise le coefficient du dividende par celui du diviseur, ou bien on réduit leur rapport à sa plus simple expression, et on a le coefficient du quotient; 2° si une lettre a le même exposant dans les deux monômes, on n'écrit pas cette lettre au quotient; si elle y a des exposants différents, on retranche le plus petit exposant du plus grand, et on écrit au quotient cette lettre avec un exposant égal au reste, en numérateur ou en dénominateur suivant que l'exposant est plus grand dans le dividende ou dans le diviseur. Les facteurs du dividende qui ne sont pas dans le diviseur et ceux du diviseur qui ne sont pas dans le dividende s'écrivent au quotient sans aucun changement.

On simplifie la règle relative aux exposants en admettant des exposants *négatifs,* qui sont amenés naturellement par cette circonstance que les exposants se combinent par voie de soustraction et que l'algèbre admet en pareil cas des restes *négatifs.* Le quotient ci-dessus peut conséquemment

s'écrire $\dfrac{3}{2}\, ac^{-1}\, \dfrac{\sqrt{g}}{f}$ ou même $\dfrac{3}{2}\, ac^{-1}\, f^{-1}\sqrt{g}$.

Pour diviser un polynôme par un monôme, on divise séparément par le monôme tous les termes du dividende; la somme des quotients ainsi obtenus est le quotient demandé.

80. Quand le diviseur est un polynôme, on parvient encore, si la division est possible, à déterminer tous les termes du quotient. A cet effet, on commence par *ordonner* le dividende et le diviseur par rapport aux puissances décroissantes ou croissantes d'une même lettre, c'est-à-dire de telle façon que les exposants de cette lettre aillent en dé-

croissant ou en croissant d'un terme au suivant. Cette lettre
est appelée quelquefois *ordonnatrice*. Supposons, pour fixer
les idées, que les exposants de cette lettre aillent en décroissant. Alors le premier terme du dividende sera égal au
produit du premier terme du diviseur par le premier terme
du quotient supposé ordonné aussi par rapport aux puissances décroissantes de la même lettre; car, dans la multiplication de deux polynômes, le produit des termes du multiplicande et du multiplicateur qui renferment les plus hautes
puissances d'une lettre n'éprouve pas de réduction. On
obtiendra donc le premier terme du quotient en divisant le
premier terme du dividende par le premier terme du diviseur, c'est-à-dire en divisant un monôme par un monôme,
ainsi qu'il a été expliqué ci-dessus.

Ayant ainsi trouvé le premier terme du quotient, on
formera le produit du diviseur par ce terme, et on retranchera ce produit du dividende. Le reste sera égal au produit du diviseur par les autres termes du quotient. Il faudra
donc, pour continuer l'opération, diviser ce reste par le diviseur, et conséquemment diviser son premier terme par le
premier du diviseur, ce qui fournira un second terme du
quotient. On retranchera du premier reste le produit du
diviseur par ce second terme, et on obtiendra un second
reste sur lequel on opérera de la même manière. En suivant
cette marche de proche en proche, on finira, si la division
peut se faire exactement, par obtenir un reste nul, et alors
l'opération sera terminée.

81. Quand la division ne peut pas se faire exactement,
on en est averti par l'opération même. En effet, toutes les
fois que la division peut s'effectuer exactement, le dernier
terme du dividende est le produit du dernier terme du diviseur par le dernier terme du quotient. On formera donc
immédiatement ce dernier terme du quotient, en divisant
le dernier terme du dividende par le dernier terme du divi-

seur ; et si l'opération amène au quotient un terme dans lequel l'exposant de la lettre ordonnatrice soit moindre que dans le terme ainsi formé, on sera certain que la division ne pourra pas se terminer.

On peut, dans tous les cas, arrêter l'opération après avoir obtenu un certain nombre de termes du quotient, mais alors il faut compléter ce dernier en y ajoutant une expression indiquant la division du reste correspondant au dernier terme par le diviseur.

Je propose comme exercice de reconnaître que $x^m - a^m$ est toujours divisible par $x - a$. Le quotient est $x^{m-1} + ax^{m-2} + a^2 x^{m-3} + a^3 x^{m-4} + \ldots + a^{m-2} x + a^{m-1}$.

82. Les divisions qui ne peuvent pas se faire exactement ne donnent pas nécessairement un quotient approché comme il arrive pour la division arithmétique. Considérons, à cet effet, l'expression $\dfrac{1}{1+x}$. En ordonnant par rapport aux puissances *croissantes* de x, on trouve que le quotient, en prenant six termes, est $1 - x + x^2 - x^3 + x^4 - x^5$. La loi que suivent ces termes est manifeste. On a, en complétant le quotient, $\dfrac{1}{1+x} = 1 - x + x^2 - x^3 + x^4 - x^5 + \dfrac{x^6}{1+x}$. Or, il est bien clair que, si on prend $x > 1$, le complément $\dfrac{x^6}{1+x}$ pourra avoir une valeur considérable. Pour $x = +1$, l'ensemble des six termes du quotient donnerait pour somme zéro, et le complément aurait pour valeur $+\dfrac{1}{2}$. Si au contraire x est une fraction de l'unité, par exemple $+0.1$, $\dfrac{1}{1+x}$ se réduira sensiblement à $1 - x$, c'est-à-dire aux deux premiers termes du quotient. De même $\dfrac{1}{1-x}$ se réduit à $1 + x$ pour de etites valeurs de x.

83. Élévation aux puissances. — En multipliant par elle-même une expression algébrique, on obtient son *quarré*. En multipliant ensuite le quarré par cette même quantité, on a son *cube*. De nouvelles multiplications donnent la *quatrième puissance*, puis la *cinquième*, et ainsi de suite.

La puissance d'un monôme s'obtient d'un seul coup, en élevant le coefficient numérique à la puissance indiquée, et en multipliant tous les exposants par le degré ou l'indice de cette puissance. Quant au signe, on remarquera que toutes les puissances d'une quantité positive sont positives, mais que les puissances d'une quantité négative sont positives ou négatives suivant que le degré de la puissance est pair ou impair. On trouve en appliquant ces règles :

$$(-2\,a^5\,bc^2)^3 = -8\,a^{15}\,b^3\,c^6, \qquad (-2\,a^5\,bc^2)^4 = +16\,a^{20}\,b^4\,c^8.$$

84. Formule du binôme. — Un cas particulier très-remarquable de l'élévation aux puissances est celui du binôme. On a, quel que soit l'exposant m,

$$(x+a)^m = x^m + max^{m-1} + \frac{m(m-1)}{1.\,2}\,a^2\,x^{m-2}$$
$$+ \frac{m(m-1)(m-2)}{1.\,2.\,3}\,a^3\,x^{m-3} + \dots$$

La loi que suivent les exposants dans les différents termes est évidente. L'exposant de a et celui de x, dans chaque terme, ont pour somme m. Quant aux coefficients, si on considère la suite,

$$1, \frac{m}{1}, \frac{m-1}{2}, \frac{m-2}{3}, \frac{m-3}{4}, \frac{m-4}{5}, \frac{m-5}{6}, \text{etc.},$$

le premier coefficient n'est autre chose que le premier terme de cette suite. Le second coefficient est le produit des deux premiers termes, le troisième le produit des trois premiers termes, et ainsi des autres.

Il est aisé de vérifier cette proposition sur les puissances les plus simples. On reconnaît ensuite facilement que si elle a lieu pour un exposant, elle a lieu également pour l'exposant immédiatement supérieur, et que conséquemment elle est générale.

85. Extraction des racines. — L'algèbre fournit des méthodes pour trouver une expression algébrique qui, élevée à une puissance assignée, reproduise une expression donnée ou en d'autres termes en soit la *racine*. Je renvoie pour cet objet aux traités d'algèbre, mais je placerai ici quelques indications sur ce que l'on appelle les *imaginaires*, et sur les valeurs multiples des racines.

Supposons que l'on veuille extraire la racine quarrée d'un nombre négatif, par exemple de — 64. Quoique 8 soit la racine quarrée de 64, la racine quarrée de — 64 ne sera ni + 8 ni — 8, car, en vertu de la règle des signes *, * Intr. 78. le produit de + 8 par + 8 est + 64, et le produit de — 8 par — 8 est aussi + 64. Il est d'ailleurs évident que tout autre nombre soit positif, soit négatif, ne pourrait avoir son quarré négatif. C'est pourquoi on dit que la racine quarrée d'un nombre négatif est *imaginaire*. Cette racine peut se mettre sous la forme $\sqrt{-64}$, mais généralement on l'écrit sous la forme $8\sqrt{-1}$, en extrayant la racine quarrée du nombre placé sous le radical et donnant à cette racine le facteur $\sqrt{-1}$. Le type des expressions imaginaires est $a + b \sqrt{-1}$. De telles expressions sont employées très-fréquemment dans le calcul algébrique, et se présentent dans la résolution des problèmes concurremment avec les solutions *réelles*.

Remarquons actuellement qu'en vertu de la règle des signes tout radical quarré a deux valeurs, l'une positive, l'autre négative.—8 par—8 donne+ 64; de même $-8\sqrt{-1}$ est racine de — 64 aussi bien que $+ 8 \sqrt{-1}$.

86. Cette multiplicité des racines est un fait algébrique de la plus haute importance et dont on ne peut se dispenser

de tenir compte, toutes les fois que l'on a à considérer des radicaux. Tout radical a autant de valeurs distinctes qu'il y a d'unités dans son indice, mais un radical d'indice pair ne peut avoir au plus que deux valeurs réelles, l'une positive, l'autre négative, et un radical d'indice impair ne peut avoir qu'une valeur réelle. Toutes les autres valeurs sont imaginaires, de la forme $a + b \sqrt{-1}$.

Pour donner une idée de l'intérêt que mérite cet ordre d'idées, je me bornerai à ce seul fait : si on cherche les valeurs de $\sqrt[m]{1}$, c'est-à-dire les valeurs de x qui satisfont à la relation $x^m = 1$, on trouve qu'en désignant par v l'angle $\dfrac{360^0}{m}$, les valeurs de x sont respectivement

$$\cos \ v + \sqrt{-1} \sin \ v$$
$$\cos 2v + \sqrt{-1} \sin 2v$$
$$\cos 3v + \sqrt{-1} \sin 3v$$
$$. \quad . \quad . \quad . \quad . \quad . \quad .$$
$$\cos (m-1)v + \sqrt{-1} \sin (m-1)v$$
$$\cos \ m v \ + \sqrt{-1} \sin mv,$$

de sorte que ces valeurs sont au nombre de m. Ajoutons que, si on convient de représenter les valeurs de a et de b du type $a + b \sqrt{-1}$ de ses racines par deux coordonnées rectangulaires *, les points ainsi obtenus seront les sommets du polygone régulier de m côtés, inscrit dans un cercle ayant pour centre l'origine et pour rayon l'unité.

Intr. 71.

87. Les règles que j'ai indiquées pour les opérations du calcul algébrique n'ont été établies qu'en vue de quantités réelles, mais elles s'étendent sans difficulté aux imaginaires. Il faut seulement faire attention dans la multiplication et dans l'élévation aux puissances que $(\sqrt{-1})^2 = -1$, $(\sqrt{-1})^3 = -\sqrt{-1}, (\sqrt{-1})^4 = +1, (\sqrt{-1})^5 = +\sqrt{-1},$

$(\sqrt{-1})^6 = -1$, et ainsi de suite toujours dans le même ordre.

88. Exposants fractionnaires. — On démontre que les résultats des diverses opérations auxquelles on peut soumettre les radicaux sont les mêmes que si, au lieu de radicaux, on avait des exposants fractionnaires, c'est-à-dire que si $\sqrt[n]{a^m}$ était la même chose que $a^{\frac{m}{n}}$. Par suite de cette circonstance on remplace les radicaux par des exposants fractionnaires, ce qui a l'avantage de simplifier les calculs.

La signification d'une expression telle que $a^{\frac{m}{n}}$ étant ainsi fixée, on n'éprouvera aucune difficulté à lire les formules dans lesquelles on rencontrera de telles expressions.

89. Je terminerai ce que j'ai à dire des radicaux en énonçant une propriété très-remarquable de la formule qui donne le développement de la puissance d'un binôme $x + a$. Cette propriété consiste en ce que le développement dont il s'agit exprime $(x + a)^m$, quel que soit l'exposant m, positif ou négatif, entier ou fractionnaire, toutes les fois qu'on est assuré que les termes successifs vont toujours en décroissant. Cette formule du binôme peut servir alors à l'extraction des racines, surtout quand le décroissement des termes est très-rapide.

Principes généraux relatifs aux équations.

90. Lorsqu'on a exprimé par l'écriture algébrique les diverses relations que l'énoncé d'une question établit entre les quantités inconnues et celles qui sont connues, on a ce que l'on appelle une *équation*, c'est-à-dire deux suites de termes séparées l'une de l'autre par le signe =. Tout ce qui est à gauche de ce signe forme le *premier membre*, et ce qui est à droite le *second membre* de l'équation. Mais celle-ci se

présente ordinairement sous une forme qui n'est pas la plus simple. Il est donc nécessaire de savoir transformer les équations, et, pour cela, il existe des principes généraux qu'il importe de se rendre familiers par des applications nombreuses et variées.

1° *On peut ajouter aux deux membres d'une équation ou en retrancher une même quantité sans que les valeurs des inconnues soient altérées.*

Il résulte de là qu'on peut effacer un terme d'un membre pourvu qu'on l'écrive dans l'autre membre, en ayant soin de changer son signe.

2° *On peut multiplier ou diviser tous les termes des deux membres par une même quantité (qui ne soit ni nulle ni infinie), sans que les valeurs des inconnues en soient altérées.*

En multipliant les deux membres par — 1, on changera les signes de tous les termes, ce qui est souvent utile.

En multipliant tous les termes par un nombre convenable, on peut les réduire au même dénominateur, ce qui permet de supprimer ensuite ce dénominateur.

Lorsqu'une relation est compliquée d'un radical, on peut s'en débarrasser en faisant passer dans un membre le terme qui en est affecté, et dans l'autre membre tous les autres termes. On élève ensuite les deux membres à la puissance marquée par l'indice de ce radical.

91. Au moyen de ces transformations, on obtient des équations algébriques préparées pour l'application de méthodes que je ne saurais indiquer ici, et qu'on trouvera amplement développées dans les livres d'algèbre. Je dirai seulement que les équations à une seule inconnue se ramènent à la forme

$$x^m + px^{m-1} + qx^{m-2}\ldots\ldots + sx + t = o,$$

x étant l'inconnue et p, $q\ldots$, s, t des expressions formées de quantités connues. L'exposant m le plus élevé de l'inconnue x est le degré de l'équation.

Quand celle-ci est du premier degré, c'est-à-dire se réduit à $sx + t = o$, on en tire immédiatement, en faisant passer t dans le second membre et divisant de part et d'autre par s, $x = -\dfrac{t}{s}$.

Quand l'équation est du second degré, c'est-à-dire se réduit à $x^2 + px + q = o$, on fait passer le terme connu q dans le second membre, et on ajoute de part et d'autre $\dfrac{p^2}{4}$.

Le premier membre devient alors $\left(x + \dfrac{p}{2}\right)^2$; on a donc $\left(x + \dfrac{p}{2}\right)^2 = \dfrac{p^2}{4} - q$, et, par suite, extrayant la racine quarrée de chaque membre et faisant passer $\dfrac{p}{2}$ du premier dans le second, il vient

$$x = -\frac{p}{2} \pm \sqrt{\frac{p^2}{4} - q};$$

de sorte que l'on a pour x *deux* valeurs qui satisfont également à l'équation. En général, pour une équation du degré m, l'inconnue a m valeurs.

92. Les valeurs des inconnues peuvent être positives ou négatives quand elles sont réelles, ce qui n'a rien de surprenant si l'on admet *à priori* des quantités négatives. Elles peuvent être aussi imaginaires, ce qui est simplement une conséquence de la règle des signes dans la multiplication. Il faut bien remarquer qu'une valeur de x fournie par la résolution algébrique d'une équation satisfait nécessairement à cette équation, mais qu'elle peut très-bien ne pas satisfaire à la question qu'on a voulu résoudre et dans l'énoncé de laquelle on a introduit des conditions non susceptibles d'être exprimées algébriquement. L'équation à laquelle on parvient peut ainsi être plus générale que cet énoncé.

93. Lorsqu'on est conduit à employer, dans le calcul, des imaginaires de la forme $a + b \sqrt{-1}$, et qu'on arrive à une relation telle que $p + q \sqrt{-1} = 0$, où p et q sont réels, c'est-à-dire ne contiennent pas $\sqrt{-1}$, on a nécessairement $p = 0$, $q = 0$; car autrement on aurait $p = -q \sqrt{-1}$, de sorte qu'une quantité réelle p serait égale à la quantité imaginaire $-q \sqrt{-1}$, ce qui est impossible.

§ IV. *Formules trigonométriques.*

94. A l'aide des notions d'algèbre qui font l'objet du précédent paragraphe, le lecteur n'éprouvera aucun embarras à faire usage des formules trigonométriques ci-après. Ces formules, que je donne sans les démontrer, sont générales : je veux dire par là qu'elles s'appliquent à des angles de grandeur quelconque, qui peuvent être négatifs aussi bien que positifs; de sorte que les sinus, cosinus, tangentes, etc., doivent y être affectés des signes résultant de l'application de la règle de Descartes, et qu'il faut, dans les calculs, recourir aux règles que fournit l'algèbre pour tenir compte de ces signes. La seule restriction que je croie devoir faire consiste à supposer que le rayon de la circonférence sur laquelle on mesure les arcs est égal à l'unité de longueur, moyennant quoi les formules s'appliqueront également aux arcs et aux angles.

95. On rencontre souvent des formules dans lesquelles les arcs sont exprimés en parties du rayon au lieu de l'être en degrés, minutes, secondes, etc. Dans ce cas, la circonférence entière est représentée par 2π, en désignant à l'ordinaire par la lettre π le rapport de la circonférence au diamètre, rapport dont la valeur est, comme on le sait, 3.1416 en se bornant à quatre décimales. Il suit de là que

π, $\frac{\pi}{2}$, $\frac{\pi}{3}$, $\frac{\pi}{4}$, etc., représentent respectivement 180⁰, 90⁰, 60⁰, 45⁰, etc.

Pour évaluer en degrés un arc exprimé en parties du rayon, il faut diviser cet arc par la longueur du degré évalué en parties du rayon. Cette longueur est $\frac{\pi}{180}$, puisque la demi-circonférence π contient 180⁰. Pour évaluer le même arc en minutes ou en secondes, il faut le diviser par $\frac{\pi}{10800}$ ou par $\frac{\pi}{648000}$, puisque la demi-circonférence π contient 10800' et 648000''.

Cette transformation se fait très-facilement par les logarithmes. On ajoute au logarithme du nombre qui exprime l'arc le logarithme 1.75812 de $\frac{180}{\pi}$ ou bien le logarithme 3.53627 de $\frac{10800}{\pi}$ ou bien le logarithme 5.31443 de $\frac{648000}{\pi}$, suivant que l'arc doit être évalué en degrés, en minutes ou en secondes, et la somme est le logarithme du nombre demandé.

Réciproquement, pour passer d'un arc donné en degrés, minutes ou secondes, à l'expression du même arc en parties du rayon, il faut multiplier le nombre qui exprime cet arc par $\frac{\pi}{180}$ ou bien par $\frac{\pi}{10800}$ ou bien par $\frac{\pi}{648000}$, et conséquemment ajouter au logarithme du nombre $\bar{2}.24188$ ou $\bar{4}.46373$, ou enfin $\bar{6}.68557$ suivant le cas. Ces logarithmes constants sont fort commodes.

96. Je fais remarquer et le lecteur devra se souvenir 1⁰ que le sinus d'un arc négatif est égal au sinus de l'arc positif de même grandeur, mais se trouve dans une situation opposée, tandis que pour les cosinus cette situation

7

est la même, d'où il suit que a étant un arc quelconque, on a :

$$\sin(-a) = -\sin a, \qquad \cos(-a) = \cos a.$$

On trouve de même,

$$\tan g(-a) = -\tan g\, a, \qquad \sec(-a) = \sec a$$
$$\cosec(-a) = -\cosec a\,;$$

2° que les valeurs des lignes trigonométriques des arcs 0°, 90°, 180°, 270°, 360°, etc., c'est-à-dire des multiples successifs de 90°, soit positifs, soit négatifs, sont 0, + 1, — 1, et ∞. Si on considère un rayon qui tourne en s'avançant dans le sens des arcs positifs, et qu'on donne aux lignes trigonométriques dont il s'agit les signes que prennent ces lignes *avant* et *après* le passage du rayon par les points 0°, 90°, 180°, 270°, on a les valeurs ci-après :

	0°	90°	180°	270°
sinus	∓ 0	$+1$	± 0	-1
cosinus	$+1$	± 0	-1	∓ 0
tangente	∓ 0	$\pm\infty$	∓ 0	$\pm\infty$
cotangente	$\mp\infty$	± 0	$\mp\infty$	± 0
sécante	$+1$	$\pm\infty$	-1	$\mp\infty$
cosécante	$\mp\infty$	$+1$	$\pm\infty$	-1

et la suite de ces valeurs revient périodiquement pour chaque ligne trigonométrique.

Expressions des arcs qui correspondent à une ligne trigonométrique donnée.

* Intr. 44.   **97.** Nous avons vu * que deux arcs supplémentaires l'un de l'autre ont le même sinus. Cette circonstance n'est qu'un cas particulier d'un fait plus général, sur lequel il est bon d'appeler l'attention : c'est qu'*à une ligne trigonométrique donnée il correspond toujours un nombre infini d'arcs différents* Appelons a un arc dont une des lignes trigonomé-

triques est donnée, H la demi-circonférence et k un nombre entier quelconque positif, nul ou négatif, tous les autres arcs correspondant à la même ligne trigonométrique seront renfermés dans les expressions que voici :

pour le sinus et la cosécante $2 k \mathrm{H} + a$, $(2k+1) \mathrm{H} - a$;
— le cosinus et la sécante $2 k \mathrm{H} + a$, $2 k \mathrm{H} - a$;
— la tangente et la cotangente $k \mathrm{H} + a$;

de sorte que quatre lignes trigonométriques, savoir : le sinus, le cosinus, la sécante et la cosécante, correspondent chacune à deux de ces expressions, tandis que la tangente et la cotangente correspondent à une expression unique.

Un arc n'est donc pas complétement déterminé par une seule ligne trigonométrique. Si le contraire semble arriver dans la plupart des cas de la résolution des triangles, c'est que les arcs ou les angles sont alors nécessairement positifs et doivent toujours être moindres que 180°.

Formules relatives aux sinus, cosinus, tangentes, etc., d'un arc ou angle quelconque.

98. On a, quel que soit l'arc a, le rayon étant l'unité de longueur,

$$[1] \qquad \sin^2 a + \cos^2 a = 1,$$

$$[2] \quad \sin a = \pm \sqrt{1 - \cos^2 a} = \pm \frac{\tang a}{\sqrt{1 + \tang^2 a}},$$

$$[3] \quad \cos a = \pm \sqrt{1 - \sin^2 a} = \pm \frac{1}{\sqrt{1 + \tang^2 a}},$$

$$[4] \quad \tang a = \frac{\sin a}{\cos a},$$

$$[5] \quad \cot a = \frac{\cos a}{\sin a} = \frac{1}{\tang a},$$

$$[6] \quad \séc a = \frac{1}{\cos a} = \pm \sqrt{1 + \tang^2 a},$$

$$[7] \quad \coséc a = \frac{1}{\sin a} = \pm \sqrt{1 + \cot^2 a}.$$

Dans plusieurs de ces formules, on remarque un double signe. C'est une conséquence de la présence d'un radical, qui admet, comme on l'a expliqué *, deux valeurs égales et de signes contraires. Quand l'angle *a* est donné, toute ambiguïté disparaît en ayant égard à ce qui a été dit sur les lignes trigonométriques des arcs plus grands que le quadrant *, et en faisant attention pour les arcs plus grands en valeur absolue que la circonférence, que leurs lignes trigonométriques restent les mêmes lorsqu'on retranche une ou plusieurs circonférences.

* Intr. 85.

* Intr. 44.

Formules donnant le sinus, le cosinus et la tangente de la somme et de la différence des deux arcs.

99. Appelons *a* et *b* deux arcs quelconques, on a, le rayon étant l'unité de longueur,

$$[8] \quad \sin(a+b) = \sin a \cos b + \cos a \sin b,$$

$$[9] \quad \cos(a+b) = \cos a \cos b - \sin a \sin b,$$

$$[10] \quad \sin(a-b) = \sin a \cos b - \cos a \sin b,$$

$$[11] \quad \cos(a-b) = \cos a \cos b + \sin a \sin b,$$

$$[12] \quad \tan(a+b) = \frac{\tan a + \tan b}{1 - \tan a \tan b},$$

$$[13] \quad \tan(a-b) = \frac{\tan a - \tan b}{1 + \tan a \tan b}.$$

Lorsqu'on suppose dans les deux dernières de ces formules que *a* ou *b* est un arc de 90° ou un multiple impair de 90°, la tangente de cet arc étant l'infini positif ou négatif, le numérateur et le dénominateur deviennent à la fois infinis, ce qui empêche de voir ce que devient tang (*a*+*b*) ou tang (*a*—*b*). Il faut alors diviser le numérateur et le dénominateur par la tangente infinie, ce qui anéantit tous les termes où cette tangente reste comme dénominateur. Si on suppose que l'angle b soit de 90°, on trouve les formules

[14] $\sin (a+90°) = \cos a$, $\quad \sin (a-90°) = \cos a$,

[15] $\cos (a+90°) = -\sin a$, $\quad \cos (a-90°) = \sin a$,

[16] $\tan(a+90°) = -\cot a$, $\quad \tan (a-90°) = \cot a$,

qui peuvent servir à la réduction des angles au quadrant *.   * Intr. 45.
On a, en outre,

[17] $$\tan (45° + a) = \frac{1 + \tan a}{1 - \tan a}.$$

100. Il est inutile d'écrire les formules qui expriment la cotangente, la sécante et la cosécante de la somme et de la différence des deux arcs, attendu que la cotangente, la sécante et la cosécante s'obtiennent respectivement en divisant l'unité par la tangente, le cosinus et le sinus *.   * Intr. 93.

101. Un cas particulier assez remarquable est celui de la duplication d'un arc. Si on fait $b = a$ dans les formules [8], [9] et [12], on trouve :

[18] $\quad\quad\quad \sin 2a = 2 \sin a \cos a$,

[19] $\quad\quad\quad \cos 2a = \cos^2 a - \sin^2 a$,

[20] $$\tan 2a = \frac{2 \tan a}{1 - \tan^2 a}.$$

102. On peut se proposer la question inverse, c'est-à-dire de calculer le sinus, le cosinus ou la tangente de la moitié d'un arc dont une ligne trigonométrique est donnée.
Si c'est le cosinus qui est donné, on a :

[21] $1 - \cos a = 2 \sin^2 \frac{1}{2} a$, $\quad 1 + \cos a = 2 \cos^2 \frac{1}{2} a$,

$$[22] \begin{cases} \sin \dfrac{1}{2}\,a = \pm \sqrt{\dfrac{1-\cos a}{2}}, \quad \cos \dfrac{1}{2}\,a = \pm \sqrt{\dfrac{1+\cos a}{2}}, \\[2em] \tang \dfrac{1}{2}\,a = \pm \sqrt{\dfrac{1-\cos a}{1+\cos a}}. \end{cases}$$

*Intr. 85.   A chacun des deux signes qui affectent chaque radical *, correspond une solution distincte. En effet, les divers arcs
*Intr. 97.   qui correspondent à cos a sont compris * dans les expressions $2\,k\,\mathrm{H} + a$, $2\,k\,\mathrm{H} - a$, et conséquemment les demi-arcs qui peuvent résoudre la question proposée sont $k\,\mathrm{H} + \dfrac{1}{2}\,a$,

$k\,\mathrm{H} - \dfrac{1}{2}\,a$, H étant la demi-circonférence, k un nombre entier quelconque, positif, nul ou négatif, et a l'un des arcs répondant au cosinus donné ; or, le sinus, le cosinus et la tangente des arcs renfermés dans ces dernières expressions, c'est-à-dire pour toutes les valeurs de k, sont $+ \sin \dfrac{1}{2}\,a$,

$- \sin \dfrac{1}{2}\,a$, $+ \cos \dfrac{1}{2}\,a$, $- \cos \dfrac{1}{2}\,a$, $+ \tang \dfrac{1}{2}\,a$, $- \tang \dfrac{1}{2}\,a$, ainsi donc, les formules sont ici d'accord avec le fait.

Si c'est le sinus qui est donné, on a :

$$[23] \begin{cases} \sin \dfrac{1}{2}\,a = \pm \dfrac{1}{2}\left(\sqrt{1 + \sin a} \mp \sqrt{1 - \sin a}\right) \\[2em] \cos \dfrac{1}{2}\,a = \pm \dfrac{1}{2}\left(\sqrt{1 + \sin a} \pm \sqrt{1 - \sin a}\right). \end{cases}$$

Dans ces deux formules, les signes supérieurs et inférieurs se correspondent hors des parenthèses et dans les parenthèses, mais à chaque signe extérieur on peut faire correspondre chacun des deux signes intérieurs. Il résulte de là quatre valeurs pour $\sin \dfrac{1}{2}\,a$ et quatre valeurs correspondantes pour $\cos \dfrac{1}{2}\,a$. En calculant le sinus et le cosinus de la moitié de chacun des arcs qui correspondent à un sinus donné et qui sont compris dans les expressions $2kH + a$, $(2k+1)H - a$, on trouve, en effet, quatre valeurs tant pour $\sin \frac{1}{2} a$ que pour $\cos \frac{1}{2} a$.

Quand le sinus et le cosinus sont donnés, on a :

$$[24] \quad \tan \frac{1}{2} a = \frac{\sin a}{1 + \cos a} = \frac{1 - \cos a}{\sin a}.$$

Enfin, si c'est $\tan a$ qui est donné, on a :

$$[25] \quad \tan \frac{1}{2} a = \frac{1}{\tan a}\left(-1 \pm \sqrt{1 + \tan^2 a}\right).$$

103. Pour calculer le sinus, le cosinus, la tangente, etc., de la somme des trois arcs a, b, c, on considérera d'abord $a + b$ comme un seul arc à combiner avec c. Supposons, pour fixer les idées, qu'il s'agit du sinus. On aura par la formule relative au cas de deux arcs * $\sin(a + b + c)$ = $\sin(a + b)\cos c + \cos(a + b)\sin c$, et comme on connaît les expressions de $\sin(a + b)$ et $\cos(a + b)$ au moyen ou, comme on dit, *en fonction* des sinus et cosinus des arcs a, b, il ne reste plus, pour avoir le sinus demandé, qu'à substituer ces dernières dans l'expression ci-dessus de $\sin(a + b + c)$. On trouvera de même $\cos(a + b + c)$, $\tan(a + b + c)$ et on en déduira les expressions de $\sin 3a$, $\cos 3a$, $\tan 3a$, et, par suite, les équations desquelles dépendent $\sin \frac{1}{3} a$, $\cos \frac{1}{3} a$, $\tan \frac{1}{3} a$, c'est-à-dire la *trisection de l'angle*, problème fameux que l'on démontre rigoureusement ne pouvoir être résolu en ne faisant usage que de la règle et du compas, quoique l'on sache résoudre *algébriquement* les équations dont il s'agit.

* Intr. 99 [8].

Autres formules importantes.

104. Il peut être utile, dans le calcul, de transformer un produit de sinus ou de cosinus en une somme ou une différence. On a, pour cela, les formules que voici :

$$[26] \quad \sin a \cos b = \frac{1}{2} \sin (a+b) + \frac{1}{2} \sin (a-b),$$

$$[27] \quad \cos a \sin b = \frac{1}{2} \sin (a+b) - \frac{1}{2} \sin (a-b),$$

$$[28] \quad \cos a \cos b = \frac{1}{2} \cos (a-b) + \frac{1}{2} \cos (a+b),$$

$$[29] \quad \sin a \sin b = \frac{1}{2} \cos (a-b) - \frac{1}{2} \cos (a+b).$$

105. On peut avoir besoin, surtout pour le calcul par logarithmes, de changer une somme ou une différence en un produit. Les formules suivantes en fournissent le moyen.

$$[30] \quad \sin a + \sin b = 2 \sin \frac{1}{2} (a+b) \cos \frac{1}{2} (a-b),$$

$$[31] \quad \sin a - \sin b = 2 \cos \frac{1}{2} (a+b) \sin \frac{1}{2} (a-b),$$

$$[32] \quad \cos a + \cos b = 2 \cos \frac{1}{2} (a+b) \cos \frac{1}{2} (a-b),$$

$$[33] \quad \cos b - \cos a = 2 \sin \frac{1}{2} (a+b) \sin \frac{1}{2} (a-b).$$

Une expression telle que $\cos a - \sin b$ dans laquelle il entre un cosinus et un sinus, se transforme aussi en un produit, en remplaçant par exemple $\cos a$ par $\sin (90^\circ - a)$, et alors on trouve, en appliquant celle des formules ci-dessus qui donne la différence de deux sinus,

$$\cos a - \sin b = 2 \sin \left(45^0 - \frac{a+b}{2} \right) \cos \left(45^0 - \frac{a-b}{2} \right).$$

106. Voici quelques autres formules trigonométriques remarquables :

[34] $\dfrac{\sin a + \sin b}{\sin a - \sin b} = \dfrac{\tang \frac{1}{2} (a + b)}{\tang \frac{1}{2} (a - b)},$

[35] $\dfrac{\sin a + \sin b}{\cos a + \cos b} = \tang \frac{1}{2} (a + b),$

[36] $\dfrac{\sin a + \sin b}{\cos b - \cos a} = \cot \frac{1}{2} (a - b),$

[37] $\dfrac{\sin a - \sin b}{\cos a + \cos b} = \tang \frac{1}{2} (a - b),$

[38] $\dfrac{\sin a - \sin b}{\cos b - \cos a} = \cot \frac{1}{2} (a + b),$

[39] $\dfrac{\cos a + \cos b}{\cos b - \cos a} = \cot \frac{1}{2} (a + b) \cot \frac{1}{2} (a - b),$

[40] $\sin (a+b) \sin (a-b) = \sin^2 a - \sin^2 b = \cos^2 b - \cos^2 a,$

[41] $\cos (a+b) \cos (a-b) = \cos^2 a - \sin^2 b = \cos^2 b - \sin^2 a,$

[42] $\tang a + \tang b = \dfrac{\sin (a+b)}{\cos a \cos b}.$

Quand trois angles a, b, c valent ensemble 180^0, on a :

[43] $\tang a + \tang b + \tang c = \tang a \tang b \tang c.$

107. Comme exemple de l'emploi des imaginaires, je citerai la formule suivante, due au géomètre français Moivre :

[44] $(\cos a + \sqrt{-1} \sin a)^m = \cos ma + \sqrt{-1} \sin ma.$

Cette formule, qui est célèbre, signifie que, si on élève le binôme $\cos a + \sqrt{-1} \sin a$ à la puissance m, le développement est égal à cos $ma + \sqrt{-1}$ sin ma. Or', il y a dans ce développement des termes qui sont multipliés par $\sqrt{-1}$ et d'autres qui en sont indépendants. L'ensemble de ces derniers doit donc être égal à cos ma, et l'ensemble des autres être égal à sin ma *. En effectuant le développement et la séparation des termes réels et imaginaires, on trouve :

* Intr. 93.

$$[45] \quad \cos ma = \cos^m a - \frac{m\,(m-1)}{1\,.\,2}\,\cos^{m-2}a\,\sin{}^2 a$$
$$+ \frac{m\,(m-1)\,(m-2)\,(m-3)}{1\,.\,2\,.\,3\,.\,4}\,\cos^{m-4}a\,\sin{}^4 a - \dots..$$

$$[46] \quad \sin ma = m\,\cos^{m-1}a\,\sin a$$
$$- \frac{m\,(m-1)\,(m-2)}{1\,.\,2\,.\,3}\,\cos^{m-3}a\,\sin{}^3 a$$
$$+ \frac{m\,(m-1)\,(m-2)\,(m-3)\,(m-4)}{1\,.\,2\,.\,3\,.\,4\,.\,5}\,\cos^{m-5}a\sin{}^5 a$$
$$- \quad \dots\dots$$

On peut voir dans les traités de trigonométrie comment ces formules remarquables conduisent aux suivantes, dans lesquelles x est un arc exprimé *en parties du rayon,*

$$[47] \quad \cos x = 1 - \frac{x^2}{1.2} + \frac{x^4}{1.2.3.4} - \frac{x^6}{1.2.3.4.5.6} + \dots,$$

$$[48] \quad \sin x = x - \frac{x^3}{1.2.3} + \frac{x^5}{1.2.3.4.5} - \frac{x^7}{1.2.3.4.5.6.7} + \dots,$$

la loi que suivent les termes dans ces formules est évidente.

Voici, pour terminer, une formule par le moyen de laquelle, étant donné la tangente d'un arc, on peut déterminer la grandeur de cet arc.

$$[49] \quad \text{arc tang } t = t - \frac{t^3}{3} + \frac{t^5}{5} - \frac{t^7}{7} + \frac{t^9}{9} - \dots$$

Il ne faut pas perdre de vue que le rayon est supposé égal à l'unité de longueur. Quand la tangente t appartient à un cercle de rayon r, la longueur de l'arc est donnée par la formule

$$[50] \quad \text{arc tang } t = t - \frac{t^3}{3r^2} + \frac{t^5}{5r^4} - \frac{t^7}{7r^6} + \dots$$

Cette formule et la précédente ne sont utiles qu'autant que la tangente donnée t est moindre que le rayon.

§ V. Notions d'optique.

Propagation de la lumière.

108. L'*optique* est, dans le sens le plus étendu, la science qui a pour objet l'étude des propriétés de la *lumière*. Elle comprend en particulier la théorie des appareils qui servent à augmenter la puissance de la vision. Je vais exposer rapidement ce qu'il est indispensable de savoir à ce sujet pour être en état de se rendre compte des procédés et des instruments dont on fait usage dans les opérations sur le terrain, et aussi d'apprécier les conditions qu'exige leur emploi pratique.

La lumière est l'agent qui rend les objets visibles pour nous. Certains corps paraissent émettre de la lumière *par eux-mêmes;* ils agissent par elle sur l'organe de la vision et y produisent la sensation de leur forme. Les autres corps ne sont visibles, c'est-à-dire ne produisent sur l'organe de la vision la sensation de leur forme, qu'autant qu'ils sont mis en présence de corps lumineux par eux-mêmes. Ils sont alors *éclairés* et peuvent à leur tour éclairer et rendre visibles d'autres corps non lumineux, ceux-ci en éclairer d'autres encore, et ainsi de suite ; mais toute lumière vient nécessairement d'un corps lumineux par lui-même.

109. La lumière qui émane des corps lumineux et celle que renvoient les corps simplement éclairés, se répand dans toutes les directions autour de chacun de leurs points. On peut isoler une partie de cette lumière au moyen de deux plaques opaques percées chacune d'un petit trou. Le filet de lumière qui passe par ces deux trous est ce que l'on appelle, en langage ordinaire, un *rayon lumineux*, et ce rayon est un de ceux qui émanent du point du corps que l'on aperçoit en regardant au travers des deux trous. Mais en optique on entend par rayon lumineux *toute ligne partant d'un corps lumineux ou éclairé et que la lumière suit en se propageant*. Il est impossible physiquement d'isoler un tel rayon, car un filet de lumière, quelque fin qu'il soit, renferme, en réalité, un nombre infini de rayons; c'est dans ce sens qu'on dit qu'un tel filet est un *faisceau* ou un *pinceau* de rayons. Afin d'éviter toute ambiguïté dans le langage, j'appliquerai exclusivement cette dernière expression à des rayons émanés d'un même point ou plus généralement dont les directions prolongées en avant ou en arrière concourent en un même point.

Les divers rayons qui composent un faisceau paraissant être complétement indépendants les uns des autres, on est conduit à attribuer à chaque rayon les propriétés que l'expérience fait reconnaître au faisceau dont il fait partie. C'est ainsi qu'il faut entendre tous les énoncés relatifs aux rayons lumineux.

110. La lumière se transmet dans le vide, ce qui la distingue essentiellement du son qui ne peut s'y transmettre. Elle s'y propage en ligne droite ; en d'autres termes, les rayons lumineux sont des lignes droites dans le vide. Ils sont pareillement des lignes droites dans tout milieu *homogène*, c'est-à-dire dont la constitution et la densité sont les mêmes en chacun de ses points. Dans l'air, la lumière se propage sensiblement en ligne droite, lorsqu'on se borne à

étudier sa marche dans une longueur de quelques mètres. Si on fait pénétrer la lumière du soleil par un petit trou dans une chambre obscure, le faisceau lumineux que l'on isole par ce moyen éclaire les atomes de poussière suspendus dans l'air, et la route qu'il suit en se propageant devient ainsi apparente; on reconnaît que c'est une ligne droite. On arrive à la même conclusion en observant qu'on ne peut, en général, apercevoir un point d'un objet quand il existe un milieu opaque entre ce point et l'œil, sur la droite qui va de l'un à l'autre.

Avant d'expliquer ce qui a lieu, quand le trajet de la lumière dans l'air est beaucoup plus long, je dois faire connaître comment elle se comporte lorsque, se propageant dans un milieu homogène, elle rencontre un autre milieu.

111. LOIS DE LA RÉFLEXION.—Lorsqu'un rayon de lumière rencontre la surface *polie* d'un milieu opaque ou transparent, suivant une direction oblique telle que SI *, il est renvoyé *en partie* suivant une autre direction IR. Ce phénomène constitue ce que l'on appelle la *réflexion* de la lumière. Les angles NIS, NIR que le rayon incident SI et le rayon réfléchi IR font avec la normale IN à la surface *réfléchissante* menée par le point d'*incidence* I, ont reçu, le premier le nom d'*angle d'incidence*, et le second celui d'*angle de réflexion*. On appelle, en outre, *plan d'incidence* le plan de l'angle NIS et *plan de réflexion* le plan de l'angle NIR. Cela posé, voici les lois suivant lesquelles la réflexion s'opère :

1° *Le rayon incident, le rayon réfléchi et la normale à la surface menée par le point d'incidence sont dans un même plan, de sorte que les plans d'incidence et de réflexion coïncident, c'est-à-dire n'en font qu'un ;*

2° *L'angle de réflexion est égal à l'angle d'incidence, et ces deux angles sont situés de part et d'autre de la normale.*

Ces énoncés ne s'appliquent qu'à la lumière réfléchie *ré-*

* Fig. 21.

gulièrement. Quand la surface réfléchissante n'est pas parfaitement polie, le point d'incidence émet dans tous les sens de la lumière irrégulièrement réfléchie, laquelle est d'autant plus apparente que le poli de la surface est moins parfait.

112. Propriété de la double réflexion. — Lorsqu'un rayon de lumière est réfléchi successivement par deux surfaces planes, dans un plan perpendiculaire à l'intersection de ces surfaces prolongées au besoin, l'angle formé par la direction finale du rayon avec sa direction primitive d'incidence est double de l'angle des deux surfaces. Cette proposition, qui a des applications très-importantes, peut se démontrer comme il suit. M'V, M''V * étant les deux surfaces réfléchissantes, SI' le rayon incident, I'I'' sa direction après la première réflexion et I''R sa direction finale, qui rencontre SI' au point K, la proposition dont il s'agit sera démontrée si je prouve que l'angle SKI'' est le double de M'VM''. Or il peut se présenter deux cas.

* Fig. 22 et 23.

1° Si le point K est situé dans l'angle M'VM'' *, les normales I'N', I''N'' aux deux surfaces menées par les points d'incidence I', I'' se rencontreront en un point O dans le même angle, et comprendront entre elles un angle N'OI'' égal à M'VM''. L'angle SKI'' étant extérieur au triangle KI'I'' sera égal à KI'I''+KI''I'. Mais, d'après la loi connue de la réflexion *, KI'I'' = 2 OI'I'', KI''I = 2 OI''I'; donc, on aura SKI'' = 2 (OI'I'' + OI''I'). Or OI''I' + OI'I'' = N'OI'' = M'VM''; donc, etc.

* Fig. 22.

* Intr. 111.

2° Si le point K est situé hors de l'angle M'VM'' *, les normales I'N', I''N'' aux deux surfaces se rencontreront en un point O situé pareillement hors de cet angle, et comprendront entre elles un angle N'OI'' égal à M'VM''. L'angle SKI'' considéré comme appartenant au triangle KI'I'' sera égal à SI'I''—KI''I. Mais, en vertu de la loi de la réflexion, SI'I'' = 2 N'I'I'', KI''I = 2 OI''I'; donc, on aura

* Fig. 23.

SKI″ = 2 (N′I′I″ — OI″I′). Or N′I′I″ — OI″I′ = I′OI″
= M′VM″; donc, etc.

Il n'est pas inutile de remarquer que, quand la double
réflexion ne se fait pas dans un plan perpendiculaire à l'intersection des deux surfaces réfléchissantes, les projections
des routes initiale et finale du rayon sur un tel plan jouissent encore de la propriété de faire un angle double de
celui de ces deux surfaces.

113. Lois de la réfraction. —Lorsqu'un rayon de lu-
mière solaire SI * rencontre obliquement la surface d'un mi-   * Fig. 24.
lieu transparent et homogène, dans des conditions telles
qu'une partie de cette lumière pénètre dans l'intérieur de ce
milieu, il se produit un premier phénomène qui est celui de
la *dispersion*. Il consiste en ce que cette lumière se disperse
ou plutôt s'épanouit, dans le milieu où elle a pénétré, en un
nombre infini de rayons diversement colorés, qui se propa-
gent suivant des directions différentes, lesquelles toutefois
sont comprises dans un espace angulaire RIR′ ordinairement très-petit, et dont le maximum ne s'élève pas à 2⁰. Un
autre phénomène que l'on appelle la *réfraction* de la lumière
consiste en ce que le faisceau de ces nouveaux rayons
présente, relativement à la direction SIS′ de la lumière
incidente, une déviation *générale*, ce que l'on exprime en
disant que chaque rayon est *réfracté* ou, en quelque sorte,
brisé au point d'incidence. Ce qui vient d'être dit de la lumière solaire est également vrai pour toute autre espèce de
lumière. Il n'y a de différence, toutes choses étant égales
d'ailleurs, que dans la composition du faisceau réfracté.
Dans tous les cas, si on isole un rayon d'un tel faisceau,
l'expérience prouve que ce rayon est susceptible de se ré-
fracter de nouveau, mais qu'il ne se disperse plus. C'est pourquoi on considère la lumière solaire et les autres lumières
susceptibles de dispersion comme composées d'une infinité
de lumières *homogènes*, qui diffèrent entre elles par la couleur et par la réfrangibilité.

Fig. 25.   Supposons maintenant que SI * soit le rayon incident, IR l'un quelconque des rayons composant le faisceau réfracté, IN la normale à la surface réfringente menée par le point d'incidence I : l'angle NIS et le plan de cet angle portent, dans le cas actuel comme dans celui de la réflexion, le nom d'*angle d'incidence* et de *plan d'incidence;* l'angle N'IR compris entre le prolongement de la normale et le rayon réfracté s'appelle l'*angle de réfraction* et le plan de cet angle est désigné sous le nom *plan de réfraction.* Cela posé, la réfraction s'opère suivant les lois que voici :

1º *Le rayon incident, le rayon réfracté et la normale à la surface réfringente menée par le point d'incidence, sont dans un même plan, de sorte que les plans d'incidence et de réfraction coïncident, c'est-à-dire n'en font qu'un;*

2º *Le rayon incident et le rayon réfracté sont situés de part et d'autre de la normale, et le rapport des sinus des angles d'incidence et de réfraction demeure constant quand l'angle d'incidence varie.*

114. Ce rapport constant du sinus de l'angle d'incidence au sinus de l'angle de réfraction est ce que l'on appelle l'*indice de réfraction.* Mais cette dénomination, employée seule, s'applique spécialement au cas où la lumière passe du vide dans un milieu réfringent. La valeur de cet indice dépend de la nature du milieu que l'on considère; pour toutes les substances connues, elle est comprise entre 1 et 3. De deux milieux, le plus *dense* est ordinairement le plus *réfringent*, mais il y a quelques exceptions. En général, la *réfrangibilité*, dont l'indice de réfraction peut être regardé comme la mesure, est loin d'être proportionnelle à la densité. On trouve dans les traités de physique des tableaux faisant connaître les indices de réfraction d'un grand nombre de substances, lesquels se rapportent au rayon moyen du faisceau que produit la dispersion d'un rayon de lumière solaire, c'est-à-dire au rayon vert.

L'indice de réfraction de l'eau est d'environ $\frac{4}{3}$, de sorte que pour un rayon qui passe du vide dans l'eau avec l'indice $\frac{4}{3}$, on a * sin NIS $= \frac{4}{3}$ sin N'IR, ou sin N'IR $= \frac{3}{4}$ sin NIS.

On peut donc calculer, dans ce cas, l'angle N'IR quand l'angle NIS est donné. Le sinus de l'angle de réfraction étant moindre que celui de l'angle d'incidence, la réfraction a pour effet de rapprocher le rayon de la normale. L'angle d'incidence NIS peut donc croître jusqu'à 90°, auquel cas l'incidence peut devenir *rasante* comme S_0I, et la réfraction avoir lieu encore. Cette propriété est générale, puisque les indices de réfraction de toutes les substances connues surpassent l'unité.

Quand la lumière passe d'un milieu dans le vide, elle suit exactement, mais en sens inverse, le même chemin que pour passer du vide dans ce milieu. Si donc on suppose qu'elle sorte de l'eau, et que l'on donne l'angle N'IR, on a sin NIS $= \frac{4}{3}$ sin N'IR. On voit que, dans ce cas, l'angle de réfraction NIS est nécessairement plus grand que l'angle d'incidence N'IR, et que conséquemment le rayon réfracté s'éloigne de la normale.

115. Réflexion totale. — Il est important de remarquer que l'angle intérieur N'IR * ne peut pas dépasser une certaine limite N'IR$_0$, qui est, dans cet exemple, l'angle de 48° 35' dont le sinus a pour valeur $^3/_4$. Si on faisait N'IR plus grand, on aurait pour sin NIR une valeur plus grande que 1. Or on sait que le sinus d'un angle ne peut surpasser l'unité. Il résulte de là qu'un rayon qui fait dans l'eau avec la verticale un angle plus grand que 48° 35' ne peut pas sortir de l'eau. L'expérience prouve qu'il est alors réfléchi en totalité par la surface du liquide suivant les lois de la réflexion *. C'est là ce que l'on appelle le phénomène de la *réflexion*

* Fig. 25.

* Intr. 111.

8

totale. On peut l'observer en versant de l'eau dans un verre à boire. La surface supérieure du liquide, regardée par-dessous dans une direction oblique, paraît absolument opaque et parfaitement polie. Les corps plongés dans l'eau s'y réfléchissent avec plus d'éclat que dans aucun miroir. Tous les milieux transparents sont susceptibles de produire le phénomène de la réflexion totale. Le sinus de l'angle limite a pour valeur $\frac{1}{n}$, n étant l'indice de réfraction.

116. INDICE DE RÉFRACTION D'UN MILIEU RELATIVEMENT A UN AUTRE MILIEU. — Quand la lumière passe d'un milieu réfringent dans un autre milieu plus ou moins réfringent, le rapport constant du sinus de l'angle d'incidence au sinus de l'angle de réfraction est égal au rapport $\frac{n'}{n}$ de l'indice n' de réfraction du second milieu à l'indice n de réfraction du premier. Supposons, par exemple, de la lumière qui passe de l'eau dans le verre. L'indice de réfraction de l'eau étant $^4/_3$ et celui du verre $^3/_2$, l'indice de réfraction du verre par rapport à l'eau s'obtient en divisant l'indice $\frac{3}{2}$ de réfraction du verre par l'indice $\frac{4}{3}$ de réfraction de l'eau, et conséquemment est $\frac{3}{2} \times \frac{3}{4}$ ou $\frac{9}{8}$, de sorte qu'on a pour ce cas sin NIS $= \frac{9}{8}$ sin N'IR. La plus grande valeur de l'angle N'IR correspond au sinus $\frac{8}{9}$, lequel appartient à l'angle 62° 44'. On voit par là que la lumière qui ne peut passer de l'eau dans le vide si elle fait avec la normale un angle plus grand que 48° 35', peut passer de l'eau dans le verre sous toutes les incidences. La limite de l'angle de réfraction étant 62° 44', aucun rayon venant du verre ne pénétrera dans l'eau s'il fait avec la normale un angle dépassant cette limite.

117. Réfraction atmosphérique. — L'indice de réfraction de l'air atmosphérique à la température de la glace fondante et quand le baromètre marque 0^m.76 est 1.000294. Cet indice croît avec la densité de l'air. Il varie aussi avec la température et avec la quantité de vapeur d'eau répandue dans l'air. Si on suppose l'atmosphère composée de couches sphériques concentriques au globe terrestre, dans chacune desquelles l'état de l'air soit partout le même, tout rayon de lumière s'y propagera nécessairement dans le plan vertical passant par l'un de ses éléments et par le centre commun des couches atmosphériques; car tout étant symétrique de part et d'autre d'un tel plan, il n'y aura pas de raison pour que le rayon s'en écarte d'un côté plutôt que du côté opposé. C'est ce que l'expérience confirme en général.

Dans nos climats, la densité des couches de l'atmosphère décroît ordinairement d'une manière continue à mesure qu'on s'élève. Il résulte de là que le trajet d'un rayon lumineux s'y fait en général suivant une ligne *courbe* qui tourne sa concavité vers la terre. Car l'angle que fait le rayon avec la verticale diminue d'une couche à l'autre quand la densité ou l'indice de réfraction des couches traversées va en croissant, et il augmente dans le cas contraire. Mais quelquefois les couches d'air en contact avec le sol s'échauffent sans se mêler aux couches supérieures, et éprouvent une dilatation qui diminue leur densité. Cet effet se produit de proche en proche jusqu'à une certaine hauteur. Alors la densité de l'air va d'abord en croissant à mesure qu'on s'élève, puis elle décroît à partir d'une certaine hauteur. Dans cette circonstance la trajectoire lumineuse tourne sa convexité vers la surface terrestre, et il peut arriver que, dirigée d'abord vers la terre, elle soit réfléchie totalement par l'air et qu'elle prenne ensuite une direction graduellement ascendante. De là résulte un phénomène remarquable qu'on appelle le *mirage*. Le sol ressemble à un lac tranquille et réfléchit les objets éloignés. Les parois verticales de grands

murs échauffés par le soleil peuvent aussi donner lieu à des
effets de mirage. Dans ce cas le mur agit comme le ferait
un miroir vertical, avec cette différence que la trajectoire
lumineuse est courbe au lieu d'être une ligne brisée. On
peut voir dans les traités de physique l'explication de plusieurs autres phénomènes également dus à des perturba-
tions accidentelles ou locales de la loi habituelle de succes-
sion des densités des couches atmosphériques.

118. DOUBLE RÉFRACTION. — La plupart des corps cris-
tallisés sont *biréfringents*, c'est-à-dire possèdent la propriété
de donner naissance simultanément pour un même rayon incident à *deux* rayons réfractés, ce qui fait qu'en regardant au
travers de ces substances on voit les objets doubles. Lorsqu'on reçoit un rayon normalement à une face d'un cristal
biréfringent naturelle ou taillée artificiellement, ce rayon
se partage généralement en deux autres. Or il existe dans
tout cristal de cette espèce une ou deux directions, et pas
davantage, telles qu'en le taillant perpendiculairement à ces
directions, le rayon normal à la face ainsi obtenue pénètre
dans la substance sans se dévier ni se partager en deux
autres rayons. Ces directions sont appelées les *axes de double réfraction*. D'après cela, on distingue deux classes de
cristaux biréfringents, savoir les cristaux *à un axe* et ceux
à deux axes. En général et sauf certains cas d'exception,
dans les premiers l'un des deux rayons suit les lois de la
réfraction simple, tandis que l'autre suit des lois plus compliquées : par ce motif ils ont reçu les noms de *rayon ordinaire* et de *rayon extraordinaire*. Dans les cristaux à deux
axes ni l'un ni l'autre des deux rayons ne suit les lois de la
réfraction simple. Le quartz ou cristal de roche possède
un axe unique de double réfraction. Cette propriété a été
appliquée à la construction d'une lunette à mesurer les distances.

119. Diffraction. — La lumière qui rase les corps sans y pénétrer subit une inflexion très-remarquable. Par exemple, lorsqu'on examine l'ombre portée sur un écran par un corps qu'éclaire de la lumière passant par une petite ouverture, on distingue autour de cette ombre des bandes irisées, et en dedans une lumière assez vive qui s'affaiblit à partir du bord. C'est là ce qui constitue le phénomène de la *diffraction.* J'en ferai abstraction dans cet ouvrage.

120. Vitesse de la lumière. — La vitesse avec laquelle la lumière se propage est prodigieuse. Dans le vide, cette vitesse est d'environ 320000 kilomètres par seconde, ce qui équivaut à six cent quarante mille fois la vitesse d'un boulet de canon. Dans les milieux transparents, elle est en raison inverse de leurs indices de réfraction. Par exemple, dans l'eau dont l'indice de réfraction est $\frac{4}{3}$, la vitesse de la lumière est le quotient de la division de 320000 par $\frac{4}{3}$, ce qui donne 240000 kilomètres par seconde. On reconnaît de même que l'air ne retarde la lumière que d'environ 94 kilomètres par seconde.

121. Pertes que la lumière éprouve en se propageant. — Dans ce qui précède, je n'ai rien dit des variations que peut éprouver l'intensité de la lumière dans les diverses circonstances que présente sa propagation. Il est temps de faire connaître maintenant qu'un faisceau de lumière perd de son intensité 1° par la réflexion : le faisceau réfléchi est d'autant plus faible que sa direction approche davantage de la normale à la surface réfléchissante. En représentant par 1000 l'intensité du faisceau incident, elle se réduit sous l'incidence normale à 18 pour l'eau, à 25 pour le verre à glace, à 23 pour le marbre noir poli, tandis que, dans le voisinage de l'incidence rasante, elle est de plus de 600 pour

les mêmes substances. Le mercure et les métaux solides réfléchissent une proportion beaucoup plus forte du faisceau incident. Elle est représentée par 600 sous l'incidence normale et par 700 sous l'incidence rasante. Dans le phénomène
· Intr. 115. de la réflexion *totale* *, le faisceau n'éprouve qu'une perte très-faible; 2° par la réfraction : un faisceau éprouve à son entrée dans un milieu diaphane une première perte par la réflexion d'une certaine quantité de lumière; sa propagation, dans le milieu, en absorbe une autre partie; enfin à sa sortie une nouvelle quantité de lumière est réfléchie à l'intérieur du même milieu. Par ces trois causes réunies, un faisceau qui traverse normalement une plaque de verre à faces parallèles et de l'épaisseur des glaces ordinaires est affaibli d'environ $1/10$, de sorte que, si son intensité est de 1000, elle est réduite à 900. Quand l'épaisseur du milieu traversé est plus forte, le faisceau perd beaucoup de son intensité. Ces pertes sont moins sensibles dans l'eau que dans le verre. Un trajet de 1500 mètres dans l'air enlève à la lumière environ $1/3$ de son intensité.

De l'œil et de la vision.

122. L'*œil* est l'organe par lequel nous percevons cette sensation de la forme des corps qui constitue la *vision*. Il présente extérieurement la forme d'un globe d'environ $0^m.025$ de diamètre. Sa partie antérieure a une courbure plus prononcée et forme une sorte de cloche transparente de $0^m.011$ à $0^m.012$ de diamètre, à partir de laquelle commence le blanc de l'œil. Sous cette cloche, on voit une membrane colorée en gris, en bleu ou en brun, et au centre de cette membrane appelée l'*iris*, un cercle parfaitement noir qui est la *pupille* ou la *prunelle*. Ce cercle est l'ouverture par laquelle les rayons lumineux pénètrent dans l'œil. Tout le monde a pu observer que cette ouverture se rétrécit dans certains cas,

et notamment sous l'influence d'une lumière très-vive, jusqu'à n'avoir plus que 0^m.001 de diamètre, et qu'elle se dilate au contraire jusqu'à 0^m.007 de diamètre et même davantage, quand la lumière est faible et les objets difficiles à discerner. Son diamètre moyen est d'environ 0^m.004. Telles sont les circonstances que l'examen immédiat de l'organe permet de constater. Quant à sa structure intérieure, je ne crois pas nécessaire de la décrire ici (1).

123. Quand l'œil * est placé dans la sphère de radiation * Fig. 26. d'un corps éclairé ou lumineux par lui-même, il reçoit de chaque point de ce corps un pinceau *conique* de rayons lumineux qui a ce point pour sommet et dont l'amplitude est déterminée par la grandeur de l'ouverture pupillaire. Ce pinceau pénètre dans l'œil, où chacun des rayons qui le composent éprouve une suite de réfractions. De divergents qu'ils sont extérieurement, ces rayons sont rendus *convergents*, et leur point de concours, quand la vision s'opère avec netteté, est au fond de l'œil, sur la *rétine*, membrane extrêmement sensible à la lumière, qui tapisse sa paroi intérieure. La vision du corps placé au devant de cet organe résulte de l'ensemble des sensations causées par les pinceaux qu'il reçoit simultanément de tous les points rayonnants. Il se passe, dans cette circonstance, quelque chose d'analogue à ce que l'on observe dans la chambre noire photographique. Une image renversée de l'objet se forme au fond de l'œil. On comprend que les pinceaux réfractés puissent agir sur la membrane sensible avec non moins d'efficacité que sur la substance sensible à la lumière qui reçoit l'image formée dans la chambre noire.

(1) Les personnes qui désireraient se mettre au courant de ce qui a été écrit sur l'*œil* et la *vision*, consulteront avec intérêt les mémoires publiés sur ce sujet par M. Vallée, inspecteur général des ponts et chaussées.

On appelle *axe* d'un pinceau de rayons le rayon qui passe par le centre de la pupille, et *angle visuel* l'angle que forment les axes des pinceaux émis par les extrémités d'un objet. La grandeur de l'image de cet objet au fond de l'œil est sa *grandeur apparente*, que l'on suppose ordinairement proportionnelle à l'angle visuel.

124. Distance de la vision distincte. — Quoi qu'il en soit de la manière dont se produit à l'intérieur de l'œil la sensation de la forme d'un objet, l'expérience nous apprend que cette sensation n'est pas également nette à toutes les distances. Par exemple, pour lire dans un livre on le place naturellement à une certaine distance, laquelle pour une *bonne* vue se trouve être d'environ 0^m.25 à 0^m.30 quand le livre est imprimé en caractères ordinaires, et se réduit à 0^m.20 ou 0^m.22 quand les caractères sont très-fins. Cette distance à laquelle un objet doit être placé pour que l'œil puisse en discerner les détails le plus nettement et avec le moins d'effort, est ce que l'on nomme la *distance de la vision distincte*. Elle varie d'un individu à l'autre. On appelle *myopes* les personnes dont la vue est *courte*, c'est-à-dire pour lesquelles la vision distincte ne se fait qu'à quelques centimètres de distance, et *presbytes* celles dont la vue est *longue*, c'est-à-dire pour lesquelles la vision distincte ne se fait, au contraire, qu'à une distance plus grande que celle qui convient à une bonne vue. Assez souvent il arrive que les deux yeux d'une même personne ont des portées différentes.

La vision reste nette un peu en deçà et un peu au delà de la vision distincte, entre certaines limites hors desquelles elle devient confuse. Il faut être excessivement myope pour pouvoir lire dans un livre quand le nez touche le papier; à la même distance on ne peut pas distinguer un fil tendu au devant de l'œil. Toutefois cet organe recouvre la faculté de discerner ces objets lorsqu'on les regarde par un très-petit trou percé dans une plaque opaque. Pour des distances beaucoup plus grandes que celle de la vision distincte, l'œil quand il est bien conformé, est doué de la faculté de voir encore nettement, de sorte que, par un acte de notre volonté, cet organe s'accommode tantôt pour voir près, tantôt pour voir loin. Mais alors l'objet qu'on *regarde* est le seul qu'on voie nettement. Les objets situés plus près ou plus loin sont vus confusément.

Cette faculté de voir nettement les objets éloignés n'implique pas toutefois celle d'en discerner les détails aussi bien que de près. L'expérience démontre, en effet, que les objets qui sous-tendent un angle visuel de moins de 30″ échappent aux meilleures vues, à moins d'être vivement illuminés.

125. Axe de la vision. — Toutes les parties du fond de l'œil ne sont pas également sensibles à l'action des pinceaux lumineux. Il y existe un point ou plutôt un petit espace où la sensibilité est plus grande et que, par ce motif, on nomme le *point sensible* de la rétine. Pour voir le mieux possible, on tourne l'œil de manière que le concours des rayons se fasse en ce point et non ailleurs. C'est ce qu'une longue habitude nous apprend à faire presque à notre insu. La direction suivant laquelle la lumière doit pénétrer dans l'œil pour arriver au point sensible est l'*axe de la vision*.

On regarde habituellement avec les deux yeux ; les sensations reçues simultanément d'un même objet se combinent entre elles, de telle sorte qu'il en résulte une sensation unique. Si cet objet est éloigné et que l'on en place un autre, mais petit et beaucoup plus près, de manière qu'il se projette sur le premier sans le masquer, ce nouvel objet est vu double. La vision avec les deux yeux présente d'autres phénomènes dignes d'attention, qui dépendent des directions que prennent les axes de la vision. Mais comme on ne regarde qu'avec un œil dans les instruments dont on fait usage sur le terrain, je ne parlerai pas davantage de la vision avec les deux yeux.

126. Amplitude angulaire de la vision distincte autour de l'axe de la vision.

— Si on cherche à lire *à la fois* dans une page imprimée deux mots appartenant à des lignes différentes et situés tous deux près de la marge *, on trouve que le plus grand intervalle qu'il puisse y avoir entre ces mots est tout au plus, et en faisant effort, $\frac{1}{12}$ de la distance de la vision distincte, ce qui donne environ 5° pour l'angle visuel. Si la vision paraît présenter une amplitude angulaire beaucoup plus étendue, c'est parce que l'on ne se rend pas compte des mouvements de l'œil dans son orbite. En réalité, pendant que notre tête est immobile, l'axe de la vision se porte avec une extrême facilité et à notre insu dans différentes directions, et nous croyons voir à la fois des objets que nous ne voyons que successivement.

* Fig. 26.

127. Estimation et comparaison des distances au moyen de l'œil.

— Lorsqu'on connaît la grandeur d'un intervalle *ab* *, et que cet intervalle est partagé au hasard par un trait *i*, on peut évaluer avec beaucoup d'exactitude par *estime* chacun des segments *ai*, *ib*. Supposons, pour fixer les idées, que l'on veuille évaluer les longueurs de ces segments en *vingtièmes* de la longueur totale *ab*. En raisonnant sur la figure, on remarque tout d'abord que *ib* est le plus petit des deux segments, et que, conséquemment, il est moindre que 10 qui est la *moitié* de l'intervalle total. On juge, d'ailleurs, qu'il est un peu plus grand que le *tiers* de *ab*, qui est 7 en nombre rond. On ne peut donc hésiter qu'entre 7 et 8. Enfin, avec un peu d'attention, on se décide pour 7. Tel est le genre de raisonnement qu'il faut faire dans cette évaluation par estime. Il est bon de s'y exercer; à cet effet, on

* Fig. 27.

prend au hasard un point dans une longueur connue ; on
compare ensuite les résultats obtenus par estime avec ceux
que donne la mesure directe de chaque longueur partielle.
On est toujours surpris du degré d'exactitude de ces appréciations qui, de leur nature, sembleraient au premier abord
devoir être très-incertaines. Pour bien réussir dans ces évaluations par estime, il faut, entre autres conditions , 1° que
l'angle sous lequel on voit l'intervalle total soit au moins
de 15′, ce qui correspond à environ un millimètre à la distance de la vision distincte ; 2° que cet angle n'excède pas
l'amplitude angulaire de cette même vision *.   * Intr. 126.

128. En dehors de ces limites, les appréciations que l'on
fait sont moins exactes ; toutefois l'œil conserve alors la
faculté de juger avec beaucoup de précision de l'égalité ou
de l'inégalité de deux distances, par exemple, de la hauteur
et de la largeur de la façade d'une maison que l'on a en
face de soi ou des distances auxquelles on se trouve de deux
points situés dans des directions différentes. Quant à l'esti-
mation de la grandeur ou de la distance absolue d'un objet,
elle est beaucoup moins certaine. Sans doute on rencontre
des personnes qui en jugent avec une précision surprenante , mais cette science ne s'acquiert que pour le lieu
dans lequel on s'est exercé. Sous un autre climat, dans un
air plus pur ou plus brumeux , elle est à chaque instant
mise en défaut.

Formation et vision des images.

129. IMAGE D'UN OBJET DANS UN MIROIR. — Lorsqu'un
objet est placé devant un miroir plan, on voit dans ce miroir l'image de grandeur naturelle de cet objet. Ce phénomène dont nous sommes journellement témoins est une
conséquence très-simple des lois de la réflexion de la lumière et de la manière dont nous avons dit * que s'opère la   * Intr. 123.

vision. Supposons, pour simplifier la question, que le miroir est une surface polie non recouverte d'une glace. Chaque
* Fig. 28.
point M * de l'objet envoie des rayons dans tous les sens. Ceux de ces rayons qui tombent sur la surface du miroir, sont réfléchis par cette surface dans des directions qui, prolongées, vont toutes concourir en un même point M'. En effet, I étant le point d'incidence du rayon quelconque MI, IR le rayon réfléchi et IN la perpendiculaire à la surface réfléchissante, on sait que les trois droites IM, IN, IR sont
* Intr. 111.
dans un même plan *. La perpendiculaire MP, abaissée du point rayonnant M sur le miroir étant parallèle à NI, est aussi dans ce plan, donc son prolongement est rencontré quelque part en M' par le prolongement rétrograde IM' du rayon réfléchi. D'ailleurs, il est visible que l'on a PM'=PM en vertu de l'égalité des angles d'incidence et de réflexion; donc le point M' est le même pour tous les rayons émanés du point M et réfléchis par le miroir.

Il résulte de là que les rayons réfléchis reçus dans l'œil forment un véritable *pinceau*, qui a pour sommet le point M' et dont l'amplitude est déterminée par le cercle de la pupille. A la vérité, la partie M'II' de ce pinceau, figurée au delà de la surface du miroir, n'a pas d'existence réelle, mais la partie antérieure RII'R' située entre le miroir et l'œil existe bien réellement et se trouve, relativement à cet organe, dans les mêmes conditions qu'un pinceau ordinaire de lumière qui serait émis par le point M'. L'œil doit donc être affecté par les rayons réfléchis, comme s'il existait réellement un point rayonnant en M', et c'est ce qui arrive en effet. Le point M' que l'on voit ainsi comme un point rayonnant quoiqu'il n'émette aucun rayon, est l'*image* du point M auquel il correspond. Chaque point de l'objet fait de même son image derrière le miroir, et l'ensemble de toutes ces images forme une image totale qui est celle de l'objet. Il est évident, d'après la construction indiquée ci-dessus, pour déterminer le point M', que l'objet et son image sont *symé-*

triques l'un de l'autre par rapport au miroir, de sorte que l'image est de même grandeur que l'objet.

En optique, les points tels que M′ par lesquels passent tous les rayons sont appelés des *foyers*. Dans la circonstance actuelle, le point M′ est un foyer *virtuel;* cette dénomination exprime que les rayons ne passent pas effectivement par ce foyer. Nous verrons plus loin des exemples de foyers *réels* par lesquels passeront effectivement tous les rayons dont ils seront géométriquement les points de concours.

130. IMAGES FORMÉES PAR UN ASSEMBLAGE DE MIROIRS PLANS. — Lorsque les rayons de lumière émis par un objet et réfléchis par un miroir tombent sur un second miroir, ils sont de nouveau réfléchis et font une seconde image qui est symétrique non point de l'objet lui-même, mais de son image formée dans le premier miroir, de sorte qu'il suffit d'abaisser de chaque point de cette première image sur le second miroir une perpendiculaire et de la prolonger d'une quantité égale à elle-même pour obtenir le point correspondant de la nouvelle image. S'il y a un troisième miroir, il se fait une troisième image que l'on peut construire de la même manière au moyen de la seconde image et du nouveau miroir, etc. Le rôle de chaque miroir ne se borne pas à une seule réflexion; par exemple, le premier peut réfléchir de nouveau les rayons qu'il a envoyés au second et que celui-ci lui renvoie, il peut également réfléchir de nouveau les rayons que le second miroir a envoyés au troisième; de là, ces beaux effets qui se produisent dans les appartements ornés de glaces et illuminés.

131. IMAGES FORMÉES PAR LA RÉFLEXION SUR LES SURFACES COURBES ET PAR LA RÉFRACTION.—Les surfaces courbes, quand elles sont bien polies, donnent des images souvent peu ressemblantes mais quelquefois très-nettes, des objets placés au devant d'elles. D'un autre côté, nous possédons la faculté

de voir les objets sous l'eau et à travers les milieux dia-
phanes à surfaces planes ou courbes, et cette vision s'opère
aussi par des images. Or, dans ces circonstances, il n'arrive
plus, en général, que les faisceaux de rayons réfléchis ou
réfractés que reçoit l'œil et qui y produisent la sensation
de la vision soient *coniques*; en d'autres termes, ces rayons,
prolongés dans le sens rétrograde, ne concourent plus en
un même point comme dans le cas des miroirs plans.
Comment la vision peut encore avoir lieu avec de tels faisceaux? Les explications suivantes me paraissent être de nature à lever au moins en partie cette difficulté.

132. En premier lieu, si on étudie la forme des faisceaux
dont il s'agit, on reconnaît qu'ils sont amincis en deux endroits où leur section par un plan, circulaire ou elliptique
partout ailleurs, devient une ligne droite, et que, de plus,
les plans passant par l'axe du faisceau et dirigés suivant ces
lignes de *striction* sont perpendiculaires entre eux. Ces propriétés, qui appartiennent à des rayons homogènes qui ont
éprouvé des réfractions et des réflexions en nombre quelconque après être partis d'un point, ont été signalées pour
la première fois par Sturm. Ce géomètre les a établies par
des considérations d'un ordre élevé que je ne saurais reproduire ici; mais je crois utile de faire connaître l'expérience qu'il a imaginée pour montrer que la forme des faisceaux est bien telle que la théorie l'indique. On fait pénétrer
dans une chambre noire par un petit trou un pinceau de lumière homogène et on place sur son trajet une boule de
verre ou une fiole contenant un liquide et présentant une
surface irrégulière. On isole ensuite une partie du faisceau
émergent au moyen d'un papier percé d'un petit trou. En
recevant cette partie du faisceau sur un papier blanc à différentes distances du trou qui lui donne passage, on reconnaît la forme des différentes sections et on constate de la
manière la plus nette l'existence de deux lignes de striction

tellement disposées que les plans passant par ces lignes et par l'axe du faisceau sont perpendiculaires entre eux. Cette expérience facile et instructive peut se faire au soleil avec une carafe pleine d'eau, derrière laquelle on place un écran un peu large percé d'un trou. Avec un papier blanc que l'on promène dans l'ombre de l'écran, on reconnaît l'existence des deux lignes de striction du faisceau. Mais dans ces conditions les lignes dont il s'agit, ont une largeur sensible ; elles se présentent comme de petites bandes brillantes et colorées sur les bords. Ces effets sont dus à ce que le faisceau sur lequel on opère se compose alors d'un nombre infini de faisceaux diversement colorés correspondant aux pinceaux de lumière homogène émis par tous les points du disque solaire. Les lignes de striction de tous ces faisceaux pour un même point du disque sont juxtaposées et forment une bande présentant toutes les couleurs que produit la dispersion de la lumière solaire. Les bandes analogues dues aux autres points du disque solaire empiètent les unes sur les autres, ce qui fait que les rayons de toutes couleurs reçus par la partie centrale de la bande observée, reproduisent la lumière blanche, et que les bords, ne recevant de rayons que d'un certain nombre de couleurs, ne peuvent reproduire cette lumière et conséquemment restent colorés.

133. En second lieu, si on suppose que OO'O'' * soit l'axe   * Fig. 29. d'un faisceau constitué comme il vient d'être dit, qui pénètre dans l'œil, et dont les lignes de striction O'N', O''N'' soient situées dans les limites de la vision distincte, tout rayon tel que N''N'N qui rencontre ces deux lignes produit sur l'organe la même sensation que l'axe même O''O'O du faisceau. Car tous les rayons qui passent par le point O' et sont compris dans le plan O'O''N'' produisent dans l'intérieur de l'œil la sensation du point O' ; de même tous les rayons qui passent par le point O'' et sont compris dans le

plan O″O′N′ perpendiculaire au plan O′O″N″, produisent
la sensation du point O″. Or ces deux points étant situés
par hypothèse sur l'axe du faisceau et dans les limites de la
vision distincte, se projettent l'un sur l'autre et sont vus
comme un seul point. Quant aux rayons qui ne rencontrent
pas l'axe, considérons, par exemple, ceux qui sont compris
dans un plan passant par la ligne O″N″ et par le point N′,
ces rayons pénètrent dans l'œil comme s'ils émanaient
de N′, et doivent conséquemment y produire la sensation
de ce dernier point. Or parmi ces rayons se trouve le
rayon O″N′ qui, ainsi que nous l'avons vu tout à l'heure,
passe par le point de concours des rayons émanés de O′;
d'où il résulte que la sensation produite par les rayons considérés qui partent des points de l'une des lignes de striction et passent par un point de l'autre, doit se confondre
avec la sensation produite par l'axe même du faisceau.

134. Si, maintenant, nous considérons un objet de quelque étendue, dont tous les points envoient des pinceaux de
rayons lumineux, et que ceux-ci soient réfractés et réfléchis
tel nombre de fois qu'on voudra, les faisceaux reçus par
l'œil y produiront la sensation sinon de cet objet, mais du
moins de quelque chose d'analogue, pourvu toutefois que
les lignes de striction de ces faisceaux se trouvent en avant de
l'œil à une distance qui ne soit pas inférieure à celle de la
vision distincte. Pour donner un exemple de l'écartement
que peuvent présenter ces lignes de striction, supposons un
point rayonnant situé sous l'eau à une profondeur z. Appelons n l'indice de réfraction de l'eau, r l'angle que fait avec
la verticale un rayon parti de ce point et i l'angle que fait
avec la verticale ce même rayon après qu'il est sorti de
l'eau. L'une des lignes de striction du faisceau dont ce
rayon est l'axe appartient à la verticale dans laquelle se
trouve le point rayonnant, de sorte qu'elle fait avec cet axe
un angle égal à i. L'autre ligne de striction, plus rappro-

chée de la surface du liquide, est horizontale et perpendiculaire à l'axe du faisceau. Sa distance à la première a pour
expression $z\dfrac{(n^2-1)}{n}\dfrac{\tan g^2 r}{\cos r}$; si on suppose $n=\dfrac{4}{3}, r=35^o,$
ce qui donne $i=49^o\ 53'\ 11''$, on a pour cette distance
0.34916 z, c'est-à-dire $0^m.34916$ pour 1 mètre de profondeur
et $0^m.034916$ pour $0^m.10$. En supposant l'ouverture pupillaire
placée à la distance D du milieu de cette longueur, on trouve
aisément que la section du faisceau en ce point est une petite courbe ovale dont la plus grande dimension ne peut
dépasser $0^m.34916\ z.\ \dfrac{p}{D}$, p étant le diamètre de l'ouverture pupillaire. En faisant, par exemple, $z = 0^m.10,$
$p = 0.004$, $D = 0^m.25$, le plus grand diamètre de la section dont il s'agit est $0^m.000559$. On voit par là que le faisceau reçu dans l'œil est extrêmement resserré entre ses lignes de striction, ce qui le rend sensiblement conique.

135. On comprend que les images sont d'autant plus
distinctes que les faisceaux approchent davantage d'être
coniques ou que la distance qui sépare leurs lignes de striction est moindre. Car, si cette distance n'est pas très-petite
et que l'œil se trouve adapté pour voir distinctement un
point de l'une de ces deux lignes, les points de l'autre donneront des images dilatées et conséquemment indistinctes *.   * Intr. 124.
Mais ce défaut ne se fait sentir, dans l'acte de la vision,
qu'autant que l'intervalle des lignes de striction dépasse
une certaine limite de grandeur qui varie en sens inverse
de l'ouverture de la pupille.

Je fais ici abstraction, bien entendu, de la confusion
causée dans les images par la dispersion de la lumière
quand les faisceaux que reçoit l'œil ont éprouvé une ou
plusieurs réfractions. Cet inconvénient subsiste indépendamment de celui qui résulte de ce que les lignes de striction des faisceaux sont trop éloignées l'une de l'autre. Il

peut, comme ce dernier, être plus ou moins sensible suivant les circonstances. Mais il peut aussi disparaître entièrement; on comprend que cela doit arriver quand les images diversement colorées de chaque point de l'objet, séparées d'abord par de premières réfractions, sont ensuite ramenées par des réfractions ultérieures à coïncider entre elles. Cela arrive encore quand ces images, sans coïncider entre elles, se projettent les unes sur les autres par leurs points homologues, pour l'œil qui les regarde.

Généralités sur les instruments qui servent à augmenter la puissance de la vision.

136. Lorsque nous regardons un objet au moyen d'un télescope, d'une lunette ou d'un microscope, ce que nous voyons n'est pas cet objet même, mais son image formée par les rayons de lumière partis de ses divers points et ayant éprouvé les réflexions et les réfractions que comporte la constitution de l'instrument. Celui-ci étant bien ajusté ou *mis au point*, cette image se trouve amenée à la distance précise où nous pouvons la voir avec le plus de netteté, et comme ses dimensions apparentes surpassent notablement celles de l'objet regardé avec l'œil nu, nous percevons la sensation de cet objet, quand il est éloigné, aussi distinctement que s'il était vu de près. Si, sans être loin, il est très-petit, ce qui est le cas d'employer le microscope, nous le voyons considérablement agrandi, de telle sorte que nous pouvons alors discerner dans son image des détails qui échappent à l'œil non armé.

137. Dans les appareils optiques dont le but est d'augmenter ainsi la puissance de la vision, les réflexions se font sur des miroirs courbes à surface sphérique et les réfractions par le moyen de verres courbes dont les surfaces sont

aussi sphériques. On emploie quelquefois des verres à surfaces cylindriques ; mais les surfaces sphériques sont les seules qui soient admises dans les instruments dont il sera question plus loin, et, par ce motif, je n'en considérerai pas d'autres.

Quelles que soient les particularités de construction qui distinguent ces appareils, ils ont cela de commun que les surfaces, soit réfléchissantes, soit réfringentes, qui concourent à la formation des images, n'embrassent qu'un petit nombre de degrés des surfaces sphériques entières auxquelles elles appartiennent. En outre, les centres de courbure de toutes ces surfaces doivent toujours être situés sur une même droite ou axe central. Dans certains appareils, les rayons de lumière sont déviés par une surface réfléchissante plane, et alors l'axe est comme brisé en un point de cette surface à partir duquel il suit une nouvelle direction. Il est facile de voir, dans ce cas, que, si on substitue à la partie de l'appareil qui correspond à la seconde branche de l'axe, un système de surfaces réfringentes ou réfléchissantes qui soit symétrique de cette seconde partie ou qui coïncide avec son image formée par la surface plane, le nouvel appareil qui résultera de cette modification sera composé des mêmes surfaces réfringentes ou réfléchissantes que le premier (moins celle qui produit la déviation et qui peut, dès lors, être supprimée), et donnera les mêmes images, sans autre changement que le renversement produit par la réflexion dans les miroirs plans. Or ce nouvel appareil n'aura qu'un seul axe, savoir la première branche de l'axe primitif et son prolongement en ligne droite. Si l'axe présentait d'autres déviations ou coudes, on pourrait les faire disparaître successivement de la même manière. Il ne sera question, en conséquence, dans ce qui va suivre, que d'appareils ayant toutes leurs surfaces centrées sur un axe unique.

On pourra même supposer, au besoin, que la marche de la lumière a lieu dans le même sens dans toute l'étendue de l'appareil. Il faudra, pour cela, placer idéalement sur le trajet des rayons, immédiatement après la première des surfaces qui intervertissent leur marche, une surface réfléchissante plane normale à l'axe, qui changera de nouveau le sens de leur marche, reporter les surfaces ultérieures de l'appareil dans les positions symétriques de celles qu'elles occupent relativement à cette surface, et renouveler cet artifice, inverse en quelque sorte du précédent, autant de fois qu'il y aura de surfaces réfléchissantes dans l'appareil. Ceci toutefois suppose certaines restrictions qui seront

* Intr. 139. expliquées plus bas *.

138. Les appareils ainsi définis jouissent de propriétés importantes, que je me propose de faire connaître au moins par leurs énoncés. Afin de les formuler avec le plus de généralité possible, j'appliquerai au système la règle de Des-

* Intr. 45. cartes *, et à cet effet je le rapporterai à trois axes rectan-
* Intr. 71 gulaires de coordonnées $x'Ox$, $y'Oy$, $z'Oz$ *; le premier sera
et fig. 30. l'axe même de l'appareil, l'origine O étant choisie comme on voudra. Dans cette hypothèse, les données de la question seront 1° les abscisses ou distances à l'origine O des points N_1, N_2, N_3..... N_i où cet axe rencontre les diverses surfaces, et des centres de courbure M_1, M_2, M_3..... M_i des mêmes surfaces, les nombres ou indices inférieurs marquant l'ordre dans lequel elles agissent sur la lumière; 2° les indices de réfraction n_0, n_1, n_2..... n_i des milieux successivement traversés, pour l'espèce de lumière *homogène* que

* Intr. 120. l'on considère. Il a été expliqué * que, si v est la vitesse de cette lumière dans le vide, ses vitesses, dans les milieux dont il s'agit, seront $\frac{v}{n_0}$, $\frac{v}{n_1}$, $\frac{v}{n_2}$..... $\frac{v}{n_i}$. Or, dans les énoncés généraux qui vont être donnés, on suppose essentiellement que les rayons de lumière n'ont qu'une très-faible inclinaison sur l'axe de l'appareil; de telle sorte que, si on représente la propagation de la lumière suivant l'un quel-

conque des rayons admis dans l'appareil par un point parcourant les diverses branches de ce rayon avec les vitesses $\dfrac{v}{n_0}$, $\dfrac{v}{n_1}$, $\dfrac{v}{n_2}$..... $\dfrac{v}{n_i}$, les vitesses de la projection de ce point sur l'axe $x'x$ différeront infiniment peu de ses vitesses effectives. Cela résulte de ce que la projection sur l'axe $x'x$ de chaque unité de longueur mesurée sur le rayon même, est $\cos a$, a étant l'angle du rayon avec cet axe, ce qui donne pour différence de longueur $1 - \cos a$ ou $2 \sin^2 \dfrac{1}{2} a$ *, quantité excessivement petite, puisque $\dfrac{1}{2} a$ est supposé très-petit. En conséquence de cette remarque, nous considérerons comme positives ou comme négatives les vitesses de la lumière suivant que celle-ci se propagera dans le sens $x'x$ ou dans le sens xx', ce qui revient évidemment à donner à l'indice de chaque milieu le signe $+$ dans le premier cas et le signe $-$ dans le second. Par suite de cette convention, lorsqu'un rayon sera réfléchi par une surface, l'indice de ce même milieu parcouru par le rayon réfléchi, conservera la même valeur numérique qu'à l'incidence, mais son signe devra être changé.

* Intr. 102. [21].

139. Pour fixer la *direction* d'un rayon par rapport aux trois axes Ox, Oy, Oz, nous supposerons ce rayon donné par ses *projections* sur les plans xOy, xOz. Sa direction sera, pour lors, complétement déterminée, si on sait de combien les ordonnées y et z de chacune de ces projections varient pour chaque unité de longueur mesurée sur l'axe et dans le sens $x'x$. Cette détermination exigera donc la connaissance de deux nombres, que j'appellerai les *coefficients de direction* du rayon. La solution des questions où il s'agira de trouver cette direction consistera, par suite, à déterminer les valeurs de ces deux coefficients.

Puisque nous ne devons considérer, dans ce qui va suivre,

* Intr. 138. que des rayons très-peu inclinés sur l'axe $x'x$ *, leurs coefficients de direction seront toujours censés très-petits. On supposera également que ces rayons rencontrent les diverses surfaces en des points très-voisins de cet axe, de telle sorte qu'on puisse, sans erreur appréciable, prendre pour les abscisses de ces points de rencontre celles des points où les surfaces elles-mêmes sont rencontrées par l'axe. Ces hypothèses sont nécessaires; si on ne les faisait pas, on se trouverait en présence de complications très-grandes. Cependant les résultats auxquels on parvient dans ces conditions restreintes sont extrêmement utiles, parce que les diverses parties des images formées par les instruments ne peuvent offrir la perfection requise qu'autant que leurs parties centrales, c'est-à-dire celles qui répondent aux rayons que nous considérons spécialement, offrent elles-mêmes cette perfection.

140. ACTION D'UNE SURFACE UNIQUE SUR LA LUMIÈRE. — Supposons en premier lieu, pour fixer les idées, que l'appareil se compose d'une seule surface réfringente ou réflé-
* Fig. 31. chissante N *, dont la position sur l'axe $x'x$ soit déterminée par l'abscisse N, qui ait son centre de courbure en M et qui se trouve contiguë à deux milieux ayant pour indices n_0, n. Si cette surface reçoit en un point 1 ayant pour coordonnées latérales y_1, z_1, un rayon ayant pour coefficients de direction $\dfrac{b_0}{n_0}$, $\dfrac{c_0}{n_0}$, et que $\dfrac{b}{n}$, $\dfrac{c}{n}$ soient les coefficients de direction de ce rayon dans le second milieu, on aura :

$$b = b_0 - \frac{(n-n_0)}{(M-N)}\, y_1\,, \qquad c = c_0 - \frac{(n-n_0)}{(M-N)}\, z_1\,,$$

ce premier résultat, qui est fondamental, s'obtient par des calculs que je ne saurais développer ici, bien qu'ils ne soient au fond qu'une simple application des lois connues de la réfraction. Il comprend d'ailleurs le cas de la réflexion; il

suffit pour cela de faire $n = -n_0$[*], et en général toutes les   * Intr. 138.
formules qu'on établit pour le cas de la réfraction com-
prennent de même celui de la réflexion.

141. La direction du rayon dans le second milieu étant
connue, si y_F et z_F sont les coordonnées latérales du point
où il rencontre le plan normal à l'axe mené à la distance F
de l'origine, on a, par la définition même des coefficients

de direction [*] $\dfrac{b}{n} = \dfrac{y_F - y_1}{F - N}$, $\dfrac{c}{n} = \dfrac{z_F - z_1}{F - N}$, ou, en mettant à   * Intr. 139.
la place de b et c leurs valeurs ci-dessus :

$$\frac{b_0}{n} - \frac{(n - n_0)\, y_1}{(M - N)\, n} = \frac{y_F - y_1}{F - N}, \qquad \frac{c_0}{n} - \frac{(n - n_0)\, z_1}{(M - N)\, n} = \frac{z_F - z_1}{F - N}.$$

Or, il est évident qu'on obtiendra des expressions de y_F, z_F
indépendantes des coordonnées y_1, z_1 du point d'incidence,
et qui demeureront conséquemment les mêmes lorsque ce
point changera, si on pose $\dfrac{(n - n_0)}{(M - N)\, n} = \dfrac{1}{F - N}$; car, dans
cette hypothèse, les termes des premiers membres des deux
égalités ci-dessus où figurent y_1 et z_1, deviendront respectivement égaux aux termes des seconds membres où figurent
les mêmes lettres, de sorte qu'on pourra supprimer ces
termes [*] ; cette suppression faite, il vient :   * Intr. 90.

$$F = N + \frac{(M - N)}{(n - n_0)}\, n, \qquad y_F = \frac{b_0\, (M - N)}{n - n_0}, \qquad z_F = \frac{c_0\, (M - N)}{n - n_0}.$$

Ainsi donc[*], *une surface qui reçoit un faisceau de rayons*   * Fig. 32.
parallèles, le transforme en un pinceau de rayons concourant
en un même point ou foyer. Ce foyer peut, d'ailleurs, être
réel ou virtuel. F étant indépendant de b_0 et de c_0 : *quelle*
que soit la direction du pinceau incident, il forme son foyer
dans le plan normal à l'axe qui a pour abscisse F.

Si on suppose que les rayons sont parallèles dans le second milieu et viennent dans le premier[*], ils y concourent   * Fig. 33.

en un foyer analogue au précédent. F_0, y_{F_0}, z_{F_0} étant les coordonnées de ce foyer, on a :

$$F_0 = N - \frac{(M-N)}{(n-n_0)} n_0, \quad y_{F_0} = -\frac{b\,(M-N)}{(n-n_0)}, \quad z_{F_0} = -\frac{c\,(M-N)}{(n-n_0)}.$$

Le plan normal à l'axe que détermine l'abscisse F_0 est le lieu des foyers des faisceaux parallèles venant du second milieu dans le premier.

Réciproquement, tout pinceau de lumière, émis par un point de l'un de ces deux plans est transformé par la surface en un faisceau de rayons parallèles.

142. Si, pour abréger l'écriture, nous faisons $\frac{M-N}{n-n_0} = f$, nous aurons, pour déterminer les plans et foyers dont il s'agit, $F_0 = N - n_0 f$, $F = N + n\,f$. Nous appellerons $n_0 f$, nf les *distances focales principales* de la surface ou de l'appareil, *plans focaux principaux de première et de deuxième espèce* les plans normaux à l'axe qui leur correspondent respectivement et *foyers principaux de première et de deuxième espèce* les points où ces plans sont rencontrés par l'axe.

L'introduction de la longueur f simplifie considérablement toutes les formules. S'il s'agit de déterminer la direction, dans le second milieu, d'un rayon dont la direction, dans le premier milieu est connue, ainsi que les coordonnées latérales de son point d'incidence *, il vient :

* Intr. 140.

$$b = b_0 - \frac{y_1}{f}, \qquad c = c_0 - \frac{z_1}{f}.$$

On a pour les coordonnées latérales y_F, z_F du foyer des rayons parallèles ayant pour coefficients de direction $\frac{b_0}{n_0}$, $\frac{c_0}{n_0}$, lequel est dans le plan focal principal de deuxième espèce, $y_F = b_0 f$, $z_{F_0} = c_0 f$; et pour les coordonnées y_{F_0}, z_{F_0} du foyer, dans le plan focal de première espèce, des rayons qui de-

viennent parallèles dans le second milieu et ont pour coef-
ficients de direction $\frac{b}{n}, \frac{c}{n}$, on a $y_{F_0} = -bf$, $z_{F_0} = -cf$.

143. Quand les rayons incidents partent d'un point o^* ayant $\quad$ * Fig. 34.
pour coordonnées x_0, y_0, z_0, ces rayons, après avoir éprouvé
l'action de la surface, vont concourir en un point f qu'il est
aisé de trouver. Appelons x_f, y_f, z_f les coordonnées de
ce point, on aura, d'après la définition même des coeffi-
cients de direction, $\frac{b_0}{n_0} = \frac{y_1 - y_0}{N - x_0}, \frac{b}{n} = \frac{y_f - y_1}{x_f - N}$, et, par suite,
la relation $b = b_0 - \frac{y_1}{f}$ devient :

$$n \frac{(y_f - y_1)}{(x_f - N)} = n_0 \frac{(y_1 - y_0)}{(N - x_0)} - \frac{y_1}{f};$$

ou en faisant passer dans un même membre tous les termes
qui contiennent y_1,

$$\frac{n\, y_f}{x_f - N} + \frac{n_0\, y_0}{N - x_0} = \left(\frac{n}{x_f - N} + \frac{n_0}{N - x_0} - \frac{1}{f}\right) y_1,$$

l'ordonnée y_f sera indépendante de y_1 si on pose

$$\frac{n}{x_f - N} + \frac{n_0}{N - x_0} = \frac{1}{f} \quad \text{ou} \quad \frac{nf}{x_f - N} + \frac{n_0 f}{N - x_0} = 1,$$

ce qui donne

$$x_f = N + \frac{n f (N - x_0)}{(N - x_0) - n_0 f}.$$

En calculant d'une manière semblable l'ordonnée z_f, on
trouve qu'elle est rendue indépendante de z_1, en donnant à
x_f cette même valeur. On a donc à la fois

$$\frac{n\, y_f}{x_f - N} + \frac{n_0 y_0}{N - x_0} = 0, \qquad \frac{n\, z_f}{x_f - N} + \frac{n_0\, z_0}{N - x_0} = 0,$$

et conséquemment

$$y_f = -\frac{n_0 f y_0}{(N - x_0) - n_0 f}, \qquad z_f = -\frac{n_0 f z_0}{(N - x_0) - n_0 f}.$$

Le plan normal à l'axe qui correspond à l'abscisse x_f est le lieu des foyers des pinceaux de lumière émis par les points du plan qui correspond à l'abscisse x_o. Si une figure de forme quelconque, mais très-petite et en ne s'écartant que très-peu de l'axe $x'x$, est tracée dans le premier de ces plans, il se formera dans le second une image de cette figure, qui lui sera semblable. Le rapport de la distance de deux points quelconques de cette image à la distance des deux points homologues de la figure sera $-\dfrac{n_0 f}{(N-x_o)-n_0 f}$. L'image sera droite ou renversée suivant que la valeur de ce rapport sera positive ou négative.

Si on suppose que des rayons partant du point f sont reçus par la surface, on trouve que ces rayons ont leur foyer au point o. On exprime cette circonstance en disant que les deux points o, f sont des *foyers conjugués*. On peut dire aussi que les plans focaux correspondants sont conjugués entre eux.

On peut simplifier encore les formules ci-dessus, en y introduisant les abscisses F_0, F des plans focaux principaux de première et de seconde espèce. Il suffit, pour cela, de remarquer que l'on a $(N-x_o)-n_0 f = F_0-x_o$, $N = F-nf$, et, par suite, il vient :

$$x_f = F + \frac{n_0 n f^2}{F_0-x_o}, \quad y_f = -\frac{n_0 f y_o}{F_0-x_o}, \quad z_f = -\frac{n_0 f z_0}{F_0-x_o}.$$

La première de ces expressions donne la relation remarquable $(x_f-F)(F_0-x_o) = n_0 n_1 f^2$, laquelle signifie que *le produit des distances des deux plans focaux conjugués aux deux plans focaux principaux correspondants est constant et égal au produit des distances focales principales.*

Ces dernières formules sont illusoires quand la surface est un miroir plan, car alors les distances focales principales sont infiniment grandes, puisque tout faisceau de rayons parallèles est transformé par la réflexion sur un miroir plan en un autre faisceau de rayons parallèles. Pour traiter ce cas, il faut revenir aux premières formules, y faire

$n = -n_0$ * et $\dfrac{1}{f} = 0$, ce qui donne d'abord $x_f - N = N - x_o$ * Instr. 138 et 140.

ou $\dfrac{x_o + x_f}{2} = N$, d'où l'on conclut que le point o et son

image f sont situés de part et d'autre et à égale distance de la surface réfléchissante. On trouve ensuite $y_f = y_o$, $z_f = z_o$, comme d'ailleurs on sait d'avance que cela doit être.

144. Appareils composés de plusieurs surfaces. — Supposons maintenant un appareil composé de tant de surfaces qu'on voudra* N_1, N_2, N_3... N_i, contiguës à des milieux   * Fig. 35. homogènes ayant pour indices n_0, n_1, n_2... n_i, pour lesquelles les longueurs analogues à celle que nous avons appelée f dans le cas d'une surface unique* soient f_1, f_2,   * Instr. 142. f_3..... f_i, et qui aient en conséquence $n_0 f_1$, $n_1 f_2$, $n_3 f_3$..... $n_{i-1} f_i$ pour distances focales principales de première espèce et $n_1 f_1$, $n_2 f_2$..... $n_i f_i$ pour distances focales principales de deuxième espèce. Si on représente par $n_1 t_1$, $n_2 t_2$, etc., les intervalles $N_2 - N_1$, $N_3 - N_2$, etc., et qu'on appelle y_1, z_1, y_2, z_2..... y_i, z_i les coordonnées des points où ces surfaces sont rencontrées successivement par un rayon de lumière homogène, et enfin $\dfrac{b_0}{n_0}$, $\dfrac{c_0}{n_0}$, $\dfrac{b_1}{n_1}$, $\dfrac{c_1}{n_1}$, $\dfrac{b_2}{n_2}$, $\dfrac{c_2}{n_2}$... $\dfrac{b_i}{n_i}$, $\dfrac{c_i}{n_i}$ les coefficients de direction des diverses branches de ce rayon, on aura, en appliquant les résultats trouvés pour une surface unique,

$$b_1 = b_0 - \frac{y_1}{f_1} \qquad c_1 = c_0 - \frac{z_1}{f_1},$$
$$y_2 = y_1 + b_1 t_1 \qquad z_2 = z_1 + c_1 t_1,$$
$$b_2 = b_1 - \frac{y_2}{f_2} \qquad c_2 = c_1 - \frac{z_2}{f_2},$$
$$\cdots\cdots\cdots \qquad \cdots\cdots\cdots$$
$$y_i = y_{i-1} + b_{i-1} t_{i-1} \qquad z_i = z_{i-1} + b_{i-1} t_{i-1},$$
$$b_i = b_{i-1} - \frac{y_i}{f_i} \qquad c_i = c_{i-1} - \frac{z_i}{f_i};$$

de sorte que, si on connaît la direction initiale du rayon et les coordonnées de son point d'incidence sur la première surface, on pourra calculer de proche en proche sa marche dans les divers milieux qu'il traversera.

Il est facile de former des expressions qui fassent connaître *immédiatement* les valeurs de y_i, z_i, b_i, c_i. Que l'on remplace, dans y_2, b_1 par sa valeur $b_0 - \dfrac{y_1}{f_1}$, y_2 se trouvera exprimé au moyen de y_1 et de b_0. Que l'on substitue ensuite cette dernière valeur et celle de b_1 dans b_2, on aura une expression de b_2 en fonction de y_1 et de b_0. Ces substitutions étant continuées de proche en proche, on trouvera finalement des expressions telles que :

$$y_i = gy_1 + hb_0 \qquad z_i = gz_1 + hc_0,$$
$$b_i = ky_1 + l\,b_0 \qquad c_i = kz_1 + lc_0,$$

dans lesquelles g, h, k, l seront des coefficients dépendant uniquement des éléments de l'appareil. Il existe toujours entre ces coefficients la relation $gl - kh = 1$.

145. Règle pour obtenir immédiatement les expressions de g, h, k, l. — On commence par écrire l'expression de k, qui est

$$k = -\frac{1}{f_1} - \frac{1}{f_2} - \frac{1}{f_3} \cdots - \frac{1}{f_i} + \frac{t_1}{f_1 f_2} + \frac{t_1 + t_2}{f_1 f_3} + \frac{t_1 + t_2 + t_3}{f_1 f_4} \cdots$$
$$+ \frac{t_2}{f_2 f_3} + \frac{t_2 + t_3}{f_2 f_4} \cdots - \frac{t_1 t_2}{f_1 f_2 f_3} - \frac{t_1 (t_2 + t_3)}{f_1 f_2 f_4} - \cdots$$

Les termes qui la composent ont pour dénominateurs les longueurs f_1, f_2, $f_3 \ldots\ldots f_i$ et leurs combinaisons littérales *différentes* deux à deux, trois à trois, quatre à quatre, etc., dans lesquelles on doit avoir soin de ranger les indices 1, 2, 3... suivant l'ordre ascendant. Le numérateur de chaque terme dont le dénominateur est formé d'une seule lettre est l'unité. Quand le dénominateur est formé de deux lettres, le numérateur est égal à la somme des intervalles des surfaces correspondantes divisés respectivement par les indices de réfraction des milieux compris entre ces surfaces. Quand le dénominateur est formé de plus de deux lettres, le numérateur est le produit de tous les numérateurs qui correspondraient à deux lettres consécutives de ce dénominateur. Si, par exemple, celui-ci est $f_2f_5f_6f_8$, f_2f_5 donne le facteur $t_2+t_3+t_4$, f_5f_6 le facteur t_5, f_6f_8 le facteur t_6+t_7, et conséquemment le numérateur est $(t_2+t_3+t_4)\,t_5\,(t_6+t_7)$. Enfin le signe de chaque terme est $+$ ou $-$ suivant que le nombre des facteurs du dénominateur est pair ou impair.

Après avoir écrit l'expression de k conformément à ce qui vient d'être dit, on en tirera immédiatement celle de g en prenant dans k tous les termes qui renferment f_i et les multipliant tous par $-f_i$, et celle de l en prenant dans k tous les termes qui contiennent f_1 et les multipliant par $-f_1$. Enfin si on prend tous les termes de g qui contiennent f_1 et qu'on les multiplie par $-f_1$, ou bien si on prend dans l tous les termes qui contiennent f_i et qu'on les multiplie par $-f_i$, on obtiendra h.

On retrouve ces mêmes coefficients g, h, k, l lorsque, supposant connues les coordonnées du point d'émergence et la direction finale d'un rayon, on veut déterminer les coordonnées du point d'incidence de ce rayon et sa direction initiale. Les calculs sont analogues à ceux qui viennent d'être indiqués. On arrive aux formules que voici :

$$y_1 = +\,ly_i - hb_i \qquad z_1 = +\,lz_i - hc_i,$$
$$b_0 = -\,ky_i + gb_i \qquad c_0 = -\,kz_i + gc_i.$$

Ces relations entre les coordonnées des points d'incidence et d'émergence et les coefficients de direction des routes initiale et finale d'un rayon quelconque, renferment implicitement toutes les propriétés des appareils que nous étudions.

146. Foyers et plans focaux de première et de seconde espèce. — Une des premières conséquences de ces relations, c'est que les appareils dont il s'agit ont, en général, deux foyers principaux et deux plans focaux F_0, F^* doués des mêmes propriétés que ceux d'une surface unique. Supposons d'abord que les rayons incidents soient parallèles et aient pour coefficients de direction $\dfrac{b_0}{n_0}$, $\dfrac{c_0}{n_0}$; s'il existe, en effet, un plan focal F et que les rayons émergents concourent en un point de ce plan ayant pour coordonnées latérales y_F, z_F, les coefficients de direction $\dfrac{b_i}{n_i}$, $\dfrac{c_i}{n_i}$ de l'un quelconque de ces rayons seront $\dfrac{y_F - y_i}{F - N_i}$, $\dfrac{z_F - z_i}{F - N_i}$, y_i, z_i étant les coordonnées latérales du point d'émergence. On aura, en remplaçant b_i, c_i, y_i, z_i par leurs expressions générales *,

$$\frac{ky_1 + lb_0}{n_i} = \frac{y_F - gy_1 - h_1 b_0}{F - N_i}, \qquad \frac{kz_1 + lc_0}{n_i} = \frac{z_F - gz_1 - h_1 c_0}{F - N_i}$$

et les coordonnées F, y_F, z_F du foyer devront être les mêmes, quelles que soient les valeurs attribuées aux coordonnées y_1, z_1 du point d'incidence. Or on obtiendra ce résultat en posant $\dfrac{k}{n_i} = -\dfrac{g}{F - N_i}$, car alors les termes en y_1 et z_1 pourront être supprimés dans ces deux égalités. Cette condition donne pour les coordonnées du foyer cherché $F = N_i - \dfrac{gn_i}{k}$, $y_F = -\dfrac{b_0}{k}$, $z_F = -\dfrac{c_0}{k}$.

Si on suppose que les rayons émergents sont parallèles et ont pour coefficients de direction $\dfrac{b_i}{n_i}$, $\dfrac{c_i}{n_i}$, on trouve par un calcul semblable qu'ils concourent, étant prolongés dans le sens rétrograde, en un point dont les coordonnées sont $F_0 = N_1 + \dfrac{ln_0}{k}$, $y_{F_0} = \dfrac{b_i}{k}$, $z_{F_0} = \dfrac{c_i}{k}$.

* Fig. 35.

* Intr. 144.

147. Distances focales principales. — Si on fait
$k = -\dfrac{1}{f}$, il vient $F = N_i + n_i g f$, $y_F = b_0 f$, $z_F = c_0 f$ et
$F_0 = N_1 - n_0 l f$, $y_{F_0} = -b_i f$, $z_{F_0} = -c_i f$. Ces expressions,
en ce qui concerne les coordonnées latérales des points
auxquels elles se rapportent, s'offrent sous la même forme
que dans le cas d'une surface unique. On est ainsi conduit
à admettre deux distances focales principales de l'appareil,
qui seraient $n_0 f$, $n_i f$. Mais ici on voit, par les expressions
de F_0 et de F, que ces distances focales ne doivent plus être
mesurées à partir des surfaces antérieure et postérieure
de l'appareil. D'un autre côté, on reconnaît facilement qu'il
n'existe pas, en général, de surface unique à partir de laquelle on doive les mesurer.

148. Plans et points principaux. — Portons sur l'axe $x'x$ * ⟨* Fig. 35.⟩
à partir des foyers F_0, F les deux distances focales $n_0 f$, $n_i f$,
la première au delà de F_0, la seconde en deçà de F, nous
obtiendrons deux points ou plans E, I, normaux à l'axe
ayant pour abscisses

$$E = F_0 + n_0 f = N_0 + (1 - l)\, n_0 f,$$
$$I = F - n_i f = N_i - (1 - g)\, n_i f.$$

Ces deux plans sont très-remarquables en ce que *les routes
initiale et finale d'un même rayon les rencontrent sur une
parallèle à l'axe $x'x$.* En effet, y_0, z_0, y, z étant les coordonnées latérales des deux points de rencontre, on a :

$$\frac{b_0}{n_0} = \frac{y_0 - y_1}{E - N_1}, \quad \frac{b_i}{n_i} = \frac{y - y_i}{I - N_i},$$

d'où $\quad y_0 = y_1 + (1 - l)\, b_0 f, \qquad y = y_i - (1 - g)\, b_i f.$

Si dans y on remplace y_i et b_i par leurs expressions générales *, et que l'on fasse attention à la relation $gl - kh = 1$ ⟨* Intr. 144.⟩
ou $fgl + h = f$, il vient $y = y_1 + (1 - l)\, b_0 f$, c'est-à-dire

$\mathbf{Y} = \mathbf{Y}_0$. On trouve semblablement $z = z_0$, ce qui démontre la proposition énoncée.

L'appareil brise les rayons comme le ferait une surface unique placée en E, qui serait contiguë aux deux milieux d'indices n_0, n_i et qui aurait pour distances focales $n_0 f$, $n_i f$.

* Intr. 142. Car l'expression de b_i, obtenue dans cette hypothèse, est *

$b_0 - \dfrac{\mathbf{Y}_0}{f}$ ou, en remplaçant $\mathbf{Y}_0$ par son expression obtenue

ci-dessus, $-\dfrac{y_i}{f} + l b_0$, ce qui est l'expression déjà connue

de b_i dans laquelle on a fait $k = -\dfrac{1}{f}$. La même identité

d'expression a lieu pour c_i. Mais, si les rayons ainsi brisés en E sont parallèles à ceux qui sortent de l'appareil réel, ils ne coïncident pas, en général, avec eux. Pour les faire coïncider, il faut transporter tout d'une pièce et parallèlement à lui-même le système de ces rayons fictifs dans le sens de l'axe $x'x$ à la distance I — E du point E.

Ces plans E, I et les points où ils sont rencontrés par l'axe $x'x$ ont reçu du célèbre Gauss, qui, le premier, les a fait connaître, les noms de *plans principaux* et de *points principaux de première et de seconde espèce*.

149. Au moyen des quatre plans E, I, F_0, F, il est facile de construire la route finale d'un rayon dont la route ini-* Fig. 36. tiale est donnée. Soit $s f_0$ * cette route initiale, que je suppose rencontrer en f_0 le plan F_0. Je le prolonge jusqu'à sa rencontre en e avec le plan E, puis je mène ei parallèle à l'axe $x'x$ jusqu'à la rencontre du plan I. D'après ce qui a été démontré ci-dessus, la route finale du rayon passera réellement ou virtuellement par le point i. Pour en déter-miner un second point, je mène par le foyer F_0 une paral-lèle à $s f_0$, jusqu'à la rencontre en e_0 du plan E, et de ce point une parallèle $e_0 f$ à l'axe $x'x$ jusqu'à la rencontre en f du plan F. Le point f appartiendra à la route finale du

rayon, car il sera le foyer, dans le plan F, de tous les rayons parallèles au rayon sf_0. La droite if sera donc la route finale de ce rayon.

Quand les distances focales EF_0, IF sont égales entre elles, la droite If est parallèle à F_0e_0. On peut donc s'en servir pour construire le point f. Les deux droites F_0e_0, e_0f deviennent alors inutiles.

150. FOYERS CONJUGUÉS. — Si des rayons partant d'un point o^* sont reçus par l'appareil, celui-ci les fera concourir * Fig. 37. en un même point f; et, réciproquement, des rayons partis de ce point f iront concourir en o après avoir subi dans un ordre inverse l'action de toutes les surfaces, de sorte que ces deux points o, f seront des *foyers conjugués*, comme dans le cas d'une surface unique. Car on peut concevoir, comme il a été dit ci-dessus, que les rayons incidents soient brisés par une surface fictive placée en E, qui les fera concourir en un même point f' comme une surface réelle, et qu'ensuite cette surface et tous les rayons soient transportés dans le sens $x'x$ à la distance I — E de leur position actuelle, de telle sorte que la surface fictive soit amenée en I, le point o en o' et le point f' en f. Et, si on suppose que les rayons partent de ce dernier point, il faudra les concevoir comme brisés en I par la même surface fictive, rendus parallèles à leurs directions finales, et concourant au point o', foyer conjugué de f relativement à cette surface. En transportant ensuite tout le système de I en E, o' sera ramené à coïncider avec o, de sorte que ce dernier point sera le conjugué de f.

151. En calculant, comme nous l'avons fait pour une surface unique, les coordonnées du foyer f, on trouve les expressions que voici :

$$x_f = N_i - \frac{g(N_1-x_o)+hn_0}{k(N_1-x_o)+ln_0} n_i = 1 + \frac{(E-x_o)\,n_i f}{(E-x_o)-n_0 f} = F + \frac{n_0 n_i f^2}{F_0-x_o},$$

$$y_f = \frac{n_0 y_o}{k\,(N_1 - x_o) + l n_0} = -\frac{n_0 f y_o}{(E - x_o) - n_0 f} = -\frac{n_0 f y_o}{F_0 - x_o},$$

$$z_f = \frac{n_0 z_o}{k\,(N_1 - x_o) + l n_0} = -\frac{n_0 f z_o}{(E - x_o) - n_0 f} = -\frac{n_0 f z_o}{F_0 - x_o},$$

on tire des seconde et troisième expressions de x_f

$$\frac{n_0}{E - x_o} + \frac{n_i}{x_f - I} = \frac{1}{f}, \qquad (F_0 - x_o)\,(x_f - F) = n_0 n_i f^2.$$

152. Lorsque n_0 et n_i sont positifs ou rendus tels, comme

* Intr. 137. nous avons expliqué * qu'il est toujours possible de le faire, la relation $(F_0 - x_o)\,(x_f - F) = n_0 n_i f^2$ est susceptible d'une interprétation géométrique qui a l'avantage de mettre en évidence la dépendance des foyers ou plutôt des plans fo-

* Fig. 38. caux conjugués o, f^*. On construit un triangle isocèle TF_0F, qui ait pour base la distance F_0F des deux foyers princi-paux de l'appareil. La longueur des côtés égaux est arbi-traire. Sur ces côtés, on porte à partir des foyers et du même côté de l'axe $x'x$, $F_0P_0 = FP = \sqrt{n_0 n_i f^2}$, et on in-scrit dans l'angle F_0TF une circonférence de cercle qui en touche les côtés aux points P_0, P. Cela étant fait, si d'un point quelconque M de cette circonférence on mène les droites MP_0, MP qui rencontrent l'axe $x'x$ en o, f, ces deux points seront des foyers conjugués, c'est-à-dire satisferont à la relation ci-dessus.

En effet, les deux triangles oF_0P_0 PFf sont semblables entre eux ; car les angles F_0, F sont égaux par construction; l'angle o, égal par construction à MP_0P, a pour mesure la moitié de l'arc MP ; l'angle P ou son opposé MPT formé par la corde MP et la tangente PT a pour mesure la moitié du même arc, de sorte que l'angle $o = P$. On en conclut et d'ailleurs il est facile de faire voir semblablement que l'an-gle $P_0 = f$. Les côtés de ces deux triangles étant, par con-séquent, proportionnels, on a $oF_0 : F_0P_0 :: PF : Ff$,

d'où $oF_0 \times Ff = F_0P_0 \times PF = n_0 n_i f^2$. Or $oF_0 = F_0 - xo$, $Ff = x_f - F$; donc, etc.

Lorsqu'on a $F_0F < 2\sqrt{n_0 n_i f^2}$, la circonférence rencontre l'axe $x'x$ en deux points D_0, D qui présentent cette circonstance remarquable que chacun de ces points, considéré comme foyer, coïncide avec son conjugué.

153. Lorsque k se réduit à zéro, les points E, I, F_0, F s'éloignent à l'infini, et on ne peut plus se servir des formules qui renferment les abscisses de ces points. La relation $gl - kh = 1$ devient alors $gl = 1$, et on a

$$x_f = N_i \frac{g(N_1 - x_o) + hn_0}{ln_0}, \quad y_f = \frac{1}{l}y_o = gy_o, \quad z_f = \frac{1}{l}z_o = gz_o.$$

Les coordonnées y_f, z_f étant indépendantes de x_o, la grandeur de l'image d'un petit objet qu'on promène le long de l'axe devient constante.

On peut remarquer que, dans ce cas, l'un des deux points D_0, D * ne s'éloigne pas à l'infini.   * Fig. 38.

154. AMPLIFICATION ANGULAIRE. — Si, k étant nul, un faisceau de rayons parallèles ayant pour coefficients de direction $\frac{b_0}{n_0}$, $\frac{c_0}{n_0}$ est reçu dans l'appareil, il est transformé par celui-ci en un autre faisceau de rayons parallèles, pour lesquels on a $b_i = lb_0$, $c_i = lc_0$. Quand les milieux antérieur et postérieur sont de même nature, ces deux relations signifient que l'inclinaison des rayons émergents sur l'axe $x'x$ est leur inclinaison à l'incidence multipliée par le nombre l. C'est pourquoi ce nombre, qui dans l'hypothèse actuelle est égal à $\frac{1}{g}$, a reçu le nom d'*amplification angulaire* de l'appareil.

Cette dénomination est encore applicable au coefficient l lorsque k n'est pas nul, pourvu que l'on se borne alors à considérer les rayons qui pénètrent dans l'appareil par le point central de la première surface, comme on le fait pour les lunettes, ce qui exige que l'on suppose $y_1 = 0$, $z_1 = 0$. Les formules générales donnent encore, dans cette hypothèse, $b_i = lb_0$, $c_i = lc_0$.

Si les indices n_0, n_i diffèrent entre eux, on a :

$$\frac{b_i}{n_i} = \frac{n_0}{n_i}\left(l\,\frac{b_0}{n_0} \right) \qquad \frac{c_i}{n_i} = \frac{n_0}{n_i}\left(l\,\frac{c_0}{n_0} \right).$$

Le coefficient g a une signification analogue, laquelle se rapporte aux rayons qui entrent dans l'appareil par la dernière surface et en sortent par la première, comme il arrive lorsqu'on regarde dans une lunette par le gros bout.

155. Centres optiques conjugués. — On peut considérer d'une manière plus générale cette relation[*] entre les inclinaisons des routes initiale et finale d'un rayon sur l'axe de l'appareil. Si la route initiale de ce rayon passe par le point o de l'axe ayant pour abscisse x_o, la route finale passera par le point f, foyer conjugué de o. En faisant attention que les coordonnées latérales de ces deux points sont nulles dans la circonstance actuelle, on a $\dfrac{b_0}{n_0} = \dfrac{y_1}{N_1 - x_o}$,

$\dfrac{b_i}{n_i} = -\dfrac{y_i}{x_f - N_i}$, etc., et en introduisant les expressions de y_1 et de y_i que fournissent ces deux égalités dans les formules $y_i = gy_1 + hb_0$, $z_i = gz_1 + hc$, il vient :

$$\frac{b_i}{n_i} = -\frac{b_0}{n_0}\cdot\frac{F_0 - x_o}{n_i f}, \qquad \frac{c_i}{n_i} = -\frac{c_0}{n_0}\cdot\frac{F_0 - x_o}{n_i f}.$$

On voit, par ces formules, comment le rapport d'inclinaison dont il s'agit varie avec x_o. On peut déterminer cette abscisse de manière à donner à ce rapport telle valeur qu'on voudra, positive, nulle ou négative.

Un cas très-remarquable est celui où l'on fait ce rapport

* Intr. 151.

égal à l'unité, c'est-à-dire $\dfrac{F_0 - x_0}{n_i f} = -1$, ce qui donne

$x_0 = F_0 + n_i f$ et, par suite, $x_f = F - n_0 f$. Tout rayon qui passe par l'un des points ainsi déterminés passe par l'autre et sort de l'appareil parallèle à la première direction. On a donné à ces points le nom de *centres optiques conjugués*. Ils se confondent avec les points principaux lorsqu'on a $n_i = n_0$.

156. Point oculaire. — Lorsqu'on regarde dans une lunette, on place l'œil en un certain point de l'axe $x'x^*$, et l'image se forme en avant de cet organe, à la distance où elle peut être vue le plus distinctement. Les pinceaux qui produisent la sensation de la vision sont, conséquemment, reçus dans l'œil comme s'ils divergeaient des différents points de cette image. Or chacun des rayons qui la composent est assujetti à passer par l'image du point où il rencontre la première surface N_1 de l'appareil. Il résulte de là que l'image de cette première surface est comme un anneau par lequel tous les pinceaux sortent de l'appareil. En deçà et au delà de cet anneau, la section de l'*ensemble* des pinceaux, normalement à l'axe, est plus grande du côté de l'image à cause de la divergence des axes des pinceaux, c'est-à-dire des rayons qui passent par le centre de l'anneau, et du côté opposé à cause de cette même divergence et de celle des rayons dans chaque pinceau. Cet anneau est donc une sorte d'étranglement du faisceau de rayons qui sort de l'appareil, et, par suite, c'est là ou le plus près possible de là qu'il faut placer l'œil pour mieux voir dans l'instrument, en le supposant d'ailleurs convenablement mis au point ; à cause de cette propriété cet anneau a reçu le nom d'*anneau oculaire*, et son centre celui de *point oculaire*.

Pour déterminer sa position, il suffit de faire $x_0 = N_1$ dans les formules relatives aux foyers conjugués [*]. En appelant H l'abscisse du centre de l'anneau dont il s'agit, il vient

* Fig. 39.

* Intr. 151.

$H = N_i - \dfrac{h}{l}\, n_i$, ce qui donne au coefficient h une signification concrète. On a, pour les coordonnées y_H, z_H du
point qui est le conjugué de celui que déterminent les coordonnées latérales y_1, z_1,

$$y_H = \frac{1}{l}\, y_1, \qquad y_H = \frac{1}{l}\, z_1.$$

157. Cas de plusieurs appareils disposés consécutivement sur un même axe. — Si, au lieu de simples surfaces réfringentes ou réfléchissantes centrées sur l'axe $x'x$,
on a une suite d'appareils en nombre quelconque m, disposés sur cet axe et dont on connaisse les plans principaux et
les distances focales, il est facile de déterminer les plans
principaux et les distances focales de l'appareil entier. Appelons E', I', E'', I'', etc., les plans principaux des appareils
successifs ou les abscisses de ces plans ; n, n', n'', etc., les
indices de réfraction des milieux contigus à leurs surfaces
antérieures et postérieures ; f', f'', etc., des longueurs telles
que nf', $n'f'$ soient les distances focales du premier de ces
appareils, $n'f''$, $n''f''$ celles du second, et ainsi de suite ; $n't'$,
$n''t''$, etc., les intervalles $E'' - I'$, $E''' - I''$, etc. ; y', z',
y'', z'', etc., les coordonnées des points où un même rayon
traverse successivement les deux plans principaux du pre-
mier appareil, puis ceux du second, etc. ; $\dfrac{b}{n}$, $\dfrac{c}{n}$, $\dfrac{b'}{n'}$, $\dfrac{c'}{n'}$,
$\dfrac{b''}{n''}$, $\dfrac{c''}{n''}$, etc., les coefficients de direction des diverses
branches de ce rayon : nous aurons, d'après ce qui a été
* Intr. 144 démontré pour une suite de simples surfaces *.
et 148.

$$b' = b - \frac{y'}{f'}, \qquad c' = c - \frac{z'}{f'},$$
$$y'' = y' + b't', \qquad z'' = z' + c't',$$
$$b'' = b' - \frac{y''}{f''}, \qquad c'' = c' - \frac{z''}{f''},$$

. . . .

et de ces relations on tirera les suivantes :

$$\text{Y}^{(m)} = g\text{Y}' + hb, \qquad z^{(m)} = gz' + hc,$$
$$b^{(m)} = kz' + lb, \qquad c^{(m)} = kz' + lc,$$

g, h, k, l étant quatre coefficients analogues à ceux dont nous avons fait usage dans ce qui précède, et soumis à la même loi de formation *. Il résulte de là que si on pose * Intr. 145. $k = -\dfrac{1}{f}$, et que l'on continue d'appeler E, I, F_0, F les points et les foyers principaux de l'appareil entier, on aura :

$$\text{E} = \text{E}' + (1-l)\, nf, \qquad \text{I} = \text{I}^{(m)} - (1-g)\, n^{(m)} f,$$
$$\text{F}_0 = \text{E} - nf = \text{E}' - nlf, \qquad \text{F} = \text{I} + n^{(m)} f = \text{I}^{(m)} + n^{(m)} gf.$$

Application de la théorie qui précède à quelques appareils usuels.

158. Lentilles simples. — Les verres courbes qui entrent dans la construction des instruments destinés à augmenter la puissance de la vision portent le nom de *verres lenticulaires* ou de *lentilles*. L'*axe* d'une lentille est la ligne droite qui joint les centres de courbure de ses deux faces. Quand l'une d'elles est plane, l'axe est la perpendiculaire abaissée du centre de courbure de la face sphérique sur la face plane.

Pour appliquer à une lentille les formules de la théorie générale qui précède, il suffit de supposer que l'appareil se réduit à deux surfaces N_1, N_2 ayant leurs centres de courbure en M_1, M_2 et séparées par un milieu homogène ayant n pour indice de réfraction, et de plus que l'on a $n_0 = n_2 = 1$, ce qui revient à admettre que la lentille fonctionne dans le vide. Si on voulait, pour se conformer plus complétement à la réalité, tenir compte de la présence de l'air ambiant, il faudrait faire n égal non plus à l'indice de réfraction de l'espèce de verre dont la lentille est faite, mais au rapport de cet indice à l'indice de réfraction de l'air. Ceci convenu, si on fait :

$$M_1 - N_1 = (n-1)f_1, \quad M_2 - N_2 = -(n-1)f_2, \quad N_2 - N_1 = ne,$$

* Intr. 145. on peut écrire immédiatement *

$$k = -\frac{1}{f} = -\frac{1}{f_1} - \frac{1}{f_2} + \frac{e}{f_1 f_2},$$

$$g = 1 - \frac{e}{f_1}, \quad l = 1 - \frac{e}{f_2}, \quad h = e,$$

* Intr. 147 et 148. et par suite on a les expressions ci-après * :

$$f = \frac{f_1 f_2}{f_1 + f_2 - e},$$

$$E = N_1 + \frac{ef_1}{f_1 + f_2 - e} = N_1 + \frac{ef}{f_2},$$

$$I = N_2 - \frac{ef_2}{f_1 + f_2 - e} = N_2 - \frac{ef}{f_1},$$

$$F_0 = E - f = N_1 - \frac{(f_2 - e) f_1}{f_1 + f_2 - e},$$

$$F = I + f = N_2 + \frac{(f_1 - e) f_2}{f_1 + f_2 - e}.$$

On trouve sans peine que l'intervalle $I - E$ des deux plans principaux est $(n-1)e - \dfrac{e^2}{f_1 + f_2 - e}$. Dans les cas ordinaires e est très-petit par rapport à la valeur absolue de $f_1 + f_2$. Il en résulte que $I - E$ diffère très-peu de $(n-1)e$.

Habituellement on définit une lentille par les rayons de courbure de ses deux faces plutôt que par les longueurs f_1, f_2. Si on appelle r_1, r_2 ces rayons de courbure, il faut, pour les introduire dans le calcul, les considérer comme représentant les différences $M_1 - N_1$, $M_2 - N_2$ et conséquemment leur attribuer respectivement les signes de ces différences. Cela revient évidemment à donner le signe $+$ ou le signe $-$ au rayon de courbure d'une surface suivant qu'elle est convexe ou concave étant vue du pôle x' *. Cette convention admise, on aura $f_1 = \dfrac{r_1}{n-1}$, $f_2 = -\dfrac{r_2}{n-1}$.

* Intr. 70.

159. Les lentilles plus épaisses au centre qu'au bord ont leur distance focale f positive ; cette distance est, au contraire, négative quand la lentille est plus épaisse au bord qu'au centre. En effet, dans le premier cas, on doit avoir $\dfrac{1}{r_1} - \dfrac{1}{r_2} > 0$, car $\dfrac{1}{r_1}$ et $\dfrac{1}{r_2}$ représentent les *courbures* des deux faces, courbures qui peuvent être positives ou négatives suivant les signes de r_1 et r_2. Or on a $r_1 = (n-1) f_1$, $r_2 = -(n-1) f_2$, d'où $\dfrac{1}{r_1} - \dfrac{1}{r_2} = \dfrac{1}{(n-1)} \left(\dfrac{1}{f_1} + \dfrac{1}{f_2} \right)$. Le diviseur $n-1$ étant positif, il faut que l'on ait $\dfrac{1}{f_1} + \dfrac{1}{f_2} > 0$, ou, ce qui revient au même $\dfrac{f_1 f_2}{f_1 + f_2} > 0$. Mais on a $f = \dfrac{f_1 f_2}{f_1 + f_2 - e}$ ou, en effectuant la division algébrique,

$$f = \frac{f_1 f_2}{f_1 + f_2} \left[1 - \frac{e}{(f_1 + f_2)} + \frac{e^2}{(f_1 + f_2)^2} - \frac{e^3}{(f_1 + f_2)^3} + \cdots \right]$$

si e est petit par rapport à $f_1 + f_2$, la longueur focale f a le signe de $\dfrac{f_1 f_2}{f_1 + f_2}$, attendu que la valeur de la suite placée entre crochets est positive. Si donc $\dfrac{f_1 f_2}{f_1 + f_2}$ est positif, f l'est aussi. Dans le cas contraire, on doit avoir $\dfrac{1}{r_1} - \dfrac{1}{r_2} < 0$, relation que l'on ramène de la même manière à $\dfrac{f_1 f_2}{f_1 + f_2} < 0$, donc f est alors négatif. Ces conclusions pourraient n'être plus exactes si e venait à dépasser une certaine limite de grandeur.

Dans les cas ordinaires, c'est-à-dire lorsque e est petit par rapport à $f_1 + f_2$, les valeurs de E et de I [*] diffèrent peu de N_1 et de N_2, de sorte que les plans principaux sont voisins des faces de la lentille, ce qui entraîne cette conséquence que les plans focaux lui sont *extérieurs;* ces derniers plans ont d'ailleurs les positions que détermine non-seulement la valeur absolue, mais encore le signe de f; de sorte que F_0 est en avant ou en arrière de la lentille et F en arrière ou en avant, suivant que f est positif ou négatif. Il suit de là que les lentilles plus épaisses au centre qu'au bord font *converger* les rayons parallèles, et que les lentilles plus minces au centre qu'au bord les font *diverger.* C'est pourquoi les premières sont appelées *lentilles convergentes* ou *verres convergents* et les autres *lentilles divergentes* ou *verres divergents.*

[*] lntr. 158.

160. Les diverses formes que peuvent présenter les verres lenticulaires donnent lieu aux dénominations suivantes, dans lesquelles les termes *concave* et *convexe* doivent toujours s'entendre de l'aspect *extérieur,* la concavité désignant un creux et la convexité un bombement,

1° Verres *doublement convexe* et *doublement concave* [*]. Le premier, lorsqu'il est également convexe des deux côtés, ressemble à une *lentille.* C'est de là sans doute que lui vient son nom, qui s'est étendu aux formes ci-après, bien qu'elles n'offrent pas la même ressemblance.

[*] Fig. 40
a et a'.

2° Verres *plan-convexe* et *plan-concave* [*].

[*] Fig. 41
b et b'.

3° Verre *concave-convexe.* Dans ce dernier cas, de même que dans les deux précédents, on a deux formes [*] qui diffèrent entre elles en ce que dans l'une l'épaisseur est plus forte au centre qu'au bord, tandis que dans la seconde l'épaisseur est moindre au centre qu'au bord. Dans les figures qui se rapportent à ces divers types on a adopté une assez

[*] Fig. 42
c et c'.

forte épaisseur, afin de pouvoir mettre en évidence la position des plans focaux et des plans principaux ; on a supposé $n = \dfrac{3}{2}$.

161. Loupe ou microscope simple. — Ce que l'on appelle une *loupe*[*] n'est autre chose qu'une lentille convergente à *court foyer*, c'est-à-dire pour laquelle la distance focale f est beaucoup plus petite que la distance ordinaire de la vision distincte. On se sert de loupes pour voir distinctement de très-petits objets qui, à cette distance de la vision distincte, seraient vus sous un angle trop petit pour qu'il fût possible d'en discerner les détails. On place l'objet entre le plan F_0 et la lentille. On a, pour déterminer l'abscisse x_f du lieu de l'image, la formule $x_f = F - \dfrac{f^2}{x_0 - F_0}$, x_0 désignant l'abscisse du lieu de l'objet. Or il est bien clair que, si on fait varier x_0 de $x_0 = E$ à $x_0 = F_0$, x_f variera depuis $x_f = F - f = I$ jusqu'à $-\infty$, en passant par tous les degrés de grandeur, et que par conséquent, pour l'une des positions de l'objet, si l'œil est placé immédiatement derrière la lentille, l'image sera virtuelle et située à la distance de la vision distincte. Le rapport de la grandeur de l'image à celle de l'objet est [*] $\dfrac{f}{x_0 - F_0}$. Si on suppose que l'image se forme à la distance c du point F, on aura $c = \dfrac{f^2}{x_0 - F_0}$, d'où $\dfrac{f}{x_0 - F_0} = \dfrac{c}{f}$. Or c et par suite le grossissement $\dfrac{c}{f}$ est d'autant plus grand que l'on a la vue plus longue. On voit également qu'une loupe grossit d'autant plus que sa distance focale f est plus courte.

Le grossissement qu'on obtient ainsi est le rapport de la grandeur apparente de l'image à celle de l'objet, l'un et l'autre étant vus à la distance de la vision distincte. Il ne

* Fig. 43.

* Intr. 151.

* Iutr. 154.
faut pas le confondre avec l'amplification angulaire * qui est ici $1 - \dfrac{c}{f_2}$ et diffère peu de l'unité.

162. MICROSCOPE COMPOSÉ. — Ce microscope consiste dans un système de lentilles convergentes enchâssées dans une monture convenable. La condition à remplir est que le plan F_0 soit extérieur à l'appareil, afin que l'objet puisse être placé entre ce plan et la première surface. Si on suppose que l'appareil consiste dans une combinaison de deux * Fig. 44. lentilles * dont les distances focales soient f' f'' et que t soit l'intervalle du plan principal I' de deuxième espèce de la première lentille au plan principal E'' de première espèce de la seconde lentille, la distance focale f du système sera donnée par la formule $f = \dfrac{f'f''}{f'+f''-t}$, et on aura :

$$E = E' + \frac{tf'}{f'+f''-t} = E' + \frac{tf}{f'}, \ F_0 = E' - \frac{(f''-t)\,f'}{f'+f''-t},$$

$$1 = I'' - \frac{tf''}{f'+f''-t} = I'' - \frac{tf}{f'}, \ F = I'' + \frac{(f'-t)f''}{f'+f''-t},$$

$$1 - E = (\,I' - E'\,) + (\,I'' - E''\,) - \frac{t^2}{f'+f''-t}.$$

On a supposé dans la figure les deux verres plans-convexes, de même distance focale, et écartés l'un de l'autre de telle façon que l'intervalle t soit le tiers de leur distance focale commune. On voit que les distances focales empiètent l'une sur l'autre dans cette combinaison. Le grossissement est $\dfrac{f}{x_0 - F_0}$ comme pour une loupe ou lentille simple.

163. LENTILLES ACHROMATIQUES. — Lorsqu'on attribue * Intr. 158. successivement à n, dans les relations obtenues ci-dessus *

pour une lentille simple, les valeurs qui correspondent aux différentes espèces de lumière homogène dans lesquelles la lumière solaire se décompose par la dispersion, les quatre plans E, I, F_0, F se déplacent, et il en résulte pour un objet donné autant d'images ayant chacune la couleur de l'espèce correspondante de lumière. De plus, ces images sont inégales en grandeur, de sorte que, pour l'œil qui les regarde, leurs parties non homologues sont projetées les unes sur les autres; d'où il résulte que, quand ces images se forment dans les limites de la vision distincte, elles produisent la sensation d'une image unique irisée sur les bords et confuse dans ses détails. C'est là ce que l'on appelle l'*aberration chromatique* ou de *réfrangibilité*.

Or une étude attentive du phénomène de la dispersion de la lumière a fait découvrir les moyens de corriger cette aberration, non point pour une lentille simple, ce qui est impossible, mais pour un système formé de deux lentilles simples*. La première est ordinairement convergente et faite de l'espèce de verre désignée sous le nom de *crown-glass*. La seconde est faite d'une autre espèce de verre qui est le *flint-glass;* elle doit être divergente, et il convient de la placer immédiatement à la suite de la première, de telle façon qu'elles se touchent ou soient près de se toucher.

Les données desquelles dépend la détermination des courbures et des épaisseurs de ces deux lentilles, s'obtiennent en examinant, dans des conditions convenables, le faisceau de rayons provenant de la dispersion d'un rayon solaire. On découvre dans ce faisceau une foule d'espaces obscurs distribués irrégulièrement, mais dont l'ordre demeure le même quelle que soit l'espèce de verre qui produit la dispersion. Ces espaces obscurs, dont quelques-uns sont facilement reconnaissables, servent de points de repère dans la mesure des indices de réfraction, qui peut dès lors être obtenue avec une très-grande exactitude. Ces indices étant connus, on s'en sert pour déterminer, par le calcul,

* Fig. 45.

les éléments des deux lentilles, de telle manière que les
plans focaux F et les plans principaux E de deuxième espèce, correspondant à ces divers indices, coïncident entre
eux, et que, conséquemment, la distance focale f soit invariable. Quand ces conditions sont remplies, les images des
objets éloignés dues aux diverses espèces de lumière homogène se forment dans le plan F et sont égales entre elles.
Un tel système de deux lentilles constitue ce que l'on appelle
une lentille *achromatique*. On peut aussi rendre achromatiques, en suivant les mêmes principes, des appareils plus
compliqués.

L'achromatisme ainsi obtenu n'est pas parfait, mais il
suffit pour la plupart des cas.

Les appareils optiques sont sujets à plusieurs *aberrations*
autres que celle de réfrangibilité dont il vient d'être question. Disons succinctement en quoi elles consistent.

164. ABERRATION DE SPHÉRICITÉ.—La courbure sphérique
suivant laquelle les faces des lentilles sont taillées est la seule
que l'art puisse obtenir jusqu'à présent par des procédés
réguliers de fabrication courante; mais elle ne fait concourir
en un même point les rayons incidents provenant d'un point
rayonnant qu'autant que ces rayons rencontrent la surface
très-près de l'axe. Il n'en est plus de même quand l'ouverture
de l'instrument n'est pas très-petite. Les rayons partis d'un
point o de l'axe ne vont plus concourir en un même point f;
ils rencontrent l'axe en des points plus ou moins éloignés,
ce qui est de nature à nuire à la netteté de l'image. C'est là
ce que l'on nomme l'*aberration de sphéricité*. Comme il est
possible de satisfaire d'une infinité de manières aux conditions qu'exige l'achromatisme, on profite de cette indétermination pour corriger l'aberration de sphéricité en
adoptant la combinaison de courbures qui corrige le mieux
l'effet de cette aberration.

165. ABERRATION DE FORME. — Il peut arriver que, dans un appareil achromatique et exempt d'aberration de sphéricité, les images des objets, bien que suffisamment nettes, ne soient eependant pas fidèles ; que, par exemple, des lignes que l'on sait être droites paraissent courbes, etc. C'est dans ce défaut que consiste l'*aberration de forme*. Dans les instruments destinés à augmenter la puissance de la vision, on dissimule cette aberration au moyen d'un diaphragme qui ne permet de voir que la partie de l'image où les déformations sont le moins sensibles, et laisse aux pinceaux admis dans l'appareil toute leur amplitude, et, par suite, à l'image toute sa clarté.

166. ABERRATION DE COURBURE DES IMAGES ET DE CONICITÉ DES PINCEAUX. — Lorsqu'il s'agit d'obtenir de grandes images réelles et *planes*, par exemple dans les appareils destinés à la photographie, on est conduit à donner à l'appareil une ouverture très-grande sans augmenter la distance focale autant qu'il le faudrait pour pouvoir faire concourir en un même point f les rayons partis d un point o. Le faisceau formé par ces rayons, après qu'ils ont éprouvé l'action de l'appareil, présente alors, dans le plan focal que détermine la formule $(x_f — F)(F_0 — x_0) = f^2$, une section plus ou moins étendue, plus ou moins illuminée en chacun de ses points. On restreint l'étendue de cette section focale au moyen d'un diaphragme qui ne permet la transmission que d'une partie du pinceau incident. Or, suivant la position du centre de ce diaphragme sur l'axe, ce sera telle partie ou telle autre de ce pinceau qui sera transmise, et, par suite, telle partie ou telle autre de la section focale qui sera conservée. Ce diaphragme peut donc, en même temps qu'il limite l'amplitude des pinceaux émergents, corriger les aberrations de forme. Mais ce n'est pas tout, il faut encore que ce diaphragme rende sensiblement coniques les faisceaux émergents les plus obliques, en restreignant autant que

* Intr. 132. possible l'intervalle de leurs lignes de striction*, et qu'en même temps il ramène les pointes de tous ces cônes à être dans un même plan perpendiculaire à l'axe, du moins quand l'objet est un tableau plan perpendiculaire lui-même à cet axe. Or toutes ces conditions ne peuvent être remplies au moyen d'un diaphragme qu'autant que l'on aura préalablement établi entre les éléments de l'appareil certaines relations spéciales, en vue précisément de ces aberrations de *forme*, de *conicité* des pinceaux émergents et de *courbure des images*.

Lorsque l'objet n'est pas dans un plan normal à l'axe et qu'il offre un relief plus ou moins saillant, régulier ou non,

* Intr. 151. le lieu des foyers offre un relief analogue, car la relation *

$$x_f = F + \frac{f^2}{F_0 - x_0}$$ prouve que, si x_0 varie, x_f varie en même temps. Mais ici se présente une remarque utile. Appelons x'_0, x'_f l'abscisse d'un nouveau point et celle de son image, on aura de même $x'_f = F + \dfrac{f^2}{F_0 - x'_0}$ et, par suite, $x'_f - x_f$

$$= \frac{(x_0 - x'_0) f^2}{(F_0 - x_0)(F_0 - x'_0)} = (x_0 - x'_0) \times \frac{-f}{(F_0 - x_0)} \times \frac{-f}{(F_0 - x'_0)}.$$

* Intr. 151. Or les facteurs $\dfrac{-f}{F_0 - x_0}$, $\dfrac{-f}{F_0 - x'_0}$ expriment * les rapports de grandeur des images de deux droites normales à l'axe placées en x_0 et x'_0, à ces droites, et on sait que ces rapports sont très-petits quand chacune des distances $F_0 - x_0$, $F_0 - x'_0$ est égale à un grand nombre de fois la distance focale f. Dans ce cas, la variation focale $x'_f - x_f$ est incomparablement moindre que l'intervalle $x_0 - x'_0$; de sorte que l'appareil rassemble entre deux plans normaux à l'axe très-rapprochés l'un de l'autre les images de points répandus dans un espace dont la profondeur $x_0 - x'_0$ peut être considérable. C'est à cause de cela que les vues de monuments et de paysages obtenues à la chambre noire sont bien supérieures en netteté aux portraits. En effet, pour ces der-

niers, les facteurs $\dfrac{-f}{F_0 - x_0}$, $\dfrac{-f}{F_0 - x'_0}$ qui expriment les rapports linéaires de grandeur entre le portrait et le modèle, pour les sections de celui-ci correspondant aux abscisses x_0, x'_0, ne sont jamais très-petits.

167. LUNETTES OU TÉLESCOPES. — Les *lunettes* ou *télescopes* sont des instruments dont le but est de former des images nettes et fidèles des objets éloignés. Ces deux dénominations de *lunette* et de *télescope* sont à peu près indifféremment employées; toutefois la seconde est seule appliquée quand il y a dans l'appareil une ou deux surfaces réfléchissantes. Quoi qu'il en soit, toute combinaison de surfaces réfringentes ou réfléchissantes composant un instrument de ce genre peut être partagée en deux systèmes * dont la destination est essentiellement différente. Je désignerai dans ce qui va suivre les plans principaux et les plans focaux de première et de deuxième espèce de ces deux systèmes ainsi que leurs distances focales par les lettres E, I, F_0, F, f affectées d'un accent lorsqu'il sera question du premier et de deux accents lorsqu'il s'agira du second. J'appellerai t l'intervalle entre le plan E$''$ de ce dernier et le plan I$'$ du premier.

* Fig. 46.

168. OBJECTIF. — Le premier de ces systèmes est l'*objectif*. Il a pour fonction de recueillir immédiatement et de concentrer les rayons de lumière émis par les objets éloignés. Comme cette lumière est souvent peu intense, il faut que l'objectif ait une grande ouverture afin de réunir beaucoup de rayons. Cette partie de l'appareil considérée seule fait ainsi une image des objets qui est très-petite, car si on appelle x_0 l'abscisse de l'objet ou, pour mieux fixer les idées, d'une droite de longueur s_0 normale à l'axe $x'x$, et s_f la longueur de l'image de cette droite, on a * $\dfrac{s_f}{s_0} = -\dfrac{f'}{F'_0 - x_0}$. Or dans les instruments porta-

* Intr. 151.

tifs f' ne surpasse presque jamais en valeur absolue $0^m.50$, et, comme il s'agit de voir de loin, $F'_0 - x_0$ est habituellement égal à un grand nombre de fois f'.

L'ouverture de l'objectif est toujours très-restreinte comparativement à sa longueur focale, à cause de la difficulté de corriger les diverses aberrations dont j'ai parlé ci-dessus, lorsqu'on veut avoir une grande ouverture. C'est pourquoi celle-ci n'est ordinairement que $1/_{12}$ ou $1/_{10}$ et quelquefois $1/_8$ de la longueur focale.

169. Oculaire. — L'image formée par l'objectif étant fort petite, ainsi que je viens de l'expliquer, on la regarde à l'aide de l'*oculaire*, qui est le second des deux systèmes composant l'instrument. L'oculaire remplit relativement à l'image, qui n'est, en réalité, qu'un assemblage de points rayonnants, le même office qu'une loupe ou microscope à l'égard d'un petit objet matériel que l'on veut examiner dans ses détails. La seule différence c'est que, pour une image non matérielle, l'amplitude de radiation de chaque point est renfermée dans la surface conique ayant ce point pour sommet et pour base l'objectif ou la portion de son plan principal de deuxième espèce que traverse le faisceau des rayons qui concourent au point considéré, tandis que pour un point matériel l'amplitude de radiation est indéfinie.

Il est à remarquer que cette image peut être *virtuelle*, ce qui arrive quand le plan focal de première espèce de l'oculaire est postérieur à la première surface de cette portion de l'instrument; car il faut alors, pour placer ce plan focal quelque peu en avant de l'image *, recevoir les rayons sur l'oculaire avant leur point de concours. Cette image est visible au moyen de l'oculaire aussi bien que si elle était réelle.

On appelle *oculaires positifs* ceux dont le plan focal principal de première espèce est *en avant* de leur première sur-

* Intr. 161 et 162.

face, et *oculaires négatifs* ceux pour lesquels ce plan est, au contraire, en arrière de cette surface. Je donnerai bientôt des exemples de ces deux sortes d'oculaires.

On distingue encore les oculaires en *astronomiques* et *terrestres*. La première de ces dénominations s'applique aux oculaires qui font voir les objets renversés, ce qui n'a pas d'inconvénient pour l'astronomie, par opposition aux oculaires ordinairement plus complexes des lunettes que l'on emploie à examiner de loin les objets terrestres, et qui doivent les faire voir droits.

L'objectif et l'oculaire sont toujours assemblés au moyen de deux tubes dont l'un entre dans l'autre à frottement, de telle sorte qu'on puisse amener le plan focal de première espèce de l'oculaire un peu en avant de l'image réelle ou virtuelle formée par l'objectif, dans la position pour laquelle l'image finale se trouve précisément à la distance qui convient à la vue de l'observateur. Cet ajustement de l'appareil à la distance de la vision distincte constitue ce que l'on appelle la *mise au point*.

170. Réticule. — Quand l'instrument doit servir à diriger des rayons de visée, on y introduit un diaphragme percé d'une ouverture circulaire, sur lequel sont tendus des fils très-fins, dont les intersections fournissent des points de repère, et qui peuvent être disposés de diverses manières suivant le but qu'on se propose. L'ensemble de ces fils forme ce que l'on appelle un *réticule*. Ce diaphragme sert en même temps à limiter le champ de la vision à la portion de l'image qui est suffisamment nette et fidèle.

171. Clarté de l'image. — La clarté avec laquelle l'image d'un objet nous apparaît dans une lunette ou un télescope a une limite dont il est bon de se rendre compte. Isolons par la pensée une partie a * de la surface de l'objet que nous regardons, assez petite pour que nous puissions la

Fig. 47.

considérer comme uniformément éclairée. Concevons ensuite une surface conique ayant pour sommet un point
quelconque de la surface antérieure de l'objectif et pour
base le contour de a. La lumière qui va des divers points
de a au sommet de cette surface conique est égale à celle
qu'enverrait au même point la portion a' d'une surface
sphérique décrite de ce point comme centre avec l'unité de
longueur pour rayon, qui serait interceptée par la surface
conique, si cette petite surface ou *amplitude conique* a' était
éclairée uniformément de la même manière que a. C'est là
un principe que je me borne à énoncer et dont on peut
voir la démonstration dans les traités de physique. Chaque
point de la première surface de l'objectif reçoit ainsi la lumière d'un élément de surface sphérique analogue à a', et
tous ces éléments sont d'ailleurs sensiblement égaux entre
eux et également éclairés, vu la distance à laquelle se trouve
l'élément a, base commune de toutes les surfaces coniques,
et le peu de changement qui peut résulter des différences
de position des sommets de ces dernières. A chacune de
ces surfaces coniques correspond, dans l'instrument, une
autre surface conique ayant pour base le contour de la partie a_f de l'image homologue à a, et pour sommet le point
de la surface de l'anneau oculaire homologue au point de
la première surface de l'objectif qui est le sommet de la
surface conique extérieure [* Intr. 156.], et il est bien évident que
chacune de ces surfaces coniques intérieures donnerait
passage à la même quantité de lumière que son homologue
extérieure, si cette lumière n'éprouvait aucune perte dans
sa propagation à travers l'appareil [* Intr. 121.]. Or les sommets de ces
nouvelles surfaces sont rassemblés dans l'étendue de l'anneau oculaire, de sorte que, si leur amplitude conique était
la même que celle des surfaces extérieures, l'intensité de la
lumière qui passerait par l'anneau oculaire serait plus
grande que celle qui passe par l'objectif, dans le rapport
de la surface de ce dernier à celle de l'anneau oculaire.

Mais l'amplitude a'_f de chaque surface conique intérieure est plus grande que l'amplitude a' de la surface extérieure homologue dans le rapport de l'unité au quarré de l'amplification angulaire, car cette amplification exprime le rapport de chaque dimension *linéaire* de a'_f à la dimension homologue de a'. Il résulte de là que la lumière de a_f a une intensité d'autant moindre, dans le rapport inverse du quarré de l'amplification à l'unité, ou, ce qui est la même chose, dans le rapport de la surface de l'objectif à celle de l'anneau oculaire, d'après ce qui a été démontré * sur le rapport des dimensions linéaires homologues de la première surface de l'appareil et de cet anneau. Cette diminution d'intensité compense donc exactement l'accroissement d'intensité que tend à produire dans l'anneau oculaire le rassemblement des sommets des cônes intérieurs dans un moindre espace, et conséquemment on peut dire que l'image est *vue* de chaque point de l'anneau oculaire avec le même éclat que du point homologue de la première surface de l'objectif.

* Intr. 156.

Il suit de là que si on place l'ouverture de la pupille dans le plan de l'anneau oculaire, et que celui-ci soit égal à cette ouverture ou plus grand, l'image apparaîtra à l'œil avec la même clarté que l'objet regardé directement du centre de la première surface de l'objectif, abstraction faite des pertes éprouvées par la lumière dans son passage au travers de l'appareil. Mais si l'ouverture de l'anneau oculaire est moindre que celle de la pupille, celle-ci ne recevra qu'une partie de la lumière qu'elle recevrait en regardant l'objet sans l'intermédiaire de l'appareil, et par suite l'image paraîtra moins claire.

Ces conclusions semblent n'être pas complétement d'accord avec les faits. Cette circonstance tient notamment à ce que l'image est toujours vue à la distance de la vision distincte, tandis que la vision directe qu'on lui compare se fait à une distance beaucoup plus grande, de sorte que les conditions de l'une et de l'autre vision sont très-différentes. Il est plus exact de dire que la clarté avec laquelle chaque partie *a* de l'objet est vue dans la lunette est, abstraction faite des pertes que la lumière éprouve en se propageant jusqu'à l'œil, la même que celle de cette partie *a* vue à l'œil nu, à la distance de la vision distincte.

172. Champ de l'instrument. — Le *champ* d'une lunette ou d'un télescope est l'espace qu'on découvre en y regardant. Cet espace a ordinairement l'apparence d'une ouverture circulaire parce que telle est la forme du diaphragme qui limite l'image focale *. Concevons que l'appareil soit coupé par un plan mené suivant l'axe $x'x$, et considérons, parmi les rayons émergents compris dans cette section, ceux qui passent par le centre et par les extrémités du diamètre de l'anneau oculaire. Les rayons incidents qui leur correspondent limitent évidemment les parties de l'espace visibles dans l'appareil. Or il est facile de déterminer l'inclinaison de ces derniers rayons sur l'axe lorsque l'inclinaison des premiers est connue ; il suffit, en effet, de diviser cette inclinaison par l'amplification angulaire * l, laquelle a pour expression $1 - \dfrac{t}{f''}$, suivant ce qui a été expliqué pour le cas de plusieurs appareils agissant consécutivement *. Le double de cette inclinaison pour les rayons qui passent par le centre de l'objectif, ou, si l'on veut, l'angle au sommet du cône formé par ces rayons, est la mesure du champ de l'instrument. Il est clair, d'après cela, que le champ ainsi déterminé est indépendant de l'ouverture de l'objectif. Ce champ est un peu moindre que le *champ apparent*, parce que les pinceaux émergents agissant non-seulement par leurs axes, mais aussi par les rayons dont ces axes sont accompagnés et qui remplissent l'anneau oculaire, l'œil peut recevoir des rayons de pinceaux dont il ne reçoit pas les axes, ce qui agrandit le champ apparent.

* Intr. 170.

* Intr. 154.

* Intr. 157.

Dans la pratique, il est reconnu que l'angle qu'un rayon émergent fait avec l'axe de l'instrument, quand celui-ci donne de bonnes images, ne peut guère dépasser 16°; de sorte que, pour une amplification angulaire de 32 fois, le champ n'est que de 30' dans cette hypothèse la plus favorable. Dans les cas ordinaires, les rayons émergents ne font avec l'axe qu'un angle de 10° à 12°, et par suite le champ est diminué proportionnellement.

Il faut remarquer à ce sujet que le champ que l'œil peut embrasser dépend de sa position sur l'axe $x'x$. S'il n'est pas possible de le placer en H^*, dans le plan de l'anneau oculaire, et qu'on soit obligé de le placer au delà en H', on aura en ne considérant que les axes des pinceaux incidents dans le plan zOx et en appelant p le diamètre de l'ouverture pupillaire $(H'-H)\, lc_0 = \dfrac{p}{2}$, d'où l'on tire pour le coefficient de direction c_0 des axes qui limitent le champ $c_0 = \dfrac{p}{2\,l(H'-H)}$. Je rappelle que l'on a $^*\; H = N_i - \dfrac{h}{l}$. Il résulte de cette formule que le champ diminue à mesure que H' augmente.

* Fig. 48.

* Intr. 156.

173. Lunette astronomique ou lunette d'instrument *. — Cette lunette est à *réticule* et à *oculaire positif*. L'objectif est ordinairement une lentille achromatique convergente, fixée à l'extrémité d'un tube cylindrique de métal. Ce tube en reçoit un autre qui s'y engage à frottement, et dans lequel est placé le réticule que je supposerai ici formé de deux fils très-fins se croisant à angles droits. L'extrémité de ce second tube, opposée à l'objectif, reçoit l'oculaire, qui consiste soit dans une lentille convergente, simple ou achromatique, soit dans un système de deux verres plans-convexes * placés à une certaine distance l'un de l'autre dans une monture métallique. Dans ce dernier cas,

* Fig. 49.

* Fig. 50.

les deux verres sont ordinairement de même longueur focale , et leur distance est égale aux deux tiers de cette longueur. Les faces convexes sont placées intérieurement en
regard l'une de l'autre. Cette disposition laisse subsister
l'aberration de réfrangibilité, mais celle-ci reste insensible
pour des amplifications de 15 à 20 fois comme celles qu'on
admet pour les opérations sur le terrain. Les autres aberrations sont corrigées d'une manière satisfaisante et le point
oculaire est extérieur. On peut déterminer les longueurs
focales et la distance des deux verres, de manière à corriger l'aberration de réfrangibilité en faisant projeter les
images diversement colorées les unes sur les autres par leurs
points homologues *; mais alors le point oculaire est intérieur.

* Intr. 135.

Cette lunette renverse les objets , ainsi qu'il est facile de
s'en convaincre en suivant la marche des rayons de lumière.

L'instrument auquel la lunette est adaptée doit offrir à
l'observateur les facilités nécessaires pour la faire mouvoir,
la diriger vers un point quelconque de l'espace et la fixer
d'une manière stable dans cette direction. Sans entrer dans
aucun détail sur les dispositions extérieures à la lunette qui
permettent ainsi de la rendre à volonté mobile ou fixe et
qui varient d'un instrument à l'autre , disons quelles sont
les relations de position qu'il faut établir entre l'objectif ,
le réticule et l'oculaire pour que la lunette puisse servir à
diriger avec précision un rayon de visée vers un point assigné. On commence par enfoncer l'oculaire dans le tube où
il est engagé, ou bien on l'en retire , jusqu'à ce que les fils
qui composent le réticule soient vus le plus distinctement
possible et sans fatigue. Leur image formée par l'oculaire
est alors à la distance de la vision distincte pour l'observateur. On fait ensuite avancer ou reculer dans le corps de la
lunette le tube du réticule et l'oculaire, comme d'une seule
pièce , jusqu'à ce que l'on ait la perception nette de l'objet
sur lequel on veut pointer la lunette.

C'est dans ces opérations préliminaires d'ajustement de l'oculaire à la vision distincte et du réticule et de l'image formée par l'objectif, que consiste la *mise au point* de la lunette. On parvient aisément à remplir cette double condition avec les lunettes ordinaires. Mais pour les lunettes plus puissantes et dont les fils du réticule sont très-fins, il faut tâtonner un peu, parce que, quand on aperçoit nettement l'objet, on ne voit plus nettement et quelquefois même on cesse de voir les fils. Dans ce cas, il convient de diriger la lunette vers le ciel ou vers un papier blanc placé à une distance de l'objectif égale à deux ou trois fois sa longueur focale. On fait alors mouvoir de nouveau l'oculaire dans le tube du réticule, jusqu'à ce que les fils paraissent bien noirs et se détachent nettement sur le fond blanc du champ de la vision. On ramène ensuite la lunette sur l'objet.

174. PARALLAXE DES FILS. — Mais ce n'est pas encore tout; une dernière précaution est indispensable. La distance d'un objet à l'œil pouvant varier entre certaines limites sans que la vision de cet objet cesse d'être distincte[*], on comprend qu'il peut exister un certain intervalle entre le plan de réticule et celui de l'image formée par l'objectif, bien que cette image et les fils soient vus à la fois distinctement. Or il faut, pour l'exactitude des observations, que cet intervalle soit nul ou extrêmement petit. Pour savoir si cette condition est satisfaite, on déplace l'œil autant que le permet l'ouverture de l'oculaire, en haut et en bas, à droite et à gauche, la lunette étant maintenue fixe. Si, par l'effet de ces mouvements, on voit les fils se projeter successivement sur des points différents de l'objet, on est averti par ces déplacements, qui sont désignés sous le nom de *parallaxe des fils*, qu'il reste un trop grand intervalle entre le plan de l'image et celui du réticule, et on modifie le tirage de ce dernier par tâtonnement jusqu'à ce qu'il n'y ait plus de parallaxe.

[*] Intr. 124.

Ce procédé pour découvrir la parallaxe s'explique pour ainsi dire de lui-même. Lorsqu'il y a coïncidence entre le plan du réticule et celui de l'image, les pinceaux lumineux dont les sommets se trouvent dans le lieu occupé par les fils, sont interceptés par l'opacité de ceux-ci, et en quelque lieu que l'on place l'œil dans le cône qui a pour sommet un point quelconque de l'un des fils et pour base l'anneau

* Intr. 156. oculaire *, on ne peut recevoir aucun des rayons du pinceau intercepté par ce point, et, par suite, il occulte toujours le même point de l'objet. Mais si cette coïncidence n'a pas lieu, et que, par exemple, le plan du réticule soit un peu au delà de l'image de l'objet, les diverses droites que l'on peut mener par un point quelconque de l'un des fils, dans l'amplitude de radiation que permet l'anneau oculaire, rencontrant alors le plan de l'image en des points différents les uns des autres, il en résulte que, si·on regarde dans la lunette suivant les directions extérieures qui répondent à ces droites, on peut voir les fils se projeter sur des points différents de l'objet.

On facilite beaucoup la correction de la parallaxe en adaptant au tube du réticule une crémaillère que l'on fait mouvoir à l'aide d'un pignon qui est fixé au corps de la lunette, et dont l'axe se termine par un bouton moletté. Le tirage de l'oculaire devant rester invariable pour l'observateur lorsque la lunette a été une fois mise au point, il n'y aurait pas utilité, si ce n'est peut-être dans certaines circonstances spéciales, à faciliter ce tirage par un mécanisme analogue.

175. AXE OPTIQUE.—Supposons actuellement que la lunette soit mise au point de telle sorte que l'on ait simultanément la perception nette et de l'objet et des fils du réticule, sans aucune trace de parallaxe, qu'au moyen du mécanisme destiné à mouvoir la lunette, on ait amené la croisée des fils à occulter le point sur lequel il s'agit de diriger un rayon de

visée, et que, cela étant fait, l'axe de l'objectif et l'axe de figure du corps de la lunette ne fassent qu'une même ligne droite et que la croisée des fils se trouve sur cette droite : les choses étant ainsi disposées, il est évident que l'axe commun de l'objectif et du corps de la lunette, étant prolongé, passera par le point visé.

Or ces conditions ne sont jamais remplies en toute rigueur dans les lunettes d'instruments. Il arrive en général que le centrage de l'objectif laisse à désirer et que son axe ne coïncide pas avec celui du corps de la lunette. Il arrive en même temps que la croisée des fils s'écarte plus ou moins de l'un et de l'autre. De là une difficulté qu'il importe d'éclaircir.

Dans les instruments astronomiques, destinés à recevoir la lumière qui nous vient des corps célestes, lesquels sont excessivement éloignés, l'image formée par l'objectif est toujours dans son plan focal de seconde espèce et par suite le réticule est invariablement fixé dans ce plan. Appelons o le point visé, f son image et E', I' les deux points principaux de l'objectif. La droite $I'f$ menée du point principal de deuxième espèce I' à la croisée des fils, quelle que soit d'ailleurs la position de celle-ci dans le plan focal, est parallèle à la droite $o\,E'$ menée du point visé o au point principal de première espèce E' *, et la distance de ces droites est égale à l'intervalle $I' - E'$ multiplié par le sinus de leur inclinaison commune v sur l'axe de l'objectif. Comme on a soin de réaliser autant que possible les conditions indiquées ci-dessus, c'est-à-dire de placer la croisée des fils sur l'axe de l'objectif ou tout au moins très-près de cet axe, cette inclinaison est fort petite, et conséquemment l'intervalle des deux parallèles est lui-même très-peu de chose, surtout quand l'objectif consiste en une seule lentille achromatique *, auquel cas l'intervalle $(I' - E')\sin v$, dont il s'agit, est excessivement petit. Le prolongement de la droite $f\,I'$ au dehors de la lunette passe donc à une distance très-pe-

* Intr. 155.

* Intr. 162 et 163.

tite du point visé o; d'où il suit qu'on peut regarder sans erreur sensible cette droite comme déterminant la direction dans laquelle ce point se trouve. La droite $f\,\mathrm{I}'$ qui va de la croisée des fils au point principal de deuxième espèce de l'objectif, est l'*axe optique* de la lunette. Cet axe est, comme on le voit par ce qui vient d'être dit, une droite fixe par rapport aux parois solides du corps de la lunette, et conséquemment aussi par rapport aux pièces extérieures qui permettent d'apprécier les intervalles angulaires que celle-ci parcourt en passant d'une direction à une autre.

176. Quand la lunette doit servir à viser des points qui ne sont pas fort éloignés, il n'y a plus d'axe optique proprement dit, puisque le réticule doit être alors déplacé chaque fois que la distance du point visé vient à changer. Pour qu'un tel axe existât, il faudrait que la droite, décrite par la croisée des fils par suite du déplacement du réticule, passât par le point principal de deuxième espèce de l'objectif; or elle ne pourrait évidemment avoir cette direction spéciale à moins d'un hasard extraordinaire. Il semble donc que l'on ne puisse compter sur la croisée des fils pour déterminer avec exactitude la direction d'un rayon de visée. Mais il est alors possible de faire intervenir des méthodes de compensation qui éliminent l'erreur. Ces méthodes varient avec la construction de chaque instrument; je me borne à les mentionner ici, me réservant de les expliquer dans le cours de cet ouvrage, à mesure que l'occasion s'en présentera.

177. Il est utile de se rendre compte de l'importance réelle des erreurs auxquelles peut donner lieu cette mobilité de l'axe optique. Considérons à cet effet la droite que décrit la croisée des fils, et supposons qu'elle rencontre le plan principal I' de deuxième espèce de l'objectif en un point dont la distance à l'axe de ce dernier soit p. Appe-

lons f' la distance focale, et e la quantité dont il faut que le réticule soit écarté du plan focal F' de deuxième espèce, à raison de la proximité du point visé o : le déplacement e de la croisée des fils sera vu du point I' sous un angle évidemment égal à la différence de deux autres ayant pour tangentes

$\dfrac{p}{f'}$ et $\dfrac{p}{f'+e}$. La tangente de la différence de ces angles sera [*] * Intr. 99 [13].

$$\frac{p\,e}{p^2+f'\,(f'+e)} \text{ ou } \frac{p\,f'^2}{p^2\,(F'_0-x_0)+f'^2\,(E'-x_0)} \text{ , en remarquant}$$

que l'on a [*] $e = \dfrac{f'^2}{F'_0-x_0}$, $E' = F'_0 + f'$. En divisant les * Intr. 151. deux termes par f'^2, cette expression se réduit à

$$\frac{p}{\dfrac{p^2}{f'^2}(F'_0-x_0)+(E'-x_0)}.$$ Le premier terme du dénominateur étant toujours positif, il s'ensuit que la tangente de l'angle cherché est toujours moindre que $\dfrac{p}{E'-x_0}$. Or cette dernière expression est la tangente de l'angle sous lequel on voit du point o la longueur p dans le plan E'. Cet angle est donc une limite que l'angle des axes optiques ne saurait dépasser, et, comme p est fort petit, cet angle peut être négligé dans la plupart des cas. On suppose ici que le tube porte-fils s'ajuste sans aucun ballottement dans le corps de la lunette.

178. **Lunette a oculaire négatif.** — Dans l'oculaire négatif à deux verres [*], la distance focale du premier est * Fig. 51. triple de celle du second, et leur intervalle est égal au double de cette dernière. Il résulte de ces dispositions, qui n'ont rien d'absolu, mais que la pratique a fait connaître comme les plus convenables, que le plan focal de première espèce F_0'' de l'oculaire se trouve entre les deux verres, à une distance du second peu différente de la moitié de sa distance focale, et que le plan focal de deuxième espèce est au delà du second verre, ce qui fait que le point oculaire est exté-

rieur. On peut ainsi profiter de toute l'amplitude du champ, mais il y a plus, les aberrations de réfrangibilité peuvent être corrigées, dans cet oculaire, en faisant projeter les images diversement colorées des objets les unes sur les au-

* Intr. 135.

tres par leurs points homologues *. Chacun des deux verres est plan-convexe. On tourne leurs convexités vers l'objectif; c'est la disposition qui paraît corriger le mieux ou rendre moins sensibles les autres aberrations.

Par la mise au point, on amène le plan focal de première espèce de cet oculaire un peu en avant du lieu où l'objectif tend à former et formerait en effet une image réelle si le premier verre de l'oculaire ne s'interposait entre l'objectif et le lieu de cette image. Celle-ci reste donc virtuelle, et l'oculaire la transforme en une autre image, également vir-tuelle, que la mise au point amène à la distance où l'obser-vateur peut la voir le plus distinctement.

En suivant la marche des rayons, on reconnaît qu'ils se croisent et forment une image réelle entre les deux verres. On peut, par conséquent, placer un réticule dans le lieu de cette image, c'est-à-dire dans le tube qui porte les deux verres. Ce réticule doit pouvoir être éloigné ou rapproché du second verre à la distance qui convient à la vue de l'ob-servateur, de telle manière que celui-ci voie les fils distinc-tement et sans fatigue. Cette position une fois trouvée, le réticule y reste fixé.

Cette lunette renverse les objets comme la précédente. Elle a un champ un peu plus étendu.

179. LUNETTE DE GALILÉE OU LUNETTE DE SPECTACLE. — Cette lunette se compose d'un objectif ordinairement achro-

* Fig. 52.

matique et d'un verre divergent *, qui est un oculaire né-gatif, par suite de la position de son plan focal de première

* Intr. 169.

espèce *. Pour voir dans cette lunette, il faut enfoncer l'oculaire jusqu'à ce que ce plan focal ait atteint et dépassé quelque peu le lieu où l'objectif tend à former une image réelle des objets. La distance focale f'' de cet oculaire étant négative, l'amplification angulaire $1 - \dfrac{t}{f''}$ est positive, de sorte que l'image focale est droite. Il ne se fait nulle part d'image réelle dans cet appareil, ainsi qu'on le reconnaît en suivant la marche des rayons; c'est pourquoi il n'est pas susceptible de recevoir un réticule.

Son point oculaire est situé en deçà de la dernière surface; en effet, on a * $H = N_i - \dfrac{h}{l} = N_i - \dfrac{t}{1 - \dfrac{t}{f'}}$ (on fait ici $\quad$ * Intr. 156.

$n_i = 1$), et le terme $\dfrac{h}{l}$ est positif. Cette lunette n'a pas beaucoup de champ. En supposant son amplification angulaire égale à 3 ou 4, comme cela a lieu pour beaucoup de lunettes de spectacle, ce qui exige que f'' soit $- \dfrac{t}{2}$ ou $- \dfrac{t}{3}$, le point oculaire se trouve enfoncé dans l'intérieur de la lunette à une distance de la dernière surface égale au tiers ou au quart de l'intervalle t. Mais l'objectif de ces lunettes est habituellement assez grand pour que l'anneau oculaire surpasse considérablement en diamètre l'ouverture de la pupille. Il résulte de cette circonstance que les pinceaux auxquels cet anneau donne passage contribuent à produire la sensation de la vision par leurs parties éloignées de leurs axes, et agrandissent ainsi le champ apparent.

Cette combinaison de verres lenticulaires est la première avec laquelle on ait formé une lunette. Elle s'offrit, dit-on, à un opticien de Middelbourg, entre les mains d'enfants qui l'avaient formée en jouant. Une lunette de cette espèce ayant été présentée en Flandre à Maurice de Nassau, la nouvelle de cette merveilleuse découverte se répandit aussitôt, et parvint à Galilée en Italie. Le célèbre physicien devina la construction de cet instrument d'après ce que l'on en racontait, et bientôt en eut construit un (en mai 1609). Cette invention, qu'il appliqua le premier à l'observation des astres, fut accueillie avec un enthousiasme universel. Le nom de Galilée y est resté attaché.

Ce fut Kepler qui adopta la disposition de la lunette *astronomique*, qui est le type des lunettes d'instrumènt. Deux astronomes français, Picard et Auzout, sont les inventeurs du réticule.

180. Télescopes a miroirs. — La construction des lentilles achromatiques n'a été découverte que vers la fin du siècle dernier. Il fallait auparavant, pour obtenir des images où l'aberration de réfrangibilité ne fût pas intolérable, donner aux lunettes une longueur excessive comparativement à leur ouverture. Cet inconvénient a conduit à remplacer l'objectif par un miroir métallique concave. Supposons que la concavité d'un tel miroir * soit tournée vers le point x'; on trouve immédiatement, en appliquant les formules relatives au cas d'une surface unique *, et en ayant soin de faire $n = -n_0$, que les deux foyers principaux F_0, F de première et de deuxième espèce sont au devant du miroir, au milieu de l'intervalle qui le sépare de son centre de courbure, qu'un objet éloigné fait son image soit en ce point F, soit un peu en avant, selon la distance à laquelle il se trouve du miroir, conformément à ce qu'exprime la formule $(x_f - F)(x_0 - F_0) = f^2$, et que cette image est renversée. Dans la position où elle se trouve, on ne peut pas, en général, y appliquer immédiatement un oculaire, parce que la tête de l'observateur intercepterait la lumière. Pour lever cette difficulté, on a imaginé divers artifices.

* Fig. 54.

* Intr. 140 et suiv.

Dans les instruments portatifs, les seuls dont il y ait lieu de parler ici, la disposition la plus ordinairement adoptée consiste à transformer l'image du grand miroir en une autre image par le moyen d'un second miroir plus petit que le premier et qui lui fait face. Ce petit miroir peut être concave ou convexe. Dans le premier cas il est situé en avant et dans le second en arrière de l'image et à une distance telle que son foyer ou plan focal soit lui-même en avant de cette image. Celle-ci est alors formée par les rayons qui passent entre le petit miroir et la paroi du tube. Ces rayons, après avoir été réfléchis une seconde fois, font une nouvelle image, qui est droite ou renversée suivant que le petit miroir est concave ou convexe. On regarde cette image au moyen d'un oculaire par une ouverture placée au centre du miroir principal. Des tirages convenables fournissent le moyen de mettre l'instrument au point.

Les télescopes à miroirs sont à peu près tombés en désuétude. Cependant, depuis que M. Léon Foucault, jeune physicien déjà célèbre à plusieurs titres, a eu l'ingénieuse idée de remplacer les miroirs de métal par des miroirs de verre argenté et a découvert les moyens de les exécuter avec un degré de perfection bien supérieur à ce que l'on avait pu obtenir avant lui, les instruments de ce genre paraissent destinés à recevoir un emploi plus fréquent.

Détermination expérimentale des éléments principaux et du degré de perfection d'un appareil optique.

181. Lorsqu'on a entre les mains un instrument, si l'on veut en connaître les éléments principaux tels que les longueurs focales de l'objectif et de l'oculaire, l'amplification et le champ, ce qu'il y a de plus simple à faire est de procéder expérimentalement, attendu qu'on ne dispose pas, en général, des appareils nécessaires pour la mesure des rayons de courbure des surfaces et la détermination des indices de réfraction. Je vais entrer à ce sujet dans quelques détails qui mettront le lecteur sur la voie. Pour fixer les idées, je supposerai qu'il s'agit d'une lunette ordinaire d'instrument.

182. Longueurs focales et points principaux. — La longueur focale f' de l'objectif est susceptible d'une détermination assez exacte, ainsi que celle des points prin-

cipaux E′, I′. On enlève l'objectif, et en recevant alternativement, sur chacune de ses faces, les rayons de lumière
émis par des objets très-éloignés, mais bien définis, on
forme dans les plans focaux F'_0, F′ de première et de seconde espèce des images réelles de ces objets, au moyen
desquelles on détermine le lieu de chacun de ces deux
plans ou sa distance à la face correspondante de l'objectif.
Si on dispose ensuite en un point quelconque de l'axe, en
dehors de l'intervalle des deux plans focaux F'_0, F′, un objet
convenablement éclairé, et que l'on mesure les distances de
cet objet et de son image aux foyers correspondants, le pro-
* Intr. 151. duit de ces deux distances sera * égal à f'^2, et conséquemment on obtiendra f′ en extrayant la racine quarrée de ce
produit. La valeur de f′ comparée aux distances des deux
plans focaux aux faces de l'objectif fera connaître à quelle
distance, dans l'intérieur de cette partie de l'appareil, se
trouvent les points E′, I′. La même méthode est applicable
à tout appareil qui donne des images réelles. Il faut observer que f′ doit être pris avec le signe + ou le signe — suivant que l'image est renversée ou droite.

Si on applique cette méthode soit à l'oculaire entier, soit
à chacune des lentilles dont il est formé, on connaîtra im-
* Intr. 162. médiatement ou bien on pourra trouver par le calcul * sa
longueur focale f″, ses plans principaux E″, I″ et ses plans
focaux F''_0, F″.

Ces déterminations sont moins faciles quand il s'agit
d'appareils qui donnent des images virtuelles ; il faut recourir alors à des artifices plus ou moins compliqués.

183. AMPLIFICATION ANGULAIRE. — Supposons que l'on
ait déterminé comme on vient de l'expliquer les plans principaux de l'objectif et de l'oculaire : en mesurant ensuite
l'intervalle t, on aura toutes les données nécessaires pour
calculer l'amplification angulaire l ou $1 - \dfrac{t}{f''}$.

Quand l'anneau oculaire de la lunette est extérieur, il suffit, pour calculer l'amplification angulaire, de mesurer le diamètre de cet anneau et de diviser par la longueur ainsi obtenue celle du diamètre de l'objectif *. Mais en fai- * Iutr. 156
sant cela, il faut avoir l'attention de ne prendre du diamè-
tre de l'objectif que la partie qui correspond à l'ouverture efficace. Très-souvent on rencontre des instruments dont une partie seulement de l'ouverture est utilisée ; pour savoir à quoi s'en tenir à cet égard, on applique successivement sur la partie centrale de l'objectif des rondelles de carton mince, ou simplement de papier de différents diamètres, que l'on y maintient à l'aide d'un bouchon de liége retenu par un simple fil avec lequel l'observateur exerce sur ce bouchon une faible pression, qui suffit pour empêcher le tout de glisser. Chaque rondelle masque une portion plus ou moins grande de l'anneau oculaire. Le diamètre de l'ouverture efficace de l'objectif est celui de la rondelle qui intercepte totalement la lumière transmise par la lunette, et qui est telle que, en la diminuant tant soit peu, elle laisse passer une lame circulaire de lumière.

Pour mesurer le diamètre de l'anneau oculaire, on peut se servir d'une plaque mince de corne, de mica ou de nacre, divisée par des droites parallèles et équidistantes finement tracées. Après avoir mis la lunette au point, on la dirige vers le ciel, et on reçoit sur cette plaque divisée le faisceau émergent qui y trace un cercle lumineux. On la recule ou on l'avance jusqu'au point où ce cercle est le plus petit, ce que l'on apprécie par le nombre de divisions qu'il couvre, et c'est d'ailleurs en ce point qu'il est le plus nettement terminé sur ses bords. Il occupe alors le lieu de l'anneau oculaire, et le nombre des divisions qu'il couvre fait connaître le diamètre de cet anneau. On peut s'aider d'une loupe pour mieux discerner ces divisions et les compter plus facilement. Il existe même un instrument, appelé le *dynamètre*, dans lequel la plaque divisée et la loupe sont

disposées comme l'objectif et l'oculaire d'une lunette aux
extrémités de deux tubes dont l'un entre dans l'autre, de
manière à rendre possible la mise au point de la loupe relativement aux divisions de la plaque. Ce petit appareil a
été inventé par l'artiste anglais Ramsden.

184. Quand le point oculaire est dans l'intérieur de la
lunette, on ne peut plus se servir de ce procédé. En voici
un autre qui est applicable à tous les cas, pourvu que l'anneau oculaire ne soit pas masqué en partie, comme il arrive
quand le trou de l'œilleton est trop petit.

On commence par tendre deux fils en croix à la surface
même de l'objectif, puis, après avoir mis la lunette au point,
on regarde l'anneau oculaire au moyen d'un appareil du
genre des microscopes composés *, construit de telle sorte
qu'il se fasse une image réelle dans l'intérieur. Ce sera, si
l'on veut, une lunette à oculaire soit positif soit négatif,
mais ayant pour objectif une lentille à *court foyer*. Dans le
lieu où se forme l'image réelle intérieure, on insère un
diaphragme qui porte une plaque de verre mince sur laquelle est tracée une division en parties égales. Tout doit
être disposé de telle manière que les traits de cette division
soient vus distiuctement par l'observateur. En avançant
graduellement cet appareil vers l'oculaire de la lunette à
éprouver, on trouve une position pour laquelle les fils en
croix tendus sur l'objectif sont vus distinctement. Le cercle
lumineux que l'on aperçoit est alors l'image de l'anneau oculaire. Cette image couvre un certain nombre de divisions
que l'on compte. Cela fait, on regarde avec le même appareil, en ayant soin de n'y rien déranger, une échelle de
parties égales, par exemple de dixièmes de millimètre. On
avance ou on recule cette échelle jusqu'à ce qu'elle soit vue
distinctement. Cette condition étant satisfaite, on compte
le nombre de dixièmes de millimètre qu'embrasse la portion de l'échelle intérieure que couvrait l'image, et ce nom-

* Intr. 162.

bre est celui des dixièmes de millimètre que comprend l'anneau oculaire.

Quand cet anneau est trop grand pour le champ du dynamètre qui vient d'être décrit, on réduit, au moyen d'un diaphragme, l'ouverture de la lunette à éprouver, ce qui diminue le diamètre de l'anneau sans changer l'amplification angulaire.

185. CHAMP. — Pour obtenir le champ de la lunette, on dirigera celle-ci perpendiculairement à une règle divisée, située en x_0, et on mesurera la distance $N_1 - x_0$ de la première surface N_1 de l'objectif à cette règle. m_0 étant la longueur de cette règle vue dans la lunette, $\dfrac{m_0}{2\,(N_1 - x_0)}$ sera la tangente trigonométrique de la moitié du champ, *pour la distance* $N_1 - x_0$. Le champ, répondant à l'angle sous lequel on voit, du point de l'axe qui est, par rapport à l'objectif, le conjugué du centre de la première surface de l'appareil, le diamètre d'ouverture du diaphragme sur lequel les fils du réticule sont appliqués, varie, comme ce dernier angle, avec la distance de la règle.

186. COMMENT ON PEUT APPRÉCIER LE DEGRÉ DE PERFECTION D'UN APPAREIL OPTIQUE. — Le degré de perfection avec lequel un appareil est construit dépend d'une infinité de circonstances qu'il serait fort difficile d'apprécier en détail. En supposant que les images paraissent nettes et fidèles, ce qui est indispensable pour que l'instrument soit bon, on pourra du moins savoir, au moyen d'une épreuve bien simple, jusqu'à quel point il approche de ce que l'on peut appeler *la perfection*. Cette épreuve, qui a été imaginée par M. Léon Foucault, consiste à déterminer la plus grande distance à laquelle on puisse distinguer avec l'instrument les parties d'une échelle de divisions égales entre elles et alternativement blanches et noires. D'après les expériences qu'il a faites sur des miroirs travaillés par lui-même et

exempts d'aberration de sphéricité, les parties d'une pareille échelle doivent pouvoir être distinguées jusqu'à une distance égale à 1200 fois l'une d'elles pour chaque millimètre d'ouverture de l'objectif ; de telle sorte que si, par exemple, chacune de ces parties, blanche ou noire, est de $0^m.002$, et que l'ouverture de l'objectif soit de $0^m.024$, on devra pouvoir les distinguer jusqu'à une distance égale à $1200 \times 0^m.002 \times 24 = 57^m.60$. Si on dépasse cette distance, les divisions cessent d'être vues distinctement, et on n'aperçoit plus qu'une teinte grise uniforme. Cette distance étant connue, si l'instrument ne fait voir les divisions qu'à une distance moindre, par exemple à $41^m.50$, son degré de perfection sera $\dfrac{41.50}{57.60}$ ou 0.72.

Dans ce genre d'épreuve, il faut que l'échelle soit bien éclairée. Il faut aussi que l'oculaire soit assez fort pour que l'angle sous lequel une division est vue du centre de l'objectif, multiplié par l'amplification angulaire l, soit au moins de $41''$, car tel est le plus petit angle sous lequel on puisse distinguer à l'œil nu les parties d'une échelle telle que nous la supposons ici, tandis que cet angle n'est que de $30''$ pour un point noir sur une surface blanche. D'après cela, l'amplification angulaire strictement suffisante s'obtiendra en divisant la distance $N_1 - x_0$ de l'échelle à l'objectif par 5,000 fois la hauteur d'une division (je prends un nombre rond). Dans l'exemple ci-dessus cette amplification est $\dfrac{57.60}{5,000 \times 0.002} = 5.76$.

Si l'on voulait obtenir l'amplification nécessaire pour pouvoir apprécier les fractions d'une division à 1/10 près[*], il faudrait remplacer le nombre 5,000 par 200 ; on aurait alors 25 fois l'amplification trouvée ci-dessus, c'est-à-dire 144 au lieu de 5.76.

* Intr. 127.

FIN DE L'INTRODUCTION.

TRAITÉ

DU LEVER DES PLANS

ET

DE L'ARPENTAGE.

LIVRE PREMIER.

LES OPÉRATIONS ÉLÉMENTAIRES.

I. *Notions fondamentales.*

1. DIRECTION DE LA VERTICALE EN UN LIEU OU
EN UN POINT DONNÉ. — La *verticale* d'un point
donné A* est la droite qui marque la direction de * Fig. 55.
pesanteur ou *gravité* en ce point, c'est-à-dire la direction suivant laquelle une particule matérielle placée en A tomberait aussitôt qu'elle cesserait d'être
soutenue et qu'on l'abandonnerait à elle-même sous
la seule influence de la pesanteur. Un appareil très-
simple que tout le monde connaît, le *fil à plomb*,
désigné aussi sous le nom de *perpendicule*, indique avec beaucoup de netteté cette direction; il
consiste essentiellement, comme on sait, en un fil
très-fin et flexible au bout duquel est suspendu un
corps pesant M, ordinairement un morceau de métal.

Concevons que l'autre bout étant fixé en **A**, cette masse soit descendue jusqu'au point le plus bas que la longueur du fil lui permette d'atteindre, et que l'on ait soin de la soustraire aux agitations de l'air : elle s'arrêtera dans une position d'équilibre telle, que le prolongement du fil passera par son centre de gravité. Dans cette position d'équilibre, la tension du fil contre-balancera exactement la résultante des actions de la pesanteur sur les diverses particules de la masse **M**; la direction du fil sera donc celle de cette force même.

Ce raisonnement suppose que les actions de la pesanteur sur les diverses parties de la masse sont parallèles entre elles; or il en est ainsi en effet, car plusieurs fils pareils, suspendus dans un espace de quelques mètres, affectent des directions dont le parallélisme ne laisse aucun doute à cet égard. Toutefois on verra bientôt que ce parallélisme n'est pas mathématiquement exact, mais l'erreur que l'on commet en regardant comme parallèles les actions de la pesanteur sur les particules d'une masse aussi petite que l'est ordinairement celle qui tend un fil à plomb, ne modifie en aucune façon l'énoncé ci-dessus.

2. Deux verticales sont toujours dans un même plan. — On peut s'assurer de la vérité de cette assertion par divers moyens : le plus simple consiste à projeter, par la vision, l'une de ces verticales sur l'autre, après les avoir rendues apparentes

sous la forme de fils à plomb. Cette projection a lieu exactement et d'une manière parfaitement égale dans toute la hauteur des deux fils embrassée à la fois par le regard de l'observateur, ce qui prouve évidemment qu'ils sont dans un même plan.

Dans cette expérience, l'intervalle des deux fils est nécessairement peu considérable, mais il est facile de constater que la relation dont il s'agit a encore lieu entre des verticales distantes l'une de l'autre de plusieurs centaines de mètres. On peut se servir, à cet effet, de l'instrument à aligner dont je donne plus loin* la description. La lunette de cet instrument est fixée au milieu d'un axe de rotation que l'on fixe dans une position horizontale. L'axe *optique**, qu'on a soin de rendre perpendiculaire à cet axe de rotation, décrit conséquemment un plan. Or, si on suspend deux fils à plomb, ou si on trace deux verticales de part et d'autre de cette lunette, et que l'une de ces verticales se trouve tout entière dans le plan décrit par l'axe optique, condition que l'on remplit en élevant ou abaissant convenablement l'une des extrémités de l'axe de rotation, il suffira que la seconde verticale ait un de ses points dans ce même plan pour s'y trouver comprise tout entière, conformément à ce qu'exige l'énoncé qu'il s'agit de vérifier. Cette propriété des verticales n'est pas vraie en toute rigueur; on en expliquera plus loin* la raison.

* 23 et suiv.

* Intr. 175 et suiv.

* 5.

3. COMMENT ON RECONNAIT SI UNE LIGNE DROITE

EST VERTICALE. — Puisque deux verticales quelconques sont toujours dans un même plan, il est
bien facile de s'assurer si une ligne droite est verticale ou non. Si elle est verticale, on doit pouvoir
projeter sur elle, par la vision, un fil à plomb, et
cela dans quelque direction que l'on fasse cette
épreuve. Comme il pourrait arriver que, à la première épreuve, cette droite, sans être verticale, se
trouvât située dans le plan visuel déterminé par le
fil à plomb, il faut, si cette épreuve réussit, en faire
au moins une seconde, en ayant soin de se placer,
autant que possible, sur la perpendiculaire au premier plan visuel, menée par l'un des points de la
droite donnée; car l'observateur se trouve alors
placé *en face* du premier plan visuel et dans la position la plus favorable pour constater la déviation,
s'il y en a une.

4. LA VERTICALE EST, EN CHAQUE LIEU, PERPEN-
DICULAIRE A LA SURFACE DES FLUIDES EN REPOS. —
La surface d'un fluide en repos possède la propriété
de réfléchir la lumière comme un miroir plan, de
telle sorte que l'on y voit les images des objets de
même grandeur que les objets eux-mêmes, et que
l'image de chaque point est géométriquement symétrique de ce point par rapport à cette surface réfléchissante. Comme la réflexion ne peut présenter ce
caractère qu'autant qu'elle a lieu sur une surface
rigoureusement plane, ou tout au moins dont la
courbure est excessivement faible, on peut consi-

dérer la surface de fluide comme plane dans une faible étendue.

Cela posé, concevons que l'on suspende un fil à plomb au-dessus d'une telle surface. Si on soumet l'image de ce fil à plomb aux épreuves à l'aide desquelles on reconnaît si une droite est verticale, on trouve que cette image est une droite verticale formant le prolongement exact du fil à plomb. Or il est évident que l'image d'une droite dans un miroir ne peut être le prolongement de cette droite qu'autant que celle-ci est perpendiculaire à la surface réfléchissante. Donc le fil à plomb est perpendiculaire à la surface du fluide. Cela est vrai en toute rigueur.

5. FIGURE ET DIMENSIONS DU GLOBE TERRESTRE. — Tout le monde aujourd'hui sait que la terre et les mers forment par leur ensemble une masse arrondie dans tous les sens et isolée dans l'espace. Pendant longtemps on a considéré la surface des mers, supposées en repos, comme parfaitement sphérique, et, par suite, toutes les verticales comme concourant au centre de cette surface. Plus tard, on a été conduit à admettre que cette masse est douée d'un mouvement de rotation sur elle-même, autour d'une ligne ou axe qui occupe une position invariable relativement à ses parties fixes, et dont les extrémités sont les pôles de la terre. De cette rotation autour de l'axe polaire naît une force centrifuge. On a jugé que cette force devait avoir pour effet de produire un renflement à l'équateur de cette surface, et que,

par conséquent, celle-ci devait être aplatie aux pôles, et avoir la figure du solide engendré par une ellipse tournant autour de son petit axe, ou, ce qui est la même chose, d'une sphère dont toutes les demi-cordes perpendiculaires au plan d'un grand cercle seraient diminuées d'une même fraction de leur longueur. Un pareil solide est ce que l'on nomme en géométrie un *ellipsoïde de révolution aplati.* Cette conjecture a été vérifiée par les travaux qu'ont entrepris les astronomes dans les temps modernes pour déterminer la figure et les dimensions de la terre. D'après les déterminations les plus récentes, réduites en nombres ronds, la distance du centre de la surface des mers à cette surface même est de 6,356,200 mètres suivant l'axe polaire, et de 6,377,400 mètres perpendiculairement à cet axe, c'est-à-dire dans le plan de l'équateur. La différence est 21,200 mètres; elle est égale à peu près à 1/300 du rayon équatorial.

On est sans doute plus près de la vérité en supposant ellipsoïdale cette surface d'équilibre des mers qu'en la supposant sphérique; mais il est vraisemblable que, tout en affectant dans son ensemble cette forme ellipsoïdale, elle s'en écarte, tantôt dans un sens, tantôt dans l'autre, de quantités dont la science, dans son état actuel, n'est pas en mesure d'assigner l'importance, et qui, toutefois, ne doivent pas dépasser quelques dizaines de mètres.

Les massifs des continents et des îles, au-dessous desquels on peut prolonger, par la pensée, cette surface d'équilibre des mers, ne s'élèvent au-dessus d'elle que très-peu, comparativement aux dimensions indiquées ci-dessus. Sur un globe de 1 mètre de diamètre, ils seraient renfermés dans l'épaisseur d'une feuille de papier ordinaire. Il n'y aurait d'exception que pour les plus hautes sommités, qui formeraient une saillie de deux tiers de millimètre tout au plus. On voit par là comment il peut se faire que les montagnes, les vallées et tous les accidents du sol n'altèrent pas sensiblement la rondeur de la terre.

La surface à laquelle les verticales sont perpendiculaires n'étant pas sphérique, il n'arrive pas, en général, que deux verticales soient dans un même plan. Néanmoins, pour les distances les plus grandes auxquelles puissent s'appliquer les opérations qui font l'objet de cet ouvrage, deux verticales sont toujours comme dans un même plan.

6. DIVERGENCE DES VERTICALES LES UNES PAR RAPPORT AUX AUTRES. — Il résulte des explications qui précèdent que les normales à la surface d'équilibre des mers ou les verticales des différents points de cette surface divergeraient dans toutes les directions, si elles étaient transportées parallèlement à elles-mêmes, de manière à passer par un point donné. Deux verticales font un angle d'environ 1″, quand leur intervalle, mesuré au niveau de la mer, est de 31 mètres. Les divers peuples de la terre ont de même la tête tournée dans la direction verticale

de chaque lieu, de telle sorte que deux hommes se tenant debout aux extrémités d'un même diamètre de la terre sont dans des situations tout à fait inverses. Les peuples dont les pieds sont ainsi opposés sont nommés *antipodes*.

7. EXPLICATION DE CES FAITS PAR LA GRAVITATION UNIVERSELLE. — Ce qui vient d'être dit peut, au premier abord, paraître bien singulier, mais ne saurait être mis en doute en présence des témoignages unanimes des voyageurs qui ont parcouru le globe terrestre. En chaque lieu les hommes et les animaux marchent sur leurs pieds, les végétaux arborescents s'élèvent perpendiculairement à la surface d'équilibre des mers, et dans la vaste étendue de ces dernières, la position d'un navire par rapport à la verticale demeure toujours la même. La surprise cesse lorsqu'on connaît la cause de tous ces faits. Ils sont la conséquence d'une loi très-simple, laquelle consiste en ce que toutes les molécules matérielles qui composent les corps de la nature ont une tendance à marcher les unes vers les autres. L'immense agglomération de molécules qui constitue notre globe subsiste en vertu de cette tendance ; c'est elle qui fait que les molécules des fluides se disposent, les unes par rapport aux autres, de manière à offrir une surface perpendiculaire à la direction que prennent les corps dans leur chute ; car, si cette surface lui était oblique, les molécules dont elle serait formée glisseraient comme sur un plan incliné, et, par

suite, elle ne pourrait se maintenir. La même tendance.existe dans la lune, le soleil, les planètes et leurs satellites, les comètes et les étoiles qui peuplent les profondeurs du ciel ; elle varie, entre deux molécules, en raison inverse du quarré de la distance qui les sépare. Elle est d'autant plus forte pour chacune d'elles que la masse de l'autre est elle-même plus forte. Tout se passe donc comme s'il y avait *attraction* de molécule à molécule, en raison directe des masses et en raison inverse du quarré de la distance. C'est dans cette attraction que consiste la *gravitation universelle*, dont le plus beau titre de gloire de Newton est d'avoir, le premier, assigné avec précision le rôle dans le système du monde, et notamment d'avoir montré comment elle est contre-balancée par la force centrifuge née des révolutions de la lune autour de la terre, des satellites autour de leurs planètes, des planètes autour du soleil, etc.

Les effets de la gravitation entre les corps situés à la surface de la terre peuvent être rendus sensibles au moyen d'un appareil ingénieux imaginé par le célèbre physicien anglais Cavendish. Ainsi donc, cette gravitation, du moins en tant que tendance des molécules à marcher les unes vers les autres, est une réalité expérimentalement constatée.

8. SURFACES DE NIVEAU. — Dans ce qui précède, j'ai appelé principalement l'attention sur la surface d'équilibre des mers. Or on peut concevoir d'autres surfaces également définies par la condition de pou-

voir être parcourues dans toutes les directions, *sans descendre ni monter*, ce qui exige qu'elles rencontrent à angle droit les verticales de tous leurs points. Chacune d'elles est ainsi partout *au même niveau*, soit au-dessus, soit au-dessous de la surface d'équilibre des mers. Cependant elles ne sont pas parallèles, comme on serait tenté de l'admettre au premier abord. En examinant la chose de près, avec le secours des lumières que fournit la *mécanique rationnelle*, on reconnaît que ces surfaces *de niveau* ne sont pas nécessairement parallèles entre elles, même pour des systèmes de molécules qui n'ont pas, comme notre globe, un mouvement de rotation sur eux-mêmes.

Dans le cas particulier de la terre, l'intervalle de deux surfaces de niveau va en croissant, mais très-lentement, depuis le pôle jusqu'à l'équateur, de telle sorte que son accroissement total est fort peu de chose, et qu'on peut n'en pas tenir compte dans les petites parties de la surface terrestre qu'embrassent les opérations qui font l'objet de cet ouvrage. Ainsi donc, nous considérerons, dans ces opérations, les surfaces de niveau comme parallèles, et, par suite, comme rencontrées normalement par la normale à l'une quelconque d'entre elles.

9. DROITES HORIZONTALES ET PLANS HORIZONTAUX. — Toute droite menée par un point donné perpendiculairement à la verticale de ce point est une *horizontale*. Elle touche la surface de niveau

menée par le même point, puis s'élève au-dessus
d'elle, parallèlement à la verticale du point de contact
d'une quantité qui est égale au quarré de la distance
du point considéré au point de contact divisé par le
double du rayon de courbure de la surface de niveau
en ce dernier point. Ce rayon de courbure étant
très-grand, la quantité dont il s'agit est fort petite :
à 25 mètres de distance du point de contact, elle n'est
que de $0^m.000049$; à 50 mètres, de $0^m.000196$;
à 75 mètres, de $0^m.000441$; à 100 mètres, de
$0^m.000784$, etc. Il résulte de là que l'horizontale
se confond sensiblement avec la surface de niveau
sur une assez grande étendue.

Le plan mené par un point donné perpendiculairement à la verticale de ce point est de même appelé *plan horizontal*. Il touche pareillement la surface
de niveau que ce point détermine et se confond avec
elle jusqu'à une assez grande distance du point de
contact, ainsi que je viens de l'expliquer pour les
droites horizontales.

10. NIVEAUX. — Il existe divers instruments
connus sous le nom de *niveaux*, à l'aide desquels on
peut reconnaître si une droite est horizontale ou si
un plan est horizontal. L'un des plus simples est le
niveau de maçon ou de charpentier*. Il consiste, le ⁕ Fig. 56.
plus ordinairement, dans deux règles de bois assem-
blées en A, et reliées entre elles par une traverse
B C, de manière à former un triangle isocèle, dont
les côtés A B, A C sont prolongés quelque peu au-

dessous de B C jusqu'en P et Q. Une quatrième règle
part de l'angle A des deux premières et aboutit au
milieu de la traverse B C. Concevons que l'on ait
abaissé du point A une perpendiculaire sur la droite
P Q, et marqué par un trait R, sur la traverse B C,
la direction de cette perpendiculaire, et enfin qu'un
fil à plomb ou perpendicule F G soit attaché près du
sommet A, en un point F de la ligne A R. Il est bien
évident, par cette construction même, que si cet
instrument est posé sur une droite horizontale, de
manière que le perpendicule F G, tombant librement,
coïncide avec la verticale N Z, à laquelle l'horizontale
est perpendiculaire, il viendra battre sur le trait R,
lequel est appelé la *ligne de foi*. Si le niveau est posé
à quelque distance de la verticale N Z, le perpendicule déviera vers cette droite, mais la déviation ne
sera* que d'environ 1″ pour un écart de 34 mètres.
Comme ce niveau, tel qu'il est habituellement
construit, ne saurait accuser d'aussi faibles déviations, il s'ensuit qu'une droite de quelques mètres
et même de quelques dizaines de mètres de longueur, perpendiculaire à la verticale menée par l'un
de ses points, doit satisfaire, dans toutes ses parties,
à l'épreuve du niveau à perpendicule.

Pour s'assurer si un plan est horizontal, il faut
y appliquer le niveau dans deux directions différentes,
qui comprennent entre elles un angle bien ouvert.
Si le plan est horizontal, l'épreuve doit réussir dans
les deux directions, quels que soient d'ailleurs les
endroits sur lesquels on applique le niveau.

11. Niveau a bulle d'air. — Le niveau dont on se sert le plus souvent dans les opérations sur le terrain est le niveau *à bulle d'air**. Il consiste essen-   * Fig. 57. tiellement dans un tube de verre de forme à peu près cylindrique, fermé hermétiquement à ses deux bouts, et contenant un liquide non susceptible de geler, tel que l'alcool ou l'éther, qui le remplit, à l'exception d'un petit espace qui est occupé soit par une bulle d'air, soit par de la vapeur formée aux dépens du liquide. On donne à la paroi intérieure du verre une légère courbure dans le sens de sa lon- gueur, de telle sorte que, en le couchant horizontale- ment, le milieu de cette paroi soit un peu plus élevé que les extrémités. Alors la bulle vient se loger dans cette partie élevée et s'y maintient tant que le tube conserve sa situation horizontale. On renferme ce tube dans une garniture ou boîte cylindrique de métal, dans laquelle on peut en apercevoir la partie moyenne par une fenêtre ménagée à cet effet*. Cette   * Fig. 58. fenêtre laisse à découvert la longueur de tube né- cessaire pour que l'on puisse voir la bulle tout entière et la suivre dans une suffisante étendue de course. Le tout est monté et fixé solidement sur une règle de métal dont la face inférieure doit être horizontale lorsque la bulle s'arrête au milieu de la partie vi- sible du tube. Dans les niveaux ordinaires, la boîte du tube porte deux repères qui indiquent les points où les extrémités de la bulle doivent s'arrêter, ou dont ils doivent s'écarter symétriquement, quand la face inférieure de la règle est horizontale. Dans les niveaux de précision, ces repères sont remplacés par une échelle de divisions gravées soit sur le bord de la fenêtre, soit sur le verre même.

Ce petit appareil peut, sous un volume bien moindre que celui des niveaux de maçon ou de charpentier, être doué d'une très-grande sensibilité, c'est-à-dire permettre d'évaluer de très-faibles inclinaisons. Du centre de courbure c^* de la courbe le long de laquelle la bulle se déplace dans l'intérieur du tube, menons la verticale cb' qui rencontre cette courbe en b', et supposons que b soit le point qu'occupe le milieu de la bulle quand la face inférieure de la règle est horizontale. L'angle bcb' sera égal à l'angle formé par cette même face avec l'horizontale. Or cet angle, exprimé en parties du rayon de courbure R de la courbe du tube est $\dfrac{bb'}{R}$, donc il vaut en secondes* $\dfrac{648000}{\pi} \times \dfrac{bb'}{R}$. Il résulte de là que, pour une même inclinaison de la règle, l'arc bb' qui mesure le déplacement de la bulle est proportionnel au rayon R, et que, en faisant ce rayon assez grand, l'arc bb' peut devenir appréciable. Les choses se passent en quelque sorte comme si la bulle était attachée au point c par un perpendicule de longueur R, et soumise à une action directement contraire à celle de la pesanteur. La longueur R est ordinairement comprise entre 5 mètres et 20 mètres. On voit par là combien peut être grande la sensibilité du niveau à bulle d'air. Il présente, en outre, cet avantage que la bulle

ᵧ Fig. 59.

* Intr. 95.

est à l'abri des mouvements de l'air et s'arrête promptement, ce qui n'a pas lieu pour le fil à plomb.

Pour s'assurer si ce niveau est exact, on se sert du procédé que voici, lequel est également applicable au niveau à perpendicule. Après avoir placé le niveau sur une règle horizontale ou non, on élève peu à peu une de ses extrémités jusqu'à ce que la bulle se trouve comprise entre ses repères. Il est bien clair que, si l'instrument est juste, la règle sera devenue horizontale et que, par conséquent, si on retourne le niveau bout pour bout, la bulle devra s'arrêter de nouveau entre ses repères. Si c'est le contraire qui arrive, le niveau est inexact ; en d'autres termes, le point b', où la bulle s'est arrêtée d'abord, n'est pas le point b qui correspond à l'horizontale. Après le retournement, c'est un autre point b'' qui a pris la place de b', et on aperçoit sans peine que le point b est précisément le milieu de l'arc $b'b''$.

Dans les niveaux à bulle d'air susceptibles d'être rectifiés *, la boite du tube est fixée sur la règle inférieure au moyen d'une charnière r et d'une vis v.   * Fig. 58.
Au moyen de cette dernière on peut élever ou abaisser l'extrémité correspondante de la quantité nécessaire pour que le niveau devienne exact. On voit, par les explications données ci-dessus, que cette quantité doit être telle que la bulle marche de la moitié seulement de l'écart observé au retournement.

12. Niveau sphérique. — On fait aussi des niveaux à bulle d'air dans lesquels le tube est rem-

placé par un vase circulaire à fond plat que recouvre
un verre bombé analogue à un verre de montre. Un
trait pareillement circulaire marque la place que la
bulle doit occuper quand le vase est posé sur un
plan horizontal. Ce petit appareil, qui est connu sous
le nom de *niveau sphérique*, peut être rendu rectifiable comme le niveau à bulle d'air ordinaire.

13. ZÉNITH. — NADIR. — VERTICAL D'UN POINT.
— Si l'on conçoit la verticale d'un lieu comme prolongée indéfiniment vers le ciel et vers l'intérieur de
la terre, le point où elle semble percer la surface
apparente du ciel est le *zénith* du lieu; le point inférieur opposé en est le *nadir*.

On appelle *plan vertical* ou simplement *vertical*
tout plan mené suivant la verticale, et *vertical d'un
point* situé hors de la verticale le vertical qui passe
par ce point.

14. PLAN MÉRIDIEN. — MÉRIDIENNE. — POINTS
CARDINAUX. — Puisque nous admettons que les surfaces de niveau sont des surfaces de révolution ayant
pour axe commun l'axe polaire du globe terrestre,
toute verticale étant suffisamment prolongée rencontre nécessairement cet axe; d'où il résulte que,
parmi tous les verticaux en un lieu donné, il y en a
nécessairement un qui passe par l'axe de la terre.
Ce vertical est le plan *méridien* du lieu. Sa trace,
soit sur le plan horizontal, soit sur la surface même
de la terre, est ce que l'on appelle *la méridienne du*

lieu. Cette trace marque la direction du *nord* au *sud.*
La trace du vertical perpendiculaire au plan méridien est ce que l'on nomme *la perpendiculaire à la
méridienne.* Elle détermine les points *est* et *ouest,*
lesquels, avec le *nord* et le *sud,* constituent, pour le
lieu considéré, *les quatre points cardinaux.*

La détermination du plan méridien en un lieu assigné est fondée sur les apparences que produit le
mouvement de rotation du globe terrestre. S'il est
vrai que ce globe tourne sur lui-même autour de son
axe polaire, les étoiles fixes (c'est-à-dire celles dont
l'ordre et la disposition n'ont pas varié depuis les
temps les plus reculés et semblent être immuables)
doivent paraître et elles paraissent, en effet, tourner
toutes ensemble, d'un mouvement commun, autour
des deux points diamétralement opposés du ciel vers
lesquels cet axe est dirigé au moment où l'on observe ce phénomène. Ces deux centres de mouvement apparent sont les *pôles célestes.* Ils se déplacent
dans le ciel, mais si lentement, que l'arc décrit par
chaque pôle, pendant une année entière, n'est que
de 20″. Ce déplacement est produit par une oscilla-
tion conique de l'axe de la terre, analogue à celle
qu'on remarque dans une toupie en mouvement.
L'amplitude de cette oscillation* est de 46° 56′, et sa   * Fig. 60.
durée d'environ 26 000 ans. Son point central E se
trouve dans la constellation du *Dragon.* Actuelle·
ment le pôle boréal, que nous voyons au-dessus de
notre horizon, est très-voisin d'une étoile bien connue que l'on nomme *la polaire.* Sa distance angu-

laire à cette étoile est actuellement de 1° 33′. Dans
240 ans elle ne sera plus que de 30′, puis elle s'ac-
croîtra progressivement. On peut, en conséquence,
considérer le pôle comme un point fixe pendant une
longue suite de jours. Or, tous les plans méridiens
passant par l'axe polaire du globe, doivent aussi
passer par le pôle. On a donc toujours dans le ciel
un point par lequel passe le plan méridien d'un lieu,
ce qui fournit le moyen de déterminer ce plan. Nous
verrons, par la suite, diverses applications de ce
principe.

15. AZIMUTS. — DISTANCES ZÉNITHALES. —

* Fig. 61. L'angle N T A* compris entre le plan méridien d'un
lieu et un vertical quelconque s'appelle *l'azimut* de
ce vertical. Cet azimut se mesure habituellement à
partir de la direction nord, en tournant à droite,
c'est-à-dire vers l'est, et en continuant dans le même
sens, de 0° à 360°. On le trouve assez fréquemment
compté à partir de la direction sud, dans le même
sens, c'est-à-dire en tournant vers l'ouest. Il arrive
aussi qu'on le compte à droite et à gauche du méridien, de 0° à 180°.

La *distance zénithale* d'un point S est l'angle Z T S
que le rayon T S fait avec la verticale. C'est le complément de sa *hauteur* A T S au-dessus de l'horizon.
Il est bien clair qu'un point S est complétement déterminé lorsqu'on connaît son azimut, sa distance
zénithale et la longueur T S.

II. *Tracé des lignes droites sur le terrain.*

Procédés ordinaires.

16. Ce que l'on entend par ligne droite sur le terrain. — Quand plusieurs points sont tellement disposés les uns par rapport aux autres sur le terrain, que les verticales de tous ces points se trouvent comprises *dans un même plan,* on exprime cette circonstance en disant qu'ils sont en *ligne droite,* bien qu'ils puissent ne pas être situés sur une même ligne droite géométrique, dans le plan qui contient toutes leurs verticales. Ainsi donc, lorsqu'on dit que des points sont *en ligne droite,* on entend seulement par là que leurs verticales sont exactement *alignées;* de telle sorte que, si on rend celles-ci apparentes, la première ou la dernière puisse être projetée par la vision sur la file formée par toutes les autres.

Assez souvent on se sert du mot *alignement* au lieu de *ligne droite.* Je ferai usage indifféremment de ces deux expressions; il y aurait cependant quelque avantage à employer de préférence la première, à cause du double sens que présente la seconde.

17. Jalons pour le tracé des lignes droites ou alignements. — On trace quelquefois sur le terrain des lignes droites de peu de longueur au moyen d'un cordeau tendu entre deux piquets. C'est ainsi que l'on procède dans les parcs et dans les jardins. Mais dans la campagne, on se sert uniquement de jalons plantés de distance en distance, qui représentent les verticales d'un certain nombre de points de la ligne à tracer. Un jalon est le plus ordinairement une tige ou baguette de bois bien droite, que l'on rend pointue à l'une de ses extrémités afin de pouvoir l'enfoncer aisément dans le sol. On fend l'autre extrémité sur $0^m.03$ à $0^m.04$, et on insère dans la fente un morceau de papier blanc ou de carton qui sert à faire reconnaître ou distinguer de loin le jalon.

On se procure sur le lieu même de l'opération, ou bien on coupe dans les bois voisins, les jalons dont on a besoin. Le coudrier, le saule et toutes les essences qui donnent de longues branches droites, sont très-propres à fournir des jalons. On les choisit d'environ $0^m.02$ de grosseur au milieu et de $1^m.50$ de longueur. Il est presque inutile d'avertir que c'est le gros bout qui doit être enfoncé en terre.

On emploie, concurremment avec ces jalons économiques, d'autres jalons façonnés avec soin, qui font partie du matériel que l'opérateur emporte avec lui sur le terrain. Ce sont de grands brins de bois bien dressés, de 2^m environ de longueur, quelquefois ronds, mais le plus souvent taillés en forme de prisme régulier hexagone ou octogone. L'une des extrémités est ferrée pour pouvoir être facilement enfoncée en terre. Ces jalons sont divisés, dans leur hauteur, en parties égales de $0^m.20$ ou de $0^m.50$ chacune, peintes alternativement en blanc et en rouge. Cette peinture se distingue de très-loin. La division du jalon en parties égales de grandeur connue est d'ailleurs utile dans beaucoup de circonstances.

Enfin, on fait aussi usage, notamment pour marquer les extrémités de très-grands alignements, de longues perches ou même de véritables mâts portant à leur sommet un petit drapeau ou tout autre objet facile à reconnaître. Ces grands jalons sont désignés quelquefois sous le nom de *balises*.

18. Soins a prendre pour planter un jalon. — La première condition à remplir, c'est que le jalon soit planté assez solidement pour que le vent ne puisse le renverser ou le pencher. Il faut pour cela l'enfoncer suffisamment dans le sol, que l'on tasse ensuite au besoin en piétinant. Quand la nature du sol ne permet pas d'y faire pénétrer le jalon, on le fait tenir en formant autour de son pied une butte avec quelques mottes de terre ou des pierres. Pour planter de grands jalons, on creuse dans la terre un trou d'environ $0^m.40$ de profondeur, en ayant soin de faire en sorte que l'une des parois de ce trou soit verticale. On y enfonce le jalon en le faisant pénétrer dans le sol autant que possible et en l'appuyant contre la paroi verticale. Du côté opposé, on enfonce à coups de masse un fort piquet le long du jalon, après quoi on achève de remplir le trou, et on forme au-dessus une butte avec de la terre ou, mieux encore, de la pierraille bien tassée.

La seconde condition à laquelle il faut satisfaire, c'est que le jalon soit planté dans une direction bien verticale, ce qui exige, de la part de l'opérateur, beaucoup d'habitude et un coup d'œil très-juste. Lorsqu'on juge que le jalon est vertical, on s'en éloigne de quelques pas et on projette sur lui par la vision un fil à plomb, et on le redresse au besoin jusqu'à ce que cette épreuve réussisse dans deux directions différentes, autant que possible perpendiculaires l'une à l'autre. Quand le jalon n'est pas droit, on fait en sorte que la tête et le pied soient dans une même verticale.

Pour que la mobilité du fil à plomb ne soit pas un trop grand embarras, il faut le tenir à la hauteur du front, et descendre le plomb presque jusqu'à toucher terre. Les oscillations sont alors plus lentes, et on peut, d'ailleurs, s'arranger de telle sorte qu'elles aient lieu dans un plan passant par le jalon. Il devient en même temps facile de les arrêter, en abaissant le plomb plusieurs fois de manière à lui faire toucher la terre et le relevant aussitôt.

19. Jalonnage d'une ligne droite. — Pour qu'une ligne droite soit bien jalonnée, c'est-à-dire pour que les jalons qui en indiquent la trace sur le sol (et que je suppose plantés avec le soin convenable) appartiennent à un même alignement, il faut qu'en se plaçant à l'extrémité de la ligne, et regardant par-dessus le premier jalon, on les voie comme confondus en un seul. On peut aussi, suivant les cas, vérifier l'alignement en regardant à droite et à gauche du premier jalon, dans des plans visuels qui lui soient

tangents. Indiquons comment on peut aligner ainsi des jalons.

20. Supposons d'abord que l'on est sur un terrain plat ou faiblement ondulé, et qu'il s'agit, après avoir planté un premier jalon, d'en planter d'autres dans une direction déterminée, par exemple sur la ligne qui va de ce premier jalon à un point éloigné. L'opérateur fait marcher dans cette direction un aide que, dans la circonstance actuelle, je nommerai le *jalonneur*. Cet aide prend avec lui un nombre suffisant de jalons, eu égard à la longueur connue ou simplement présumée de la ligne à jalonner et à l'espacement des jalons. Cet espacement, qui peut varier beaucoup, est déterminé par l'opérateur ; il se mesure en *pas*. Le jalonneur, après avoir compté le nombre de pas qui lui a été prescrit, s'arrête, fait volte-face, et plante le second jalon en se guidant sur les signes que lui adresse l'opérateur resté près du premier jalon.

Ces signes consistent habituellemeut dans des mouvements de la main que l'on porte à droite ou à gauche suivant que le jalon, au moment où le jalonneur fait mine de le planter, est à gauche ou à droite de la position qu'il doit occuper. C'est ce dont l'opérateur juge en se tenant un peu en deçà du premier jalon, dans le prolongement de la ligne qu'il s'agit de jalonner. Quand le jalon à planter est dans la position convenable, ce que l'opérateur indique par un signe d'assentiment, le jalonneur le plante et achève ensuite, s'il y a lieu, de le rendre bien vertical. Si le jalon n'est pas droit, il faut avoir l'attention d'en tourner la courbure dans le sens de la ligne à tracer.

Les deux premiers jalons, une fois plantés, servent au jalonneur à aligner immédiatement les autres jalons. Cependant le concours de l'opérateur est encore nécessaire pour empêcher que la ligne ne s'écarte peu à peu de la direction voulue. A cet effet, il reste en deçà du premier jalon, et, de là, continue de diriger le jalonneur tant que celui-ci n'est pas trop éloigné. Quand la ligne est très-longue, l'opérateur se rapproche du jalonneur, de manière toutefois à en être séparé par quelques-uns des jalons déjà plantés, et continue de le diriger au moyen de ces jalons et du point plus éloigné qui détermine le tracé de la ligne.

21. Supposons actuellement que, le terrain étant d'ailleurs toujours plat ou faiblement ondulé, la ligne * Fig. 62. à jalonner doit passer par deux points A, L *, que l'on aperçoit de part et d'autre du lieu où l'on se trouve, mais sans qu'il soit possible d'aller se placer à l'un ou à l'autre de ces points. Il faut alors trouver, dans le lieu où l'on doit opérer, un point de cette ligne; c'est à quoi on parvient par un tâtonnement. Plantez un premier jalon en un point B que vous jugerez appartenir à la ligne AL, puis plantez un second jalon C dans l'alignement BL. Cela fait, si la droite CB passe par le point A, ce que vous pourrez vérifier au moyen de ces deux jalons, ils seront l'un

et l'autre sur la droite AL. Mais en général vous n'y
arriverez pas ainsi du premier coup ; la ligne CB ne
passera pas exactement par le point A. Mais vous
verrez dans quel sens est l'erreur commise sur la
position du premier jalon B. Il faudra le reporter un
peu en dehors de l'alignement BA, en un point tel que
B', reporter le jalon C en C' sur l'alignement B'L,
puis examiner si le point A se trouve dans la direction C'B'. Après un petit nombre d'essais, que le
secours d'un jalonneur intelligent peut abréger beaucoup, on arrive à trouver le point A dans la direction
des deux jalons, et alors le problème est résolu. Il
ne reste plus qu'à planter de nouveaux jalons, ce qui
n'offre aucune difficulté nouvelle.

22. Le tracé d'une ligne qui doit s'élever sur des
hauteurs ou descendre dans des vallées est moins
facile qu'en terrain plat. Supposons, pour fixer les
idées, que le terrain offre, suivant la ligne à jalonner, un profil tel que ABC * et que, parvenu en B,   * Fig. 63.
c'est-à-dire au pied du coteau, on veuille continuer
le jalonnage jusqu'en C et au delà de ce point. On
plantera à quelque distance du pied du coteau une
perche AA'. Au moyen de cette perche et des jalons
qui la précèdent, on plantera le jalon CC'. Le dernier jalon servira avec la perche AA' à planter un
nouveau jalon DD'. Quant au jalon BB' qui est au
pied du coteau, il ne donne lieu à aucune difficulté
particulière, non plus que ceux qu'on peut avoir
besoin de planter sur le coteau. On a indiqué, par

des lignes ponctuées, la disposition des rayons visuels pour la plantation des jalons BB′, CC′, DD′.

Il faut, en général, dans ces circonstances, rapprocher les jalons les uns des autres plus qu'on ne le ferait en terrain plat, de telle façon que le rayon visuel, déterminé par deux d'entre eux, en rencontre au moins un troisième. Comme il peut arriver qu'on ait à faire aboutir plusieurs de ces rayons à un même jalon, tantôt à la tête, tantôt au pied, tantôt encore en un point intermédiaire, on voit combien il importe que les jalons soient rendus bien verticaux, et que leur courbure, s'ils ne sont pas droits, soit dans le plan vertical de la ligne sur laquelle on opère [*]. Quelques grands jalons plantés à propos dans les parties basses du terrain, quelques autres jalons plantés sur les parties saillantes, facilitent beaucoup le tracé de la ligne.

* 20.

Quand celle-ci doit descendre dans une vallée et remonter de l'autre côté, il convient de passer d'un seul coup d'un côté à l'autre, toutes les fois que cela est possible, sauf à revenir dans la vallée pour y planter les jalons nécessaires. On comprend que, en procédant ainsi, la direction de la ligne dans son ensemble est indépendante des erreurs que l'on peut commettre en descendant et en remontant, et que le jalonnage de la vallée est lui-même moins incertain, devant se raccorder avec les parties de la ligne situées en deçà et au delà.

Si l'on éprouve de la difficulté à apercevoir d'un côté de la vallée, à cause de l'éloignement, les jalons

situés de l'autre côté sur lesquels on doit s'aligner,
on réussit souvent à les rendre visibles par un effet
de contraste, en faisant placer, derrière le jalon le
plus éloigné, un objet noir ou de couleur foncée,
par exemple un chapeau noir.

Instrument pour tracer les grands alignements.

23. Lorsqu'il s'agit de tracer avec précision de
très-grands alignements, on fait usage d'une lunette disposée de manière à pouvoir basculer autour d'un axe horizontal et dont la ligne de visée,
déterminée par l'intersection de deux fils en croix,
décrit un plan perpendiculaire à cet axe. Il existe
plusieurs instruments dans la construction desquels
une pareille lunette entre comme organe essentiel,
et qui, par ce motif, sont occasionnellement employés pour aligner des jalons; mais il existe aussi
un instrument* spécialement destiné à cet usage;   * Fig. 61.
voici quelle en est la construction.

Le corps R S en cuivre ou en laiton de la lunette
est inséré et solidement fixé dans un collier ou manchon cylindrique et quelquefois dans un dé cubique
de même métal. De part et d'autre de ce collier et
perpendiculairement à l'axe de figure de la lunette
s'étendent symétriquement deux bras de forme conique, terminés par des tourillons cylindriques T, T′
de métal très-dur. Ces tourillons doivent avoir rigoureusement le même diamètre et être, en outre, dis-

posés de telle façon que leurs axes soient le prolongement l'un de l'autre. Cette lunette repose sur un support métallique composé d'une traverse horizontale H H′ et de deux montants verticaux H C, H′ C′, terminés supérieurement par des coussinets C, C′, qui reçoivent les tourillons T, T′. L'un de ces coussinets peut être élevé ou abaissé, relativement au montant qui le supporte, au moyen d'une vis de rappel disposée à cet effet. La traverse horizontale H H′ est fixée, en son milieu M, sur un pivot vertical qui est introduit dans une colonne cylindrique creuse F G, et peut y tourner à frottement doux. Cette colonne est elle-même fixée sur une base dite *triangulaire*, c'est-à-dire présentant trois branches métalliques d'égale longueur, qui divergent du bas de la colonne en faisant entre elles des angles de 120°, et sont traversées verticalement par trois vis à large tête V, V′, V″.

Le support de la lunette entraîne avec lui, dans son mouvement azimutal, un bras horizontal B, portant à son extrémité une pince P, dont les deux mâchoires embrassent, sans le serrer, le bord d'un disque de métal D D′, fixé à la partie supérieure de la colonne. Lorsqu'on veut arrêter ce mouvement, il suffit de tourner une vis K, qui est disposée de manière à rapprocher l'une de l'autre les deux mâchoires de la pince. Le bord du disque est alors serré fortement, ce qui arrête le bras qui porte la pince, et conséquemment tout le système avec lequel ce bras fait corps. Mais ce même bras porte une vis de rappel **L**, qui permet encore d'imprimer au système un mouvement très-lent. La lunette est quelquefois munie d'un appareil analogue qui permet de rendre, à volonté, *prompt* ou *lent* son mouvement dans le plan vertical.

Cet instrument est accompagné d'un niveau à bulle N N'*, dont la monture porte, à sa partie infé- * Fig. 65. rieure, deux pieds disposés de manière à pouvoir s'appuyer sur les tourillons de la lunette, quand son inclinaison ne dépasse pas un certain nombre de degrés qui dépend de la hauteur donnée à ces pieds. Chacun de ceux-ci est entaillé par-dessous, suivant deux plans inclinés qui embrassent la convexité du tourillon correspondant. Quelquefois, au lieu de placer le niveau à cheval sur les tourillons, on l'y suspend au moyen de deux crochets métalliques adaptés à la monture*. La paroi intérieure de chacun * Fig. 66. de ces crochets est taillée suivant deux plans inclinés, afin que, de même que dans le niveau à pieds, les points de contact avec les tourillons soient toujours les mêmes.

24. Pour tracer sur le terrain, au moyen de l'instrument qui vient d'être décrit, un alignement à partir d'un point donné, on place au-dessus de ce point, pour recevoir l'instrument, un support en charpente formé d'un épais plateau de bois taillé circulairement, mais au pourtour duquel on a ménagé trois parties saillantes, et de trois pieds qui soutiennent

ce plateau en s'appuyant sur le sol. Chacun de ces
pieds est ordinairement formé de deux branches qui
sont réunies par le bas, et, à leur partie supérieure,
sont maintenues contre les faces latérales de l'une
des saillies ménagées au bord du plateau, au moyen
d'un boulon qui traverse cette saillie et d'un écrou
à oreilles. En desserrant ces écrous, on rend les
pieds susceptibles de s'incliner ou de s'écarter plus
ou moins en tournant autour des boulons, ce qui
fait que ce genre de support se prête très-bien aux
exigences du terrain, tout en présentant une stabilité suffisante lorsqu'on a serré les écrous. Il est nécessaire que le dessus du plateau soit rendu à peu près
horizontal, ce dont on juge ordinairement à vue. Il faut
en même temps que le centre du plateau soit dans
la verticale du point qui doit servir d'origine à l'a-
lignement que l'on veut tracer, ce que l'on vérifie à
l'aide du fil à plomb. Cette double condition exige
quelques tâtonnements.

Dans le plateau sont incrustés trois disques de
cuivre, dans chacun desquels une rainure est creusée.
C'est dans ces rainures que l'on pose les pointes des
vis V, V', V'' de l'instrument. Son poids pourrait
suffire pour le maintenir sur le plateau ; mais, par
surcroît de précaution, on l'y attache au moyen
d'une forte vis centrale dont la tête est sous le plateau. Cette vis ne peut être élevée jusqu'à la partie
inférieure de l'instrument, où est l'écrou dans lequel
elle doit s'engager, qu'en comprimant un ressort à
boudin renfermé dans un cylindre de métal. On voit

que c'est la réaction de ce ressort qui constitue le
moyen d'attache. Cette disposition est nécessaire
pour permettre le jeu des vis V, V', V''.

**25. USAGE DU NIVEAU POUR RENDRE VERTICAL
L'AXE DU PIVOT.** — Le pied de l'instrument et l'instrument lui-même étant solidement établis au-
dessus du point donné, et les écrous étant serrés, il
convient, pour opérer le plus commodément possible
et dans les meilleures conditions, de rendre vertical
l'axe du pivot logé dans la colonne. A cet effet, on
commence par vérifier le niveau en prenant pour
points d'appui les deux tourillons de la lunette.
Après avoir rendu celle-ci à peu près parallèle à l'a-
lignement déterminé par deux des vis V, V', V'', par
exemple à l'alignement V'V'', on tourne la troisième
vis V jusqu'à ce que la bulle soit entre ses repères,
et on retourne le niveau bout pour bout sans rien
changer à la position des tourillons. Si la bulle revient entre ses repères, c'est une preuve que le niveau est bien réglé, sinon on corrige la différence
moitié avec la vis de rectification qui lui est propre,
moitié avec la vis V*, et on répète cette épreuve au-   * 11.
tant de fois qu'il le faut pour obtenir une rectification qui ne laisse plus rien à désirer.

Le niveau étant ainsi réglé, on fait faire à la lunette et à son support un *demi-tour* sur le pivot
même qu'il s'agit de rendre vertical, de manière à
ramener l'axe commun des tourillons dans la direction
de la vis V, à laquelle nous l'avons fait correspondre

d'abord pour vérifier et rectifier le niveau. Si la bulle,
après ce retournement, ne revient pas à ses repères,
on corrige l'écart, *moitié* avec la vis V, *moitié* avec
la vis de rappel destinée à élever ou à abaisser l'un
des coussinets sur lesquels reposent les tourillons.
On fait faire ensuite à la lunette et à son support un
quart de tour, de manière à rendre l'axe commun de
ces tourillons parallèle à l'alignement que déterminent les deux vis V',V''. Prenant alors de chaque
main une de ces deux vis, on les tourne simultanément. Elles agissent en sens contraire l'une de
l'autre, par suite de la symétrie des mouvements
des deux mains, de sorte que l'une d'elles tend
à élever l'instrument et l'autre à l'abaisser. De là
résulte un mouvement de bascule qui change graduellement l'inclinaison de l'axe des tourillons. On
a soin d'effectuer ce mouvement dans un sens tel
qu'il ait pour effet de ramener la bulle entre ses repères; moyennant quoi l'axe du pivot serait exactement vertical, s'il était possible de réussir du premier coup. Concevons, en effet*, un plan mené
perpendiculairement à cet axe *oz*, par l'un quelconque de ses points. Soit *o* ce point, et supposons
que le plan ainsi mené rencontre en p,p',p'' les
axes des vis V,V',V''. Les droites op,op',op'', seront
perpendiculaires à *oz*. Or il est facile de voir, d'une
part, que la première partie de la rectification, celle
qui se fait en opérant sur la vis V, a pour résultat
de rendre l'axe *oz* perpendiculaire à l'horizontale
marquée par la bulle, et conséquemment de rendre

* Fig. 67.

aussi horizontale la droite op que nous avons sup-
posée perpendiculaire à oz, et située dans le même
vertical que l'horizontale de la bulle ; et d'autre part
que la seconde partie de cette rectification, celle qui
se fait en tournant les vis V', V'', rend horizontal le
plan $pp'p''$, en le faisant basculer autour de la droite op,
et, par suite, achève de rendre vertical l'axe oz,
qui est, par hypothèse, perpendiculaire à ce plan.

C'est ainsi que les choses devraient se passer, s'il
était possible de rendre rigoureusement horizontale
la droite op et de la maintenir ensuite telle pendant
que l'on agit sur les vis V', V''. Mais, comme on se
contente de disposer le niveau à peu près parallèlement à op, et seulement autant qu'on peut en juger
à la simple vue, il arrive en premier lieu que cette
droite n'est pas rigoureusement horizontale, et en
second lieu que le mouvement des vis V', V'' n'est
pas absolument symétrique, ce qui écarte encore la
droite op de la position qui lui a été donnée d'abord.
C'est pourquoi on ne parvient à rendre l'axe oz complétement vertical qu'après avoir recommencé plusieurs fois la rectification indiquée. Les écarts de
la bulle diminuent rapidement dans ces rectifications
successives, et on arrive généralement, en deux ou
trois fois, à faire en sorte que la bulle reste entre ses
repères dans quelque azimut qu'on dirige la lunette.
C'est là le caractère auquel on reconnaît que la rectification est complète. Toutefois on ne s'attache pas,
en général, à remplir cette condition en toute rigueur. On se borne à une approximation, et cela

suffit dans presque tous les cas. La condition qui doit être remplie en toute rigueur, c'est que l'axe autour duquel la lunette bascule soit rendu horizontal pour la direction de l'alignement à tracer. On y pourvoit au moyen de celle des trois vis V, V', V'' qui se trouve la mieux placée pour rappeler la bulle entre ses repères.

26. RECTIFICATION DE L'AXE OPTIQUE DE LA LUNETTE. — Cet axe est, dans l'intérieur de la lunette*, la droite qui va de la croisée des fils au point principal de deuxième espèce de l'objectif; et, à l'extérieur, la parallèle à cette droite menée par le point principal de première espèce. Pour que cet axe décrive un plan, il suffit qu'il soit perpendiculaire à l'axe commun des tourillons de la lunette. Afin que l'opérateur puisse satisfaire à cette condition, le réticule est disposé de manière à pouvoir être déplacé latéralement dans le tube de la lunette. A cet effet des vis, dont la tête fait saillie à l'extérieur de ce tube, saisissent entre leurs pointes l'anneau du réticule et le maintiennent à l'intérieur. Ces vis sont ordinairement au nombre de quatre, et disposées deux dans le prolongement du diamètre horizontal du réticule, et les deux autres dans le prolongement du diamètre perpendiculaire. Par suite de cette disposition, l'une d'elles ne peut avancer sans que la vis correspondante ait préalablement reculé. Le même but peut être atteint de beaucoup d'autres manières que je ne décrirai pas. Je suppose le réti-

* Intr. 135.

cule maintenu entre les pointes de vis diamétralement opposées ; les explications que je vais donner
pour cette hypothèse guideront dans les autres
cas.

Ceci étant compris, pour savoir si l'axe optique a
besoin d'être rectifié, et dans quel sens, on dirige la
lunette sur un point éloigné, mais bien distinct, de
manière à faire couvrir ce point par la croisée des
fils, et on arrête le mouvement azimutal. On enlève
ensuite la lunette, on la retourne *sens dessus dessous*,
et on la replace en posant chaque tourillon dans le
coussinet où était l'autre tourillon. Si, comme nous
l'avons expressément supposé, ces deux tourillons
sont des cylindres de même diamètre, dont les axes
soient exactement le prolongement l'un de l'autre,
c'est-à-dire forment une ligne droite unique, cette
droite occupera dans l'espace, après le renversement de la lunette, la même position qu'avant ce
renversement. Il en sera évidemment de même de la
perpendiculaire à cette droite, menée par son point
milieu. L'artiste constructeur a dû s'appliquer à
faire coïncider cette perpendiculaire avec l'axe de figure du corps de la lunette, et cette condition est au
moins très-approximativement satisfaite. Si donc
l'axe optique ou la ligne visuelle déterminée par la
croisée des fils coïncide avec cette perpendiculaire,
le point visé se retrouvera, après le renversement de
l'axe des tourillons, sous la croisée des fils. Si le
contraire arrive, on en conclura que la perpendiculaire à cet axe et la ligne visuelle font un certain

angle, et que l'écart observé correspond au *double* de cet angle. Par conséquent, on rectifiera la position de l'axe optique *moitié* au moyen de la vis de rappel du mouvement azimutal, *moitié* en agissant sur les vis latérales, entre lesquelles le réticule est maintenu. Cette rectification devra être réitérée jusqu'à ce qu'elle soit complète.

Il faut s'assurer, après avoir réglé l'axe optique sur un point éloigné, qu'il ne cesse pas d'être rectifié lorsqu'on vise un point rapproché. Si cela arrivait, l'instrument serait fort incommode. Un pareil défaut, quand il se manifeste dans les épreuves qui viennent d'être indiquées, provient nécessairement de ce que la ligne que parcourt la croisée des fils, lorsqu'on la déplace pour accommoder la lunette aux distances des objets visés, n'est pas perpendiculaire à l'axe commun des tourillons. C'est à l'artiste constructeur qu'il appartient d'y porter remède.

27. Une dernière rectification consiste à faire en sorte que l'un des fils soit dans le plan vertical que décrit l'axe optique. Le constructeur, tout en satisfaisant à cette condition aussi bien que possible, a dû ménager à l'opérateur la possibilité d'imprimer au tube porte-fils un petit mouvement angulaire. Ordinairement la partie du corps de la lunette où il est engagé présente par-dessus une ouverture de forme rectangulaire, étroite dans le sens transversal, allongée dans le sens du tirage. Un prisme à section quarrée, fixé par des vis au tube porte-fils, passe par

cette ouverture et forme à l'extérieur de la lunette
une saillie. Quelquefois ce prisme est saisi entre les
pointes de deux vis opposées, qui sont fixées au
corps de la lunette. Il suffit alors d'agir sur ces vis
dans le sens convenable. Beaucoup d'instruments
n'ont pas ces vis extérieures, et alors le prisme saillant, dont le dessus est taillé en crémaillère *, rem-   * Intr. 174.
plit exactement la largeur de l'ouverture, sans
aucun jeu. Dans ce cas, les choses doivent être tellement disposées, que, en desserrant les vis qui unis-
sent ce prisme au tube intérieur, celui-ci puisse
être tourné d'une petite quantité angulaire. Le
moyen employé à cet effet est bien simple : il consiste à allonger dans le sens transversal les trous par
lesquels ces vis traversent la paroi du tube en question.

28. Tout étant bien réglé, on amène la lunette
dans la direction de la ligne à jalonner; on l'y fixe
après avoir achevé de ramener la bulle du niveau
entre les repères en agissant sur celle des trois
vis V, V', V'' qui approche le plus d'être placée sous
la ligne des tourillons, et il n'y a plus qu'à faire
planter des jalons aux endroits convenables.

L'emplacement de chaque jalon se détermine par
un tâtonnement, que dirige l'opérateur au moyen
de signaux, qu'il fait au besoin à l'aide d'une perche garnie d'un drapeau, à peu près comme quand
il s'agit de planter des jalons dans le cas plus habi-
tuel où l'on se passe d'un instrument spécial *.   * 20.

S'il est nécessaire de planter quelques jalons sur des points bas ou cachés par des arbres ou des murs, on pourra faire placer successivement, sur chacun de ces points, une échelle double, au moyen de laquelle un aide s'élèvera au-dessus du sol et des obstacles interposés. Si du haut de cette échelle il peut apercevoir les signaux de l'opérateur et être vu de celui-ci, il sera facile de placer cette échelle de manière qu'elle soit rencontrée par l'alignement à tracer, ce qui permettra d'y suspendre ensuite un fil à plomb dans cet alignement même, et conséquemment de planter un jalon au point correspondant du sol.

Je me borne à cette indication, laissant à la sagacité du lecteur le soin de trouver les moyens de planter des jalons en ligne droite dans d'autres cas où il se présente quelques difficultés.

Afin que l'emplacement de chaque jalon ainsi planté puisse être retrouvé si le jalon venait à être enlevé, on enfonce en terre autour de cet emplacement deux ou trois forts piquets, et on mesure les distances de ces piquets au jalon.

29. Dans le cas d'un alignement à tracer entre deux points éloignés où l'on ne peut placer l'instrument, on commence par déterminer, au moyen de jalons, par le procédé que j'ai indiqué ci-dessus [*], un point intermédiaire appartenant au même alignement, et on y installe l'instrument. Puis au moyen de quelques tâtonnements, on achève de le placer

* 21.

dans l'alignement des deux points extrêmes, et on fait ensuite planter des jalons de part et d'autre de la station choisie.

Pour passer de l'une des deux directions à l'autre, il faut bien se garder de donner à la lunette un mouvement azimutal. On la soulève, on tourne l'objectif du côté où était l'oculaire et réciproquement, puis on replace chaque tourillon dans le coussinet où il se trouvait. Quelquefois les montants du support de la lunette sont assez élevés pour que la lunette puisse faire un tour complet; auquel cas il n'y a pas lieu de la soulever.

III. *Mesure des distances.*

Définition de cette mesure.

30. Mesurer une ligne droite sur le terrain, c'est déterminer la longueur de l'arc qui lui correspond sur la surface d'équilibre des mers ou sur toute autre surface de niveau qu'on juge à propos de choisir. Soit* $a\,b\,c\,d\,e\,f$ la ligne à mesurer. Concevons dans sa ⁎ Fig. 68. direction une suite de verticales $a A_0$, $b B_0$, etc., suffisamment rapprochées; si, avec une règle divisée, on mesure les intervalles successifs $A'B$, $B'C$, $C'D$, $D'E$, $E'F$, en ayant soin de tenir chaque fois cette règle dans une situation horizontale, il sera aisé de déduire de ces intervalles les longueurs $A_0 B_0$, $B_0 C_0$, etc., dont la somme forme la longueur cherchée de l'arc $A_0 F_0$. Car, si nous appelons R le rayon

de la circonférence à laquelle cet arc appartient, nous aurons la proportion $A_0B_0 : A'B :: R : R + A'A_0$, d'où $A'B - A_0B_0 : A'B :: A'A_0 : R + A'A_0$ et par suite $A_0B_0 = A'B - \dfrac{A'B \times A'A_0}{R + A'A_0}$. On aurait de même

$B_0C_0 = B'C - \dfrac{B'C \times B'B_0}{R + B'B_0}$, et ainsi de suite. Or les hauteurs $A'A_0$, $B'B_0$, etc., s'obtiennent par le nivellement, et on sait que le rayon R est, en nombre rond, de 6 398 790^m suivant l'axe polaire, et de 6 356 100^m dans le plan de l'équateur. On sait aussi que ces mesures sont affectées d'une incertitude; mais cette incertitude n'influe pas sensiblement sur la valeur numérique des corrections à appliquer aux mesures immédiates $A'B$, $B'C$, etc. En effet, R étant la valeur que l'on attribue au rayon de l'arc A_0B_0 dans le calcul et R_0 la véritable valeur de ce rayon qui nous est inconnue, l'erreur que l'on commet sur A_0B_0, par exemple, est $\dfrac{A'B \times A'A_0}{R + A'A_0} - \dfrac{A'B \times A'A_0}{R_0 + A'A_0}$, c'est-à-dire $\dfrac{A'B \times A'A_0}{R + A'A_0} \times \dfrac{R_0 - R}{R_0 + A'A_0}$, expression dont le second

facteur fait connaître l'erreur dont il s'agit *en parties de la correction même que l'on aura calculée avec une valeur inexacte de* R. De sorte que, si l'erreur $R_0 - R$ commise en prenant R au lieu de R_0 est 1/100 de R_0 (ce qui dépasse de beaucoup la limite des erreurs admissibles), on se trompera d'un peu moins de 1/100 de la correction calculée. Mais cette dernière est toujours très-petite. En supposant, par exemple, que la longueur A′B soit de 10 mètres, et le rayon R de 6 356 100^m, on trouve que la correction à retrancher de A′B pour avoir A$_o$B$_o$ s'élèverait à 0^m,001 pour une hauteur A′A$_o$ de 636^m, et l'erreur de cette correction ne serait qu'une très-petite fraction de millimètre. Le rayon R que l'on peut appliquer à la France est de 6 379 385^m, en admettant que la surface d'équilibre des mers soit ellipsoïdale.

31. Ce que je viens de dire suppose que chacun des intervalles A′B, B′C, etc., peut être pris pour l'arc de cercle concentrique à A$_o$F$_o$ qui le toucherait en son milieu. Cela revient à prendre, au lieu de cet arc, le double de la tangente menée par son point milieu. Or, d'après une formule connue *, l'erreur est moindre pour A′B, par exemple, que $\dfrac{\overline{A′B^3}}{12R^2}$. On peut s'assurer aisément, en remplaçant A′B par des nombres convenables, que cette erreur est tout à fait insensible.

* Intr. 107.
[50]

On peut tenir compte aussi des variations de longueur qu'éprouve la règle qui sert à mesurer les intervalles A′B, B′C, etc., par suite de la dilatabilité de la matière dont elle est faite. Il est connu, en effet, que tous les corps sont plus ou moins susceptibles de s'allonger ou de se raccourcir sous l'influence de la chaleur et du froid. Je reviendrai sur ces corrections dans le dernier livre de cet ouvrage.

Chaînage.

32. Dans la pratique, on a besoin de procédés *expéditifs*. Celui du *chaînage*, que je vais décrire, est généralement adopté. Il offre presque toujours une exactitude suffisante, lorsqu'on opère avec les soins convenables. Ce procédé mérite d'être étudié avec attention, et je dois d'autant plus insister sur ce point que beaucoup d'auteurs, ne jugeant pas digne d'eux de s'occuper d'opérations aussi élémentaires, sont tombés à cet égard dans des erreurs grossières.

33. CHAÎNE D'ARPENTEUR OU DÉCAMÈTRE. — L'instrument dont on se sert dans l'opération du chaînage est une chaîne faite de bouts de gros fil de fer, coupés d'égale longueur, recourbés en boucle à chacune de leurs extrémités, et réunis entre eux par de petits anneaux circulaires. La distance entre les centres de deux anneaux consécutifs est de $0^m,20$. Le décamètre se compose de cinquante de ces chaînons. Il est terminé par deux *poignées* ordinairement comprises dans la longueur des chaînons extrêmes. Afin de faciliter l'évaluation des fractions du décamètre, les anneaux qui marquent les mètres sont de cuivre et les autres de fer. L'anneau du milieu, c'est-à-dire celui qui marque 5 mètres, porte, en outre, un signe distinctif, tel qu'un bout de fil de fer que l'on y laisse constamment attaché. Cette chaîne se

replie en un faisceau d'environ 0ᵐ.20 de longueur, très-portatif*.

* Fig. 69.

On se sert aussi d'un double décamètre, qui se compose soit de 100 doubles décimètres, soit de 50 chaînons de 0ᵐ.40 de longueur; mais je ne parlerai que du décamètre simple, dont il importe surtout de bien connaître l'usage.

34. FICHES. — Le décamètre est accompagné de dix *fiches* ou broches de fort fil de fer, pointues à l'un des bouts, pour pouvoir être aisément enfoncées en terre, et terminées, à l'autre bout, par une large boucle circulaire. La longueur totale d'une fiche est, ordinairement, de 0ᵐ.30 à 0ᵐ.40, et ne dépasse guère 0ᵐ.50. Des fiches trop longues seraient incommodes et manqueraient de stabilité.

A ces dix fiches on en joint souvent une onzième, que l'on nomme la *fiche plombée*. Elle est renforcée à sa partie inférieure, et sa tête est garnie d'un appendice ou prolongement qui s'élève en s'amincissant, de manière qu'on puisse saisir cette fiche par cet appendice entre le pouce et l'index, et la laisser tomber ensuite verticalement sur le sol, où elle s'implante par sa pointe. Nous verrons plus loin quel est l'usage de cette fiche spéciale.

35. DÉTAIL DE L'OPÉRATION DU CHAINAGE EN TERRAIN PLAT. — Le chaînage d'une ligne droite exige le concours de deux personnes, savoir un *chaîneur*, qui est le plus souvent l'arpenteur ou le géomètre lui-même, et un aide que j'appellerai le *porte-chaîne*. Je suppose que la direction de la ligne droite à mesurer ait été préalablement fixée par des jalons, et que l'on opère en terrain plat. Le chaîneur se place debout au point de départ, tenant dans la main droite l'une des poignées de la chaîne. A 10 mètres environ de distance en avant, se tient le porte-chaîne, debout comme le chaîneur et lui tournant le dos, mais se dirigeant d'après ses indications. L'autre poignée de la chaîne est placée dans la paume de la main droite du porte-chaîne, et embrasse les quatre doigts de cette main, qui est tenue fermée, la paume tournée en avant. Le porte-chaîne introduit entre les deux doigts du milieu, en les écartant l'un de l'autre, une fiche, de manière que celle-ci soit en contact avec la poignée de la chaîne, l'appuie en même temps contre la paume de la main, et a soin de tenir cette fiche dans une position verticale. Les autres fiches restent passées, par leurs boucles, au pouce de sa main gauche.

Les choses étant ainsi disposées, chaîneur et porte-chaine se baissent simultanément; le premier met en contact avec le point de départ la poignée qui est de son côté; le second tire à lui la chaîne en exerçant sur elle un effort de traction pour la tendre ou la *bander* au point convenable. En même temps il appuie la paume de sa main droite sur la fiche placée d'avance entre deux doigts de cette main, et l'enfonce en terre bien d'aplomb. Tous deux se relèvent alors et se mettent en marche. Le porte-chaîne place, tout en marchant, une nouvelle fiche entre les doigts de sa main droite. Le chaîneur, arrivé à la première fiche plantée, se baisse et met en contact avec elle la poignée de la chaîne, pendant que le porte-chaîne, se baissant aussi, plante la seconde fiche. Le chaîneur doit éviter de déranger la première fiche en y appuyant la poignée, ce qui exige quelques précautions. Il faut que la main qui tient la chaîne en contact avec cette fiche ait un point d'appui assez solide pour ne pas céder à l'effort de traction exercé plus ou moins brusquement par le porte-chaîne. A cet effet, le chaîneur place son pied auprès de la fiche, et appuie son pouce contre son jarret. On peut aussi se procurer un point d'appui au moyen d'un bâton (ordinairement le bâton d'équerre dont on verra l'usage plus loin) que l'on maintient verticalement à côté de la fiche.

La seconde fiche étant plantée, le chaîneur *lève* aussitôt la première. On se remet en marche, le porte-chaîne plante une troisième fiche et le chaîneur lève la deuxième. On continue ainsi jusqu'à ce que l'on soit obligé de s'arrêter ou qu'il ne reste plus de fiches au porte-chaîne.

36. ÉCHANGE DES FICHES. — Dans ce dernier cas, c'est-à-dire lorsque l'on a fait une *portée* ou appliqué consécutivement dix fois la chaîne sur la ligne à mesurer, et que par suite il ne reste plus de fiches au porte-chaîne, celui-ci l'annonce à haute voix par le mot *cent*. Alors le chaîneur pose à terre la poignée

de la chaîne, se rend auprès du porte-chaîne et lui remet les neuf fiches qu'il a levées, plus la dernière, qu'il remplace par un piquet, ou par la fiche plombée, ou par son bâton d'équerre, ou encore par un simple trait sur le sol qui sert de nouveau point de départ pour la suite de l'opération. Cette remise des fiches par le chaîneur au porte-chaîne est ce que l'on appelle l'*échange des fiches*. Chacun de ces échanges est inscrit au registre des opérations.

37. Lorsqu'on est arrivé au terme de la ligne à mesurer, le porte-chaîne s'y arrête et applique la poignée de la chaîne sur le piquet qui marque l'extrémité de la ligne. Le chaîneur pose à terre la chaîne, se rend auprès du porte-chaîne et s'assure que la poignée est bien placée, et, si elle ne l'est pas, il en rectifie la position. Il rétrograde ensuite jusqu'à la dernière fiche plantée en comptant les mètres marqués par les anneaux de cuivre, puis les décimètres à raison de deux par chaînon entier à partir de l'anneau de cuivre le plus proche de la fiche; puis enfin, s'il y a encore une fraction de double décimètre, il l'évalue *par estime*, ou bien la mesure à part avec un mètre de poche.

Pour avoir la longueur totale de la ligne il ne reste plus qu'à ajouter 10 mètres pour la fiche plantée, plus autant de fois 10 mètres que le chaîneur a de fiches dans la main, plus autant de fois 100 mètres qu'il a été fait d'échanges de fiches.

Supposons, par exemple, qu'il y ait eu deux échanges des fiches, que le chaîneur ait en main 7 fiches et que la fraction de décamètre formant le complément de la mesure ait été trouvée de 7^m.68, la longueur de la ligne sera de 287^m.68.

Il peut arriver que dans le cours de l'opération on ait besoin de noter la distance d'un point intermédiaire de la ligne à l'origine du chaînage. Dans ce cas, si le terrain est plat comme je l'ai admis dans ce qui précède, au lieu de faire arrêter le portechaîne à ce point, on le fait passer outre, et c'est sur la chaîne posée à terre, à partir de la fiche que le chaîneur doit lever, que celui-ci mesure la distance de cette fiche au point intermédiaire.

38. OBSERVATIONS ESSENTIELLES. — L'opération qui vient d'être décrite demande à être bien comprise; c'est pourquoi je vais entrer dans quelques détails sur ses diverses parties, en insistant sur les points les plus essentiels.

1° La chaîne, au moment où on la tend pour planter une fiche, doit avoir ses deux extrémités sur une même ligne horizontale, sans que les parties intermédiaires portent sur le sol. Dans cet état, elle forme une courbe de 0^m.20 à 0^m.25 de flèche. L'expérience prouve que, si l'on cherchait à tendre davantage la chaîne, on s'exposerait à la rompre. Par suite de cette courbure, la distance entre les poignées est un peu moindre que si la chaîne était étendue sur un plan horizontal. En appelant f la flèche de l'arc, le raccourcissement correspondant est donné, pour le

cas d'une *chaînette*, par la formule $\frac{4f^2}{15}$. Il est donc de
$0^m.011$ à $0^m.017$ pour une flèche f de $0^m.20$ à $0^m.25$.
On compense ce déficit, d'abord en donnant à la
chaîne une longueur de $10^m.005$ au lieu de 10^m, et
ensuite en plaçant les fiches *en dehors* des poignées,
ce qui fait une nouvelle compensation égale à l'é-
paisseur entière d'une fiche qui est en général de
$0^m.005$ à $0^m.006$. Il reste encore un déficit de
$0^m.001$ à $0^m.007$, qui est compensé plus ou moins
exactement par l'élasticité de la chaîne. Celle-ci, par
suite de la manière dont elle est construite, s'allonge
quelque peu sous l'effort de traction auquel on la
soumet au moment de planter une fiche. Les contours des boucles et des anneaux éprouvent alors de
légers changements de figure, et reprennent leur
forme primitive dès que cet effort vient à cesser,
pourvu toutefois que l'on ait soin de ne pas dépasser la limite que comporte la solidité de la chaîne.
Comme cela est difficile, il faut la vérifier fréquemment, ce que l'on peut faire avec la chaîne elle-même
en mesurant une longueur connue (de 5 décamètres
au moins) comprise entre des repères fixes, ou encore en la comparant à une chaîne bien étalonnée
que l'on emporte avec soi pour servir à ces vérifications. Lorsqu'on trouve un allongement, on examine
quelles sont les parties qui se sont déformées, et on
les reforme avec une pince et un marteau dont on
doit toujours être muni sur le terrain.

C'est principalement dans les angles, à la naissance

des boucles des chaînons, que les déformations se produisent. Ces angles tendent toujours à s'ouvrir. C'est pourquoi les chaînes à boucles rondes*, comme on en trouve de figurées dans quelques ouvrages, doivent être absolument proscrites. Dans les chaines bien faites, ces angles sont plus ouverts et présentent des contours très-adoucis*;

* Fig. 70.

* Fig. 71.

2° Avant de commencer le chaînage et dans tout le cours de l'opération, il faut veiller à ce que la chaîne soit bien développée, sans coudes ni nœuds, et, en cas de rupture (ce qui peut arriver non-seulement au moment de planter une fiche, mais encore quand la chaîne est accrochée pendant la marche), n'en rattacher les morceaux qu'après s'être assuré que rien n'a été perdu. Il est bon d'avoir avec soi quelques anneaux et un certain nombre de chaînons de rechange.

3° Les fiches doivent être plantées bien verticalement dans le sol et y être enfoncées d'une main ferme, assez profondément pour ne pas vaciller et perdre leur aplomb. Pour éviter qu'elles ne soient dérangées par la chaine, on porte celle-ci un peu à gauche de la ligne à mesurer. J'ai expliqué, ci-dessus *, comment le chaîneur doit s'y prendre pour mettre la poignée de la chaîne en contact avec une fiche sans la déranger, pendant que le porte-chaîne plante une nouvelle fiche. J'ajouterai que c'est avec la tête de la fiche que la poignée doit être mise en contact. Si par hasard le porte-chaine n'avait pas enfoncé une fiche d'aplomb, il ne faudrait pas la re-

* 35.

dresser, car ce serait introduire une erreur dans le résultat du chaînage.

4° Les échanges de fiches doivent être l'objet d'une attention particulière. Il est indispensable que le chaîneur compte les fiches chaque fois qu'il les remet au porte-chaîne et que celui-ci les compte à son tour afin que l'on soit certain qu'il n'en manque aucune. La perte d'une ou même de plusieurs fiches est un accident assez ordinaire. Dès que l'on s'aperçoit qu'elles ne sont pas au complet, on revient sur ses pas et on cherche ce qui manque. S'il n'a été perdu qu'une fiche et qu'on la retrouve plantée, c'est que le chaîneur a oublié de la lever. Dans ce cas, il la ramasse et la remet simplement au porte-chaîne avec les autres. Mais, si la fiche trouvée n'est pas plantée et que l'on ne sache pas si elle est tombée des mains du chaîneur ou de celles du porte-chaîne, on est obligé de recommencer le chaînage à partir d'un point au delà duquel l'opération déjà faite ne puisse laisser aucune incertitude. Or il y a toujours de tels points sur une ligne de quelque étendue. Tels sont, par exemple, les points où elle est rencontrée par d'autres lignes, et dont on a dû constater, chemin faisant, la distance à l'origine du chaînage, les piquets indiquant le tracé, etc.

Lorsqu'on est obligé d'interrompre le chaînage d'une longue ligne pour opérer celui d'une ligne transversale, le chaîneur doit remettre au porte-chaîne les fiches qu'il a dans la main, et inscrire ce nombre au registre comme un emprunt qui lui est

fait par le porte-chaîne. Celui-ci, au moment de reprendre l'opération principale à partir de la dernière
fiche plantée, rend au chaîneur autant de fiches qu'il
en avait reçu, afin de remettre les choses dans l'état
où elles étaient avant l'emprunt.

39. CHAINAGE DES LIGNES DROITES EN TERRAIN
INCLINÉ. — Quand le terrain ne présente qu'une
faible déclivité, on procède comme pour un terrain
horizontal, attendu que la longueur de la ligne à mesurer ne diffère pas alors sensiblement de la longueur
de sa projection horizontale*. Quand la déclivité est   • 40.
très-sensible, on effectue le chaînage en descendant.
Le porte-chaîne est obligé de tenir la poignée de la
chaîne à une certaine hauteur au-dessus du sol, pour
qu'elle soit au même niveau que l'autre poignée. Se
retournant alors vers le porte-chaîne pour juger de
la hauteur à laquelle il doit tenir sa poignée, il met
en contact avec celle-ci extérieurement la fiche plombée et la laisse tomber verticalement, en ayant soin
de ne faire aucun mouvement qui puisse donner à
cette fiche une impulsion oblique. Elle s'implante
dans le sol par la pointe, marquant ainsi le pied de
la verticale. Le porte-chaîne l'enlève et la remplace
par une fiche ordinaire, que le chaîneur lève ensuite
après que la fiche suivante a été plantée.

Cette manière de déterminer le pied de la verticale
qui correspond à la poignée de la chaîne élevée au-
dessus du sol constitue ce que l'on appelle la *cultellation*. Dans l'origine, on se servait, au lieu de la

fiche plombée, d'un *couteau* qu'on tenait suspendu
la pointe en bas, et qu'on laissait tomber : en s'im-
plantant dans le sol il marquait le pied de la verticale.
Ce procédé est bien connu des cultivateurs; ils le
mettent fréquemment en usage.

Dans les terrains dont la déclivité est très-forte, il
devient impossible de tendre la chaîne horizontalement dans toute sa longueur. Alors on mesure 1 décamètre en deux ou trois fois. Par exemple, en deux
fois, au moyen de la demi-chaîne ; en trois fois, en
mesurant deux fois 3ᵐ et une fois 4ᵐ, de manière à
faire, de ces mesures partielles, 1 décamètre entier.
Dans cette circonstance, le mode de comptage indiqué ci-dessus doit être modifié.

On comprend sans peine que les mesures ainsi
obtenues sont loin d'offrir le même degré d'exactitude que dans le cas d'un chaînage en terrain plat ou
faiblement incliné. Dans les fortes pentes, la position
du porte-chaîne est incommode : il lui est difficile de
juger, à la simple vue si les deux poignées de la chaîne
sont à la même hauteur, et d'exercer la tension convenable. Lorsqu'on a besoin de mesures exactes, il
faut * substituer à la chaîne une forte règle ou tout
au moins une perche bien droite, de 4ᵐ de longueur,
que l'on appuie sur le sol au pied de la fiche la plus
élevée, et que l'on rend horizontale à l'aide d'un niveau. En laissant tomber de l'autre extrémité la fiche
plombée, que l'on remplace aussitôt par une fiche ordinaire, on a le point de départ de la portée suivante.
Il est question dans le traité de la *Dioptre* du géo-

* Fig. 72.

mètre grec Héron d'Alexandrie, qui vivait au commencement du Ier siècle avant J. C., d'un procédé de mesurer les distances qu'il appelle πρὸς διαβήτην, c'est-à-dire *au niveau ;* mais l'explication qu'il en avait donnée est perdue. Il y a lieu de croire qu'il s'agissait tout simplement de l'emploi d'une perche rendue horizontale au moyen d'un niveau à perpendicule, tel que celui de maçon ou de charpentier. On peut remplacer la fiche plombée par un fil à plomb qu'on laisse descendre jusqu'au sol en maintenant le fil contre l'extrémité de la perche.

40. Calcul pour réduire les distances a l'horizon. — Lorsqu'on mesure une ligne droite suivant la pente du terrain, on peut déduire du résultat que fournit une telle opération celui que l'on aurait obtenu en appliquant la méthode de cultellation décrite ci-dessus. Il faut, pour cela, savoir quelle est en degrés la pente de la droite mesurée. En effet, appelons i cette pente, L la longueur de la ligne mesurée et R le rayon de courbure de la surface de niveau qui passe par le point le plus bas de cette ligne, on a, pour déterminer la longueur l de la même ligne sur l'arc correspondant de rayon R, la formule suivante, que je me dispense de démontrer :

$$l = L\cos i \left[1 - \frac{1}{2} \cdot \frac{L\sin i}{R} + \frac{1}{3} \frac{L^2\sin^2 i}{R^2} - \frac{1}{4} \frac{L^3\sin^3 i}{R^3} + \ldots \right]$$

Dans la plupart des cas de la pratique, on peut se

contenter du premier terme. Pour une longueur L
de 300^m, la correction à faire n'atteindrait pas
0^m.003. On prendra donc simplement $l = $ L cos i,
formule qui se prête très-facilement au calcul logarithmique. Il s'agit uniquement d'ajouter au logarithme de L celui de cos i; la somme est le logarithme de l. Il sera donc facile, au moyen de ce logarithme, de calculer la longueur l.

Soit, pour exemple de ce calcul, L $= $ 157^m.50,
$i = $ 12° 30′.

$$
\begin{array}{ll}
\text{Log } 157{,}50. \ldots \ldots & 2.19728 \\
\text{Log cos } 12°30′. \ldots \ldots & \overline{1}.98958 \\
\hline
\text{Log } l. \ldots \ldots & 2.18686
\end{array}
$$

$$l = 153^m.77$$

Il existe des tables à l'aide desquelles on s'est proposé de faire cette réduction à l'horizon sans recourir aux logarithmes. Ces tables sont calculées de degré en degré et font connaitre la longueur du mètre
réduit à l'horizon pour toutes les inclinaisons sur
lesquelles il est possible de mesurer des longueurs
avec la chaîne. Mais il vaut mieux se servir des logarithmes; cela est plus expéditif.

44. DÉCAMÈTRE A RUBAN D'ACIER. — Les inconvénients de la chaîne ordinaire ont naturellement fait
chercher les moyens de la perfectionner. De là divers

essais dont aucun n'a prévalu jusqu'à présent, ce qui est dû à diverses causes parmi lesquelles l'élévation du prix tient une grande place. La seule mesure perfectionnée qui ait pris quelque faveur pour les opérations sur le terrain est faite d'un ruban d'acier de 12 à 18 millimètres de largeur, terminé* par deux poignées droites dans lesquelles on a pratiqué des rainures ou cannelures dont la profondeur est égale au demi-diamètre des fiches. Les subdivisions de ce décamètre sont indiquées par divers signes. On a employé notamment des rondelles de cuivre assujetties par un clou rivé pour marquer les mètres, des rondelles d'un diamètre moindre pour les doubles décimètres, de petits trous faits à l'emporte-pièce pour les décimètres. Au milieu du ruban on fixe un losange au lieu d'une rondelle. Tout cela n'a rien de définitif ; il ne serait certainement pas difficile de marquer en chiffres le numéro de chaque mètre.

 * Fig. 73.

 On se sert de ce décamètre de la même manière que du décamètre ordinaire. Son mode de construction lui permet, à section égale, de supporter de plus grands efforts de traction, et par suite il prend une moindre courbure au moment où l'on plante une fiche. Pour le régler, il suffit de tourner l'écrou qui est dans l'étrier de la poignée.

 On s'accorde à reconnaître que le degré d'exactitude des chaînages effectués à l'aide de ce ruban d'acier est de beaucoup supérieur à celui des chaînages ordinaires. Si l'on en croit quelques praticiens, la différence entre deux chaînages consécutifs

d'une même distance exécutés avec un pareil instrument de mesure ne doit pas dépasser $0^m.10$ pour
3000^m, tandis qu'avec la chaîne ordinaire elle pourrait
être de 3^m et même davantage. Il y a peut-être en cela
de l'exagération. On ne pourrait être complétement
éclairé à ce sujet que par la comparaison des deux
instruments dans des circonstances identiques; malheureusement il ne paraît pas qu'on l'ait faite.
Toutefois je ne mets pas en doute la supériorité du
décamètre à ruban d'acier.

Ce décamètre a l'inconvénient d'être sujet à se
casser; quand cet accident arrive, on ne peut pas le
réparer à l'instant comme pour la chaîne. En outre,
il n'est guère possible de l'employer autrement que
déroulé tout entier, ce qui le rend impropre aux
opérations de détail. Pour ces dernières, il faut recourir à la chaîne; de sorte que celle-ci s'emploie
concurremment avec le décamètre à ruban d'acier.

42. ROULETTE. — Un instrument fort commode
et aujourd'hui très-répandu est la *roulette*, laquelle
consiste dans un ruban de fil de 5^m, 10^m ou même
davantage. Ce ruban, qu'un enduit et une préparation convenables soustraient à l'influence de l'humidité, est divisé en centimètres. Il s'enroule autour
d'un axe placé au centre d'une boîte en forme de
tabatière et n'occupe ainsi qu'un très-petit volume.
Les architectes et les personnes qui ont à mesurer
des distances peu considérables s'en servent continuellement. Mais son peu de solidité en restreindra

toujours beaucoup l'usage dans les opérations sur le terrain.

On fait aussi des roulettes à ruban d'acier. Elles ont, comme le décamètre à ruban d'acier, l'inconvénient d'être fragiles.

Le *cordeau* est une espèce de roulette puisqu'on le porte enroulé. On doit éviter de l'employer sur des terrains humides, à cause du retrait qu'il éprouve lorsqu'il vient à être mouillé. Toutefois on peut prévenir ce retrait en fixant le cordeau à un point élevé et le laissant pendre verticalement pendant quelques semaines, avec un poids de 5 à 6 kilogrammes attaché au bout inférieur. On l'enduit ensuite d'un mélange d'huile et de cire. Ce procédé est indiqué par Héron d'Alexandrie. Le cordeau se divise par des morceaux de ficelle que l'on y pique.

43. ÉVALUATION DES DISTANCES PAR LE PAS DE L'HOMME ET DU CHEVAL ET PAR LE TEMPS. — Le pas de l'homme, celui du cheval et des bêtes de somme peuvent servir à évaluer approximativement les distances. La condition essentielle pour obtenir quelque exactitude, c'est que l'allure, dans toute l'étendue de la distance parcourue, reste constante. Si l'on a mesuré l'espace parcouru pour 1000 pas comptés, on en déduira l'espace parcouru pour *un pas*, et en comptant pour toute autre distance le nombre de pas qui auront été faits avec la même allure, on en déduira aisément la mesure de cette distance.

On peut aussi évaluer les distances par le temps employé à les parcourir, mais le résultat est moins certain, parce que la vitesse est plus susceptible de varier que le pas. En général, on peut compter 100 mètres de chemin parcouru par minute pour un piéton, 150 mètres pour un cavalier au petit trot, 250 mètres pour la marche *en poste*.

On a déterminé la vitesse avec laquelle le son se propage dans l'air. Elle est de 332^m par seconde à la température 0° et de 340^m à 16°. Or il ne s'écoule aucun intervalle appréciable de temps entre l'instant où a lieu l'explosion d'une arme à feu et celui où l'on aperçoit la lumière de cette explosion. Le bruit ne s'entend que quelques instants après. Si donc on a compté en secondes le temps qui s'est écoulé entre le moment où l'on a aperçu la lumière et le moment où l'on entend le bruit de l'explosion, on aura la distance à laquelle on est du lieu de l'explosion en comptant autant de fois 340 mètres que l'on aura compté de secondes. Ce procédé ne peut s'appliquer qu'à de grandes distances. Il est d'ailleurs sujet à incertitude, parce que le vent fait varier la vitesse du son.

Procédé de la stadia.

44. On a proposé divers moyens de déterminer les distances *sans chaînage*; mais dans le nombre il n'en est réellement qu'un seul qui ait pu être introduit avec quelque succès dans la pratique, c'est celui que l'on désigne sous le nom de *procédé de la*

stadia. On appelle en particulier *stadia* une mire divisée que l'on fait tenir *verticalement* à l'extrémité de la ligne à mesurer. De l'autre extrémité on dirige sur cette mire une lunette, sur le réticule de laquelle on a disposé deux fils parallèles entre eux, dans une situation telle qu'ils soient horizontaux quand l'instrument est en station, c'est-à-dire au moment où il n'y a plus qu'à mettre l'œil à la lunette. Il est bon que ces deux fils soient situés à égale distance de part et d'autre de la ligne horizontale qui divise centralement le champ de vision, ligne que je supposerai même réalisée matériellement par le fil horizontal d'un réticule ordinaire, tandis que le fil vertical du même réticule bissectera les trois fils horizontaux et fournira sur chacun d'eux un point de repère. Le procédé consiste à évaluer la distance horizontale de la lunette à la mire, au moyen de la portion de celle-ci qui correspond à l'intervalle des deux fils. Je vais faire connaître en premier lieu le principe géométrique sur lequel repose cette évaluation, tant pour les distances inclinées que pour les distances horizontales; j'indiquerai ensuite les conditions pratiques de son application.

45. PRINCIPE DE LA STADIA. — Quelle que soit la construction de l'appareil optique qui constitue l'objectif de la lunette, on peut toujours * le réduire, par la pensée, à son axe et à quatre plans E, I, F_0, F perpendiculaires à cet axe, dont les deux premiers E, I ont reçu le nom de *plans principaux* de *première*

* Intr. 146 et suiv.

16

et de *seconde espèce*, et les deux autres F_o, F celui de *plans focaux* de *première* et de *seconde espèce*. On sait construire, au moyen de ces quatre plans, la route finale d'un rayon dont la route initiale est donnée; et inversement, la route finale étant donnée, on peut construire la route initiale. Il est facile, d'après cela, de déterminer sur la stadia les points qui correspondent aux deux fils parallèles. s', s'' étant ces deux fils *, ou plutôt leurs points de rencontre avec le fil perpendiculaire, menons parallèlement à l'axe les droites $s'e'$, $s''e''$ jusqu'à la rencontre en e', e'' du plan principal E, et de ces derniers points menons au foyer principal de première espèce F_o les droites $e'F_o$, $e''F_o$, et prolongeons-les jusqu'à la stadia. Je dis que les points S', S'' ainsi déterminés sont ceux dont les images se font respectivement dans le lieu des fils s', s''. En effet, parmi les rayons de lumière partis de chacun de ces points S', S'', ceux qui passent par le foyer de première espèce F_o rencontrent en e', e'' le plan principal de première espèce E, et leurs routes finales, qui sont parallèles à l'axe en vertu de la propriété connue du foyer F_o,*, passent réellement ou virtuellement par les points e', e'', et conséquemment passent aussi par les points s', s'', ce qui démontre la proposition énoncée.

* Fig. 74.

* Intr. 141 et 148.

Le triangle $F_o e'e''$ est invariable de grandeur, et sa position relativement à l'objectif reste la même tant que les fils conservent leur écartement. Comme c'est de la considération de ce triangle que dépend, ainsi que je vais l'expliquer, la détermination des distances au moyen de la stadia, je l'appellerai le *triangle diastimométrique* (1). Sa hauteur est égale à la longueur focale de l'objectif, c'est pourquoi je la désignerai par la lettre f. Je désignerai sa base ou l'intervalle des fils par la lettre m. J'appellerai de même *angle diastimométrique* l'angle $e'F_0e''$.

46. Distances horizontales. — Supposons en premier lieu [*] que l'axe F_0S de l'objectif soit perpendiculaire à la stadia, et conséquemment à fort peu près horizontal, puisque la stadia est tenue verticalement [*] : le triangle $F_0S'S''$ sera semblable au triangle diastimométrique $F_0 e'e''$, et on aura la proportion $SF_0 : S'S'' :: f : m$, d'où $SF_0 = S'S'' \times \dfrac{f}{m}$.

* Fig. 75.

* 44.

Or SF_0 est la distance de la stadia au foyer F_0 de première espèce de l'objectif; si donc on a déterminé d'avance, une fois pour toutes, la distance c de ce foyer au point C de l'instrument à partir duquel on veut mesurer les distances, et que l'on appelle M la longueur de la portion de mire $S'S''$ qu'interceptent les côtés de l'angle diastimométrique, la distance horizontale SC sera donnée par la formule $c + M \times \dfrac{f}{m}$. On arriverait à la même formule en partant de la relation [*] $z_f = -\dfrac{z_0 f}{F_0 - x_0}$, qui fait connaître l'ordonnée z_f par rapport à l'axe de l'image d'un point

* Intr. 151.

(1) Des deux mots grecs διάστημα, *distance*, et μετρεῖν, *mesurer*.

dont l'ordonnée, par rapport au même axe, est z_0, et en y faisant $z_f = -\frac{1}{2} m, z_0 = \frac{1}{2} M$. Elle donne $F_0 - x_0$ ou $SF_0 = M . \frac{f}{m}$.

47. Détermination expérimentale des constantes qui entrent dans cette formule.

— Lorsqu'on a entre les mains un instrument dont la lunette est préparée pour la mesure des distances par le moyen de la stadia, il faut, avant de s'en servir, déterminer la longueur c et le nombre $\frac{f}{m}$ qui entrent dans la formule ci-dessus. Le premier de ces éléments s'obtient facilement sur l'instrument même, après avoir déterminé le lieu du foyer F_0 par expé-rience si ce foyer est *extérieur* * à l'objectif et en faisant intervenir le calcul s'il est *intérieur* *.

* Intr. 182.

* Intr. 157 et 162.

Quant au nombre $\frac{f}{m}$, on chercherait vainement à l'évaluer avec exactitude au moyen des longueurs f et m. La moindre erreur e commise sur la mesure de l'intervalle m qui est très-petit introduirait dans le nombre cherché une erreur égale à $\frac{f}{m} . \frac{e}{m}$, laquelle pourrait être très-forte, attendu que $\frac{f}{m}$ n'est généralement pas inférieur à 50. On peut heureusement éluder cette difficulté. Le procédé que voici me paraît atteindre le but. On marque au dos de la mire, c'est-à-dire sur la face non divisée, deux points, l'un à $0^m.50$ au-dessus, l'autre à $0^m.50$ au-dessous du point qui marque la hauteur habituelle de la lunette au-dessus du sol, de manière qu'ils soient distants l'un de l'autre de 1 mètre. On trace autour de chacun de ces deux points un cercle de $0^m.02$ de diamètre, que l'on peint en blanc. On entoure chacun de ces cercles d'un cercle noir de $0^m.02$ de largeur au moins, afin de faire bien ressortir les cercles blancs. Ayant ensuite installé l'instrument sur un terrain horizontal, on fait présenter à la lunette, à différentes distances, le côté ainsi préparé de la stadia, et pour chacune de ces distances on dirige et on ajuste la lunette de manière à bissecter l'un des cercles par l'un des deux fils parallèles, ce que l'on peut faire avec une très-grande précision [*]; et on fait avancer ou reculer la mire jusqu'à ce que l'on trouve une position où les deux cercles soient bissectés en même temps par les deux fils. Cette position une fois trouvée, on mesure très-exactement la distance SC, on en retranche la longueur c, et le nombre de mètres restant n'est autre chose que le nombre cherché $\frac{f}{m}$. C'est une conséquence directe de la formule ci-dessus.

[*] Intr. 127 et 128.

On pourrait se dispenser de déterminer préalablement la longueur c, en employant deux autres cercles blancs également entourés d'une large bordure noire, situés l'un à 1^m au-dessus, le second à 1^m au-dessous du milieu de l'intervalle des deux premiers. Les deux distances mesurées seraient successivement $c + \frac{f}{m}$, $c + 2\frac{f}{m}$, et conséquemment leur différence serait égale à $\frac{f}{m}$. En retranchant de la première la

valeur ainsi trouvée de $\frac{f}{m}$ ou de la seconde celle de

$2\frac{f}{m}$, on aurait la longueur c.

Ces déterminations ne seraient pas à beaucoup près aussi précises ni aussi faciles, si l'on essayait de les faire au moyen des divisions mêmes de la stadia, surtout si l'on cherchait à faire couvrir par chacun des fils la limite de deux divisions. Cette limite disparaît sous la largeur de fil amplifiée par l'oculaire, et il résulte de là une incertitude qu'on évite en bissectant un espace circulaire.

48. Distances inclinées. —- Supposons maintenant qu'il soit nécessaire d'incliner la lunette pour que l'angle diastimométrique puisse intercepter une

Fig. 76. portion S'S'' de la stadia et proposons-nous de déterminer la distance horizontale CS qui correspond à la distance inclinée CX mesurée sur l'axe central. Abaissons sur la mire la perpendiculaire F_0S_0, et appelons i l'angle que forme avec cette droite l'axe central CX et d l'angle diastimométrique. Les triangles rectangles $S'S_0F_0$, $S''S_0F_0$, dont les angles en F_0 sont ainsi respectivement $i+\frac{1}{2}d$, $i-\frac{1}{2}d$, donnent

$$S'S_0 = S_0F_0 \ \text{tang} \ (i+\tfrac{1}{2}d), \quad S''S_0 = S_0F_0 \ \text{tang} \ (i-\tfrac{1}{2}d).$$

Retranchant membre à membre, il vient $S'S_0 - S''S_0$

ou $S'S'' = S_0 F_0 \left[\tan \left(i + \frac{1}{2} d \right) - \tan \left(i - \frac{1}{2} d \right) \right].$

Remplaçant[*] $\tan \left(i + \frac{1}{2} d \right)$ et $\tan \left(i - \frac{1}{2} d \right)$ par

* Intr. 93
[4].

$\dfrac{\sin \left(i + \frac{1}{2} d \right)}{\cos \left(i + \frac{1}{2} d \right)}$ et $\dfrac{\sin \left(i - \frac{1}{2} d \right)}{\cos \left(i - \frac{1}{2} d \right)}$, réduisant ensuite au même

dénominateur ces deux expressions, en multipliant

les deux termes de la première par $\cos \left(i - \frac{1}{2} d \right)$

et les deux de la seconde par $\cos \left(i + \frac{1}{2} d \right)$, remar-

quant[*] que le numérateur $\sin \left(i + \frac{1}{2} d \right) \cos \left(i - \frac{1}{2} d \right)$

* Intr. 99.
[10]

$- \sin \left(i - \frac{1}{2} d \right) \cos \left(i + \frac{1}{2} d \right)$ ainsi obtenu n'est autre

chose que le sinus de la différence des angles $i + \frac{1}{2} d$,

$i - \frac{1}{2} d$, différence qui est égale à l'angle d, et repré-

sentant, comme ci-dessus, par M la longueur de

mire $S'S''$, qui correspond à l'intervalle m des fils, il

vient $M = S_0 F_0 . \dfrac{\sin d}{\cos \left(i + \frac{1}{2} d \right) \cos \left(i - \frac{1}{2} d \right)}$, d'où l'on tire

$S_0 F_0 = M . \dfrac{\cos \left(i + \frac{1}{2} d \right) \cos \left(i - \frac{1}{2} d \right)}{\sin d}$. Cette expression de $S_0 F_0$

renferme implicitement le nombre $\dfrac{f}{m}$ qui entre dans

la formule des distances horizontales[*]. Pour le mettre

* 46.

en évidence, je développe $\cos \left(i + \frac{1}{2} d \right)$ et $\cos \left(i - \frac{1}{2} d \right)$

* Intr. 99
[9] et [11].
au moyen des formules connues[*], j'effectue la multiplication indiquée et je substitue enfin à sin d l'ex-
*Intr. 101
[18].
pression équivalente[*] $2 \sin \frac{1}{2} d \cos \frac{1}{2} d$. En faisant at-

tention que l'on a $\dfrac{\sin \frac{1}{2} d}{\cos \frac{1}{2} d} = \dfrac{1}{2} \dfrac{f}{m}$, on obtient finale-

ment $S_o F_o = M \left(\dfrac{f}{m} \cos^2 i - \dfrac{1}{2} \dfrac{m}{f} \sin^2 i \right)$. Il ne reste

plus, pour avoir l'expression complète de la longueur cherchée CS, qu'à ajouter la longueur c réduite
à l'horizontale, c'est-à-dire $c \cos i$, de sorte que la
formule des distances inclinées qu'il s'agissait d'ob-

tenir est $c \cos i + M \left(\dfrac{f}{m} \cos^2 i - \dfrac{1}{2} \dfrac{m}{f} \sin^2 i \right)$.

L'angle i qui figure dans cette formule est celui
que forme l'axe central de la lunette avec la perpendiculaire CS abaissée du point C sur la verticale dans
laquelle la stadia est placée. Cet angle est plus grand
que l'inclinaison de cet axe sur l'horizontale que l'on
mesurerait au point C ; la différence est à peu de chose
près égale à autant de secondes sexagésimales que la
distance à mesurer contient de fois 31 mètres. Cet
angle mesure exactement l'inclinaison de l'axe CX
au point X où il rencontre la stadia.

49. Il est important de se rendre compte de l'influence que peut avoir une erreur commise dans la
mesure de l'angle i. Eu égard à la nature des instruments qui servent à mesurer les angles, cette erreur

sera généralement comprise dans la limite de $1'$. D'un autre côté, les conditions pratiques de l'emploi de la stadia ne permettent guère que M atteigne 4^m. Quant au nombre $\frac{f}{m}$, il est, en général, compris entre 50 et 100. Il peut, par exception, s'élever à 200. Or voici le tableau, pour un certain nombre de valeurs de l'angle i, de l'influence que peut avoir sur le terme $M \frac{f}{m} \cos^2 i$ une erreur de $1'$ commise dans la mesure de cet angle, en supposant $M = 4^m$.

Inclinaison i.	$\frac{f}{m} = 50.$	$\frac{f}{m} = 100.$	$\frac{f}{m} = 200.$
0°	$0^m.0000$	$0^m.0000$	$0^m.0000$
5	0 .0101	0 .0202	0 .0403
10	0 .0199	0 .0398	0 .0796
15	0 .0292	0 .0583	0 .1166
20	0 .0374	0 .0749	0 .1498
25	0 .0446	0 .0891	0 .1782
30	0 .0503	0 .1007	0 .2014
35	0 .0547	0 .1094	0 .2187
40	0 .0573	0 .1146	0 .2293

Quant aux deux termes $c \cos i$ et $- M . \frac{m}{2f} \sin^2 i$, une erreur de $1'$ n'a pas sur eux d'influence sensible. Il est d'ailleurs à remarquer que le dernier, dans les hypothèses ci-dessus, ne dépasse jamais en valeur absolue $0^m.02$, et que cette valeur a même pour limite $0^m.01$ tant que l'inclinaison i n'excède pas 30°, ce qui permet de négliger habituellement le terme dont il s'agit et, par conséquent, de réduire la formule qui donne la distance CS à $c\cos i + M\dfrac{f}{m}\cos^2 i$.

Il ne faut pas perdre de vue que CS est la perpendiculaire abaissée du point C sur la stadia ou sur son prolongement idéal, et que, par suite, cette formule ne donne la distance cherchée qu'autant que la stadia est tenue verticalement. Pour peu qu'elle s'incline en arrière ou en avant, le point S se déplace sur la circonférence qui a pour diamètre la droite qui joint son pied au point C, et il en résulte une variation dans la longueur CS. De là résulte la nécessité d'adapter à la stadia un fil à plomb ou un niveau pour que le porte-mire puisse la rendre bien exactement verticale.

50. Stadia perpendiculaire au rayon de visée. *Fig. 77.* — Il y a une autre manière* de se servir de la stadia, qui consiste à la tenir perpendiculaire à l'axe optique central de la lunette. A cet effet, la stadia est pourvue d'un appareil visuel directeur, à l'aide duquel le porte-mire vise la lunette de l'instrument, tandis que l'opérateur vise le point de la stadia qui correspond à cet appareil. M_0 étant alors la portion de cette dernière interceptée entre les deux fils, la distance mesurée suivant l'inclinaison du rayon visuel est $c + M_0 \cdot \dfrac{f}{m}$; mais, mesurée horizontalement, elle est $\left(c + M_0\dfrac{f}{m}\right)\cos i$.

Cette formule donne la distance du point C au point de la mire que l'on vise. Il faut donc que le porte-mire ait l'attention de placer le pied de la stadia de telle sorte que ce dernier point corresponde verticalement au point du sol que l'on considère. Si l'on préférait que la stadia fût tenue sur ce point même, on devrait tenir compte de la distance du point visé de la mire à la verticale, distance qui est donnée par la formule $T \sin i$, T étant la longueur de la stadia comprise entre son pied et le point visé. Cette distance devra être ajoutée ou retranchée, suivant que l'inclinaison i du rayon de visée de l'opérateur sera comptée au-dessus ou au-dessous de l'horizontale.

Il y a quelque avantage, sous le rapport de l'exactitude, à tenir ainsi la stadia perpendiculaire au rayon de visée, 1° parce que la longueur M_0 est déterminée dans les meilleures conditions; 2° parce que l'erreur que l'on peut commettre sur la mesure de l'inclinaison i est indépendante de celle que l'on commet en s'écartant tant soit peu de la perpendiculaire au rayon visuel. En appelant toujours d l'angle diastimométrique, un écart angulaire v fait varier M_0 de $M_0 \dfrac{\sin^2 v}{\cos^2 \frac{1}{2} d - \sin^2 v}$, ce qui, pour $M_0 = 4^m$ et $v = 10'$, ne donnerait lieu, sur le terme $M_0 \dfrac{f}{m}$ qu'à une erreur de $0^m.0068$ pour $\dfrac{f}{m} = 200$.

51. LUNETTE CENTRALEMENT DIASTIMOMÉTRIQUE.
— Jusqu'ici j'ai supposé implicitement que le foyer
F_o de première espèce de l'objectif est extérieur à la
lunette, comme il l'est, en effet, dans le cas d'une
lunette ordinaire d'instrument; mais il est possible
de construire et de disposer le système objectif de
telle façon que le foyer dont il s'agit coïncide avec
le point central C, à partir duquel les distances doivent être mesurées. C'est ce que j'appelle rendre la
lunette *centralement diastimométrique* (1). La lon-

---

(1) M. Porro, qui, le premier, a indiqué le principe de la
construction de ces lunettes, les appelle des *lunettes analla-
tiques*. Cette dernière dénomination est formée des deux mots
grecs ά privatif et ἀλλάσσω, ou plutôt ἀλλάττω, *changer*,
et signifie que l'*angle diastimométrique est rendu invariable*.
Il faut savoir, à ce sujet, que l'idée du procédé de la stadia
s'est offerte depuis longtemps, et paraît même n'avoir pas
échappé aux inventeurs du réticule, mais qu'en introduisant
dans la pratique ce procédé, vers la fin du siècle dernier,
on avait considéré comme invariable l'angle sous lequel
l'intervalle des fils est vu d'un point vaguement défini sous
le nom de *centre optique de l'objectif*. Les côtés de cet angle
étaient censés se prolonger de ce point vers la stadia, sur
laquelle ils interceptaient une longueur M, et on calculait la
distance de la stadia à ce même point, en terrain hori-
zontal, par le moyen de la formule $M \dfrac{f'}{m}$, f' étant la distance
du centre optique au plan du réticule. C'était un véritable
angle diastimométrique, à cela près que, en le supposant
constant, on commettait une erreur manifeste, puisque f' est
essentiellement variable. Une lunette *anallatique* est donc
simplement une lunette dans laquelle on ne commet pas
cette erreur. Or, toute lunette étant anallatique lorsqu'on

gueur c étant alors nulle, la formule qui donne les distances se réduit au seul terme $M \dfrac{f}{m} \cos^2 i$ pour le cas de la stadia verticale, et $M \dfrac{f}{m} \cos i$ pour celui de la stadia perpendiculaire au rayon visuel, ce qui constitue une simplification importante.

On obtient ce résultat en associant à l'objectif d'une lunette ordinaire d'instrument un verre tel, que les rayons incidents dirigés vers le point central C, lesquels, conséquemment, concourent au point C' con-

rapporte les mesures au foyer F_0 de première espèce de son système objectif, le mot *anallatique* n'implique par lui-même aucun mode spécial de construction. C'est là le motif qui m'a porté à ne pas le conserver. Cela n'ôte rien d'ailleurs au mérite de l'invention de M. Porro.

On peut se rendre compte très-facilement du degré d'exactitude avec lequel on obtenait, par la formule ci-dessus, les distances horizontales. On commençait par déterminer expérimentalement la valeur du facteur $\dfrac{f'}{m}$, qui ensuite était considéré comme constant. Appelons M_0 la longueur de stadia correspondant à la distance qui a servi à déterminer la valeur de ce facteur, on a, à fort peu près, $M_0 \dfrac{f'}{m} = M_0 \dfrac{f}{m} + f$, et, par suite, $\dfrac{f'}{m} = \dfrac{f}{m} + \dfrac{f}{M_0}$. On aura donc, pour une autre distance correspondant à une longueur M de stadia, $M \dfrac{f'}{m} = M \dfrac{f}{m} + \dfrac{Mf}{M_0}$, et, comme la véritable longueur est $M \dfrac{f}{m} + f$, on voit que la différence ou l'erreur commise est $\left(\dfrac{M}{M_0} - 1 \right) f$ ou $\left(\dfrac{X - f}{X_0 - f} - 1 \right) f$, en appelant X_0, X les distances que donnent les longueurs de mire M_0, M.

jugué de C par rapport à cet objectif, soient rendus parallèles par ce nouveau verre. Il faut donc que ce verre ait son foyer principal de première espèce en C′, quelle que soit d'ailleurs sa longueur focale. Cette condition est suffisante, du moins théoriquement, car, dès qu'elle est satisfaite, il suffit de mener* des points $s′, s″$, qui correspondent aux fils parallèles du réticule, des parallèles à l'axe du système ainsi complété jusqu'à la rencontre aux points $e′, e″$ de son plan principal E de première espèce, et de joindre $Ce′$, $Ce″$ pour avoir un triangle diastimométrique $Ce′e″$ jouissant des mêmes propriétés, relativement à la mesure des distances, que celui que nous avons considéré d'abord dans une lunette ordinaire d'instrument.

Fig. 78.

Le verre qui sert à transporter ainsi au point central C le sommet de l'angle diastimométrique, et que, pour ce motif, je nommerai le *verre centraliseur*, se place à une petite distance en deçà du plan focal de deuxième espèce de l'objectif auquel on l'associe, de manière que le plan focal analogue du système entier soit extérieur à ce système. En même temps que l'on satisfait à cette condition essentielle, on se procure l'avantage de pouvoir faire consister le nouveau verre dans une lentille simple, attendu qu'une telle lentille, placée, comme nous le supposons, dans le voisinage du plan focal de deuxième espèce d'un objectif achromatique, n'en trouble pas sensiblement l'achromatisme.

52. Pour achever de déterminer les conditions

d'établissement d'une lunette centralement diastimométrique, désignons les plans principaux et les plans
focaux de première et de deuxième espèce, les points
correspondants de l'axe, ainsi que leurs distances à
un même point pris pour origine sur cet axe, par
les lettres E, I, F_o, F, employées sans accent pour le
système de l'objectif et du verre centraliseur qui lui
est associé, avec un accent pour l'objectif seul et
avec deux accents pour le verre centraliseur. Appelons f, f', f'' les longueurs focales dans ces trois hypothèses, t l'intervalle E''—I', a la distance du point
C au plan E', et a' celle du point C' conjugué de C au
plan I'. Le foyer F_o de première espèce du système
tombera en C, si l'on a $F_o = E' + a$. Or, d'après une

formule connue*, on a $F_o = E' - \frac{(f''-t)f'}{f'+f''-t}$. D'autre   * Intr. 162.

part $t - f'' = a'$, en vertu des hypothèses admises;
la condition à laquelle il s'agit de satisfaire de-
vient, en conséquence, $a = \frac{a'f'}{f'-a'}$, d'où $a' = \frac{af'}{f'+a}$,
ce qui fait connaître la position du point C' où doit
être placé le foyer F_o'' de première espèce du verre
centraliseur. Ce verre devant être placé, comme on
l'a expliqué ci-dessus*, un peu en deçà du foyer F' * 51.
de deuxième espèce de l'objectif, on satisfera à cette
condition en posant $F - I'' = uf$, u étant une petite

fraction. Or on a* $F = I'' + \frac{(f'-t)f''}{f'+f''-t}$, $f = \frac{ff''}{f'+f''-t}$, ce   * Intr. 162.

qui donne $f' - t = uf'$ ou $t = (1-u)f'$. De la relation
$t - f'' = a'$ on tire ensuite, en y substituant les ex-

pressions de t et de a', $f'' = \left(\dfrac{f'}{f'+a} - u \right) f'$, et il vient $f = f' - (f'+a)u$, etc.

On a, en définitive, les formules que voici :

$$a' = \frac{af'}{f'+a}, \quad t = (1-u)f', \quad f' = \left(\frac{f'}{f'+a} - u \right) f',$$

$$f = f' - (f'+a)u = t - au$$

$$E = E' + (1-u)(f'+a), \quad I = I'' - (1-u)f,$$

$$F = I'' + uf.$$

EXEMPLE. Pour fixer les idées, supposons que l'on veuille rendre centralement diastimométrique une lunette ayant un objectif dont la longueur focale f' soit de $0^m.36$, et que l'on ait reconnu convenable de prendre $u = 1/50^e$ et de placer le point C à $0^m.20$ de distance du plan E', c'est-à-dire de faire $a = 0^m.20$. On trouvera, en s'arrêtant aux millimètres, $t = 0^m.353$, $a' = 0^m.129$, $f' = 0^m.224$, $f = 0^m.349$, $E = E' + 0^m.549$, $I = I'' - 0^m.342$, $F = I'' + 0^m.007$.

On voit qu'il est très-facile de rendre centralement diastimométrique une lunette, lorsqu'on connaît la longueur focale f', ainsi que la position des plans principaux E', I' de son objectif. Or ces données peuvent être obtenues non-seulement par le calcul, mais encore expérimentalement, ainsi que

'Intr. 182. je l'ai expliqué dans l'*introduction*[*], par des moyens

très-simples, applicables surtout aux lentilles achromatiques et aux diverses combinaisons que l'on peut
faire de ces lentilles quand les plans focaux F_o, F'
sont extérieurs, ce qui comprend notamment le cas
où, pour diminuer la longueur focale sans réduire
proportionnellement l'ouverture de la lunette, on
compose l'objectif de deux lentilles achromatiques
placées à une certaine distance l'une de l'autre*, en
réglant cette distance de manière à diminuer les aberrations, comme on le fait pour les objectifs des appareils photographiques.

* Fig. 79.

Le choix de la valeur de u n'étant assujetti qu'à
la condition de ne pas troubler sensiblement l'achromatisme de l'image focale, et les courbures des deux
faces du verre centraliseur pouvant encore être choisies d'une infinité de manières après que l'on a fixé
la valeur de u et que l'on en a déduit la longueur
focale f'' de ce verre, le constructeur pourra profiter
de cette double indétermination pour faire disparaître ou, tout au moins, atténuer autant que possible, les diverses aberrations*.

* Intr. 164
et suiv

53. OCULAIRE. — Que la lunette soit centralement diastimométrique ou non, elle doit avoir un
oculaire positif*, c'est-à-dire dont le foyer principal
de première espèce soit extérieur, afin que la mise
au point ne puisse faire varier l'angle diastimométrique. Avec un oculaire négatif à deux verres*, il
n'en serait pas de même. En effet, le réticule devrait
alors être placé entre les deux verres, et l'opérateur,

* Intr. 169
et 173.

* Intr. 169
et 178.

17

en le déplaçant pour obtenir la vision nette des fils,
ferait varier sa distance au premier verre. Or l'angle
diastimométrique dépend de cette distance, car les
rayons qui suivent les deux côtés de cet angle, étant
rendus parallèles à l'axe par le système de l'objectif,
vont concourir au foyer principal de deuxième espèce
du premier verre de l'oculaire, en passant par les
fils s', s''; d'où il résulte qu'à toute variation de
l'angle sous lequel l'intervalle $s's''$ est vu de ce foyer
correspond une variation de l'angle diastimométrique. Il est évident que de telles variations seraient la conséquence du déplacement du réticule
dans l'intérieur de l'oculaire.

On ne pourrait donc se servir d'un oculaire négatif qu'à la condition de rendre invariable la distance du réticule au premier verre, et de ne mettre
au point pour la vision nette des fils qu'en faisant
varier l'écartement des deux verres.

Il est à remarquer que la position du sommet de
l'angle diastimométrique ne dépend que du système
objectif, et qu'elle demeure la même nonobstant l'in-
terposition du premier verre d'un oculaire négatif
entre ce système et les fils. Ce verre ne peut donc
être centraliseur, bien qu'il modifie la grandeur de
l'angle diastimométrique.

54. Limite de l'amplification angulaire. —
Soit que l'on s'en tienne à l'oculaire positif, soit
que l'on préfère un oculaire négatif employé avec
les précautions qui viennent d'être indiquées, sa

longueur focale doit être telle, qu'il puisse embrasser l'intervalle m des fils et même quelque chose de plus, car il ne faut pas que les fils ne fassent que raser les bords du champ. Conservons la lettre f pour désigner la longueur focale du système objectif, appelons f_0 celle de l'oculaire. La tangente de la moitié de l'angle sous lequel l'opérateur voit l'intervalle des fils qui déterminent l'angle diastimométrique est $\frac{m}{2f_0}$, car les rayons de lumière qui suivent les côtés de ce dernier angle sortent de l'objectif parallèlement à l'axe central de la lunette, et, par suite, ils vont passer finalement par le foyer principal de deuxième espèce de l'oculaire, en interceptant sur son plan principal de deuxième espèce un intervalle égal à celui des fils. Or l'expérience prouve[*] que, pour un oculaire positif, la tangente $\frac{m}{2f_0}$ ne peut guère dépasser 0.20. On a donc la relation $\frac{m}{2f_0} =$ ou < 0.20, d'où $f_0 =$ ou $> \frac{m}{0.40}$ ou $\frac{5}{2}m$.

[* Intr. 172.]

Ainsi donc, la longueur focale de l'oculaire doit être égale à au moins deux fois et demie l'intervalle des fils. D'où il suit que l'amplification angulaire, qui est, dans le cas actuel, le rapport de $\frac{m}{2f_0}$ à $\frac{m}{2f}$, ne peut surpasser $\frac{2}{5}\frac{f}{m}$.

55. Grandeur des divisions de la stadia. — L'expérience a démontré que, pour obtenir avec la stadia des mesures aussi exactes que celles que donne la chaîne, il faut que le rapport $\dfrac{f}{m}$ n'ait pas une trop grande valeur. On s'accorde généralement à faire $\dfrac{f}{m} = 50$, d'où $m = 0.02f$ et $f_0 = $ ou $> 0.05f$. L'amplification angulaire ne peut donc s'élever, dans cette hypothèse, au delà d'environ 20 fois. Si l'on désigne par d la grandeur d'une division de la stadia, les fractions de cette division, lorsqu'un des fils se projettera sur elle, pourront être appréciées à $1/10$ près jusqu'à une distance égale au produit de $200\,d$ par l'amplification[*], produit égal à $4000\,d$. En faisant $d = 0^m.04$, cette distance serait de 160^m. Dans ces conditions, l'erreur possible dans la mesure d'une distance horizontale serait $0^m.004 \times 50$, c'est-à-dire $0^m.20$.

* Iutr. 186.

En faisant $d = 0^m.02$, on ne serait certain d'apprécier à $1/10$ près les fractions d'une division que jusqu'à 80^m de distance, et, dans cette limite, l'erreur commise sur la mesure d'une distance horizontale pourrait s'élever à $0^m.10$. Au delà, elle pourrait être plus forte, à cause de la petitesse de l'angle sous lequel on verrait l'image d'une division. Cependant l'incertitude ne doublerait pas avec la distance. Il y aurait donc, en définitive, quelque avantage à faire les divisions de $0^m.02$ plutôt que de $0^m.04$. Cette grandeur est, en effet, assez généralement préférée.

56. LUNETTE A OCULAIRE TRIPLE. — On peut rendre une lunette diastimométrique propre à mesu-

rer de plus grandes distances, en y adaptant, non plus un oculaire unique comme nous l'avons supposé jusqu'à présent, mais deux oculaires plus puissants, placés respectivement vis-à-vis des deux fils qui déterminent l'angle diastimométrique. Chacun de ces deux oculaires n'embrasse dans l'étendue restreinte de son champ qu'une petite partie de l'image de la mire; mais, comme c'est précisément la partie à laquelle se superpose le fil correspondant du réticule qui occupe le centre du champ, la détermination du point de la mire que couvre ce fil est d'autant plus exacte. En mettant l'œil successivement aux deux oculaires, on obtient les données que fournirait un oculaire unique qui serait doué de la même amplification, et avec ces données on calcule la distance du point central C à la mire, ainsi qu'on l'a expliqué ci-dessus*. M. Porro adapte ainsi à ses ' 16 et 18. lunettes diastimométriques des oculaires qui donnent une amplification de 60 à 80. Avec de tels oculaires, on peut apprécier les fractions d'une division de grandeur d à 1/10ᵉ près jusqu'à une distance égale au produit de 200 d par 60 ou 80, c'est-à-dire jusqu'à 240ᵐ ou 320ᵐ pour $d = 0^m.02$ et 480ᵐ ou 640ᵐ pour $d = 0^m.04$, et l'erreur commise sur la distance est renfermée dans la limite $\frac{fd}{10m}$, c'est-à-dire n'excède pas $0^m.10$ pour $d = 0^m.02$ et $0^m.20$ pour $d = 0^m.04$, en supposant $\frac{f}{m} = 50$.

M. Porro ajoute un troisième oculaire vis-à-vis

du fil central, ce qui permet de doubler, au besoin, la portée de la lunette, en réduisant à moitié l'angle diastimométrique. Dans ce cas, les mesures obtenues sont moins exactes, puisque la valeur de $\frac{f}{m}$ est doublée, et, par conséquent aussi, celle de $\frac{fd}{10m}$, qui exprime la limite de l'erreur commise sur la distance.

Les objectifs ordinaires des lunettes d'instruments ne sont pas, en général, assez parfaits pour pouvoir supporter des oculaires aussi puissants, surtout lorsque, comme il arrive dans la circonstance actuelle, ces oculaires doivent être appliqués à des portions de l'image situées hors de l'axe du système objectif. Celui-ci doit être d'ailleurs d'un grand diamètre, afin de fournir des images suffisamment claires[*]; mais alors il faut que sa longueur focale soit considérable[*], ce qui peut rendre l'instrument fort incommode. M. Porro est parvenu à éviter cet inconvénient en employant pour objectif la combinaison, dont nous avons parlé[*], de deux lentilles achromatiques placées à une certaine distance l'une de l'autre. Chacune de ces lentilles doit être, bien entendu, construite avec soin, et l'appareil entier doit offrir toute la perfection que peut constater l'épreuve pratique indiquée dans l'*introduction*[*] (1).

* Intr. 171.
* Intr. 168.
* 52.
* Intr. 186.

(1) Il convient de faire cette épreuve sur une échelle de divisions très-fines, dont la hauteur soit, par exemple, de 1/5 de millimètre, avec une suite de diaphragmes d'ouver-

Le constructeur que je viens de citer place un diaphragme dans la lunette*, au point C′, qui est le   * Fig. 79.
conjugué de C par rapport à l'objectif. Par l'effet de
ce diaphragme, les axes des pinceaux de lumière
transmis par l'objectif passent en C′, et, comme ce
point est le foyer principal de première espèce du
verre centraliseur*, ces axes sont rendus, par ce   * 51.

ture graduellement *croissante* que l'on applique successivement sur la première surface de l'objectif, de manière à
reconnaître d'abord si la partie centrale de celui-ci offre
toute la perfection optique que peut accuser ce genre
d'épreuve, et ensuite si la plus grande distance à laquelle
on puisse distinguer les divisions de l'échelle croît proportionnellement à l'ouverture du diaphragme, comme cela
doit avoir lieu pour un objectif parfait. Lorsqu'on arrive à
des ouvertures pour lesquelles cette distance croît moins
rapidement que le diamètre, c'est une preuve que les zones
nouvelles que l'on démasque alors autour de la partie centrale de l'objectif sont moins parfaites. Toutefois on ne peut
les considérer encore comme entièrement inutiles, puisqu'elles augmentent les portées de la lunette; mais, quand
cette portée cesse de croître avec l'ouverture, tout ce que
l'on ajouterait à celle-ci serait inutile ou même nuirait à la
netteté de l'image. En procédant ainsi, on doit trouver,
pour la partie centrale, 1500 au lieu du nombre 1200 indiqué dans l'*introduction*. Ce nombre 1200 est une moyenne
qui s'applique à la surface totale de l'objectif.

Dans le cas d'une lunette à oculaire triple, cette détermination de l'ouverture utile doit être faite, de préférence, en
regardant par les oculaires latéraux. S'il y a, dans la lunette, un diaphragme au point C′*, il convient de placer le   * Fig. 79
centre commun des diaphragmes d'épreuve en un point de
la première surface tel, qu'un rayon incident passant par ce
point et par le point C passe par le point du réticule qui
correspond à l'oculaire par lequel on regarde.

verre, parallèles à l'axe central de l'appareil. L'ouverture de ce diaphragme, quand l'objectif offre toute
la perfection désirable, doit être réglée de manière
que les pinceaux coniques qui correspondent aux
fils s',s'' aient pour bases, sur la première surface de
l'objectif, des cercles tangents au contour qui limite
cette surface.

Fig. 80.

57. Dispositions diverses du réticule. — J'ai
supposé, jusqu'ici, le réticule formé* de trois fils
horizontaux et d'un quatrième fil qui leur est perpendiculaire. M. Porro a modifié cette disposition
de plusieurs manières.

Fig. 81.

Tantôt il remplace* le fil inférieur s' par deux
fils t,t', de telle façon que l'on ait $s't = s't' = \dfrac{m}{10}$, et
alors on fait des lectures en t,$t's''$, et, comme on a
$\dfrac{s''t + s''t'}{2} = s's''$, la distance s'obtient en multipliant
par le coefficient $\dfrac{f}{m}$ la demi-somme des longueurs de
mire qui correspondent aux intervalles $s''t$,$s''t'$. En
appliquant le même coefficient à la demi-différence
de ces longueurs, on obtient le *dixième* de la distance,
ce qui permet de s'assurer que l'on n'a pas fait d'erreur matérielle de lecture.

Fig. 82.

Tantôt il remplace aussi* le fil supérieur s'' par
deux autres fils v,v', dans les mêmes conditions que
ci-dessus, c'est-à-dire de manière que l'on ait
$s''v = s''v' = s't = s't' = \dfrac{m}{10}$. Il est facile de voir que, si
on fait des lectures en v,v',t,t', on obtiendra la lon-

gueur cherchée en multipliant par le coefficient $\frac{f}{m}$ la *moitié* de la somme des longueurs de mire correspondant aux deux intervalles $v't, vt'$, et qu'en multipliant par ce même coefficient le *quart* de la différence entre ces longueurs on aura le *dixième* de la distance.

M. Porro ajoute encore au réticule * de part et d'autre du fil central s deux nouveaux fils v, v' qui sont destinés à la mesure des très-grandes distances, pour lesquelles l'image de la mire serait moindre que vs. L'écartement de ces fils ne doit pas dépasser * le tiers de la longueur focale de l'oculaire central.

Il ne faut pas perdre de vue que, dans ces diverses combinaisons de lectures, c'est toujours au fil central s que se rapporte l'angle i qui entre dans la formule * des distances inclinées.

* Fig. 83.

* 54.

* 48.

58. **Manière de placer les fils.** — Le placement de tous ces fils est une opération assez délicate qui exige beaucoup de soins et de l'adresse. Voici à ce sujet quelques indications qui pourront être utiles soit au constructeur de l'instrument, soit à l'opérateur lui-même en cas d'accident arrivé au réticule.

On sait toujours quelles sont les longueurs que les divers intervalles des fils doivent intercepter sur la stadia, lorsque celle-ci est à une distance donnée du foyer principal de première espèce du système

Fig. 82.

objectif de la lunette. Supposons, par exemple, qu'il s'agit d'un réticule à cinq fils[*] (y compris le fil central), que l'on ait $\dfrac{f}{m} = 50$, et que chacune des divisions de la stadia soit de $0^m.02$. A 100^m de distance, les fils s',s'' intercepteraient une longueur de 2^m comprenant 100 de ces divisions. En admettant comme

[*] 57.

ci-dessus[*] que l'on fasse $s't = s't' = s''v = s''v' = \dfrac{m}{10}$, les intervalles $s't, s't', s''v, s''v'$ correspondront chacun à $\dfrac{100}{10} = 10$ divisions, et conséquemment vt' à 120 et $v't$ à 80. On préparera, soit sur le revers de la stadia, soit sur une planche bien dressée, des cercles blancs de $0^m.02$ à 0.04 de diamètre entourés de cercles noirs, ou bien des bandes blanches de cette largeur perpendiculaires à la longueur de la mire, et bordées de part et d'autre de bandes noires, de telle façon que les centres de ces cercles ou les axes des bandes comprennent entre eux précisément les mêmes intervalles que les fils doivent comprendre sur la stadia. On placera le tableau formé par ces cercles ou bandes à 100^m de distance de la lunette, perpendiculairement à son axe central, et dans une position *horizontale*, de manière que le fil s, rendu alors *vertical*, bissecte exactement le cercle ou la bande occupant le milieu du tableau, moyennant quoi les autres fils v,v',t,t' devront bissecter respectivement les autres cercles ou bandes. Si donc un ou plusieurs de ces fils sont à placer, il n'y aura qu'à les poser de telle façon qu'ils satisfassent à cette condition (1). Il est bien évident que cela ne peut pas se faire dans la lunette même. On en retire le tube qui renferme le diaphragme destiné à recevoir les fils, on enlève ce diaphragme, on le garnit du fil central et du fil perpendiculaire dont la place a dû être marquée d'avance par des traits finement tracés, puis on le fixe solidement à une fenêtre ronde ouverte dans le milieu d'une petite planche rectangu-

(1) Les fils les plus convenables pour cet objet se tirent de cocons d'araignée. On en dévide plusieurs tours sur les branches, préalablement enduites d'un peu de cire ou simplement mouillées, d'un compas que l'on tient ouvert, de manière que l'intervalle de ces branches soit à peu près égal à la longueur des fils à placer, et en ayant soin que les brins soient bien séparés. Lorsque l'on a assez de fil, on casse le bout qui tient au cocon et on ouvre davantage le compas, de manière que chaque brin augmente de 1/3 à 1/4 de sa longueur primitive. Cette précaution est indispensable, parce que ces fils, étant très-hygrométriques, risquent de se détendre. On met chaque brin dans le lieu qu'il doit occuper en y présentant le compas, et on le fixe, à chacune de ses extrémités, par une petite goutte de colle, qu'on laisse sécher avant de couper les deux bouts du brin.

A défaut de cocon, on peut faire filer par une araignée le fil dont on a besoin; les meilleures sont celles qui forment leur toile d'un fil en spirale soutenu par de longs fils rayonnants, et dont le corps a environ $0^m.006$ de grosseur. On enlève l'insecte au bout d'une baguette de bois, et on l'en précipite par une secousse; il demeure suspendu, par son fil, à cette baguette, et, en la tournant entre les doigts de manière à enrouler ce premier fil, ordinairement irrégulier, on force l'insecte à en filer d'autre que l'on dévide sur les branches d'un compas, comme il a été expliqué ci-dessus, et que l'on emploie de même.

laire de bois mince, de 0^m.12 à 0^m.15 de largeur sur
environ 0^m.06 de hauteur, de telle façon que la face
sur laquelle les fils doivent être appliqués forme
une saillie presque insensible sur la surface du bois.
Cette planchette doit être pourvue, à sa partie inférieure, d'un rebord saillant du côté de cette face du
diaphragme. On tourne celui-ci, avant de le fixer,
de manière que le fil central soit perpendiculaire à
la direction de ce rebord. Cela étant fait, on dispose
sur un support convenable le système objectif et à
la suite de ce système cette planchette, et par des
calages successifs on parvient, en s'aidant d'une
loupe, à faire en sorte que l'intersection des deux
fils déjà posés corresponde exactement au centre de
l'image, et que le rebord de la planchette soit en
même temps horizontal. Pour placer les autres fils,
on prend un morceau de carton mince ou simplement de papier fort de la hauteur de la planchette et
de 0^m.08 à 0^m.10 de longueur. On y découpe une
ouverture rectangulaire, dont la hauteur dépasse de
quelques millimètres le diamètre du diaphragme et
dont la ligne médiane soit à la hauteur de la croisée
des fils. On tend d'un bord à l'autre de ce cadre,
perpendiculairement à cette ligne médiane, plusieurs
fils à des intervalles arbitraires. Cette pièce étant
ensuite posée sur le rebord de la planchette, la face
garnie de fils mise presque en contact avec le diaphragme, chacun des fils qu'elle porte peut être
amené, par un mouvement de transport de toute cette
pièce, à se superposer à tel point de l'image qu'on

voudra. Ayant, en conséquence, choisi le fil que l'on voudra placer le premier et qui devra pour plus de facilité être un des fils extrêmes, on l'amènera avec précaution au devant du cercle ou de la bande à bissecter, et, lorsqu'on jugera la bissection parfaite, on appuiera le cadre mobile contre la planchette. Le fil à placer s'appliquera sur la saillie du diaphragme, et, après s'être assuré par un nouvel examen que ce fil et le fil central bissectent encore exactement les parties respectivement correspondantes de l'image, on le collera sur le diaphragme en déposant sur chaque bout une petite goutte d'un vernis siccatif ou d'une colle quelconque. Après avoir laissé sécher pendant quelques instants, on coupe avec des ciseaux ce qu'il reste de fil. On place de la même manière les autres fils, en ayant soin de procéder par ordre ; cela est nécessaire pour ne pas s'exposer à perdre des fils, ce qui arriverait si l'on venait à les mettre en contact avec des parties du diaphragme enduites d'une colle non encore complétement sèche.

Ayant achevé de poser les fils, et après s'être assuré qu'ils satisfont bien aux conditions requises sur l'image du tableau d'épreuve, on substitue à ce tableau la stadia elle-même, et on procède à une nouvelle vérification, afin d'être bien certain que l'on n'a commis aucune erreur matérielle. On remonte enfin la lunette et on y fixe dans la position convenable le réticule ainsi garni de tous ses fils.

59. Micromètre a fil mobile. — On adapte

assez souvent aux lunettes diastimométriques un *micromètre* (1) analogue à ceux qui sont en usage dans les observatoires. Ce micromètre se compose d'une pièce fixe portant un fil horizontal et d'une autre pièce mobile portant un second fil parallèle au premier. Une vis dont la tête fait saillie en dehors de la lunette permet de régler l'intervalle de ces deux fils, ce qui suffit pour la mesure des distances par le procédé de la stadia. La pièce fixe porte le fil central et le fil perpendiculaire. Dans un micromètre complet, la vis qui mène le fil mobile est terminée par une large tête divisée qui se meut devant un index fixe. On connaît ainsi le nombre de tours entiers et la fraction de tour de cette vis qui correspondent au transport du fil d'un point à un autre de l'image, et, comme son déplacement pour un tour est ou peut être facilement connu, on en conclut la mesure exacte soit de ce déplacement, soit de l'intervalle compris entre le fil fixe et le fil mobile. Cet appareil pourrait donc servir à mesurer les distances au moyen d'une mire non divisée, de grandeur constante. Connais-

* Intr. 151. sant la grandeur de son image focale, on en déduirait* la distance au foyer principal de première espèce de l'objectif. Mais ce procédé est loin d'offrir les avantages de celui de la stadia.

(1) Cette expression est formée des deux mots grecs μικρὸν, *petit,* et μετρεῖν, *mesurer.* Elle s'applique spécialement aux appareils réticulaires dans lesquels l'observation se fait par le transport d'un fil. Cependant elle sert aussi à désigner, chez la plupart des auteurs, les divers réticules à **fils fixes.**

60. Grandeur des divisions de la stadia. —
Dans tout ce qui précède, je n'ai fait aucune hypothèse particulière sur la grandeur des divisions de la
stadia. Quelle que soit cette grandeur, dès qu'on
l'aura mesurée, elle pourra servir à la mesure des
distances. Mais il est possible de la choisir telle que
l'opération soit rendue plus facile. Par exemple, si
chaque division est de $0^m.01$, la longueur **M** de mire
qui entre dans les formules des distances horizon-
tales et des distances inclinées [*] se déduira, par un   [*] 46 et 48.
simple déplacement de virgule, du nombre des divi-
sions interceptées par les fils. Ce calcul sera aussi très-
simplifié, si chaque division comprend un nombre
entier de centimètres. Il y a donc, pour ainsi dire, nécessité de faire en sorte que chacune de ces divisions
soit d'un nombre rond de centimètres. On obtiendra
évidemment une autre simplification non moins
importante en faisant en sorte que $\frac{f}{m}$ soit également
un nombre rond, tel que 50 ou 100. Avec le
premier de ces nombres et des divisions de $0^m.02$,
chaque division compte pour 1^m de distance, ce qui
est fort commode. On obtiendra le même avantage
pour des divisions de toute autre grandeur, en
réglant l'intervalle m des fils, de telle manière que,
la stadia étant placée à 100^m de distance horizontale
du foyer principal de première espèce de l'objectif,
cet intervalle couvre exactement 100 de ces divisions.

Avec les réticules de M. Porro, il y a avantage à

se servir de mires à divisions de $0^m.04$. En effet,
dans le cas où l'on fait des lectures sur trois fils*,
si l'on ne compte chaque division de $0^m.04$ que pour
1^m au lieu de 2^m, ce ne sera plus la demi-somme,
mais la *somme* des longueurs interceptées qui exprimera en mètres la distance cherchée. Cette simplification est également* applicable au cas où l'on fait
des lectures sur quatre fils.

* Fig. 81.

* Fig. 82
et 83.

Or les mires dites *parlantes,* que l'on a appliquées
avec tant de succès au nivellement, offrent précisément des divisions de $0^m.02$ et $0^m.04,$ et peuvent, en
conséquence, être employées comme stadias. Ces
divisions doivent avoir au moins $0^m.04$ de longueur
et être peintes alternativement en rouge et en blanc.
La graduation vraie ou fictive doit être exprimée par
de gros chiffres noirs que l'on puisse lire très-dis-
tinctement dans la lunette. Pour plus de détails
à ce sujet, je renvoie le lecteur à mon *Traité du nivellement,* 2e édition.

M. Porro a proposé d'employer des mires divisées
simplement par de gros traits noirs sur fond blanc :
on ne leur a reconnu jusqu'à présent aucun avantage
qui doive déterminer à les préférer.

IV. *Mesure et construction des angles.*

Généralités sur les instruments qui servent à la mesure des angles.

61. Les angles que l'on a à mesurer, dans les opérations sur le terrain, sont, en premier lieu, des

angles *horizontaux* que forment entre eux les divers alignements que l'on est conduit à considérer, ou plutôt les plans verticaux qui renferment ces alignements, ce qui comprend les angles *azimutaux*[*]; en second lieu, des angles *verticaux*, c'est-à-dire les *hauteurs angulaires* de certains points au-dessus de l'horizon, ou leurs *distances zénithales*, dont la connaissance est nécessaire, par exemple, pour la mesure des distances linéaires inclinées par le procédé de la stadia[*]; en troisième lieu, des angles dont le plan n'est ni horizontal ni vertical.

[*] 15.

[*] 48.

Les divers instruments que l'on emploie pour mesurer les angles, tels que le *graphomètre*, le *cercle géodésique*, la *boussole*, etc., et qui sont compris sous le nom générique de *goniomètres* (1), devant être décrits dans les livres suivants, chacun en son lieu, je me bornerai ici à faire connaître d'abord quelles sont les parties essentielles qui entrent, en général, dans leur construction, et ensuite quelles sont les conditions qu'elles doivent remplir.

62. **MESURE DES ANGLES HORIZONTAUX.** — Lorsqu'il s'agit de mesurer des angles horizontaux, l'instrument se compose 1° d'un cercle, demi-cercle ou secteur de cercle divisé en degrés ou demi-degrés, et quelquefois en parties plus petites du degré, par des traits dirigés vers le centre; cette division est accompagnée d'une graduation écrite; 2° d'une règle

(1) De deux mots grecs γωνία, *angle*, et μετρεῖν, *mesurer*.

ou *alidade* fixée sur le plan de ce cercle, de manière
à pouvoir pivoter autour de son centre : à l'extrémité de cette règle est marqué un trait ou *index*
qui, par le mouvement révolutif de la règle, vient
se placer successivement au droit et dans le prolongement de chacun des traits qui divisent le limbe en
degrés et parties de degré, comme le ferait un
rayon mobile autour du centre ; 3° d'un appareil
visuel porté par cette règle et construit de telle façon
que, pour chaque position de la règle, le rayon de
visée dirigé par cet appareil ne sorte pas d'un plan
perpendiculaire au plan du limbe ; 4° d'un pied ou
support sur lequel on place l'instrument.

Quand on a à mesurer un angle horizontal, il n'y
a qu'à placer l'instrument sur son pied de manière
que son centre se trouve dans la verticale du sommet
de cet angle, et que le plan du limbe soit horizontal ;
à viser successivement dans la direction de chacun
des côtés ; à lire, enfin, pour chaque visée, le point de
la graduation marqué par l'index : la différence entre
ces deux lectures sera évidemment la mesure de
l'angle proposé.

63. Assez souvent, au lieu de fixer l'appareil
visuel sur l'alidade, on le fixe sur le limbe même et
on rend celui-ci mobile autour de son centre. On
remplace alors l'alidade par un index qui demeure
immobile et devant lequel viennent passer successivement toutes les divisions du limbe qu'entraîne
l'appareil visuel dans son mouvement azimutal. La

manière de procéder pour mesurer un angle est la même que dans le cas où le limbe est fixe.

64. MESURE DES ANGLES VERTICAUX. — Lorsque l'instrument doit être employé non-seulement à la mesure des angles horizontaux, mais encore à celle des angles verticaux, il comprend, en outre des parties qui viennent d'être énumérées, un cercle, demi-cercle ou secteur de cercle, également divisé en degrés ou parties de degré, dont le plan est parallèle au plan vertical que décrit le rayon de visée dans chaque azimut; une alidade portant aussi un index est entraînée par l'appareil visuel et décrit les mêmes angles que ce rayon, ce qui permet d'en reconnaître l'amplitude par deux lectures successives, comme dans les cas des angles horizontaux.

Le lecteur peut se faire, dès à présent, une idée assez exacte d'un instrument propre à mesurer ainsi les angles horizontaux et les angles verticaux, en se reportant à la description que j'ai donnée[*] de l'instrument qui sert à tracer de grands alignements. Il n'a qu'à supposer que le disque de métal DD', fixé à la partie supérieure de la colonne, soit divisé sur sa circonférence; que le support de la lunette entraîne avec lui une alidade horizontale pourvue d'un index pour marquer les angles horizontaux; que l'axe horizontal autour duquel la lunette peut basculer porte, à l'une de ses extrémités, un cercle divisé perpendiculaire à cet axe; qu'enfin les divisions de ce cercle soient assujetties à passer devant

[*] 23 et suiv.
fig. 64.

un index fixé à l'un des montants du support de la
lunette. Les détails dans lesquels je suis entré à
cette occasion sur la mise en station et la rectification de l'instrument sont très-propres à faire comprendre comment on parvient à remplir toutes les
conditions qu'exige la mesure d'un angle soit horizontal, soit vertical.

Toutefois il reste à expliquer comment on peut,
avec un tel instrument, mesurer la hauteur angu-
* Fig. 84. laire d'un point S* au-dessus de l'horizon, ou, ce
qui revient au même, sa distance zénithale. On ren-
* 25. dra d'abord vertical l'axe du pivot central*, on dirigera la lunette sur le point S, et on lira l'angle
marqué sur le cercle vertical par l'index. Cette première lecture faite, imprimons au support de la lunette, sans modifier l'inclinaison de l'axe optique OS,
un mouvement de 180° en azimut ; cet axe pivotera
ainsi autour de la verticale OZ et se trouvera conséquemment transporté dans une position OS' telle,
que l'angle SOS' sera double de la distance zénithale
demandée, sans que l'index ait cessé de marquer le
même point de la graduation. Si donc nous ramenons l'axe optique à sa direction primitive OS en
faisant basculer la lunette autour de l'axe horizontal,
la portion du cercle vertical qui passera devant l'index sera égale au double de la distance zénithale du
point S. Il n'y aura donc plus qu'à faire alors une
seconde lecture, dont la différence avec la première
fera connaître le double de l'angle cherché et, par
suite, cet angle même. A la vérité, on suppose, dans

ce raisonnement, que l'axe optique de la lunette rencontre l'axe du pivot horizontal, ce qui peut ne pas avoir lieu; mais, quel que soit l'écart OT* de l'axe optique par rapport à l'axe O, il faudra toujours que la ligne OS′ soit ramenée en coïncidence avec OS, de sorte que l'arc décrit par le limbe sera toujours le double de la distance zénithale ZOS.

* Fig. 85.

Il est facile de voir qu'une petite inclinaison du pivot central oz* de l'instrument n'empêchera pas le résultat d'être exact à fort peu près si, après avoir imprimé à la lunette et à son support le mouvement azimutal de 180°, on a soin de ramener le pivot oz dans une position oz′ présentant une inclinaison égale à celle de oz, mais de sens contraire par rapport à la verticale. L'instrument est pourvu, à cet effet, d'un niveau fixé au support de la lunette, parallèlement au plan que décrit l'axe optique, et il n'y a d'autre précaution à prendre, à chaque observation, que d'en ramener la bulle entre ses repères. L'erreur commise dans ce cas est égale à la moitié de l'angle OSO′ sous lequel le déplacement OO′ de l'axe horizontal serait vu du point S. Comme l'instrument est construit de manière que ce déplacement soit fort petit, l'erreur qui en résulte est insensible.

* Fig. 86.

On peut s'arranger, pour l'usage ordinaire, de manière à éviter d'avoir à faire deux observations et deux lectures. Il faut d'abord faire en sorte, en réglant convenablement le niveau fixe, que le pivot central ne penche ni d'un côté ni de l'autre dans le plan de l'angle à mesurer. On détermine ensuite le point de la graduation du cercle vertical qui correspond au zénith. Ce point, pour un objet S très-éloigné, est le milieu de l'arc qui mesure la double distance zénithale dans le procédé ci-dessus. Pour un objet plus rapproché, il divise cet arc en deux parties iné-gales dont la différence est égale au double de l'angle sous lequel l'écart OT* serait vu de S. En le déter-minant une fois pour toutes pour le cas d'objets éloi-gnés, il donnera une lecture toute faite, dont la dif-férence avec la lecture correspondant à l'une quel-conque des visées TS, TS′ sera la distance zénithale SOZ, affectée d'une erreur égale à l'angle sous lequel l'écart OT ou OT′ serait vu de S. Or cet écart est toujours très-petit par construction; l'erreur à la-quelle il donnera lieu sera donc négligeable.

* Fig. 85.

65. Les instruments destinés à la mesure des angles dont le plan n'est ni horizontal ni vertical diffèrent de ceux dont il vient d'être question en ce que 1° le plan du limbe peut être incliné à volonté dans tous les sens; 2° l'axe optique est parallèle à ce plan. Pour mesurer un angle AOB*, on place le centre de l'instrument au sommet A, en prenant la précaution de faire en sorte que le plan du limbe passe à peu près par les points A et B; puis, par une suite de tâtonnements et en s'aidant de l'appareil visuel, on amène ce plan à passer exactement par ces deux points; on le fixe dans cette position et on di-rige des rayons de visée successivement sur les points

* Fig. 87.

A et B ; la différence des lectures faites est l'angle AOB.

Lorsqu'on mesure ainsi des angles dans des plans inclinés, c'est presque toujours pour les réduire ensuite à l'horizon. A cet effet, on mesure non-seulement chaque angle considéré tel que AOB, mais encore les distances zénithales des points A et B, ce que l'instrument doit permettre de faire. Il faut donc que l'on ait la faculté d'incliner le limbe jusqu'à le rendre vertical, et que l'instrument soit accompagné des niveaux et autres accessoires qu'exige la mesure des angles verticaux.

Supposons que l'on ait mesuré ces trois angles BOC, COA, AOB, que, pour abréger l'écriture, je désignerai respectivement par les lettres a, b, c; faisons $a+b+c=2p$, et convenons de représenter par la lettre C l'angle AOB réduit à l'horizon, on aura $\sin\frac{1}{2}C = \sqrt{\frac{\sin(p-a).\sin(p-b)}{\sin a.\sin b}}$. Cette formule appartient à la *trigonométrie sphérique*; je n'en donnerai pas ici la démonstration.

Quand les hauteurs angulaires des points A et B au-dessus de l'horizon sont petites, les angles C et c diffèrent peu l'un de l'autre. On reconnaît, en effet (par des calculs dont je me borne également à faire connaître le résultat), que la valeur absolue du sinus de leur différence est inférieure ou tout au plus égale à $\frac{1}{2}\sin^2 i$, i étant l'inclinaison du plan de l'angle c sur le plan horizontal qui passe par le sommet O de

cet angle. Par exemple, si l'inclinaison i est de 30′,
la différence dont il s'agit sera inférieure à 8″;
pour une inclinaison de 1°, elle sera inférieure à
32″, etc.

Cette remarque nous apprend que, quand le limbe
d'un instrument doit être horizontal, une légère inclinaison de ce limbe n'influe pas sensiblement sur
l'exactitude des angles horizontaux dont il donne la
mesure.

66. Instruments de réflexion ou a miroirs.
— Dans les types d'instruments qui viennent d'être
définis ou plutôt esquissés, la mesure d'un angle
AOB* s'obtient en dirigeant successivement du point
O des rayons de visée sur les points A,B, qui déterminent la direction des côtés de cet angle. Or il
existe des instruments avec lesquels cette mesure
n'exige qu'une seule visée; ce sont les instruments
dits *de réflexion* ou *à miroirs*. Pour faire comprendre
comment une visée unique peut suffire pour la mesure d'un angle, supposons qu'un limbe divisé soit
placé dans le plan de l'angle, que son centre soit
mis en coïncidence avec le point O, et que l'appareil
visuel VV_0 soit disposé dans le prolongement du côté
BO et invariablement uni au cercle. Si un miroir
plan M est fixé à l'alidade OF, perpendiculairement
au plan du limbe, de manière que sa surface réfléchissante divise en deux parties égales l'angle AOB,
et que la hauteur de ce miroir soit telle, qu'une partie
des rayons venant de B puissent encore être reçus par

* Fig. 88.

l'appareil VV_o, l'observateur verra à la fois, dans cet appareil, non-seulement le point B, mais encore le point A. En effet, le miroir M divisant, par hypothèse, l'angle AOB en deux parties égales, la normale ON fera évidemment des angles égaux avec les lignes OA, OV, et conséquemment, en vertu de la loi connue de la réflexion*, le rayon de lumière dirigé suivant AO sera réfléchi suivant la direction OV, qui est celle du rayon direct BO. L'œil placé en V_o percevra donc à la fois la sensation du point A et celle du point B.

* Intr. 111.

Ceci étant compris, concevons que, par un moyen quelconque, on ait déterminé le point o du limbe qui correspond à l'index F de l'alidade, quand le miroir est tourné de manière à être rasé par la direction du rayon de visée que donne l'appareil ; l'angle oOF compris entre cette position de l'alidade et celle qui donne la vision simultanée des deux points A et B sera évidemment égal à l'angle parcouru par le miroir pour aller de la première de ces positions à la seconde. Or ce dernier angle est égal, par hypothèse, à la moitié de AOB ; donc, en le doublant, on aura cet angle même.

On pourrait rendre le miroir immobile sur le plan du cercle et indépendant de l'alidade, et rendre, au contraire, l'appareil visuel mobile avec celle-ci. La manière de mesurer un angle serait la même avec cette disposition qu'avec la précédente.

Tel est, dans son principe, l'instrument que l'on peut appeler *goniomètre à simple réflexion*. On en fait

peu usage et on lui préfère généralement les goniomètres *à double réflexion* dont je vais parler maintenant.

* Fig. 89.

67. Dans les instruments à double réflexion,
l'alidade porte un miroir **M*** perpendiculaire au
plan du limbe, mais l'appareil visuel VV_0, au lieu
d'être dirigé sur ce miroir qui tourne avec l'alidade,
est pointé sur un autre miroir *m*, également perpendiculaire au plan du limbe, mais indépendant de
l'alidade. La hauteur de ce deuxième miroir doit
être réglée de manière à permettre la vision directe
des objets éloignés au moyen de l'appareil VV_0. Il
n'est pas nécessaire que celle du miroir mobile M
satisfasse à cette condition. De là les dénominations
de *grand miroir* et de *petit miroir* par lesquelles on
désigne M et *m*.

Concevons maintenant que l'on voie le point B
directement et le point A par double réflexion, c'est-
à-dire au moyen du rayon AM, réfléchi d'abord par
le grand miroir suivant la direction M*m*, puis par
le petit miroir suivant la direction *m*V : l'angle AIB,
formé par les rayons A*m*, B*m* prolongés, sera égal au

* Intr. 112.

double de l'angle formé par les deux miroirs*. Or
l'angle à mesurer AMB=AIB+IBM, comme extérieur au triangle IMB. Sa mesure sera donc égale
au double de celle de l'angle des deux miroirs, plus
celle de l'angle IBM, dont le sinus est exprimé par
$\frac{MP}{MB}$, MP étant la perpendiculaire de longueur con-

stante abaissée du point M sur le côté BI du triangle
IMB. Ce dernier angle étant inférieur à 1' pour toute
distance MB qui surpasse 3438 fois MP (c'est-à-
dire 343^m.80 quand MP$=$0^m.10), on peut négliger
cet angle toutes les fois que la distance MB est considérable, et ne tenir compte que de l'angle A I B.
Pour mesurer ce dernier, il suffira de pointer l'appareil visuel sur un point très-éloigné et de faire
tourner le grand miroir en déplaçant l'alidade sur
le limbe jusqu'à ce que l'on voie le même point à la
fois directement et par double réflexion. Quand cela
arrivera, les deux miroirs seront parallèles entre
eux d'après ce qui vient d'être expliqué, et on aura
ainsi le point du limbe auquel correspond l'angle
zéro des deux miroirs. La distance angulaire de ce
point à celui sur lequel l'index de l'alidade se sera
arrêté, dans l'observation d'un angle AMB, donnera
l'angle des deux miroirs, et il n'y aura qu'à le doubler pour avoir l'angle AIB. On corrigera ce dernier
de l'angle IBM, si cela est nécessaire, et on aura
ainsi l'angle AMB.

68. Afin de n'avoir pas la peine de doubler, à
chaque observation, l'angle des deux miroirs, on divise le limbe en demi-degrés que l'on compte chacun
pour un degré, et on conçoit ce degré de convention
comme subdivisé en 60 minutes valant, chacune,
60 secondes, etc. La graduation est écrite en conséquence. Les angles sont ainsi marqués le double de
leur amplitude réelle, de sorte que l'angle AIB s'ob-

tient par la simple lecture. Ce mode spécial de graduation est également applicable aux goniomètres à
simple réflexion*. Il a donné l'idée d'un artifice analogue que l'on met en usage dans la stadia*.

* 66.

* 60.

Il est évident que ces goniomètres à simple et à
double réflexion seront d'un usage plus commode,
si le constructeur a le soin de faire en sorte que,
pour l'angle zéro, l'index de l'alidade corresponde au
zéro de la graduation. Cette condition est ordinairement remplie, au moins très-approximativement,
par le constructeur, et l'opérateur peut achever lui-
même d'en assurer l'entier accomplissement en faisant tourner d'une petite quantité angulaire sur son
support le miroir sur lequel l'appareil visuel est
pointé. L'instrument est pourvu des rappels nécessaires tant pour cet objet que pour ramener, au besoin, chaque miroir à être exactement perpendiculaire au plan du limbe. On commence par reconnaître si cette condition est remplie en ce qui concerne le grand miroir; on se place, à cet effet, de
manière à voir directement une portion du limbe et
en même temps son image dans ce miroir. Cette
image doit être exactement le prolongement du
limbe, et, quand cela n'a pas lieu, on en conclut que
le miroir n'est pas perpendiculaire au plan du limbe.
Si, après avoir rectifié sa position et amené l'alidade
à zéro, on pointe l'appareil visuel sur un objet éloigné, les deux images de cet objet doivent coïncider
parfaitement; sinon le petit miroir n'est pas parallèle
au grand, et on en modifie la position jusqu'à ce

que cette double vérification ne laisse plus rien à désirer.

69. Un inconvénient assez grave des goniomètres à double réflexion est la perte de lumière qui a lieu par l'effet même de cette double réflexion[*], et qui, souvent, est un obstacle à l'emploi des instruments de cette espèce pour la mesure d'angles compris entre des objets qui ne sont pas lumineux par eux-mêmes. Malgré cet inconvénient, on les préfère aux goniomètres à simple réflexion, parce que, dans le cas de la double réflexion, les images amenées à coïncider restent en coïncidence dans le champ de vision nonobstant les déplacements qu'elles éprouvent ensemble lorsqu'on tient l'instrument à la main, et notamment quand l'observateur est sur le plancher oscillant d'un navire. Les instruments à simple réflexion n'ont pas cette propriété.

[* Intr. 121.]

Parmi les goniomètres à double réflexion, le plus répandu est le *sextant*, ainsi nommé parce que son limbe est à peu près la *sixième* partie d'un cercle entier. On fait aussi usage de cercles entiers à double réflexion.

70. INSTRUMENTS RÉPÉTITEURS. — La *répétition* des angles est une opération spéciale, dont l'objet est d'atténuer les erreurs provenant des inexactitudes qui peuvent exister dans la graduation du limbe. Pour faire comprendre en quoi consiste précisément le principe de cette opération, je vais montrer qu'il

est toujours possible de mesurer un angle avec tel degré de précision qu'on voudra au moyen d'un cercle *non divisé,* ou plutôt dont la plus petite division est de 360°, car il faut y supposer *un* trait de division. Cette proposition paraîtra peut-être singulière, mais elle n'en est que plus propre à bien fixer les idées sur la nature de ce principe de la répétition.

Fig. 90. Supposons que AOB* soit l'angle qu'il s'agit de mesurer, que l'on ait placé le centre du limbe au sommet O, et amené son plan à coïncider avec le plan de cet angle. Concevons que la construction de tout l'appareil soit telle que l'on puisse faire tourner autour du point O non-seulement l'alidade, mais aussi le limbe, ensemble ou séparément. Sans entrer dans aucun détail, il est aisé d'imaginer que, à l'aide de pinces et de vis de serrage, on puisse r endre l'alidade et le limbe solidaires l'un de l'autre ou les laisser indépendants, arrêter le limbe ou lui permettre de tourner dans le plan de l'angle AOB. Ceci étant compris, voici comment on pourra procéder :

Amenons l'alidade sur l'unique trait de division du limbe, puis faisons-la tourner *avec le limbe* jusqu'à ce qu'elle se trouve dans la direction OA. Arrêtons alors le limbe ; détachons-en l'alidade, et amenons celle-ci dans la direction OB, puis ramenons-la *avec le limbe* dans la direction OA. Par cette manœuvre, le trait de division du limbe, qui était d'abord en *a* sur la droite OA, se trouvera rejeté en *a'*, à une distance *aa'* égale à la mesure de l'angle AOB.

Arrêtons de nouveau le limbe, détachons-en l'alidade, comme nous l'avons déjà fait lorsque le trait de division du limbe était sur la droite OA; amenons-la dans la direction OB, puis ramenons-la, *avec le limbe*, dans la direction OA. Le point a se trouvera rejeté en a', et le trait de division du limbe qui était en a' se trouvera rejeté lui-même en a'', à une distance aa'' de la position primitive évidemment double de l'angle à mesurer. On pourra continuer indéfiniment cette manœuvre, et chaque fois le trait de division du limbe marchera d'une quantité angulaire égale à l'angle AOB; et ces déplacements successifs finiront par dépasser la circonférence entière, de sorte que le trait de division du limbe pourra passer un certain nombre de fois d'un côté à l'autre de sa position primitive a. Il aura donc parcouru exactement un certain nombre de fois 360°, plus une fraction inconnue de la circonférence entière.

. Or c'est par le moyen de ces circonférences entières que l'on peut mesurer l'angle AOB. En effet, si nous voulons le mesurer à moins de 1° près, il n'y a qu'à répéter 360 fois la manœuvre indiquée ci-dessus, ce qui donnera un nombre $360\,n$ de degrés formant un nombre n de circonférences entières, plus un nombre de degrés inconnu, mais moindre que 360. En divisant par 360 pour avoir l'angle simple, on aura pour quotient n degrés, plus une quantité angulaire inconnue, mais moindre que 1°, de sorte que l'on aura, en effet, mesuré l'angle AOB à moins de 1° près.

Si l'on voulait mesurer cet angle à moins de 1′ près, il faudrait le répéter un nombre de fois égal à celui des minutes que renferme la circonférence entière, c'est-à-dire 21 600 fois, ce qui donnerait un nombre 21 600 n' de minutes, formant n' circonférences entières, plus un nombre de minutes inconnu, mais moindre que 21600. En divisant par 21600, on aurait pour quotient n' minutes, plus une fraction de minute, et le problème serait résolu.

Ces deux exemples suffisent pour mettre sur la voie de ce qu'il faudrait faire, si le degré de précision à obtenir était autrement fixé.

71. Revenons maintenant aux réalités pratiques, et supposons que le limbe soit divisé, mais de telle sorte que l'on ait à craindre une erreur e en plus ou en moins sur chaque lecture. La mesure d'un angle simple AOB* pourra être affectée de l'erreur $2e$ en plus ou en moins. Or, si on répète le même angle un certain nombre de fois, comme on a expliqué ci-dessus qu'il est possible de le faire, l'erreur sur le multiple de cet angle sera encore $2e$, puisque la valeur de ce multiple sera donnée par la différence de deux lectures faites l'une au commencement de l'opération, l'autre à la fin. En passant à l'angle simple, cette erreur se trouvera conséquemment divisée par le nombre de fois que le multiple contiendra cet angle. Par exemple, si l'erreur e est de 1′, et que l'on prenne, au moyen de la répétition, 12 fois AOB, en divisant par 12 ce multiple tel que l'auront donné les

* Fig. 90.

deux lectures initiale et finale, l'erreur de $2'$, dont cet angle, mesuré isolément, pourrait être affecté, sera réduite à 2/12 de minute, c'est-à-dire à $10''$.

72. Dans l'exposé ci-dessus j'ai admis, pour simplifier le raisonnement, que la répétition s'effectue avec un appareil visuel ou une alidade unique. Il est évident que l'opération ainsi faite sera illusoire si le limbe ne conserve pas rigoureusement sa position quand l'appareil visuel passe seul d'un côté de l'angle à l'autre côté. Pour obvier à cet inconvénient, les instruments répétiteurs sont ordinairement pourvus de deux appareils visuels. L'un est au-dessus du limbe et l'autre au-dessous. Chacun d'eux peut être rendu, à volonté, mobile ou fixe par rapport au limbe, et on opère comme il suit.

Amenons* l'alidade supérieure sur le zéro de la * Fig. 90. graduation, puis faisons-la tourner avec le limbe jusqu'à ce qu'elle soit dans la direction OA. Arrêtons alors le limbe et amenons l'alidade inférieure dans la direction OB, puis fixons-la au limbe et ramenons-la dans la direction OA. L'alidade supérieure se trouvera ainsi rejetée sur la droite d'une quantité aa' égale à l'arc ab. Actuellement rendons libre cette alidade et faisons-la rétrograder jusqu'à la direction OB. Elle aura donc parcouru un arc $a'b$ égal au *double* de l'arc qui mesure l'angle AOB. Si nous recommençons la même manœuvre en prenant pour nouveau point de départ sur le limbe la position de l'alidade supérieure, celle-ci parcourra encore le

double de l'arc *ab* et se trouvera portée à une distance
du zéro de la graduation égale au quadruple de cet
arc. On aura donc, en continuant toujours de la
même manière, tel multiple *pair* qu'on voudra de
l'angle AOB. Dans ces mouvements alternatifs des
deux appareils visuels, celui qui aura dû rester immobile fournira le moyen de reconnaître si le limbe
n'a pas éprouvé quelque dérangement.

Ces explications supposent que les rayons de visée
rencontrent toujours l'axe du limbe, c'est-à-dire la
perpendiculaire à son plan élevée du centre. Or, par
suite de certaines nécessités de construction, il arrive, en général, que la ligne de visée de l'appareil
inférieur passe à une certaine distance de cet axe. Il
en résulte que l'arc parcouru par l'alidade supérieure
à chaque répétition n'est pas rigoureusement égal au
double de *ab;* mais il est facile d'évaluer la différence
lorsque la distance à laquelle on se trouve des points
A et B ne la rend pas insensible.

73. Ce principe ingénieux de la répétition ne
donne pas, dans la pratique, tout ce qu'il semble
promettre. Cela tient notamment aux erreurs de
pointé, qui font que les angles que l'on ajoute pour
former le multiple d'où sera déduit l'angle simple ne
sont pas rigoureusement égaux entre eux; les uns
sont plus grands, les autres plus petits, et on ne
peut compter sur une exacte compensation. Cela
peut tenir aussi à certains défauts de construction
de l'instrument.

Il est, du reste, facile de reconnaître par l'expérience jusqu'à quel point la répétition peut être utilement poussée. Il n'y a qu'à lire les multiples successifs d'un angle et à calculer la valeur qui correspond à chaque multiple. Si la précision qu'on peut obtenir n'avait pas de limite, les différences entre les valeurs consécutives de l'angle simple devraient aller en décroissant indéfiniment. Or il arrive toujours qu'après un certain nombre de répétitions ces différences cessent de décroître. Toutes les répétitions faites au delà de ce nombre, qui varie d'ailleurs d'un instrument à l'autre, sont en pure perte.

74. La perfection avec laquelle on divise maintenant les cercles a fait perdre au principe de la répétition beaucoup de son importance pratique. Dans les conditions ordinaires d'installation des instruments sur le terrain, son emploi est à peu près illusoire lorsqu'on opère avec un cercle dont la graduation est exécutée avec soin.

On remplace aujourd'hui la répétition par la *réitération*, qui consiste à mesurer l'angle proposé plusieurs fois de suite, en prenant successivement pour origines des points régulièrement espacés sur le limbe, comme 0°, 60°, 120°, 180°, 240°, 300°, et à diviser la somme de ces mesures par leur nombre. Ce procédé présente plusieurs avantages qui tendent à lui assurer la préférence sur le procédé de la répétition. Je reviendrai sur cette question dans le livre IV de cet ouvrage.

Organes principaux des goniomètres.

75. Il résulte des explications qui viennent d'être données au sujet des types principaux auxquels on peut rapporter les divers goniomètres ou instruments à mesurer les angles, que tous les instruments de ce genre se composent essentiellement d'organes élémentaires de même nature, associés entre eux de diverses manières, suivant le but qu'il s'agit d'atteindre. Ces organes sont : l'*appareil visuel*, qui a pour fonction de diriger le rayon de visée ; le *cercle divisé* ou *limbe*, sur lequel on évalue les angles ; l'*alidade*, qui marque sur ce limbe les mouvements de l'appareil visuel dans le sens de l'angle à mesurer, et qui est pourvue d'un ou de deux appareils spéciaux appelés *verniers*, destinés à donner plus de précision à la lecture de cet angle ; enfin le *niveau*, qui sert à amener certains axes de rotation dans une direction horizontale ou verticale. Il est nécessaire d'en examiner avec soin les propriétés. Autant que possible, le lecteur devra faire cette étude sur un ou plusieurs instruments, en se guidant sur les indications suivantes.

76. APPAREIL VISUEL. — PINNULES. — L'appareil visuel est, le plus souvent, une lunette à réticule. Les propriétés de cette lunette sont expliquées avec assez de détails dans l'*introduction** pour que je n'aie pas besoin d'y revenir ici. D'autres fois, le

* Intr. 173 et suiv.

rayon de visée est simplement dirigé par des *pin-nules*. On donne ce nom à des appendices que l'alidade porte à ses deux extrémités, et qui peuvent consister simplement dans des plaques métalliques percées chacune d'une fente perpendiculaire à l'alidade. L'observateur place l'œil près de l'une de ces fentes, et fait tourner l'alidade jusqu'à ce qu'il voie, au travers de l'autre fente, l'objet ou plutôt le point qu'il s'agit de viser. On comprend que la position de l'alidade pour laquelle on apercevra ainsi le point visé ne sera bien déterminée qu'autant que chaque fente sera fort étroite, car autrement l'alidade pourrait être déplacée angulairement, dans certaines limites, sans que ce point cessât d'être visible. L'équerre d'arpenteur*, qui sera décrite plus loin, présente cette disposition de plaques opposées percées de fentes étroites servant à viser.

* Fig. 95.

Le plan que déterminent ces deux fentes est désigné sous le nom de *plan de collimation* (1); expression employée aussi, par extension, pour désigner le plan de *visée* dans tous les autres instruments, de quelque manière que ce plan y soit déterminé.

77. Ce système de deux fentes étroites est incommode, en ce que le peu de largeur de la fente la plus éloignée de l'œil rend difficile d'apercevoir les objets au travers de cette fente; c'est pourquoi on la

---

(1) Peut-être par corruption pour *collinéation*, qui est formée de deux mots latins *cum*, ensemble, et *lineare*, aligner.

remplace, assez ordinairement, par une ouverture
ou fenêtre rectangulaire, au travers de laquelle
est tendu un crin, qui en occupe exactement l'axe.
Le champ de visée est ainsi agrandi, et on amène
facilement le crin à occulter, pour l'œil placé près
de la fente de l'autre pinnule, l'objet ou le point auquel on veut viser. Comme il est utile de pouvoir
viser, à volonté, de l'une ou de l'autre pinnule,
chacune de celles-ci est percée, sur une partie de sa
hauteur, d'une fente étroite, et, dans une autre partie, d'une fenêtre que traverse un crin dans le prolongement de la fente. La fenêtre de chaque pinnule
est située en face, c'est-à-dire à la hauteur de la
fente de la pinnule opposée. Les fentes doivent être
percées en mince paroi, afin de ne pas gêner la vision. C'est pour cela que les plaques de métal qui
forment les pinnules présentent toujours, dans leur
épaisseur, une sorte de sillon demi-cylindrique terminé par deux quarts de sphère. La fente est pratiquée au fond de cette cavité, là où le métal n'a
qu'une faible épaisseur.

78. Quand le rayon de visée doit être parallèle au
plan du limbe, les fentes sont remplacées par de petits trous ronds. La hauteur des fenêtres est réduite
en conséquence, et dans chacune d'elles sont tendus
deux crins en croix. Leur point d'intersection et le
centre du trou opposé qui sert d'oculaire doivent
être sur une parallèle au plan du limbe, de manière
à fournir une ligne de visée qui satisfasse à la con-

dition requise. Cette ligne est appelée quelquefois *ligne de collimation*.

79. VISEUR. — On adapte quelquefois aux extrémités d'un tuyau deux plaques, dont chacune est percée d'un trou oculaire et d'une fenêtre garnie de deux crins ou fils croisés, ces trous oculaires et croisées de fils étant associés de manière à déterminer dans le tuyau deux directions inverses de visée parallèles entre elles. Cet appareil, que l'on rencontre ordinairement sous la forme d'un parallélipipède creux, se monte comme une lunette et fonctionne d'une manière analogue. On le désigne sous le nom de *viseur*.

80. Les lunettes jouissent de la propriété inappréciable d'offrir à l'observateur, *à la distance de la vision distincte*, l'image de l'objet auquel on vise; l'amplification angulaire dont elles sont habituellement douées rend distincts, dans cette image, des points qui, pour l'œil non armé, se confondraient. De là un pointé d'autant plus précis, que l'instrument avec lequel on vise satisfait mieux aux épreuves qui servent à juger de son degré de perfection*. Cependant   * Intr. 186. il ne faut pas dédaigner les pinnules et autres appareils visuels du même genre, qui étaient les seuls que l'on employât dans les observatoires avant les mémorables inventions des lunettes et du réticule. Ils ont rendu de très-grands services et en rendent

encore, surtout dans les opérations qui n'exigent pas
une extrême précision.

Fig. 92.   **81. ALIDADE A PRISME** (1). — On peut remplacer*
les deux pinnules d'une alidade par un simple prisme
de verre ayant ses arêtes perpendiculaires à l'alidade.
Ce prisme doit être *isocèle*, c'est-à-dire que la section perpendiculaire aux arêtes doit être un triangle
isocèle **ABC**. Un rayon de lumière **SI′**, parallèle à la
* Intr. 115. base **BC**, sera réfléchi *totalement** par celle-ci dans
l'intérieur du prisme, et ressortira suivant **I″R** parallèlement à sa direction primitive **SI′**, puisque les
deux branches **I′K**, **KI″** feront des angles égaux avec
la base, suivant la loi connue de la réflexion, et
que conséquemment, en vertu de l'égalité des angles **B** et **C**, elles formeront aussi des angles égaux
avec les faces **AB**, **AC**. Les seuls rayons S_0, qui se
réfléchiront sur le milieu de la base du prisme, sor-
tiront dans le prolongement R_0 de leur direction primitive. Tout autre rayon, tel que **SI′**, passera d'un
côté à l'autre du plan S_0R_0, et les deux branches
SI′, **I″R** seront également éloignées de ce même plan
moyen. Il résulte de là que, en regardant à travers
le prisme, on verra une image de l'objet renversée
relativement au plan S_0R_0, et que les points de l'objet
vu directement qui paraîtront en coïncidence avec
ceux de l'image seront situés dans ce plan. On aura

(1) *Voyez*, à ce sujet, la *Tachéométrie* de M. Porro, 2ᵉ édit.,
page **217**.

donc ainsi un véritable plan de collimation, que l'on amènera à faire passer par un point donné en tournant l'alidade et conséquemment le prisme de telle façon que ce point et son image paraissent être en coïncidence, ou tout au moins être situés sur une même perpendiculaire à l'alidade.

Il sera commode et avantageux de s'aider, dans ce cas, d'une lunette pour regarder l'objet et son image renversée. Cette lunette, qui n'aura pas besoin de réticule filaire, recueillera des faisceaux de rayons beaucoup plus larges que ne pourrait le faire l'ouverture étroite de la pupille.

82. CERCLE DIVISÉ OU LIMBE. — Le limbe de tout goniomètre est formé 1° d'une pièce circulaire de métal, ordinairement de cuivre ou de laiton, sur laquelle les divisions sont tracées; 2° d'une pièce centrale destinée à recevoir le pivot de l'alidade. L'intervalle entre cette pièce centrale et la partie circulaire ou limbe proprement dit est quelquefois rempli du même métal, et le tout est coulé d'une seule pièce. Mais, le plus souvent, on ménage dans cet intervalle des évidements disposés avec symétrie, de manière à diminuer la masse du métal et conséquemment le poids de l'instrument, tout en lui assurant une solidité suffisante. Certains accessoires trouvent place dans ces évidements.

83. Le nombre des divisions que l'on trace sur le limbe dépend de la grandeur de son rayon. J'ai

* Intr. 22. donné, dans l'*introduction**, un tableau qui fait connaître la longueur de l'arc de 1° pour des cercles de
divers rayons compris dans les limites de ceux des
limbes des instruments usuels. Pour ces instruments, la plus petite subdivision que l'on admet est,
en général, le demi-degré, et encore faut-il, pour
cela, que le rayon soit au moins de $0^m.075$ à $0^m.08$.
Pour des rayons moins grands, on se contente d'une
division en degrés, et même, pour un rayon de
$0^m.025$, les plus petites subdivisions devront être
de 2°.

Le but de ces limitations est de faire en sorte que
les angles puissent être lus facilement à l'œil nu,
c'est-à-dire sans le secours d'une loupe, et alors des
divisions qui n'auraient pas au moins $0^m.0005$ de
largeur seraient trop petites. Mais, lorsqu'on admet
comme nécessaire l'emploi d'une loupe ou d'un microscope, on peut serrer davantage les divisions.
Dans les instruments de haute précision, le degré est
subdivisé en 12 parties égales de 5′ chacune, et
telle est la perfection à laquelle a été porté l'art de
diviser, que chaque trait d'un cercle bien divisé est
à la place qu'il doit occuper, sans jamais s'en écarter
de plus de 3″. Il me serait impossible de donner ici
une idée des ingénieuses machines à l'aide desquelles on obtient ces miracles de précision. On se
sent pénétré d'admiration lorsqu'on apprend qu'une
pareille machine, une fois construite, n'a besoin,
pour fonctionner, que du travail matériel d'un manœuvre ordinaire, ou même d'un moteur inanimé.

84. Moyens employés pour évaluer les fractions de division. — Les plus petites divisions d'un cercle étant des arcs de plusieurs minutes, la mesure des angles ne s'obtiendrait qu'avec une approximation très-médiocre et généralement insuffisante si l'on devait s'en tenir aux divisions entières ; c'est pourquoi on a imaginé divers moyens de pousser la subdivision beaucoup plus loin.

On peut, en premier lieu, procéder simplement par estime*. On appréciera assez facilement de cette manière 1/10 de degré sur un cercle divisé en degrés, de sorte que, dans ce cas, on connaîtra l'angle à 6′ près. Pour le demi-degré ou les subdivisions plus petites, cette estime sera moins exacte, à cause de la largeur des traits. Cependant l'approximation pourra être encore poussée jusqu'à 1/8 de la subdivision, de sorte qu'on obtiendrait l'angle à 4′ près pour le demi-degré. Quand les divisions sont trop petites pour se prêter à ce mode de subdivision, on les regarde au moyen d'une loupe qui les amplifie dans la mesure convenable*, c'est-à-dire de telle manière que l'image d'une division entière soit vue sous un angle d'au moins 15′.

Intr. 127 et 128.

Intr. 161.

85. Vernier. — On donne le nom de *vernier* (1) à un appareil fort ingénieux qui fournit le moyen de

(1) C'est le nom de l'inventeur, Pierre Vernier, géomètre français qui a fait connaître cet appareil en 1631. Les Portugais revendiquent l'honneur de cette invention en faveur d'un de leurs compatriotes appelé Nuñez ; de là vient le nom

Fig. 92.

pousser l'approximation plus loin que l'on ne pouvait le faire par le procédé qui vient d'être indiqué. Supposons, pour fixer les idées*, qu'il s'agit d'un cercle divisé en demi-degrés. A l'extrémité de l'alidade on adapte, à partir de l'index et dans le sens de la graduation, un petit arc concentrique au cercle et embrassant un intervalle de 14 des divisions de celui-ci. On divise cet arc en 15 parties égales, qui valent conséquemment chacune 28', tandis que chaque division du cercle vaut 30'. Il y a donc exactement 2' de différence entre une division du cercle et une division de l'arc concentrique. C'est dans cet arc ainsi divisé que consiste le vernier. Pour en montrer l'usage, admettons que l'index, qui est, comme nous venons de le dire, l'origine des divisions du vernier, se présente entre deux traits de division du cercle. On trouvera *nécessairement* quelque part, dans l'étendue du vernier, un trait de division qui paraîtra correspondre exactement ou presque exactement à un trait de division du cercle; car, puisque le vernier embrasse exactement 14 di-

de nonius, sous lequel le vernier est désigné dans quelques pays. Cependant il suffit d'examiner l'invention de Nuñez dans l'ouvrage de cet auteur, intitulé *de Crepusculis*, qui a été imprimé à Lisbonne en 1542, et dans un autre ouvrage qu'il a publié, vingt ans après, sous ce titre *de Arte atque Ratione navigandi,* pour se convaincre que cette invention n'a de commun avec le vernier que le but qu'il s'agissait d'atteindre. Elle a été abandonnée, mais le nom est resté, peut-être parce que le vernier aura été considéré comme un *nouveau nonius.*

visions du cercle, ses extrémités se trouveront
toujours semblablement placées sur deux divisions
de celui-ci, et auront conséquemment la même
avance sur le premier trait de chacune de ces divisions. Mais, chaque division du vernier étant plus
petite de 2' qu'une division du cercle, si l'on avance
d'une division sur le vernier et en même temps
d'une division sur le cercle, l'intervalle des traits
considérés sera moindre de 2' que l'intervalle à mesurer. En avançant encore d'une division sur le vernier et sur le cercle, on a un intervalle également
moindre de 2' que le précédent, et par conséquent
moindre de 4' que l'intervalle à mesurer; les intervalles successifs diminueront ainsi, et l'avance primitive finira par être épuisée. Or elle le sera nécessairement avant le vernier, puisque l'intervalle à mesurer est moindre que 30' et que le vernier a 15 divisions. A ce moment, l'intervalle des traits considérés
sera nul ou inférieur à 2'. Ces traits paraîtront donc
en coïncidence. D'après cela, le nombre des divisions
du vernier qui se trouveront comprises entre l'index
et les traits en coïncidence sera précisément égal au
nombre de doubles minutes comprises dans l'intervalle à mesurer.

86. Lorsqu'il n'y a pas coïncidence exacte d'un
trait de division du vernier avec un trait de division
du cercle, il existe nécessairement une division du
vernier comprise entièrement entre les traits d'une
des divisions du cercle. En examinant alors avec une

loupe les distances respectives des traits qui terminent la première aux traits qui terminent la seconde,
on voit de quelle manière l'intervalle de 2′, que forment ensemble ces deux distances, est partagé. Si les
deux distances sont égales, on ajoutera 1′ à l'évaluation ci-dessus, en s'arrêtant au premier trait dans
l'ordre de la graduation. Si la première distance est
moitié de la seconde, on ajoutera 40″; si elle est
double de la seconde, on ajoutera 1′20″. Ces exemples
suffisent pour faire comprendre comment l'appréciation peut être poussée plus loin que la minute.

87. Revenons maintenant au raisonnement par
lequel nous avons montré que, en vertu du décroissement successif de l'avance de chaque trait du
vernier sur le trait correspondant du limbe, il doit
y avoir quelque part, dans l'étendue du vernier, coïncidence exactement ou approximativement. Si, après
avoir passé le point où cette coïncidence a lieu, on
continue à comparer la position des traits suivants
du vernier à celle des traits correspondants du limbe,
on trouve, au lieu d'une avance, un retard qui va
croissant de deux minutes par trait. Or le retard du
dernier trait du vernier est évidemment égal au
nombre de doubles minutes nécessaire pour compléter, avec la fraction de division à mesurer, une
division entière. D'où il résulte que le point de coïncidence divise le vernier en parties proportionnelles
aux distances comprises entre l'index et les deux
traits de division voisins.

88. Le vernier que je viens de décrire se rencontre fréquemment dans les goniomètres, mais on en rencontre également d'autres qui sont fondés sur le même principe. En supposant toujours le limbe divisé en demi-degrés, on fait souvent embrasser au vernier 29 de ces divisions et on le partage en 30 parties qui valent chacune 29′. La différence entre une division du vernier et une division du limbe est alors de 1′, et, par suite, la fraction de division à évaluer est égale à autant de fois 1′ qu'il y a à compter de divisions du vernier pour arriver au point de coïncidence. On pourrait aussi faire correspondre le vernier à 59 divisions du limbe et le diviser en 60 parties, qui vaudraient chacune 29′30″, de sorte que la différence entre une division du vernier et une division du limbe se réduirait à 30″. Avec un vernier ainsi construit, on compterait 30″ par division ou plutôt 1′ pour deux divisions jusqu'au point de coïncidence.

En général, tout vernier est un arc qui correspond à un nombre quelconque n de divisions du limbe et que l'on partage en $n+1$ parties égales. l étant l'amplitude angulaire d'une division du limbe, chaque division du vernier a, par conséquent, pour amplitude angulaire $\frac{n}{n+1} l$. La différence entre une division du limbe et une division du vernier est $l - \frac{n}{n+1} l$, c'est-à-dire $\frac{l}{n+1}$. La fraction de division du limbe comprise entre le trait qui précède l'index et celui-ci est égale à autant de fois $\dfrac{l}{n+1}$ qu'il y a de divisions du vernier entre l'index et le point de coïncidence. On doit évidemment choisir le diviseur $n+1$ de manière à obtenir, pour la différence $\dfrac{l}{n+1}$, un nombre rond de minutes ou de secondes.

Les verniers ne doivent pas dépasser certaines proportions. Quand on les fait trop grands, plusieurs traits consécutifs paraissent se correspondre sur le vernier et sur le limbe, de sorte que le point précis de coïncidence devient difficile à saisir. Si on les fait, au contraire, trop petits, ils ne donnent pas une approximation suffisante. Pour les instruments destinés à servir sur le terrain, le nombre des parties du vernier doit être compris entre 10 et 60.

59.   Dans les observatoires on se sert, pour la lecture des angles, de *micromètres** qui permettent d'obtenir plus de précision qu'avec le vernier. Mais ces appareils, dont on peut voir la description dans les traités d'astronomie, sont très-délicats et trop sujets à se déranger pour pouvoir fonctionner d'une manière satisfaisante sur le terrain (1). Le vernier se recommande, au contraire, par son admirable

(1) *Voyez*, dans la *Tachéométrie* de M. Porro, 2ᵉ édition, pages 52 et 253, l'indication d'un micromètre dans lequel le transport du fil mobile des micromètres ordinaires est remplacé par le transport que subit un pinceau de rayons parallèlement à lui-même, lorsqu'on lui fait traverser obliquement un verre à faces parallèles.

simplicité et par la solidité de son ajustement ; aussi est-il à peu près exclusivement adopté.

Un vernier dont les divisions sont parfaitement égales entre elles et les traits de division tous *de même largeur*, sans être trop fins ni trop nombreux, et qui, d'ailleurs, est ajusté à l'alidade de manière à se présenter bien exactement devant les divisions du cercle, peut être considéré comme susceptible de donner toute la précision que comportent des observations faites dans les conditions précaires d'installation dont il faut se contenter sur le terrain.

Dans beaucoup d'instruments, l'alidade porte deux verniers, un à chacune de ses extrémités. Quand le cercle est entier, chacun de ces deux verniers fournit une détermination de l'angle à mesurer, et on trouve dans ces doubles déterminations plusieurs avantages que je ferai bientôt connaître[*].

[*] 95 et 96.

89. Niveaux. — Les goniomètres destinés à fournir la mesure des angles horizontaux doivent être pourvus des accessoires nécessaires, et notamment de niveaux, pour permettre de rendre horizontal le plan du limbe, et vertical le plan de collimation ou de visée. Je ne parlerai ici que des goniomètres dans lesquels l'accomplissement de ces deux conditions peut être assuré par des vis convenablement disposées ou par des moyens analogues. J'ai déjà fait comprendre[*], en décrivant l'instrument qui sert à tracer les grands alignements, comment on parvient, à l'aide d'un niveau à pieds ou d'un niveau

[*] 25.

à crochets, à rendre vertical le pivot central de l'instrument. Dans les goniomètres dont le système de
construction admet un pivot analogue, on le rend
vertical au moyen d'un niveau rectifiable* dont la
règle inférieure est invariablement unie à l'alidade,
dans une direction perpendiculaire à celle-ci. Quelquefois ce niveau est couché sur l'alidade, dans le
sens de sa longueur. Il est facile de voir comment
un niveau ainsi disposé peut servir à rendre vertical
l'axe du pivot. Supposons, à cet effet, que le goniomètre soit monté sur base triangulaire*; on commencera par amener le niveau dans une direction perpendiculaire à la direction déterminée par deux des
vis à caler, et, en tournant la troisième vis, on amènera la bulle entre les repères. On imprimera ensuite
au système un mouvement azimutal de 180°, qui
pourra faire sortir la bulle d'entre ses repères, dans
un sens ou dans l'autre. On corrigera l'écart moitié
avec la vis de rectification du niveau, moitié avec la
vis à caler sur laquelle on a déjà agi, et en recom-
mençant, s'il le faut, cette manœuvre, on parviendra
à faire en sorte que la bulle revienne à ses repères
après le mouvement azimutal de 180°. L'horizontale
de la bulle sera alors perpendiculaire à la direction de
l'axe du pivot. On amènera ensuite l'alidade à 90° de
sa position primitive, et, en tournant les deux vis à
caler auxquelles on n'a pas encore touché, on amènera
la bulle entre ses repères; l'axe du pivot sera alors
vertical, ou du moins approchera beaucoup de l'être,
et on achèvera, au besoin, de le rendre tel en réitérant

11.

· 23.

tout ou partie des manœuvres qui viennent d'ètre
expliquées.

On ne parvient ainsi qu'à rendre vertical l'axe du
pivot ; le plan du limbe ne deviendra en même temps
horizontal qu'autant que le constructeur l'aura rendu
perpendiculaire au pivot. Cette condition est ordinairement assez bien remplie pour que l'on n'ait pas de
mécompte à craindre de ce côté*.   • 65.

Tous les goniomètres ne sont pas montés sur base
triangulaire, mais les explications ci-dessus suffiront,
si l'on a bien saisi l'esprit du procédé, pour mettre
à même de rendre vertical l'axe du pivot quand l'instrument sera monté de toute autre manière, admettant la possibilité de le caler dans deux sens différents au moyen de vis, comme on en verra plusieurs
exemples dans la suite de cet ouvrage.

90. Quand le niveau est ainsi adhérent à l'alidade,
on ne peut plus s'en servir pour rendre vertical le
plan de collimation. On y supplée en suspendant, à
quelque distance de l'instrument, un fil à plomb de
5 à 6 mètres de longueur. L'axe du pivot étant rendu
d'abord vertical, on dirige l'appareil visuel sur un
point quelconque de ce fil à plomb. Si tous ses points
se trouvent alors situés dans le plan que décrit le
rayon de visée, on conclut que ce plan est vertical.
S'il arrive, au contraire, qu'un seul point du fil soit
situé dans ce plan, on modifie la position de ce dernier dans le sens convenable en faisant jouer les vis
disposées à cet effet, jusqu'à ce que le fil à plomb

soit rencontré par tous les rayons de visée. Remarquons que cette rectification n'est possible, quand l'appareil visuel est une lunette, qu'autant que le rayon de visée est perpendiculaire à l'axe autour duquel cette lunette bascule. Autrement ce rayon décrirait une surface courbe, conique ou presque conique, et il n'existerait pas de plan de collimation. On a vu comment l'accomplissement de cette condition se vérifie et s'obtient lorsque l'axe de la lunette repose sur deux supports et peut être retourné bout pour bout*. Or, dans beaucoup d'instruments, ce retournement n'est pas praticable. Il arrive, par exemple, très-souvent que la lunette est supportée par un montant unique qui s'appuie sur l'alidade et contre une pièce verticale invariablement unie à cette alidade. Ce montant porte, à sa partie supérieure, un manchon cylindrique dans lequel s'engage, à grand frottement, l'axe de la lunette. Tout ce système est maintenu par des vis de rectification qui permettent d'incliner, entre certaines limites, le montant par rapport à la pièce verticale qui lui sert d'appui. On peut ainsi incliner plus ou moins et rendre horizontal l'axe de la lunette. Dans ce cas, si l'épreuve indiquée ci-dessus réussit complétement, on en conclut que l'axe optique de la lunette décrit un plan. Dans le cas contraire, il faut modifier la position de cet axe en agissant sur le réticule dans le sens convenable.

Quand le montant qui supporte la lunette est assez haut pour permettre à celle-ci un mouvement de

* 25.

180° dans le plan vertical, on lui imprime un autre mouvement azimutal qui la ramène sur le même point du fil à plomb que dans la position primitive. Alors la différence de l'angle décrit avec 180° est le double de la déviation à corriger.

Ces rectifications sont indispensables pour l'exactitude de la mesure des angles horizontaux. Si l'on appelle I la hauteur angulaire du point visé et d l'angle que forme le plan de collimation avec le plan vertical, l'erreur commise sur la lecture de l'angle est exprimée par le produit tang I. tang d.

91. ACCESSOIRES DIVERS. — VIS DE SERRAGE OU D'ARRÊT. — VIS DE RAPPEL. — Le fonctionnement régulier des goniomètres destinés à mesurer les angles avec précision exige l'emploi de certains accessoires dont il convient de dire ici quelques mots.

Dans un instrument bien construit, les mouvements doivent s'opérer sans secousse ni ballottement sous l'impulsion de la main; mais la main ne suffit pas pour amener chaque organe dans la position qu'il doit occuper. On ne l'emploie que pour obtenir d'abord un *à peu près*, et on la remplace ensuite par des mécanismes qui permettent d'amener l'organe à la position requise par des mouvements lents et presque insensibles, comme on l'a indiqué dans la description de l'instrument qui sert à tracer de grands alignements. A cet effet, l'alidade A* porte ordinairement un appendice a, formé de deux branches de métal entre lesquelles passe la tige d'une

* Fig. 93.

vis *vv′* à filets fins. Cette tige présente un renflement
sphérique *c*, que saisissent et retiennent les deux
branches dans des cavités pratiquées à cet effet. La
partie filetée de la vis est reçue dans un écrou *e*, extérieurement sphérique comme le renflement *c*, et
retenu de même entre deux branches métalliques.
Ces dernières sont fixées à une pince *p*, dont les deux
mâchoires embrassent le bord du limbe et peuvent
êrre rapprochées l'une de l'autre en tournant la vis
de serrage *s*. Tant que cette pince est desserrée, l'alidade est libre, et on peut l'amener promptement, en
agissant sur l'instrument avec la main, dans telle
direction qu'on veut. En serrant ensuite la vis *s*, la
pince *p* et l'écrou *e* deviennent fixes par rapport au
limbe, et on ne peut plus faire mouvoir l'alidade
qu'en tournant la vis *vv′* au moyen de sa tête *t*, qui
est placée sous la main de l'observateur. Les déplacements que l'on imprime ainsi à l'alidade sont très-
petits et permettent d'amener graduellement l'alidade dans la position qui correspond exactement à
l'observation. Tel est le type des *vis de rappel* employées pour les mouvements lents quand l'alidade
est mobile. Ce type est aussi celui que l'on emploie
quand le limbe est mobile. Dans ce cas, le renflement sphérique de la vis est retenu entre des branches métalliques fixées à la partie de l'instrument
qui reste immobile.

Ce mécanisme est quelquefois remplacé par un
pignon qui engrène avec une roue dentée fixée au
limbe. Dans le mouvement que l'on imprime à l'in-

strument avec la main, le pignon reste engrené et tourne rapidement. On s'en sert ensuite pour achever d'amener l'instrument à la position requise.

92. **Lunette ou appareil visuel de repère.** — Pour se préserver des erreurs qui peuvent naître du déplacement possible du limbe lorsqu'on passe d'un côté à l'autre de l'angle à mesurer, on adapte assez fréquemment à la partie fixe de l'instrument un appareil visuel spécial que l'on dirige, avant l'observation, sur un point bien distinct. Si l'instrument demeure immobile, ce point paraît constamment au même lieu du champ de vision; s'il s'en écarte, c'est une preuve qu'un dérangement s'est produit, et on est averti par là que la mesure de l'angle pendant laquelle ce dérangement s'est produit est affectée d'une erreur. Cet appareil visuel spécial est ordinairement une lunette; on le désigne sous le nom de *lunette de repère*, et quelquefois aussi sous celui de *lunette témoin*.

Comment on peut reconnaître si certaines conditions de bonne construction des goniomètres sont remplies.

93. Il ne faut se servir d'un goniomètre qu'après l'avoir étudié et s'être assuré qu'il répond, par sa construction, à ce que l'on en attend. Je suppose que l'on ait reconnu que les divers mouvements de l'instrument ont la douceur nécessaire, que l'appareil visuel est dans les conditions convenables[*]; il ᐧ Intr. 186.

faudra le soumettre d'abord à l'épreuve que voici :
on pointe l'appareil visuel sur un objet bien distinct
et on l'arrête dans cette position. On exerce ensuite
successivement de petits efforts sur les diverses parties de l'instrument, comme pour changer la direction
du rayon de visée. Si ce rayon se déplace, l'instrument ne garde pas son pointé; il faut renoncer à
s'en servir.

Ceci se rapporte aux goniomètres pourvus d'un
système complet de moyens d'arrêt. Quand ces
moyens manquent, il faut procéder autrement; on
met l'instrument en place et on dirige plusieurs fois
de suite l'appareil visuel sur un point bien distinct,
en ayant soin, après chaque observation, de l'écarter
considérablement de cette direction, tantôt dans
un sens, tantôt dans l'autre, avant d'y revenir.
Pour que l'instrument puisse servir, il faut que les
indications successives de l'alidade restent constantes.

Si l'instrument satisfait à ces premières épreuves,
il y aura lieu de le soumettre aux vérifications ci-
après.

94. VÉRIFICATION DU CENTRAGE DE L'ALIDADE.
— Il peut arriver que l'alidade pivote autour d'un
point autre que le centre du limbe, et qu'il en résulte des erreurs dans la mesure des angles. On met
ce défaut de construction en évidence en mesurant
un même angle au moyen de différentes parties du
limbe. Supposons* que l'alidade pivote autour du

* Fig. 94.

point o' et que o soit le centre du limbe. En dirigeant l'appareil visuel sur deux points *éloignés* A, B,
l'alidade prendra les positions $o'a'$, $o'b'$, au lieu des
positions oa, ob, que nous pouvons considérer comme
respectivement parallèles à $o'a'$, $o'b'$, à cause de l'éloignement des points A et B. Appelons $2v$ l'angle $a'o'b'$
ou aob, et u l'angle $i'o'p'$ ou iop que fait la bissectrice $o'i'$ de $a'o'b'$ ou la bissectrice oi de aob avec le
prolongement $o'p'$ de oo'. Les arcs aa', bb' ne pouvant être que très-petits, on aura sensiblement, en
faisant $oo'=e$, $aa'=e \sin (u+v)$, $bb'=e \sin (u-v)$,
d'où $aa' - bb' = 2e \sin v \cos u$. Or $aa' - bb' =$
$(aa'+ab') - (ab'+bb') = a'b' - ab$; donc l'erreur
résultant du défaut de centrage de l'alidade a pour
expression $2e \sin v \cos u$. Cette erreur est un angle
qui a pour valeur, en parties du rayon, $2\frac{e}{r}\sin v \cos u$,
r étant le rayon du limbe, et, par suite, sa valeur
est, en minutes[*], $\frac{21\,600}{\pi}\cdot\frac{e}{r} \sin v \cos u$, et, en secondes.   [*] Intr. 95.
$\frac{648\,000}{\pi}\cdot\frac{e}{r} \sin v \cos u$. Supposons, pour fixer les idées,
que l'on mesure un angle de 60° avec un cercle ayant
un rayon de $0^m.075$, et que oo' soit égal à $0^m.0001$,
on aura $v=30°$, $\sin v = \frac{1}{2}$, $e=0^m.0001$, $r=0^m.075$,
et on trouvera, en effectuant les calculs, que l'erreur
avec ces données serait $4'35''\cos u$. Les mesures de
l'angle obtenues au moyen des différentes parties du
limbe pourront donc s'écarter de la véritable valeur
de $4'35''$ en plus ou en moins, et conséquemment

les différences entre ces mesures pourront s'élever
au double de cette quantité, c'est-à-dire à 9′10″. Ce
mode de vérification mettra donc en évidence les
plus petits défauts de centrage de l'alidade. Il faudra
avoir soin de ne pas prendre l'angle v trop petit. On
fera avancer, à chaque nouvelle observation, le
point a' d'un même nombre de divisions, par exemple
d'une dizaine de degrés, afin d'avoir une suite de
différences bien régulières.

95. Quand le cercle est entier et l'alidade pourvue
de deux verniers diamétralement opposés, on découvre le défaut de centrage de l'alidade en comparant entre elles les lectures faites sur les deux verniers. La différence entre ces deux lectures, lorsqu'il n'existe pas de défaut de centrage, doit être
constamment de 180°. Dans le cas contraire, cette
différence change avec la direction de l'alidade. Ses
variations sont données par l'expression ci-dessus,
en y faisant $\sin v = 1$; car, dans cette circonstance,
on emploie le cercle à mesurer l'angle compris entre
les rayons menés du point autour duquel pivote l'alidade aux zéros des deux verniers, et on suppose que
cet angle est de 180°.

Mais cette supposition que l'angle dont il s'agit
est de 180°, ou que les zéros de ces deux verniers
sont diamétralement opposés, c'est-à-dire en ligne
droite avec le point autour duquel pivote l'alidade,
a besoin elle-même d'être vérifiée. A cet effet, on
amène l'un des index sur un trait quelconque de di-

vision du limbe, et on lit l'angle marqué par l'autre index. On amène ensuite celui-ci vis-à-vis du même trait de division, et on lit l'angle que marque alors le premier index. Si les deux angles lus ne diffèrent pas l'un de l'autre, on en conclura que les deux index sont en ligne droite avec le centre de pivotement de l'alidade. S'il y a une différence, on en conclura que cette condition n'est pas remplie, et qu'il s'en faut de la moitié de la différence trouvée que les droites menées du centre de pivotement aux deux index ne comprennent entre elles un angle de 180°.

96. Comment on élimine l'erreur de centrage dans un cercle entier. — Quand les deux verniers sont diamétralement opposés, par rapport au point autour duquel pivote l'alidade, la demi-somme des angles mesurés par les deux verniers est indépendante de l'erreur de centrage. On sait, en effet, qu'un angle dont le sommet est placé dans un cercle, entre le centre et la circonférence, a pour mesure la demi-somme des arcs compris entre les côtés prolongés, de part et d'autre, du sommet jusqu'à la circonférence. Il est facile de voir, par des considérations analogues à celles qui ont été présentées* relativement à la vérification du centrage de l'alidade, que, si l'angle v n'était pas de 90°, la demi-somme des deux angles obtenus serait affectée d'une erreur exprimée en degrés par la formule $90° - v - \dfrac{180}{\pi} \cdot \dfrac{e}{r} \cos v \sin u$.

* 94.

97. Erreurs constantes des verniers.— Il peut
arriver que l'alidade soit parfaitement centrée et que,
néanmoins, les zéros des deux verniers ne soient pas
sur un même diamètre du limbe. Dans ce cas, les
indications de l'un des deux verniers sont trop fortes
ou trop faibles, par rapport à celles de l'autre, d'une
quantité constante qu'il est facile de déterminer par
le procédé exposé ci-dessus*. On peut, en conséquence, corriger de cette erreur les angles à la mesure desquels on a fait concourir les deux verniers.

* 95.

98. Vérification de la graduation. — Dans
tout ce qui précède, j'ai admis implicitement que la
graduation du limbe ne laisse rien à désirer. Si elle
présentait de graves défectuosités, on s'en apercevrait dans les épreuves auxquelles donne lieu la vérification du centrage de l'instrument; mais il est
utile de procéder à un examen plus attentif de la
graduation. On se sert, pour cela, du vernier, dont
on amène le zéro successivement devant les traits
qui marquent soit les dizaines de degrés, soit même
les degrés intermédiaires, si l'on veut faire une
étude plus complète. La manière dont les traits de
division du limbe s'écartent successivement de ceux
du vernier pour s'en rapprocher ensuite fait ressortir immanquablement les erreurs de graduation
qui pourraient influer sur la précision des observations.

Construction des angles sur le terrain.

99. Les goniomètres ne sont pas seulement des-tinés à fournir la mesure des angles, ils servent aussi à les construire sur le terrain. Le problème à ré-soudre, dans ce cas, est toujours fort simple. Il con-siste à *tracer, à partir d'un point donné sur une droite, une autre droite qui fasse, avec la première, un angle dont la grandeur est donnée.*

On installe l'instrument de manière que le centre du limbe soit dans la verticale du point donné, et que le limbe lui-même soit horizontal; on amène le plan de collimation de l'appareil visuel dans la di-rection de la droite donnée en visant un jalon ou tout autre objet, et on lit l'angle, quel qu'il soit, que marque l'alidade. En ajoutant à cet angle ou en en retranchant, suivant le sens de la graduation, l'angle qu'on veut construire, on sait à quel point du limbe l'alidade devra correspondre, c'est-à-dire l'angle qu'elle devra marquer quand le plan de col-limation de l'appareil visuel se trouvera dans la di-rection de la droite à construire; on fait mouvoir l'alidade dans le sens convenable jusqu'à ce qu'elle marque précisément cet angle, et il ne reste plus qu'à tracer sur le terrain la droite qui correspond à la nouvelle position du plan de collimation.

100. Un autre problème que l'on peut avoir éga-

lement à résoudre est celui-ci : *par un point pris hors d'une droite donnée, mener une droite qui fasse, avec la première, un angle dont la grandeur est donnée.* Pour trouver, sur la droite donnée, le point auquel doit aboutir la droite qu'il s'agit de tracer, il faut un tâtonnement. On essaye successivement différents points, comme pour résoudre le problème précédent, c'est-à-dire que l'on dirige de chacun de ces points un rayon de visée formant, avec la droite donnée, un angle égal à l'angle donné. Après quelques essais, dont la pratique apprend à restreindre le nombre, on arrive à déterminer le point cherché, qui doit être tel que le rayon mené de ce point passe par le point donné.

On trouve très-promptement le point cherché en *faisant usage d'un instrument à miroirs**. On place * 67 et suiv. l'alidade sur le point de la graduation qui marque l'angle donné, et, l'instrument à la main, on marche dans la direction de la droite donnée, en s'alignant sur deux jalons que l'on a eu soin d'y faire planter. On vise directement ces deux jalons, et on voit passer tour à tour, dans le petit miroir, les objets que rencontre le rayon que l'on veut faire passer par le point donné. Quand ce point apparaît dans le petit miroir, on est parvenu, au moins très-approximativement, au point cherché, et on achève, s'il y a lieu, de le déterminer avec la dernière précision.

101. Construction des angles droits et demi-droits. — Équerre d'arpenteur. — Dans les

opérations sur le terrain, on a presque continuellement à construire l'angle droit, et assez fréquemment
le demi-droit. On se sert, à cet effet, d'un instrument spécial appelé l'*équerre d'arpenteur*. Cet instrument n'est autre chose qu'une boîte creuse de métal*   * Fig. 95.
présentant extérieurement la forme d'un prisme
régulier octogone de 0^m.06 à 0^m.08 de hauteur sur
à peu près autant de diamètre. Chacun des huit pans
de ce prisme est percé, en son milieu, d'une fente
parallèle aux arêtes. En prenant ces fentes deux à
deux, on a quatre plans de collimation ou de visée
AA′, BB′, CC′, DD′, qui partagent l'espace autour
de l'axe de l'équerre en huit angles égaux de 45°
chacun. A cette boîte est adaptée une douille au
moyen de laquelle on l'ajuste au bout d'un bâton dit
bâton d'équerre. On plante ce bâton dans le sol, au
point qui marque le sommet de l'angle à construire.
Son extrémité inférieure est armée, à cet effet, d'une
pointe de fer. Quand la nature du terrain sur lequel on
opère ne permet pas d'y enfoncer suffisamment cette
armature, si l'on n'a pas à sa disposition un pied à
plusieurs branches, on assemble autour du pied du
bâton quelques pierres, et on parvient aisément à
le faire tenir dans une situation verticale. On s'assure, au moyen du fil à plomb, que les plans de collimation de l'instrument sont verticaux. Pour faciliter la visée des objets dans ces plans, chaque fente
est terminée, à sa partie supérieure, par un trou rond
de 0^m.002 environ de diamètre. En visant par deux
trous opposés et en faisant tourner l'équerre, on amène

le plan de collimation correspondant à coïncider à peu près avec le plan qui détermine le côté donné de l'angle à construire, et on achève d'établir cette coïncidence en visant par les fentes. On se place ensuite de manière à viser dans le plan de collimation qui doit coïncider avec le second côté de l'angle. Si le sommet de cet angle n'est pas donné et que le second côté doive passer par un point antérieur, on opère par tâtonnement, ainsi que je l'ai expliqué plus haut*.

100. L'équerre dont je viens d'indiquer l'usage se nomme l'*équerre octogone*. Cette forme n'est pas la seule que l'on adopte. On rencontre aussi très-fréquemment l'*équerre cylindrique*. D'anciennes équerres se composent d'une croix à quatre branches, aux extrémités desquelles s'élèvent des pinnules*. Ce dernier instrument ne donne que l'angle droit. Dans toutes ces équerres, chaque fente peut être remplacée, sur une partie de sa hauteur, par une fenêtre dont l'ouverture est divisée par un crin dans le prolongement de la fente; on agrandit ainsi le champ de vision*. Chaque fenêtre doit avoir en face d'elle une fente, et c'est cette fente qui sert d'oculaire.

Mentionnons enfin l'*équerre sphérique*, dont le nom indique la forme*. Cette équerre permet de donner une plus grande plongée au rayon de visée et, par conséquent, d'opérer dans des circonstances où l'équerre ordinaire ne suffirait pas.

102. VÉRIFICATION DE L'ÉQUERRE. — Pour re-

margin notes:
* Fig. 96.
* 77.
* Fig. 97.

connaître si une équerre est juste, on la met en place et on fait planter des jalons dans deux des plans de visée qu'elle détermine*, tels que AA′, BB′; on la fait ensuite tourner de manière que le plan CC′ vienne prendre la place de BB′, de sorte que, si l'angle BOC=AOB, le plan BB′ doit prendre la place de AA′, c'est-à-dire passer par le jalon qui se trouvait d'abord dans ce plan. L'égalité de tous les autres angles avec l'angle primitif AOB doit se vérifier de même, si l'instrument est bien construit.

* Fig. 95.

Il est bon de vérifier séparément les angles droits, qui sont d'un usage plus fréquent que les demi-droits.

103. ÉQUERRE DE RÉFLEXION OU A MIROIRS. — On a appliqué avec le plus grand succès le principe de la double réflexion à l'équerre d'arpenteur. L'instrument, que l'on peut dès lors tenir à la main, comme les goniomètres fondés sur le même principe*, se compose d'une boîte cylindrique de $0^m.020$ à $0^m.025$ de hauteur et de $0^m.06$ à $0^m.08$ de diamètre*. Deux miroirs M, m sont fixés sur le fond inférieur de cette boîte, de manière à intercepter, à partir du centre o, des longueurs égales oi, oI sur les diamètres rectangulaires aa', bb', et à former, chacun avec le diamètre qu'il rencontre, un angle de $112°30'$, de sorte que ces deux miroirs comprennent entre eux un angle de $45°$. On vise par une fente pratiquée en a. En face de cette fente est une fenêtre ouverte en a', par laquelle on peut voir dans la di-

* 69.

* Fig. 98.

rection *aa'*, parce que le miroir *m* n'occupe qu'une partie de la hauteur de l'équerre. Une seconde fenêtre s'ouvre en *b'*; les rayons venus des objets situés dans la direction *bb'* entrent dans l'instrument par cette dernière fenêtre, sont réfléchis de I en *i* par le miroir M, et de *i* en *a* par le miroir *m*. L'œil placé en *a* voit donc directement un jalon planté en A, dans la direction *aa'*, et, par double réflexion, un jalon planté en B, dans la direction *bb'*, perpendiculaire à *aa'*. L'image de ce dernier est comme le prolongement du premier jalon. Cette équerre ne permet de viser directement que dans un seul sens, et ne reçoit les rayons latéraux que d'un seul côté; mais il faut remarquer qu'on peut la renverser sens dessus dessous, ce qui permet de présenter, à volonté, l'ouverture *b'* à gauche ou à droite sans que l'on ait besoin de se retourner pour opérer ce changement de direction. On facilite le maniement de cette équerre en y ajoutant un manche auquel on attache un fil à plomb. Ce manche doit pouvoir s'adapter indifféremment à l'un ou à l'autre fond de l'équerre. Lorsqu'on veut se servir d'un pied, on remplace ce manche par une douille.

La manière de se servir de cette équerre est fort simple. Veut-on élever une perpendiculaire sur une droite donnée, d'un point donné sur cette droite : on place l'équerre au-dessus de ce point, et on vise suivant *aa'* un jalon planté sur la droite donnée. On fait marcher, parallèlement à cette droite et à quelque distance, un porte-jalon armé d'un jalon, et,

quand ce jalon apparaît dans le petit miroir comme
le prolongement du jalon vu directement, il se trouve
sur la perpendiculaire demandée.

S'agit-il d'abaisser une perpendiculaire sur une
droite donnée d'un point assigné hors de cette droite :
on fait planter en ce point un jalon, puis on marche,
l'instrument à la main, sur la droite donnée, en s'alignant sur des jalons que l'on a eu soin d'y faire
planter. Quand le jalon qui marque le point donné
apparaît dans le petit miroir comme le prolongement des jalons sur lesquels on s'aligne, le point de
cette droite qui correspond au centre de l'équerre est
le pied de la perpendiculaire.

104. Vérification de l'équerre de réflexion.
— La vérification de cette équerre est très-facile. On
fait jalonner* une ligne droite BB', et d'un jalon A,   * Fig. 99.
planté au loin hors de cette droite, on abaisse sur
elle une perpendiculaire en visant dans la direction
B'B, et on marque le pied de cette perpendiculaire.
Cela fait, on se tourne et on vise dans la direction
BB', on renverse l'équerre et on recommence l'opération. Si la nouvelle perpendiculaire aboutit au
même point que la première, l'instrument est juste.
Si cette épreuve donne, au contraire, deux points
différents P', P'', l'instrument a besoin d'être rectifié.
A cet effet, on le place au-dessus du milieu P de la
droite P'P'', on vise dans la direction PB ou PB', et,
à l'aide d'une vis de rectification que porte l'instrument, on modifie l'angle des deux miroirs jusqu'à

ce que le jalon A paraisse comme dans le prolongement du jalon vu directement.

On pourrait rendre invariable l'angle des deux
* Fig. 100. miroirs M,*m* en prenant pour surfaces réfléchissantes*
deux faces *pt,rs* d'un prisme pentagone *pqrst*, dont
les deux faces *pq,qr* seraient perpendiculaires aux
* Fig. 101. directions *aa',bb'*. Un prisme quadrangulaire *uvxy**,
rectangle en *y*, et ayant son angle *v* de 135° et les
angles *u,x* de 67°30' chacun, pourrait remplir le
même but.

105. L'équerre de réflexion a, sur l'équerre ordinaire, l'avantage de résoudre les mêmes problèmes
non-seulement avec beaucoup plus de facilité, mais
encore avec une exactitude bien supérieure, puisque
l'angle droit que l'on construit est *rigoureusement*
droit dès que les deux surfaces réfléchissantes font
un angle de 45°. Avec l'équerre ordinaire, la direction de chaque rayon de visée n'est assurée que très-
imparfaitement, à cause de la largeur des fentes par
lesquelles on vise. Il en résulte, sur la position des
points et sur la direction des lignes construites avec
cet instrument, une incertitude qui ne permet d'en
faire usage avec confiance qu'à la condition d'en
restreindre la portée à quelques mètres. La portée de
l'équerre de réflexion n'a, au contraire, d'autre limite
que celle de la vision, et cette limite peut être étendue en remplaçant la fente oculaire par une lunette.
* Intr. 179. Une petite lunette de Galilée* est très-convenable
pour cet objet.

106. Cette équerre ne donne pas, comme l'équerre octogone, l'angle demi-droit ou de 45°, et, sous ce rapport, elle est moins complète. Pour pouvoir construire cet angle, il faut avoir un autre instrument de réflexion dont il est aisé d'imaginer la disposition d'après ce qui a été dit pour l'équerre destinée à la construction de l'angle droit. A peine est-il besoin d'ajouter que les deux instruments peuvent être réunis dans une même boite cylindrique dans laquelle chacun occupe un étage distinct, ou encore dans un parallélipipède creux dont chacune des moitiés est affectée à l'un de ces instruments. Tout cela ne forme qu'un très-petit volume.

On peut ajouter encore à cet instrument à deux fins un système de prismes ou de miroirs destiné à faciliter la solution de ce problème* : *se placer entre deux points exactement sur l'alignement qu'ils déterminent.* L'une des dispositions propres à remplir ce but consiste à placer symétriquement sur un plateau formant le fond d'une boîte deux prismes quadrangulaires *uvxy,u′v′xy′**, semblables à celui dont j'ai indiqué plus haut* l'emploi pour la construction des angles droits, de manière que ces deux prismes renvoient dans la direction *oa,* perpendiculaire à *bb′,* les rayons parallèles à cette dernière droite provenant d'objets tels que B,B′ situés de part et d'autre de l'appareil. Quand le point *o* se trouvera sur la droite BB′, on pourra voir simultanément dans la direction *aa′* ces objets B,B′. Il suffira donc, pour se placer

* 21.

* Fig. 102.

* 104.

sur l'alignement qu'ils déterminent, de marcher en tournant l'instrument de manière à voir toujours l'un de ces objets, par exemple B, dans la direction aa', jusqu'à ce que l'autre objet B′ apparaisse en coïncidence avec B, et alors le point cherché du terrain correspond au point o de l'instrument. Pour s'assurer que les deux prismes sont, l'un par rapport à l'autre, dans la position convenable, il suffit à l'opérateur de se retourner de manière à recevoir, par l'ouverture b, les rayons venant de l'objet B′, et, par l'ouverture b', ceux qui viennent de l'objet B. Si ces deux objets B et B′ paraissent encore coïncider dans la direction aa' sans que le point o soit sorti de la verticale où il était d'abord, l'instrument est juste; sinon on le place au milieu de la droite qui joint les deux points trouvés, et on modifie la position relative des prismes au moyen des vis de rectification, qui doivent être disposées à cet effet, jusqu'à ce que les objets B et B′ apparaissent en coïncidence dans la direction aa'.

Cet instrument constitue évidemment une équerre double et peut être employé comme tel, surtout si l'on a soin d'y adapter une petite lunette, dont une partie de l'objectif sert à recueillir des rayons directs au-dessus ou au-dessous des prismes.

Ces systèmes de prismes et de miroirs ne permettent au rayon de visée que des plongées très-restreintes. Sous ce rapport, ils sont moins commodes que l'équerre ordinaire; mais ils l'emportent de beaucoup sur celle-ci par plusieurs avantages essentiels sur lesquels j'ai insisté parce qu'ils ne sont pas assez connus.

V. *Notions sur la précision des mesures.*

107. Lorsqu'on mesure plusieurs fois une même grandeur, par exemple une ligne droite de quelque étendue, avec un même instrument, en ayant soin de prendre chaque fois les mêmes précautions, d'opérer, en un mot, dans des circonstances aussi semblables que possible, on obtient des résultats qui, généralement, diffèrent entre eux. On apprécie le plus ou moins de *précision* de ces mesures d'après la grandeur des différences qui existent entre elles. Cette précision est jugée d'autant plus grande que les différences dont il s'agit sont renfermées dans de plus étroites limites. C'est là ce qu'indique à chacun le simple bon sens; mais il est possible d'aller beaucoup plus loin. Il existe une science, connue sous le nom de *calcul des chances* ou *des probabilités*, qui fait connaître quel est le milieu qu'il convient de prendre entre plusieurs résultats d'une même opération, et qui, de plus, fournit en quelque sorte les moyens d'évaluer numériquement le degré de confiance que mérite le milieu que l'on prend. Ce genre de calcul, reposant sur des connaissances mathématiques d'un ordre fort élevé, n'est encore cultivé que par un petit nombre de personnes. Je dois donc renoncer à en exposer ici les principes, mais il

est possible de lui emprunter quelques règles qui n'offrent aucune difficulté dans l'application et dont le lecteur reconnaîtra sans peine l'utilité.

108. Il est nécessaire, avant de faire connaître ces règles, d'avertir qu'elles ne sont applicables que dans le cas où les écarts que présentent les résultats dont on s'occupe peuvent être considérés comme des accidents *purement fortuits.* Pour fixer les idées à ce sujet, supposons que l'on mesure une distance au * 32 et suiv. moyen de la chaîne d'arpenteur*, et que, dans le cours ou à la fin des opérations, on s'aperçoive que la chaîne s'est allongée; les mesures obtenues avec la chaîne ainsi allongée seront plus courtes que celles obtenues avant l'allongement de la chaîne. En pareil cas les écarts ne pourront être considérés comme purement fortuits, et les nombres obtenus ne seront pas dans les conditions requises pour l'application des règles que nous allons exposer. Pour que cette application puisse conduire à des résultats plausibles, la longueur de la chaîne doit rester la même. Il faut que les conditions dans lesquelles on opère ne changent pas pendant la durée des opérations, de telle sorte que, pendant toute cette durée, tous les écarts possibles en plus ou en moins, par rapport à la véritable valeur du résultat à obtenir, conservent chacun la même possibilité pendant ce temps.

On peut concevoir toutes les erreurs possibles comme résultant, dans un système donné d'observations, d'un nombre très-grand d'erreurs élémentaires excessivement petites et égales entre elles, qui existent toutes à la fois dans chaque observation isolée, mais les unes en *plus*, les autres en *moins ;* un certain nombre se compensent entre elles, et celles qui restent non compensées forment, par leur ensemble, l'erreur en plus ou en moins de l'observation. On comprend que les cas où ces erreurs se trouvent être à la fois toutes en plus ou toutes en moins sont plus rares que ceux où il y a compensation partielle, et que chaque erreur a, suivant sa grandeur, une certaine *possibilité* qui n'est pas la même que celle de toute autre erreur plus grande ou moindre. On a obtenu l'expression mathématique de cette possibilité, et elle a été confirmée par l'expérience, en examinant, dans une longue suite d'observations, combien de fois chaque erreur se présente par rapport au nombre total des observations. Quand ce nombre est suffisamment grand, la théorie et l'expérience s'accordent d'une manière vraiment surprenante.

Le nombre des déterminations d'une même quantité que comportent les opérations qui font l'objet de cet ouvrage est généralement beaucoup trop restreint pour pouvoir servir à mettre en évidence cette loi remarquable. Je me bornerai, par ce motif, à indiquer les règles pratiques qui peuvent être d'une utilité journalière.

109. PREMIÈRE RÈGLE. — *Le milieu à prendre*

entre plusieurs mesures d'une même quantité est leur moyenne arithmétique, c'est-à-dire leur somme divisée par leur nombre.

EXEMPLE. — Le chaînage d'une même distance a donné successivement $1032^m.03$, $1031^m.87$, $1032^m.21$, $1032^m.30$, $1031^m.99$. La somme de ces cinq résultats est $5160^m.40$. Divisant par 5, on trouve pour quotient $1032^m.08$. Telle est la mesure la plus probable de la distance considérée. L'erreur à craindre en adoptant cette détermination est moindre que pour toute autre combinaison des nombres ci-dessus.

En retranchant de cette moyenne chacun de ces cinq nombres, on trouve les écarts $+0^m.05, +0^m.21$, — Intr. 73. $-0^m.13, -0.22, +0^m.09$. La somme* de ces écarts se réduit à zéro. Mais ces mêmes écarts jouissent, en outre, d'une propriété très-essentielle à connaître, qui consiste en ce que la somme de leurs quarrés est moindre que la somme des quarrés des écarts relatifs à tout autre milieu entre les mêmes déterminations.

110. ÉCART MOYEN. — MESURE DE LA PRÉCISION. — Si l'on fait la somme des quarrés des écarts, et que l'on divise cette somme par le nombre des observations, puis que l'on prenne la racine quarrée du quotient, le résultat de cette opération est ce que * 109.   l'on appelle l'*écart moyen*. Dans l'exemple ci-dessus*, cet écart est $0^m.1549$. La précision des observations est d'autant plus grande que cet écart moyen est

moindre. L'habileté de deux opérateurs est en raison inverse de leurs écarts moyens.

Appelons e_m cet écart moyen. Si l'on divise l'unité par le produit $e_m \sqrt{2}$, le quotient sera la *mesure de précision* des observations qui donnent cet écart e_m.

Ainsi on a trouvé ci-dessus $e_m = 0.1549$; on en conclut que la précision des observations desquelles ce nombre a été déduit est égale au quotient de la division de 1 par $0.1549\sqrt{2}$. Ce quotient est 4.564. Ceci implique l'adoption d'une certaine unité de précision. Cette unité est la précision d'observations dans lesquelles le quarré de l'écart moyen serait 1/2.

111. Deuxième règle. — *La précision de la moyenne entre plusieurs observations est proportionnelle à la racine quarrée du nombre de ces observations.*

Ainsi, avec quatre observations, on obtient une moyenne dont la précision probable est double de celle d'une observation simple. Avec neuf observations, cette précision devient triple. Elle est quadruple avec seize, quintuple avec vingt-cinq, et ainsi de suite.

Dans l'exemple déjà traité nous avons trouvé la moyenne $1032^m.08$. La précision de cette moyenne est, à la précision d'une observation unique, comme $\sqrt{5}$ est à 1, c'est-à-dire à peu près dans le rapport de 2.24 à 1.

La précision de cette moyenne est égale au produit de la mesure de précision des observations par la racine quarrée de leur nombre. Avec les données ci-dessus, ce produit est égal à 10.20. C'est un peu plus de dix fois la précision d'observations dans lesquelles la moyenne des quarrés des écarts serait 1/2.

112. TROISIÈME RÈGLE. — *L'écart moyen d'une somme de mesures est proportionnel à la racine quarrée du nombre de ces mesures.*

EXEMPLE. — On a constaté, en faisant mesurer plusieurs fois une distance de $134^m.80$ par un chaîneur et son porte-chaîne, que leur écart moyen est de $0^m.171$. On demande quel serait leur écart moyen pour une distance de 1000 mètres mesurée dans des circonstances semblables.

On peut considérer ici les distances comme étant proportionnelles aux nombres de mesures partielles qu'elles exigent, de sorte que, pour avoir l'écart cherché, il faut multiplier 0.171 par $\sqrt{\dfrac{1000}{134.80}}$. On obtient ainsi $0^m.466$ pour l'écart demandé.

Cette règle met en évidence la loi des tolérances à accorder sur les chaînages. Ces tolérances croissent moins rapidement que les distances, ou, si l'on veut, doivent être proportionnellement plus fortes pour les petites distances que pour les grandes.

113. POIDS D'UN RÉSULTAT. — Dans ce qui précède, on a toujours supposé qu'il ne s'agit que d'une

seule espèce d'observations faites par un même observateur. On comprend que l'on puisse avoir à combiner
ensemble des résultats obtenus par différents obser-
vateurs. Il faut alors *peser*, en quelque sorte, ces résultats, et les faire concourir à la moyenne générale
chacun avec son *poids*. On peut prendre pour ce
poids le nombre d'observations de précision 1 qu'il
faudrait faire pour que leur moyenne eût la même
précision que les observations dont il s'agit d'évaluer le poids. Or, d'après ce qui précède, ce nombre
n'est autre chose que l'unité divisée par deux fois le
quarré de l'écart moyen. De là résulte la règle suivante.

114. QUATRIÈME RÈGLE. — *Pour déterminer la*
moyenne de plusieurs observations inégales en poids ,
on fait la somme de produits de toutes ces observations
par leurs poids respectifs, et on divise cette somme par
celle des poids qui ont ainsi servi de multiplicateurs.

Chaque poids doit entrer autant de fois dans la
somme qui forme le diviseur qu'il entre de fois comme
multiplicateur dans le dividende.

EXEMPLE. — On a, pour déterminer une longueur, quinze observations, savoir quatre donnant un
total de 4128^m.35 et ayant chacune pour poids 17.33,
cinq autres donnant un total de 5160^m.40, et ayant
chacune pour poids 20.83, enfin six autres donnant
un total de 6192^m.39 et ayant chacune pour poids
21.04; la moyenne sera, en conséquence de l'énoncé
ci-dessus,

$$\frac{4128^m.35\times17.33+5160^m.40\times20.83+6192^m.39\times21.04}{17.33\times4+20.83\times5+21.04\times6}=1032^m.075.$$

115. Les règles qui précèdent ne doivent être appliquées qu'aux observations qui ne présentent pas d'écart anormal. Toutefois il est extrêmement important de ne rejeter que les observations dans lesquelles on aura commis une évidente maladresse; mais il faut se pénétrer aussi de la nécessité de rejeter également toutes celles qui seraient dans le même cas, lors même qu'elles s'accorderaient avec les autres. Il y a là, pour l'observateur, un devoir de conscience délicat à remplir. Pour ne pas se laisser aller à l'arbitraire en pareil cas, le meilleur parti à prendre est de s'imposer *d'avance* des règles que l'on *écrit* et auxquelles on se conforme scrupuleusement (1).

(1) Les personnes qui désireraient plus de détails sur ces matières consulteront avec fruit l'ouvrage de M. Cournot, intitulé *Exposition de la théorie des chances et des probabilités*, et le *Calcul des probabilités et théorie des erreurs* de M. Liagre.

LIVRE SECOND.

LES LEVERS DE PLANS.

I. *Préliminaires.*

Définitions.

116. Faire le PLAN d'un lieu, d'un terrain, c'est en représenter la configuration sous des dimensions réduites, de manière à permettre de saisir facilement l'ensemble de ses différentes parties, ainsi que leurs rapports de position et de grandeur.

Lorsqu'il s'agit d'un terrain plat, on conçoit immédiatement la possibilité de tracer sur le papier une figure géométriquement semblable à celle que déterminent sur ce terrain les chemins, les fossés, les cours d'eau, les limites des propriétés, etc., de telle sorte que la distance de deux points de cette figure soit à la distance des deux points homologues du sol dans un rapport déterminé, toujours le même quels que soient les points dont on compare les distances.

Quand la surface du sol est ondulée ou accidentée, l'idée que l'on peut se faire d'un pareil dessin est moins simple. Il faut imaginer alors que tous les points de cette surface soient ramenés à un même niveau sans sortir de leurs verticales respectives, de manière à effacer entièrement les élévations et les dépressions. Le plan que l'on se propose de construire est une figure géométriquement semblable à celle de ce terrain ainsi fictivement aplati. Un plan représente donc la surface du sol *à vue d'oiseau*, c'est-à-dire telle qu'on la verrait à plomb d'un lieu très-élevé, par exemple de la nacelle d'un aérostat. On sait qu'en effet la terre, vue de très-haut, semble n'être qu'une vaste plaine sur laquelle se détachent, comme des dessins délicatement tracés, les rivières, les chemins, les édifices, les cultures, etc.

117. Tous ces objets sont figurés sur le plan par les lignes apparentes qui les terminent, c'est-à-dire les cours d'eau par leurs rives, les chemins par leurs bords, les maisons, groupes de maisons et enclos par leurs contours, etc. Pour compléter le plan, on y ajoute, au besoin, d'autres lignes non apparentes sur le sol, qui servent à en exprimer la forme et le relief. Ces lignes, que l'on trace horizontalement et que, par ce motif, on appelle les *courbes* ou *sections horizontales* du terrain, en dessinent les contours à différentes hauteurs, de la même manière que la mer dessine les contours des îles et des continents. Le nombre de ces courbes varie suivant le degré

d'exactitude avec lequel on a besoin de connaître la configuration du sol. On les fait ordinairement équidistantes dans le sens vertical, de telle sorte qu'elles sont les traces de surfaces de niveau qui partagent le terrain en tranches d'égale hauteur.

118. L'ensemble des opérations à faire sur le terrain pour y recueillir ou relever les données qu'exige la construction d'un plan est ce que l'on nomme le *lever du plan*. Après avoir tracé sur le papier toutes les lignes nécessaires, on a recours à l'art du dessin pour rendre le plan plus expressif. Ce travail complémentaire s'exécute soit à la plume seulement, soit au pinceau. Des hachures plus ou moins serrées ou des teintes plus ou moins foncées servent à indiquer les pentes et les anfractuosités du terrain. Par le moyen des couleurs, employées ordinairement sous forme de teintes plates, on donne une idée des cultures. Enfin on ajoute les écritures que requiert la destination du plan. Dans ce qui va suivre, je m'occuperai principalement du lever proprement dit.

Échelles.

119. Le rapport constant que l'on établit entre la distance de deux points du plan et la distance de deux points homologues du terrain est l'*échelle* du plan. On peut choisir à volonté ce rapport, toutefois il ne doit pas être trop petit. Le trait du dessin, ne pouvant guère avoir moins de 1/10 de millimètre

22

de largeur, représenterait environ 1 mètre à l'échelle
de 1/10 000, et 2 mètres à celle de 1/20 000. Or il
est matériellement impossible de représenter correc-
tement, à d'aussi petites échelles, divers détails d'un
certain intérêt. C'est pourquoi on peut considérer
l'échelle de 1/10 000 comme étant la plus petite
échelle qui puisse convenir pour un plan.

Il faut éviter les échelles trop grandes, afin de ne
pas être obligé de donner aux plans des dimensions
qui en rendraient le maniement difficile. Une feuille
de plan est incommode à consulter dès que sa hauteur dépasse $0^m.60$ à $0^m.65$. Il est vrai que la largeur peut, sans présenter le même inconvénient,
avoir et même dépasser le double de cette dimension.
Je ne parle ici que de plans entièrement déroulés ou
dépliés, et non point de ceux que l'on ne consulte
que successivement et par parties, sans avoir besoin
de les déplier ou de les dérouler en totalité.

Parmi les échelles que l'on adopte le plus fréquemment, et qui se recommandent par leur simplicité, je citerai les suivantes :

$$\frac{1}{200}, \quad \frac{1}{500}, \quad \frac{1}{1000}, \quad \frac{1}{2000}, \quad \frac{1}{1250}, \quad \frac{1}{2500}, \quad \frac{1}{10\,000},$$

dont les dénominateurs sont des diviseurs de 10 000.

120. ÉCHELLES GRAPHIQUES. — On donne plus
particulièrement le nom d'*échelle* à une figure dont
l'aspect rappelle l'engin connu sous ce même nom.
Cette figure, que l'on trace sur papier, métal, bois,
ivoire ou verre, représente l'unité de longueur et un

certain nombre de ses multiples réduits à l'échelle
du plan. Sous sa forme la plus simple, elle consiste
en une ligne droite telle que am^*, que l'on convient * Fig. 103.
de considérer comme représentant une certaine lon-
gueur, par exemple 625 mètres (on prend ordinairement un nombre rond, tel que 500, 1000^m, etc.
Je choisis 625 pour mieux fixer les idées sur le
problème de la construction des échelles); on mesure cette ligne très-exactement au moyen d'un double
décimètre divisé, puis on calcule, par de simples
proportions, les longueurs ab, ac, ad, etc., représentant 100^m, 200^m, 300^m, etc. On divise ensuite la
première de ces parties en 10 parties plus petites représentant des dizaines de mètres. Quant aux subdivisions plus petites, on se borne à les évaluer par
estime. La division b se marque par un zéro. Les divisions suivantes c, d, e, etc., se marquent successivement 100^m, 200^m, 300^m, etc. A gauche, et à partir
du point 0, on marque les divisions 10, 20, 30,
40, etc. On peut, si la place manque, ne marquer
que les divisions paires 20, 40, 60, etc., ou seulement les deux divisions 50 et 100. L'usage d'une
échelle ainsi construite est très-facile. Veut-on, par
exemple, y prendre une longueur de 317^m.50; cette
longueur se compte en partant de la division 300
et rétrogradant d'abord jusqu'à zéro, ce qui donne
300^m; puis on prend la première division de 10^m à
gauche de zéro, enfin on y ajoute les trois quarts de
la division suivante, qui valent 7^m.50, on a ainsi
la longueur 317^m.50.

Une échelle de cette espèce est fort commode lorsqu'elle est tracée sur le bord d'une règle taillée en biseau de manière à pouvoir être appliquée sur le plan.

Le double décimètre divisé est une véritable échelle de 1 à 1000, lorsqu'on regarde le millimètre comme représentant 1 mètre; de 1 à 2000 quand le millimètre représente 2 mètres, mais alors il faut marquer les centimètres 20, 40, 60, etc. Le même double décimètre deviendra une échelle de 1 à 5000 en marquant les centimètres de deux en deux, 100, 200, 300, etc., et de 1 à 10 000 en les marquant successivement 100, 200, 300, etc. D'autres échelles jouissent de propriétés analogues.

121. ÉCHELLE DE DIXMES OU A TRANSVERSALES.

Fig. 104. — Cette échelle* est formée de onze lignes droites parallèles entre elles et équidistantes. On divise la première comme il vient d'être expliqué, et, par les points de division qui marquent les centaines, on élève sur cette droite des perpendiculaires aa', bb', cc', etc. On divise $a'b'$ en 10 parties égales, de même que ab, et des points 0, 10, 20, 30, etc., de la division ab on mène des transversales respectivement obliques aux points 10, 20, 30, 40, etc., de la division $a'b'$. Il est évident, par cette construction même, que les longueurs des parallèles comprises entre la perpendiculaire et l'oblique menées du point 0 représentent respectivement 1^m, 2^m, 3^m, etc., de sorte que, par exemple, la longueur 317^m est représentée par la distance comprise, sur la parallèle marquée 7, entre la perpendiculaire 300 et l'oblique qui passe par le point 10. La parallèle suivante, marquée 8, donne 318. Il est clair qu'en mesurant une longueur à égale distance de ces deux parallèles on aura 317^m.50.

On a donc, au moyen d'une pareille échelle, les dixièmes ou *dixmes* des subdivisions. Il est aisé de voir comment il faudrait en modifier la construction si l'on voulait avoir les douzièmes ou toute autre fraction de ces subdivisions. Ces échelles ne sont, toutefois, pas aussi avantageuses qu'on pourrait le penser. Les échelles linéaires à biseau, plus commodes en ce qu'elles dispensent de l'usage du compas, sont en même temps au moins aussi exactes lorsqu'on sait s'en servir.

122. A défaut d'échelle, on serait dans la nécessité de faire une proportion et tout au moins une multiplication ou une division chaque fois que l'on voudrait connaître la distance entre deux points marqués sur le plan, ou passer d'une distance mesurée sur le terrain à la distance homologue du plan. L'emploi d'une échelle permet d'éviter ce travail pénible et fastidieux; mais il faut que cette échelle soit construite avec le soin nécessaire. Avant de s'en servir, il faut la vérifier à l'aide d'un double décimètre divisé en millimètres, ou, mieux encore, d'un mètre *étalon*.

123. **ÉCHELLES DIVERSES.** — La solution pratique d'une infinité de questions peut se ramener à la construction d'une échelle particulière. Je vais en donner deux exemples qui suffiront pour guider le lecteur.

Le premier de ces exemples se rapporte au cas où l'on se propose de faire usage du procédé de la stadia sans que la lunette soit centralement diastimométrique*, et sans que l'intervalle des fils qui déterminent l'angle diastimométrique soit réglé de manière à permettre de déduire immédiatement la distance du nombre des divisions interceptées sur la stadia, entre les côtés de cet angle*. On représentera les divisions de la stadia par une échelle am^* de parties égales de grandeur arbitraire, indiquées au-dessus de la droite am. Au-dessous de la même droite, on marquera les divisions indiquant les distances correspondantes comptées à partir d'un point a_0 tel, que $a_0 a$ soit la constante de la formule des distances horizontales*. A cet effet, on fera placer la stadia à une distance telle que les fils interceptent un nombre entier de divisions, on comptera le même nombre de divisions de a en m, et on prendra la longueur am pour représenter cette distance d'épreuve diminuée de la constante qui entre dans la formule. On formera ensuite les divisions inférieures de am, comme pour une échelle linéaire*, mais en rétrogradant à partir du point m. Cela étant fait, toutes les fois qu'on lira sur la stadia un certain nombre de divisions, on lira immédiatement, sur l'échelle inférieure, la distance

*51.

60.
Fig. 105.

46.

*120.

demandée vis-à-vis de la partie de l'échelle supérieure indiquant ce nombre de divisions.

Notre second exemple aura pour objet la réduction à l'horizon des distances mesurées suivant la pente du terrain*. Il faut, dans ce cas, construire une échelle particulière pour chaque degré d'inclinaison que l'on peut avoir à considérer. On place ces échelles les unes à côté des autres, en indiquant l'inclinaison à laquelle chacune correspond, de sorte que, après avoir mesuré une distance et l'inclinaison du terrain, on prend simplement cette distance sur l'échelle correspondante pour la reporter sur le plan.

En espaçant uniformément toutes ces échelles linéaires, leurs extrémités et leurs points homologues ne sont pas sur des lignes droites, mais sur certaines courbes appelées *sinusoïdes*. Si l'on veut avoir des lignes droites au lieu de ces courbes, il faut faire varier suivant une loi convenable l'espacement de ces échelles linéaires. Appelons, à cet effet, e_0, e_i les longueurs de deux parties homologues des échelles qui correspondent aux inclinaisons o et i, e_d la longueur de la partie homologue d'une échelle de grandeur intermédiaire entre e_o et e, et t l'intervalle entre ces dernières : l'intervalle entre e_o et e_d sera exprimé par la formule $\frac{(e_o - e_d)}{(e_o - e_i)} t$, qui est applicable quelle que soit la loi d'après laquelle les échelles que l'on considère varient de grandeur.

Dans le cas particulier qui nous occupe, on peut remplacer par une construction graphique très-

* 40.

• Fig. 106. simple les calculs qu'exige l'emploi de cette formule générale. Supposons* que *am* soit l'échelle des distances horizontales du plan. D'un point pris à volonté sur *am* (je prendrai, pour fixer les idées, le point *a*), élevons une perpendiculaire à cette droite, et d'un point O, choisi arbitrairement sur cette perpendiculaire, menons aux divers points de l'échelle les droites O*a*,O*b*,O*c*, etc. Du même point O, comme centre, décrivons un arc de cercle tangent à la droite *am*. Pour avoir l'échelle des distances correspondant à une inclinaison donnée, il n'y a qu'à prendre, à partir du point de contact, un arc *ai*, dont l'amplitude répondra à l'inclinaison donnée *i*, et à mener du point *i* une parallèle à *am*. Les points *a'*,*b'*,*c'*, etc., de rencontre de cette parallèle avec les droites O*a*, O*b*,O*c*, etc., marqueront sur la droite *a'im'* les parties de l'échelle demandée homologues à celles de l'échelle des distances horizontales. On pourra se procurer par la même construction autant de ces échelles qu'on voudra (1).

124. Étendue que peut embrasser un plan.

— On peut prendre 1^m pour la plus grande hauteur et 1^m.50 pour la plus grande largeur d'une feuille

(1) Cette construction a été indiquée par M. Goulier, capitaine du Génie, professeur à l'école d'application d'Artillerie et du Génie, à Metz, dans un mémoire sur la stadia inséré au *Mémorial de l'officier du Génie*, n° 16. Le premier exemple donné ci-dessus est dû aussi, je crois, à cet officier distingué.

de plan destinée à être tenue entièrement ouverte, si l'on veut que le maniement n'en soit pas trop difficile. A l'échelle de 1/10 000, qui est la plus petite échelle des plans proprement dits, l'étendue de terrain qu'une pareille feuille peut embrasser est de 150 kilomètres quarrés ou 15 000 hectares.

Une conséquence importante de cette limitation, c'est que l'on est dispensé, dans les levers de plans, d'avoir égard à la rondeur de la terre. En toute rigueur, le plan devrait être tracé non point sur une feuille de papier qui est plane, mais sur une portion de la surface courbe que nous offrirait la surface de niveau à laquelle nous ramenons le terrain à représenter, s'il nous était possible de travailler sur un modèle exact de cette surface construit à l'échelle du plan. Le rayon de courbure de la surface d'équilibre des mers étant, pour la France, de 6.378 852^m. le rayon de courbure correspondant, à l'échelle de 1/10 000, sera 637^m.8852. Une feuille de plan de 1^m.50 de largeur sur 1^m de hauteur pourra être découpée dans une calotte sphérique de 1^m de rayon, et même d'un rayon moindre. Or le bombement ou la flèche de cette calotte, en la supposant terminée par une circonférence décrite d'un point de la surface comme centre, avec un rayon de 1^m, est égal à 1^m divisé par le double du rayon, c'est-à-dire par 1275.7704, ce qui donne, en effectuant le calcul, 0^m.000784. On comprend parfaitement qu'une aussi faible courbure n'influe pas sensiblement sur la longueur des lignes qui seraient tracées sur la surface même (1). Les tables sur lesquelles on dessine présentent souvent des creux ou des saillies bien plus sensibles, ce qui n'empêche pas le papier de s'y appliquer exactement. On peut donc, en toute sécurité, faire abstraction de la rondeur du globe et opérer comme on le ferait si la terre était plate au lieu d'être ronde.

125. EN QUOI LES PLANS DIFFÈRENT DES CARTES. — Dans le langage ordinaire, le mot *plan* n'est appliqué que dans le cas d'espaces d'une étendue médiocre ou relativement restreints, comme un domaine, une ville, le territoire d'une commune, etc., ce qui est conforme aux remarques qui précèdent. Lorsqu'il s'agit d'espaces plus considérables, par exemple d'un département, d'une province, on se sert du mot *carte*. Une carte est, aussi bien qu'un plan, la représentation géométrique du terrain, mais à une échelle notablement plus petite, puisqu'il s'agit alors d'embrasser une plus grande étendue de pays. Cette petitesse de l'échelle ne permettant pas de rendre convenablement sur les cartes une foule

(1) Il est, d'ailleurs, facile de s'en assurer en calculant la différence de l'arc du grand cercle qui forme un diamètre de la calotte et la corde de cet arc. Cette différence, pour un arc de 20 000^m de développement, n'est que de 0^m.0082, bien que le bombement correspondant soit de 7^m.84. A l'échelle de 1/10 000, cette différence 0^m.0082 est tout à fait imperceptible. La même chose a lieu pour des espaces moindres, lorsqu'on augmente l'échelle de manière à remplir toujours une feuille de 1^m.50 de large sur 1^m de haut.

de détails essentiels, on les indique par des signes purement conventionnels, choisis cependant de manière à rappeler l'idée des objets auxquels ces signes se rapportent. C'est ainsi que, sur la carte de France dite de l'*État-major*, qui est à l'échelle de 1/80 000, des routes de 10^m de largeur, lesquelles seraient représentées géométriquement par une zone large de 1/8 de millimètre, sont figurées par une zone large de 0^m.00075 qui correspond à une largeur de 60 mètres sur le terrain.

Indépendamment de ces signes conventionnels qui établissent entre les plans et les cartes une différence caractéristique, ces dernières sont soumises, dans leur construction, à des règles spéciales, par suite de la nécessité de tenir compte de la rondeur de la terre, qni ne peut plus être négligée, eu égard à l'étendue plus grande qu'elles embrassent.

Des trois ordres d'opérations que peut comprendre un lever de plan.

126. Les divers détails dont un plan se compose ne peuvent être rendus convenablement qu'autant que l'opérateur les voit de très-près, et, comme ces détails sont ordinairement nombreux et constituent, à eux seuls, la majeure partie du travail à exécuter, on a reconnu, dans tous les temps, la nécessité d'adopter, en ce qui les concerne, des dispositions particulières. De là plusieurs ordres d'opérations dans un lever. On commence généralement par établir sur

le sol, au moyen de piquets et de jalons, un système
de lignes droites dont les directions sont choisies de
manière à passer à portée des divers groupes de détails ou à les circonscrire. On construit sur le plan,
par les procédés qu'enseigne la géométrie et qui seront développés plus loin, une figure semblable à
celle que forment ces lignes auxiliaires; on rattache
ensuite sur le terrain chacun des points qui doivent
figurer sur le plan à la ligne la plus voisine. Ce rat-
tachement se fait par des procédés particuliers au
lever des détails, et on le reporte sur le plan.

Les lignes auxiliaires auxquelles on rattache ainsi
les détails forment ce que l'on appelle le *canevas* du
plan. L'utilité de ce canevas est analogue à celle de
ces quadrillages dont on se sert pour faciliter la réduction des dessins.

Quand le plan doit embrasser une grande étendue
de terrain, les lignes auxiliaires du canevas étant
très-multipliées, l'exacte reproduction de la figure
qu'elles déterminent sur le sol présente des difficultés
qui exigent que l'on recoure à des opérations d'un
autre ordre. Ces opérations consistent habituellement dans une *triangulation*. On choisit, dans
l'étendue dont il s'agit de lever le plan, un certain
nombre de points, et on détermine exactement les
positions de ces points en les considérant comme
réunis entre eux par des droites formant de grands
triangles. On emploie dans cette opération, à raison
du but qu'on se propose, des instruments et des méthodes qui comportent un degré de précision supé-

rieur à celui qu'on peut attendre des instruments qui servent à lever le canevas auquel les détails doivent être rattachés immédiatement. Ce canevas peut alors être rattaché sûrement aux grandes lignes et aux points fondamentaux que fournit la triangulation, et, par ce concours d'opérations de divers ordres, on parvient à empêcher que les petites erreurs, inévitables dans les détails, ne s'accumulent de manière à nuire à l'exactitude de l'ensemble.

Nous avons donc à considérer trois ordres d'opérations, savoir, la *triangulation*, le *lever du canevas* et le *lever des détails*. J'exposerai, en premier lieu, ce qui concerne le lever des détails, attendu que les procédés que l'on emploie pour cet objet sont généralement indépendants de ceux auxquels on a recours pour le canevas. D'ailleurs ils peuvent suffire pour lever des plans de peu d'étendue ; c'est une raison pour que je les fasse connaître d'abord, de manière à offrir au lecteur les premiers exercices qui le familiariseront avec les levers de plans. Je m'occuperai ensuite des procédés spéciaux qu'exige le lever du canevas dans le cas de plans plus étendus. Quant à la triangulation, comme elle sort de la classe des opérations ordinaires, j'en ferai l'objet du dernier livre de cet ouvrage. Mais je n'attendrai pas jusque-là pour expliquer comment on rattache un lever de canevas aux grandes lignes et aux points d'une triangulation qui peuvent être donnés d'avance sur la feuille de plan par suite d'opérations antérieures au lever dont on s'occupe.

II. — *Levers de détails.*

Méthode des perpendiculaires.

127. Supposons, pour fixer les idées, qu'il s'agit
de lever le plan de la ligne ABC*....., qui sera, si
l'on veut, le bord d'un chemin ou d'un ruisseau.
Des divers points A, B, C, D....... où cette ligne
change le plus sensiblement de direction et qui en
marquent les sinuosités, abaissez sur la ligne de canevas $x'x$, la plus voisine de ce chemin ou ruisseau,
des perpendiculaires Aa,Bb,Cc,Dd, etc., et mesurez
les distances Oa,Ob,Oc...,Oh,Oi,Oj... des pieds de
ces perpendiculaires à un même point O choisi à volonté ; mesurez aussi toutes ces perpendiculaires
ainsi que les largeurs du chemin ou du ruisseau
dans la direction sinon de toutes, du moins de quel-
ques-unes d'entre elles ; construisez ensuite sur le
papier, en remplaçant les longueurs mesurées sur le
terrain par les mêmes longueurs prises sur l'échelle,
une figure semblable à celle que présente sur le
terrain cet ensemble de lignes, c'est-à-dire qui soit
formée de lignes semblablement disposées ; réunissez
enfin les points homologues de A,B,C..... par un
trait continu, et figurez l'autre bord ou rive par un
second trait continu, de manière à dessiner les contours que présentent les deux lignes à lever ; la
figure ainsi obtenue sera le plan demandé.

Quand cette figure doit être construite sur un plan

déjà commencé et qu'il s'agit de compléter en ajoutant les détails aux lignes du canevas, il faut préalablement déterminer sur ce plan le point homologue de O à partir duquel on a mesuré les distances Oa, Ob, Oc, etc. A cet effet, on mesure sur le terrain la distance de ce point à quelque point de la ligne $x'x$ déjà figuré sur le plan, par exemple à l'une de ses intersections avec une autre ligne du canevas, et porter sur le plan dans le sens convenable, à partir de cette intersection, la longueur trouvée mesurée sur l'échelle.

C'est là ce que l'on appelle la *méthode des perpendiculaires*. Les longueurs Oa, Ob, Oc, mesurées sur la ligne de base, et les perpendiculaires correspondantes Aa, Bb, Cc, etc., sont les *abscisses* et les *ordonnées* des points A, B, C, etc., ou, en d'autres termes, les *coordonnées* de ces points[*]. Cette méthode est ⸰ Intr. 71. celle que l'on adopte le plus ordinairement. Elle n'exige que l'emploi de la chaîne et de l'équerre. Elle est surtout très-expéditive avec l'équerre à miroirs[*]. Il faut avoir soin de procéder avec le plus ⸰ 101 et suiv. grand ordre, afin de mettre chaque perpendiculaire à sa place, à droite ou à gauche de l'origine des abscisses, et dans la position qu'elle doit occuper au-dessus ou au-dessous de l'axe de même nom. Les conventions établies relativement à l'emploi des signes + et —, en géométrie calculatrice[*], peuvent ⸰ Intr. 71. être d'une très-grande utilité pour cela.

128. Indiquons rapidement comment on devra

opérer dans quelques circonstances particulières où
il convient de modifier la méthode générale.

Dans l'exemple ci-dessus, on a supposé des lignes
tout à fait irrégulières, ce qui exige que l'on en prenne
un plus grand nombre de points. Lorsqu'on sait
qu'une courbe est circulaire, on peut se contenter
d'en prendre trois points, puisque trois points suffisent pour déterminer une circonférence de cercle.
Fig. 108. Ainsi, pour rapporter à la ligne de canevas $x'x^*$ une
tour ronde BCDEF, il suffirait de construire sur le
papier les trois points C,D,E au moyen des perpendiculaires Cc, Dd, Ee; joignant ensuite CD, DE
et élevant sur les milieux de ces cordes des perpendiculaires HK,IK, le point d'intersection K de
ces perpendiculaires serait le centre de la circonférence. Néanmoins il sera bon de prendre d'autres
points tels que B,F, qui serviront de vérification.

On remarquera que les points A,B, dans l'endroit
où ils se trouvent, ne se prêtent pas à l'application de la méthode générale. Le relief de la tour
empêche d'abaisser de ces points des perpendiculaires sur la ligne $x'x$. Dans cette circonstance, on a
recours à un expédient fréquemment mis en usage.
On élève sur $x'x$ une perpendiculaire que l'on prolonge jusqu'au devant des points A et B, et on fait
de cette perpendiculaires une ligne auxiliaire de canevas. On abaisse sur cette ligne les perpendiculaires
Aa,Bb, on les mesure ainsi que les distances ac, bc,
et on a tout ce qui est nécessaire pour construire
sur le papier les points A,B.

129. Il peut arriver que l'on puisse abaisser des perpendiculaires et que quelque obstacle empêche de les mesurer. Par exemple, si la ligne $x'x^*$ est tracée * Fig. 109. sur une rive d'un cours d'eau, et que l'on veuille lever le plan de l'autre rive ABCDE....., on pourra déterminer les pieds a,b,c,d..... des perpendiculaires Aa,Bb,Cc,Dd, etc., mais non les mesurer directement. Dans ce cas non-seulement on abaisse les perpendiculaires, mais encore on mène des obliques Aa',Bb',Cc',Dd', etc., à 45° avec $x'x^*$. On se sert * 99 et suiv. pour cela, de l'angle demi-droit que fournit l'équerre octogone ou de celui que doit donner toute autre équerre complète. On détermine ainsi les pieds a',b', c',d', etc., de ces obliques, et les distances aa',bb', cc',dd', etc., sont les longueurs des perpendiculaires. En effet, les triangles Aaa',Bbb',Ccc',Ddd' sont isocèles, car les angles en a,b,c,d, etc., étant droits et ceux en a',b',c',d', etc., demi-droits, il faut nécessairement que les angles en A,B,C,D, etc., soient demi-droits, puisque dans tout triangle rectiligne la somme des trois angles est égale à deux droits.

Ce procédé n'est utilement applicable qu'autant que la rive qu'on lève ainsi à distance n'est pas trop éloignée. Lorsqu'on ne peut pas bien distinguer d'une rive les détails de la rive opposée*, il vaut * 126. mieux établir sur cette dernière une ligne auxiliaire de canevas que l'on peut rattacher à la première par ce même procédé. Les détails de la rive éloignée sont ensuite rapportés à cette ligne auxiliaire dans de meilleures conditions.

Levers à la chaîne seule ou au mètre.

130. A défaut d'équerre, on peut lever les détails d'un plan sans autre instrument que la chaîne. Supposons* que la ligne de canevas $x'x$ passe devant diverses propriétés bâties ou non, dessinant sur le terrain un contour tel que $abcd$..... formé de lignes brisées. On marque sur $x'x$ une suite de points tels que p,q,r,s,t,u, etc., également ou inégalement espacés, et on mesure les distances ap,aq et cp,cq des points a et c aux points p et q qui s'en trouvent les plus voisins sur la droite $x'x$. Comme on connaît déjà la longueur pq, on a tout ce qu'il faut pour construire les triangles apq,cpq. On mesure de même les côtés des triangles dqr,irs,jst,kst,ltu,mtu, etc. On a ainsi tout ce qui est nécessaire pour construire tous ces triangles à l'échelle du plan. On commence par établir sur le plan les points homologues de p,q, r, etc., au moyen de leurs distances à un point de $x'x$ qui s'y trouve déjà placé, puis de ces points comme centres, avec les rayons pa,qa pris sur l'échelle, on décrit des arcs de cercle dont l'intersection détermine le point homologue de a. On détermine de même les homologues de c,d,i,j, etc.

On voit qu'il existe des points tels que b qui, situés dans des angles rentrants, ne se prêtent pas facilement à cette construction. Dans ce cas, on a recours à des constructions auxiliaires qu'il est à peine besoin d'indiquer. Dans les circonstances que

* Fig. 110.

présente la figure, on prolonge l'alignement de la
face *bc* jusqu'au point *y*, où elle rencontre la ligne
x'x. On mesure *yp* ou *yq* et *cb*, on joint *yc* et, en portant sur le prolongement de cette droite la longueur
trouvée pour *cb*, on a le point *b*. En prolongeant
l'alignement *ji* jusqu'à son point de rencontre *z* avec
la ligne *x'x* et mesurant *zs* ou *zr*, on rectifiera ce que
la détermination de la direction de la face *ij* par les
sommets des deux triangles *irs, jst* pourrait avoir de
défectueux.

En général, quand certains points sont tellement
situés que la méthode ne leur est pas immédiatement
applicable, ou semble, par suite de quelque circonstance particulière, ne pouvoir donner qu'un résultat
douteux, on rattache ces points à une ligne auxiliaire qui ne donne lieu à aucune difficulté et que
l'on rattache elle-même à la ligne du canevas par
quelque construction qui n'exige sur le terrain que
l'emploi des jalons, et qui, conséquemment, n'exige,
pour être rapportée sur le papier, que des mesures
de longueur. On verra, dans la suite de cet ouvrage,
divers exemples de constructions de ce genre.

Les objets situés en saillie sur les façades des bâ-
timents, tels que le perron *efgh*, se rattachent à ces
façades plutôt qu'à la ligne de canevas. On mesure
de, eh, hi, ce qui fait connaître les positions des
points *e, h* et fournit une vérification, puisque la
somme des trois longueurs mesurées doit reproduire
la longueur de la façade *di*. On mesure les largeurs
ef, hg et on construit sur le plan le rectangle *efgh*.

Les lignes courbes, circulaires ou non, se con-
struisent au moyen d'un certain nombre de points
suffisamment rapprochés. Pour les courbes que l'on
sait être circulaires, trois points suffisent; toutefois
on fera bien, par prudence, d'en prendre un plus
grand nombre. Il est aussi très-utile de tracer, lorsqu'on le peut, quelques tangentes. Rapportées sur le
plan, elles facilitent considérablement le tracé des
courbes.

Ces levers de détails à la chaîne seule sont moins
expéditifs que ceux à la chaîne et à l'équerre, et offrent beaucoup plus de chances d'erreur. L'équerre,
et surtout l'équerre à miroirs, est le véritable instrument des levers de détails.

III. — *Lever du canevas.*

Levers à la chaîne seule.

131. On peut, à la rigueur, lever avec la chaîne
seule un polygone formé par des lignes tracées sur
le terrain. En effet :

1° Si ce terrain est susceptible d'être parcouru
dans tous les sens, on peut toujours, en traçant, au
besoin, de nouvelles lignes auxiliaires, former un certain nombre de triangles qui aient pour côtés les lignes du canevas, et qui, en même temps, soient liés
les uns aux autres par des côtés communs. Cela étant
fait, on mesure les longueurs des diverses lignes
dont se compose cette figure, et on s'en sert

pour construire sur le papier, avec les mêmes longueurs prises à l'échelle du plan, une figure semblable à celle qui a été ainsi construite sur le terrain.

EXEMPLE. Soit proposé de lever le polygone *abcdef**. On tracera les diagonales *ae*, *eb*, *bd*, ce qui fournira quatre triangles *aef*, *abe*, *bde*, *bcd*. On mesurera les côtés de tous ces triangles, puis ayant placé sur le papier une droite *ab* représentant, à l'échelle du plan, la longueur trouvée sur le terrain pour le côté *ab*, on décrira des extrémités *a*, *b* de cette droite comme centres, avec les longueurs *ae*, *be*, prises aussi sur l'échelle, des arcs de cercle qui donneront le point *e*; on construira de même les triangles *aef*, *bde* en prenant pour bases les côtés *ea*, *be* du triangle *abe*; enfin on construira le triangle *bcd* en prenant pour base le côté *bd* du triangle *bde*.

2° S'il y a obstacle à ce que l'on puisse lever les côtés du canevas par le moyen de triangles s'appuyant les uns sur les autres comme dans l'exemple qui précède, on peut encore lever le canevas en mesurant des triangles plus petits.

EXEMPLE. Soit proposé de lever le polygone *abcdef** tracé autour d'un étang qui ne permet pas de mesurer les diagonales *bf*, *cf*, *ce*. On mesurera d'abord tous les côtés, puis on formera, soit dans les angles intérieurs du polygone ou dans ceux que forment les prolongements des côtés, soit dans les angles extérieurs formés par un côté et par le prolongement de l'autre côté, de petits triangles *aa'a''*, *bb'b''*,

* Fig. 111.

* Fig. 112.

$cc'c''$, $dd'd''$, $ee'e''$, $ff'f'$, dans des conditions telles
que l'on puisse mesurer les trois côtés de chacun de
ces triangles, et conséquemment les construire sur
le papier à l'échelle du plan.

Tous ces petits triangles étant mesurés, on commence par établir sur le papier un côté tel que ab,
puis on construit les triangles $aa'a''$, $bb'b''$. On prolonge aa'', $b''b$, et sur les droites ainsi obtenues on
porte, à partir des points a, b, les longueurs af, bc
prises à l'échelle, ce qui détermine les points f, c.
Construisant alors les triangles $ff'f''$, $cc'c''$, on a les directions des côtés fe, cd, et, au moyen des longueurs de
ces côtés, on a les points e, d. Il ne reste donc plus qu'à
joindre ed, mais il est mieux de construire l'un des
triangles $ee'e''$, $dd'd''$, ou même tous les deux, ce qui
fournit une vérification très-nécessaire dans ce genre
de lever. Le polygone devant se fermer sur le papier
comme sur le terrain, il faut que le point d obtenu
par le triangle $ee'e''$ soit le même que le point d obtenu par le triangle $cc'c''$.

Dans l'exemple actuel on a d'autres moyens de
vérification qui ne sont pas à négliger. La vue pouvant se porter d'un côté à l'autre de l'étang, on peut
tracer les prolongements bh, ck, cl des diagonales bf,
cf, ce, et conséquemment construire sur le papier
ces diagonales au moyen de petits triangles tels que
$bb''h$, $cc'k$, $cc'l$. Si l'on a bien opéré, ces diagonales
passeront par les points f, e. On est privé de ces
moyens de vérification quand le polygone, au lieu
d'être tracé autour d'un étang, enveloppe un espace

au travers duquel la vue ne peut s'étendre, par exemple un îlot de maisons.

Les triangles auxiliaires, qui servent à construire sur le papier les angles que forment entre elles les lignes du canevas, peuvent être d'une forme peu favorable à une construction exacte. Cela arrive pour le triangle $cc'c''$, qui est dans un angle rentrant très-obtus dont les côtés ne peuvent être prolongés suffisamment à cause du voisinage de l'eau. Il convient alors de construire, au lieu du triangle unique $cc'c''$, deux triangles $cc'k$, ckc'' qui soient de forme plus convenable. La direction du côté cd est alors mieux déterminée.

Il n'y a pas lieu d'insister davantage sur cette méthode. Elle ne fournit des résultats satisfaisants que moyennant les soins les plus minutieux et prend beaucoup de temps. On peut la considérer comme un expédient pouvant être utile dans quelques circonstances, plutôt que comme une méthode usuelle.

Méthode des prolongements.

132. La méthode que je vais maintenant faire connaître est, lorsqu'on peut l'appliquer, de beaucoup préférable à la précédente, bien qu'elle n'admette aussi que l'emploi de la chaîne. Elle exige que l'on ait sur le plan deux ou trois grandes lignes du terrain levées avec une très-grande précision ; une seule ne suffirait pas. On peut se procurer de telles lignes,

par exemple, en mesurant avec le plus grand soin
les trois côtés d'un grand triangle formé par trois
points du terrain, et construisant ensuite ce triangle
au moyen de ces trois côtés pris sur l'échelle du
plan, ou, mieux encore, en traçant de grandes lignes
perpendiculaires entre elles par le moyen de l'équerre
à miroirs, qui permet, ainsi que je l'ai fait remarquer, de construire l'angle droit avec une rigoureuse
exactitude*.

105.

Concevons que *ab*, *cd* soient deux lignes tracées
dans ces conditions, n'importe par quel moyen, et
passant par des points bien définis *a*, *b*, *c*, *d*, ce qui
permettra de former le quadrilatère *abcd*. Supposons
que *ef* soit une ligne du canevas. Pour la rapporter
sur le plan, on déterminera le point *e'* où son prolongement rencontre *da*, et en mesurant *ae'* ou *de'*
on aura le point *e'*. De même, si *f'* est le point où
ef rencontre *cd*, on construira le point *f'* en mesurant
cf ou *df*. Les points *e'*, *f'* étant ainsi construits sur
le plan, la droite *e'f'* sera complétement déterminée.
On construira pareillement une autre ligne du canevas, telle que *gh*, au moyen du point *g'*, où son prolongement rencontre soit l'une des deux lignes *ad*, *cd*,
soit une autre ligne déjà construite, par exemple
e'f', et du point *h'* où elle rencontre d'autre part *ab*,
c'est-à-dire en mesurant deux distances telles que
e'g', *ah'*. Sans aller plus loin, il est évident que toute
autre ligne du canevas, étant au besoin prolongée,
rencontrera soit le périmètre du quadrilatère *abcd*,
soit quelque ligne déjà construite, ce qui fournira

Fig. 113.

les points nécessaires pour la construction de la nouvelle ligne.

Cette méthode fort simple peut s'appliquer à des points isolés. Par exemple, en faisant passer par un point i une droite de direction arbitraire et prolongeant cette droite de part et d'autre jusqu'à ce qu'elle rencontre en i' et i'' deux droites déjà construites sur le plan, on détermine i' et i'' en mesurant les deux distances $f'i'$, $s''i''$; puis en mesurant $i'i$ ou $i''i$, on aura le moyen de rapporter le point i sur le plan.

On comprend que ces constructions, qui s'appuient les unes sur les autres et se rattachent à un petit nombre de lignes fondamentales, ne sont possibles que sur un terrain découvert. Mais aussi, sur un pareil terrain, elles fournissent des résultats remarquables par leur exactitude. Leur seul inconvénient est d'exiger beaucoup de temps.

Procédé du graphomètre.

133. DESCRIPTION DU GRAPHOMÈTRE. — Lorsqu'on peut mesurer les angles que les lignes du canevas forment entre elles, l'opération devient beaucoup plus expéditive, et en général les résultats sont plus exacts qu'avec la chaîne seule. L'instrument que l'on emploie le plus ordinairement

* Fig. 114.

pour mesurer les angles dans les levers de plans est
le *graphomètre** (1). Cet instrument est formé d'un
demi-cercle divisé en degrés et demi-degrés, avec
deux graduations qui courent en sens inverse l'une
de l'autre, et de deux alidades à pinnules AA′ et BB′.
La première AA′ fait corps avec le limbe et a pour
ligne de foi le diamètre qui sert de base au demi-
cercle. La seconde BB′ est fixée par son milieu au
centre C de l'instrument et pivote autour de ce
point, de sorte qu'une moitié de cette alidade porte
sur le limbe, tandis que l'autre moitié est en porte
à faux. Sa ligne de foi passe par le centre C. Aux
extrémités de cette alidade mobile sont deux verniers situés du même côté de la ligne de foi ; ces
deux verniers correspondent respectivement aux
deux graduations du limbe.

Le pied qui supporte le graphomètre se compose
de trois branches de bois retenues contre un prisme
triangulaire de la même matière, au moyen de trois
boulons qui y sont implantés, et de trois écrous à
oreilles. En desserrant les écrous, on peut donner
aux branches la disposition que requiert la forme du
terrain, disposition dont on assure le maintien en
serrant ensuite les mêmes écrous. La partie supérieure de la pièce centrale de ce pied est façonnée

----

(1) Le mot *graphomètre* vient, sans doute, des deux mots
grecs γράφειν, *écrire*, et μέτρον, *mesure*. Toutefois on ne voit
pas bien quelle était la pensée des auteurs qui l'ont formé.
Peut-être ont-ils voulu dire que l'instrument donne la mesure écrite des angles.

en tronc de cône pour recevoir à frottement une douille de métal. Le dessus de cette douille est embrassé par deux pièces appelées *coquilles*, entre lesquelles est logée l'extrémité façonnée en sphère d'une tige perpendiculaire au plan du limbe. Ces coquilles sont traversées au-dessous de cette sphère et serrées contre elle par le moyen d'un boulon à oreilles. En tournant ce boulon on peut donner à la sphère assez de jeu pour que le limbe puisse être rendu horizontal. Il suffit ensuite d'agir sur le même boulon en sens contraire pour maintenir le limbe dans cette position. L'ensemble de ces deux coquilles et de la sphère qu'elles renferment constitue ce que l'on appelle le *genou à coquilles*.

On fait en sorte 1° que le centre du limbe se trouve dans la verticale du sommet de l'angle à mesurer, et 2° que l'alidade fixe soit dirigée suivant l'un des côtés de cet angle. Quand l'instrument est construit de telle façon que l'on ne puisse changer la direction de cette alidade sans faire tourner en même temps la sphère entre les coquilles du genou, il faut quelque adresse pour remplir la deuxième condition. Le limbe étant à peu près horizontal, on serre modérément les coquilles, de manière que le frottement soit assez fort pour empêcher l'instrument de basculer par son propre poids, et permettre néanmoins de mouvoir l'alidade fixe ou le limbe sans un trop grand effort. Dans beaucoup d'instruments le limbe peut tourner à frottement, indépendamment de la boule, autour d'un pivot que reçoit

la tige de cette boule, percée à cet effet dans sa
longueur.

Tout étant disposé comme je viens de l'expliquer,
il ne reste plus qu'à amener l'alidade mobile dans la
direction du second côté de l'angle à mesurer, et à
lire cet angle, en ayant soin de se servir de celui
des deux verniers qui tombe en dehors de l'angle à
mesurer.

134. Conditions de bonne construction et vérification du graphomètre.

— Avant d'aller
plus loin en ce qui concerne l'usage de cet instrument, il convient de nous arrêter un instant sur les
conditions qu'il doit remplir et sur les procédés par
lesquels on peut s'assurer que ces conditions sont
remplies.

Je suppose que, par un premier examen, on ait
reconnu que les mouvements des deux alidades ont
la douceur nécessaire; il faut examiner si l'alidade
mobile est bien centrée, condition très-essentielle.
A cet effet, on place l'instrument sur son pied, en
ayant soin de faire en sorte que le limbe soit horizontal; on arrête l'alidade mobile à 60° de l'alidade
fixe, et on fait planter des jalons dans les directions
que ces deux alidades déterminent. Supposons, pour
fixer les idées, que le limbe soit à gauche de l'observateur visant par l'alidade fixe. Il amènera ensuite
l'alidade mobile sur la division 10° et fera tourner le
limbe jusqu'à ce que la même alidade, marquant toujours 10°, soit dans la direction du jalon de droite;

il la fera enfin passer à la direction du jalon de gauche, lira l'angle décrit en partant de 10° et l'inscrira sur une feuille de papier. Il recommencera la même manœuvre en partant successivement de 20°, 30°, 40°, etc., tant qu'elle sera possible. Si le point autour duquel pivote l'alidade est bien le centre du limbe, toutes les lectures que l'on aura faites devront être identiques. S'il en est autrement, on en conclura que le centrage est imparfait, et l'étude des différences successives entre les lectures permettra d'apprécier jusqu'à quel point le défaut, mis ainsi en évidence, pourra influer sur l'exactitude de la mesure des angles*. Un bon graphomètre ne doit pas donner plus de 30″ de différence entre la plus forte lecture et la plus faible. Quand l'instrument doit servir à des opérations qui n'embrassent qu'une étendue restreinte, et pour laquelle une grande précision n'est pas indispensable, on peut admettre une différence de 1′ ou 2′; mais il faut rejeter l'instrument si la différence dépasse cette limite. Beaucoup de graphomètres ne pourront pas supporter cette épreuve.

* 94.

135. ERREUR DE PARALLÉLISME. — Dans le graphomètre, on nomme *erreur de parallélisme* ou *de collimation* l'angle que comprennent entre eux les plans de collimation des deux alidades, quand, l'alidade mobile marquant 0°, ces deux plans ne coïncident pas comme cela devrait être dans un instrument parfaitement construit. Cette erreur est constante, et on doit l'ajouter à chaque lecture ou l'en

retrancher, selon les cas. Mais cette erreur constante n'est pas la seule qui puisse affecter la mesure
des angles. Il peut arriver que la ligne de foi ne
passe pas exactement par l'axe du pivot autour duquel tourne l'alidade mobile, et que cette ligne de
foi elle-même ne soit pas dans le plan de collimation
de cette alidade. Il peut arriver aussi que le plan de
collimation que déterminent une fente et la fenêtre
opposée de cette même alidade fasse un angle avec
le plan de collimation que déterminent l'autre fente
et l'autre fenêtre. En présence de cette possibilité
d'erreurs si diverses, le mieux est d'avoir un procédé sûr pour en connaître la valeur en bloc. Ce
procédé est fort simple; il consiste à mesurer un
angle bien défini, d'abord en se servant uniquement
de l'alidade mobile, et en se servant ensuite concurremment de cette alidade et de l'alidade fixe. La
différence entre les deux lectures de l'angle sera
l'erreur cherchée.

On devra examiner si cette erreur est la même,
suivant que l'on vise par l'un ou l'autre bout de
l'alidade. Si l'on trouve une différence, il faudra
prendre le parti de viser toujours par le même bout,
et de se servir toujours du même vernier plutôt que
de courir le risque de se tromper dans le choix de
la correction à appliquer; cela n'exige, d'ailleurs,
d'autre précaution que celle de placer le limbe de
manière que l'observation soit possible. Je fais remarquer, en passant, que l'on sera, dans certains cas,
obligé de mesurer un angle en deux fois.

On voit, par ces explications, que ce serait une faute de rejeter, comme quelques auteurs l'ont conseillé, un graphomètre dont la ligne de foi ne coïnciderait pas avec la ligne 0°-180° dans les deux sens.

136. Les graphomètres à pinnules ne sont pourvus d'aucun moyen de rectification. Ils sortent de l'atelier du constructeur tout préparés; c'est à l'acheteur de s'assurer, par des vérifications sérieuses, que l'instrument qui lui est offert satisfait, dans une mesure suffisante, aux diverses épreuves que comporte un instrument de ce genre, et notamment à celle qui a pour objet d'en étudier le centrage. Par le moyen très-simple que j'ai indiqué ci-dessus, on y parviendra très-facilement. On déterminera en même temps, sans rien changer à ce qu'exige ce mode d'épreuve, la correction constante qui devra être faite à chaque mesure d'angle. Je ne saurais trop insister sur la nécessité de ne jamais acheter un graphomètre sans le soumettre à une vérification très-complète sous tous les rapports. On le doit non-seulement dans l'intérêt des opérations auxquelles l'instrument est destiné, mais encore dans l'intérêt même des artistes consciencieux, dont les produits, mieux appréciés, trouveront alors un placement assuré. On découragera ainsi, ou du moins on restreindra, cette fabrication d'instruments de pacotille qui n'ont du graphomètre que l'apparence extérieure, et qui, malheureusement, sont souvent ac-

ceptés sans examen plus encore par paresse que par
ignorance.

137. Graphomètres a lunettes. — Afin d'é-
tendre la portée du graphomètre, on a remplacé les
pinnules par des lunettes à réticule plongeantes,
c'est-à-dire susceptibles de basculer autour d'axes
parallèles au plan du limbe, de manière à pouvoir
obtenir les angles tout réduits à l'horizon, comme
avec le graphomètre à pinnules. La lunette de l'alidade mobile est au-dessus du limbe, l'autre est au-
dessous. Mais il faut bien remarquer que cette substitution de lunettes aux pinnules ne peut être avantageuse qu'autant que les diverses parties de l'instrument sont mises en harmonie avec la portée et la précision du pointé de ces appareils visuels. Il faut que
le plan du limbe puisse être rendu bien horizontal. A
cet effet, deux niveaux à bulle perpendiculaires entre
eux sont fixés au limbe même ; généralement ils ne
sont pas susceptibles d'être rectifiés. Des vis de rappel doivent permettre d'amener les directions de
visée exactement sur les points par lesquels passent
les côtés des angles dièdres à mesurer. On comprend
que l'emploi d'une vis de rappel pour l'alidade mobile n'est possible qu'autant que c'est toujours la
même extrémité de cette alidade qui s'appuie sur le
limbe. Cette alidade n'a, conséquemment, qu'un seul
vernier.

Relativement aux vérifications, je me réfère à ce
que j'ai dit sur le graphomètre à pinnules. Le con-

structeur a dû tout préparer pour que les axes optiques des deux lunettes soient dans un même plan
vertical lorsque le limbe est horizontal et que l'alidade marque zéro. Quand cette condition n'est pas
remplie exactement, il en résulte une correction
constante à appliquer à la mesure des angles. On
dirige les deux lunettes sur un même point, et alors
l'écart entre le zéro de l'alidade et celui des divisions
du limbe fait connaître le sens et la grandeur de cette
correction.

Je ne parlerai pas davantage de ces instruments.
Procédant d'une imitation servile du graphomètre à
pinnules, trop compliqués, composés d'organes qui
ne sont pas également susceptibles de concourir à
l'exactitude des résultats, il est rare que l'on puisse
les employer avec avantage. On leur préfère avec
raison l'instrument que je vais maintenant décrire.

138. Cercle géodésique ou théodolite. — Cet
instrument* se compose d'un cercle horizontal DD′ *Fig. 115.
supporté par une colonne cylindrique creuse à laquelle il est invariablement uni. Cette colonne est
montée sur base triangulaire*. Dans son intérieur *23.
est logé un pivot central qui peut y tourner à frottement doux sans ballottement. Ce pivot supporte
une alidade AA′ armée de deux verniers et entraî-
nant une vis de rappel V pour les mouvements lents*. *91.
Au-dessus de cette alidade s'élève un montant vertical m, contre lequel s'appuie un autre montant M,
portant à sa partie supérieure une lunette à réticule RS

susceptible de basculer autour d'un pivot horizontal.
Un niveau à bulle NN′ est attaché à l'alidade. Tel est
l'instrument qui est désigné sous le nom de *cercle
géodésique*. On l'appelle aussi *théodolite*, mais plus
particulièrement lorsqu'il est pourvu d'un limbe destiné à la mesure des angles verticaux. On le place sur
un support en charpente semblable à celui de l'instrument qui sert au tracé des grands alignements,
et on l'y fixe de même par la réaction d'un ressort *.
Cette disposition du cercle permet de n'avoir qu'une
seule lunette, du moins quand l'instrument et son
pied sont établis avec la solidité convenable. Quand
cette condition n'est pas remplie, une seconde lunette est nécessaire *.

* 24.

* 92.

Cet instrument présente plusieurs avantages sur
le graphomètre. Il est mieux équilibré, ce qui con-
tribue à éloigner les chances d'erreur, et aucune
partie de l'alidade ne se trouve en porte à faux. Le
cercle étant entier, la vérification du centrage et la
correction des erreurs d'excentricité sont plus faciles *.
Enfin le montant M est disposé de telle façon que
l'on puisse rendre vertical le plan de collimation
quand le pivot central est lui-même vertical *. Pour
ne rien perdre de la précision dont les mesures angulaires sont susceptibles dans ces conditions, les
lectures se font au moyen de loupes.

* 93 et suiv.

* 90.

139. On rencontre assez fréquemment un cercle
géodésique dont la disposition diffère, à quelques
égards, de celle qui vient d'être décrite*. L'instru-

* Fig. 116.

ment, au lieu d'être monté sur colonne et base triangulaire, se termine inférieurement par une douille qui
s'adapte sur un pied à trois branches simples; mais
la partie supérieure de cette douille, au lieu d'être
composée de deux coquilles comme dans le graphomètre*, consiste dans une enveloppe à peu près cylindrique et ouverte par le haut. Une pièce annulaire
concentrique à cette enveloppe est fixée à la partie
supérieure de celle-ci, de manière à pouvoir basculer dans une certaine amplitude autour d'un diamètre horizontal. Une tige centrale, analogue à celle
qui supporte le graphomètre ordinaire, passe dans
cette pièce annulaire et est assemblée avec elle par
un axe horizontal dirigé suivant un de ses diamètres,
perpendiculaire à celui suivant lequel elle-même est
liée à l'enveloppe. Cette tige peut aussi basculer autour de cet axe, dans une certaine amplitude; et de
ce double mouvement résulte la possibilité de lui
donner toutes les positions possibles entre certaines
limites d'amplitude conique. La partie inférieure de
cette tige a la forme d'un prisme quarré, dont les
faces sont perpendiculaires aux deux diamètres autour desquels le mouvement peut s'effectuer. Quatre
fortes vis à grosses têtes traversent l'enveloppe et
viennent butter perpendiculairement sur les faces
de la tige. C'est par le moyen de ces dernières vis
et du niveau fixé sur l'alidade que l'on parvient à
rendre vertical le pivot autour duquel se meut tout
lesystème supérieur. Après avoir disposé le niveau
parallèlement à deux vis opposées, on agit sur celles-

* 132.

ci de manière à amener la bulle entre ses repères,
puis on agit de même sur les deux autres vis, après
avoir disposé le niveau parallèlement au diamètre
qu'elles déterminent, etc.

Il est aisé de comprendre que cette disposition
n'offre pas la même solidité que le cercle géodésique
décrit ci-dessus; c'est pourquoi elle nécessite l'emploi d'une seconde lunette.

Cet instrument est en quelque sorte intermédiaire
entre le cercle géodésique et le graphomètre; on
l'appelle quelquefois *graphomètre à cercle entier et à
lunettes.*

Avant d'acheter un cercle géodésique ou d'en faire
usage, il faut l'étudier dans toutes ses parties et le
soumettre aux diverses épreuves indiquées dans le
livre I de cet ouvrage pour la vérification des goniomètres en général.

140. PANTOMÈTRE, GONIASMOMÈTRE, ÉQUERRE-
GRAPHOMÈTRE. — Je ne dois pas passer sous silence ·
un instrument par lequel on se propose de remplacer
à la fois le graphomètre, qui sert au lever du canevas,
et l'équerre, qui sert au lever des détails. Le nom
d'*équerre-graphomètre,* qu'on lui donne quelquefois,
exprime cette double destination. On l'appelle également *pantomètre* et aussi *goniasmomètre.* Le nom
de *pantomètre* paraît être le plus répandu.

Cet instrument se compose essentiellement de
* Fig. 117.   deux tambours cylindriques de même diamètre *,
qui peuvent tourner l'un sur l'autre comme une

boîte ronde de carton et son couvercle, avec cette différence que dans le pantomètre les deux tambours ne sont en contact que par leur base commune; ils ne s'emboîtent point l'un dans l'autre, mais sont montés sur un même pivot central, qui maintient les deux bases en contact. La surface cylindrique du tambour inférieur est divisée en degrés à sa partie supérieure. Sa paroi est percée suivant le diamètre $0°$ — $180°$ d'une fente oculaire et d'une fenêtre divisée en deux parties égales par un fil. Cette fente et cette fenêtre remplacent les pinnules fixes du graphomètre. Le tambour supérieur est percé de fentes et de fenêtres dans deux directions perpendiculaires entre elles. A l'une de ces directions correspond le zéro d'un vernier qui permet de déterminer avec autant d'exactitude que le comporte le diamètre restreint du cercle divisé (de $0^m.05$ à $0^m.10$) l'angle que forme cette direction avec celle du diamètre $0°$ — $180°$; c'est-à-dire à $2'$ ou $4'$ près. Quelques-uns de ces instruments sont pourvus de deux verniers opposés. Le tambour supérieur remplace donc l'alidade mobile du graphomètre, mais il peut aussi fonctionner comme équerre. Les mouvements lents sont réglés à l'aide d'un engrenage intérieur et d'un pignon qui fait saillie à l'extérieur de l'instrument. Les pantomètres de petit modèle sont montés simplement sur douille, et ceux de grand modèle sur genou à coquille, et parfois sont pourvus, pour en faciliter le calage, de mécanismes plus parfaits. Ces pantomètres plus complets* portent ordinairement   * Fig. 118.

par-dessus une boussole, un ou deux niveaux et une lunette.

L'idée de réunir dans un même instrument deux fonctions d'ordre différent, celle du graphomètre et celle de l'équerre, n'est pas heureuse. Le pantomètre ne pourra jamais donner les angles avec autant d'exactitude qu'un bon graphomètre. Comme équerre, il est lourd et embarrassant. Les praticiens aimeront toujours mieux avoir deux instruments distincts, n'ayant chacun qu'une fonction unique.

141. USAGE DU GRAPHOMÈTRE DANS LES LEVERS DES PLANS. — Quel que soit l'instrument que l'on a choisi, ou dont on doit se servir pour lever le canevas d'un plan, la méthode que l'on suit est exactement la même quant à la marche de l'opération. Il n'y a de différence qu'en ce que la mesure des angles par le moyen du graphomètre proprement dit peut toujours être faite de manière à n'exiger qu'une lecture, en dirigeant d'abord l'alidade fixe suivant l'un des côtés de l'angle à mesurer, tandis qu'avec les autres instruments dont il a été question on n'a pas cette facilité, et il faut deux lectures dont la différence est l'angle demandé.

Cette méthode ne diffère de celle du lever avec la chaîne simple qu'en ce que, au lieu de construire les angles par le moyen de triangles dont on mesure les côtés *, on mesure directement ces angles avec l'instrument. Supposons, pour fixer les idées, que l'on veuille lever le polygone *abcdefa* *, qui nous a déjà

* 113.

* Fig. 112.

servi d'exemple pour les levers de plans avec la chaîne seule. On mesure les angles *baf,cba,dcb,edc,fed,eaf.* Ces angles étant connus, ainsi que la longueur de chacun des côtés, on aura tout ce qui est nécessaire pour construire le polygone, lequel, si l'on a bien opéré, se fermera sur le papier.

On se procurera les mêmes vérifications que dans l'exemple cité, en mesurant en outre les angles *fba, fcb, ecd*, ce qui fait connaître les directions des diagonales *bf, cf, ce*, lesquelles doivent passer par les points *f, e.*

142. Une vérification indépendante de toute construction, et qui par ce motif doit être faite préalablement, consiste en ce que la somme des angles *intérieurs* du polygone est égale à autant de fois deux droits ou 180° que le polygone a de côtés moins deux. Dans l'exemple ci-dessus, le polygone a *six* côtés[*], la somme de ses angles intérieurs doit donc être égale à *quatre* fois 180°, c'est-à-dire à 720°. L'angle intérieur qui correspond à l'angle rentrant *bcd* est égal à 360° — *bcd*.

* Fig. 112.

A cette règle on peut substituer la suivante : I étant le nombre des angles intérieurs, E celui des angles rentrants, la différence entre la somme des premiers et la somme des seconds est égale à I — E — 2 fois 180°. Dans l'exemple ci-dessus on a I = 5, E = 1, I — E — 2 = 2 ; la différence dont il s'agit devra donc être égale à deux fois 180° ou 360°.

Enfin on peut considérer, au lieu des angles eux-

mêmes, la suite des *déviations* que présente le polygone pour quelqu'un qui le parcourrait dans le sens
indiqué par les flèches. Si l'on part de *a* et que l'on
arrive en *b*, il faut, pour prendre la direction *bc*,
dévier à gauche d'une quantité angulaire égale au
supplément 180° — *abc* de l'angle *abc*. Arrivé en *c*,
on passe à la direction *cd* par une déviation à droite,
égale à 180° — *bcd*, et ainsi de suite jusqu'au point
de départ où la déviation pour revenir à la direction
primitive est 180° — *fab*. Ceci compris :

Quel que soit le nombre des côtés du polygone,
si on l'a parcouru dans le sens indiqué, la somme
des déviations à gauche surpassera de 360° la somme
des déviations à droite. En d'autres termes, si on
considère ces dernières comme *négatives* et les premières comme positives, on pourra dire, en langage
algébrique *, que *la somme des déviations, dans tout
polygone, est égale à quatre angles droits.*

* Intr. 73.

143. Quand le résultat de l'une des vérifications
qui viennent d'être indiquées est un résidu ou un
déficit angulaire d'un petit nombre de minutes, on
le répartit aussi également que possible entre les
divers angles mesurés, en les augmentant un peu
s'il y a déficit, en les diminuant dans le cas contraire.

Il est à remarquer que, dans les opérations qui font
l'objet de cet ouvrage, l'excédant, lorsqu'il y en a
un, ne saurait être attribué à la rondeur de la terre.
En effet, ce que l'on appelle *l'excès sphérique* est en
proportion de l'espace renfermé dans le polygone.

Pour chaque seconde d'excès sphérique, il faut une superficie d'environ 19 680 hectares, ce qui équivaut à peu près à un quarré de 14 kilomètres de côté ou à un cercle de 7 925 mètres de rayon : c'est plus que ne peut embrasser une feuille de plan*.

* 124.

144. Soins a prendre dans la construction du canevas sur le papier. — On procède ordinairement à cette construction avec le secours de l'instrument appelé *rapporteur*. Il faut beaucoup d'attention pour obtenir un résultat satisfaisant. Quand l'opération sur le terrain a été bien faite, le polygone construit sur le papier doit se fermer exactement, et en général toutes les relations géométriques auxquelles on a eu en vue de satisfaire sur le terrain doivent se reproduire exactement sur le papier.

Ce n'est d'ailleurs qu'après s'être exercé longtemps sur le terrain et sur le papier que l'on parvient à bien faire. Avec de la persévérance et en prenant la précaution de commencer par des figures peu compliquées, on arrive peu à peu à l'habileté que requiert ce genre de lever. Je suppose ici que l'on répète sur le papier ce que l'on a fait sur le terrain, c'est-à-dire que, après avoir placé arbitrairement le premier côté ab, on construise en b un angle égal à celui que l'on a mesuré; que, après avoir déterminé le point c, on fasse en ce point un angle égal à celui que l'on a mesuré, etc. J'indiquerai bientôt une méthode bien moins sujette à erreur.

Toutefois l'habileté que l'on peut acquérir ne

va jamais jusqu'à effacer absolument toute discordance. En réalité il reste des écarts que la petitesse
de l'échelle rend insensibles, mais qui n'en subsis-
tent pas moins. En adoptant une échelle plus grande,
on les mettrait en évidence.

145. On peut aussi les.mettre en évidence par le
calcul, et c'est là ce qu'il faut faire lorsqu'on veut obtenir une certitude complète. A cet effet, on trace sur
le papier deux droites perpendiculaires entre elles $x'x$,
*Fig. 119. $y'y^*$, et on calcule les coordonnées des sommets du
Intr. 71. polygone par rapport à ces deux droites. En prenant à volonté le point de départ a, c'est-à-dire les
distances de ce point à ces deux droites, ainsi que
l'angle $a''ab$ formé par le premier côté ab avec l'une
d'elles $x'x$, on obtient les distances bb', bb'' de l'extrémité de ce côté aux mêmes droites en résolvant
le triangle rectangle pab, dans lequel on connaît la
longueur de l'hypoténuse ab, et l'angle aigu bap. Ce
triangle étant résolu, on a $bb' = bp - aa'$, $bb'' =$
$aa'' + pa$. Cela étant fait, pour avoir les distances
cc', cc'', on résoudra le triangle qbc, rectangle comme
pab, dans lequel on connaît la longueur de l'hypoténuse bc et l'angle aigu qcb ou $q'bc$, puisque $q'bc$ est
égal à l'angle abc moins $q'ba$ ou pab. Le triangle qbc
étant résolu, on aura $cc' = bb' + qb$, $cc'' = bb'' - qc$.
En continuant ainsi de proche en proche, on fera le
tour du polygone, et on reviendra au point a, en résolvant en dernier lieu le triangle rectangle ufa. Les
distances aa', aa'' ainsi calculées devront, si les don-

nées que l'on a fait entrer dans le calcul sont exemptes de toute erreur, se retrouver les mêmes qu'à l'origine du calcul. S'il en est autrement, l'écart permettra de juger de l'erreur commise.

Les distances des divers sommets a, b, c,... aux deux axes $x'x$, $y'y$ ne sont les *coordonnées* de ces sommets qu'autant qu'on leur attribue des signes convenables.

146. Concevons qu'on leur attribue ces signes suivant ce qui a été expliqué dans *l'introduction*[*], *[*] Intr. 71.* et considérons, en outre, les déviations successives que présente le parcours du polygone de droite à gauche pour quelqu'un qui serait placé dans l'intérieur. Donnons le signe $+$ aux déviations à gauche, et le signe $-$ aux déviations à droite. Appelons enfin D_o la déviation du côté ab par rapport à $x'x$, D_b celle de bc par rapport à ab, D_c celle de cd par rapport à bc et ainsi de suite, et x_a l'abscisse du point a; les abscisses x_b, x_c, x_d... auront pour expression :

$$x_b = x_a + ab \cos D_o, \qquad x_c = x_b + bc \cos (D_o + D_b),$$
$$x_d = x_c + cd \cos (D_o + D_b + D_c), \text{ etc.}$$

De même y_a étant l'abscisse du point a, les ordonnées y_b, y_c, y_d... auront pour expression :

$$y_b = y_a + ab \sin D_o, \qquad y_c = y_b + bc \sin (D_o + D_b),$$
$$y_d = y_c + cd . \sin (D_o + D_b + D_c), \text{ etc.}$$

Je recommande aux commençants comme un très-utile exercice l'application de ces formules à quelques exemples.

* Intr. 45.
Rien n'est plus propre que ces exercices à fixer l'esprit sur le sens de la règle des signes de Descartes* et sur la manière de l'appliquer.

147. EXEMPLE. — Afin d'éclaircir ce que ces généralités peuvent laisser d'obscur, je supposerai que
* Fig. 119.
l'on a recueilli sur le terrain les données ci-après*.

Sommets.	Angles.	Longueurs des côtés.
		$346^m.32$
a	$57° 36' 10''$	
		$459 .22$
b	$115 \ 1 \ 20$	
		$153 .36$
c	$143 \ 54 \ 10$	
		$239 .03$
d	$45 \ 59 \ 10$	
		$284 .04$
e	$153 \ 32 \ 20$	
		$280 .09$
f	$151 \ 45 \ 10$	
		$346 .32$

On formera d'abord le tableau des *déviations*, lesquelles ne sont autre chose que les suppléments des angles mesurés, et on préparera en même temps celui des coordonnées des sommets. Voici ce tableau tout rempli :

Sommets.	Déviations.	Abscisses.	Ordonnées.
a	$+ \ 122° 23' 50''$	$- \ 131^m.08$	$+ \ 356.41$
b	$+ \ 64 \ 58 \ 40$	$- \ 183 .55$	$- \ 99.79$
c	$- \ 36 \ 5 \ 50$	$- \ 52 .91$	$- \ 180.11$
d	$+ \ 134 \ » \ 50$	$+ \ 37 .87$	$- \ 401.23$
e	$+ \ 26 \ 27 \ 40$	$+ \ 151 .89$	$- \ 141.08$
f	$+ \ 48 \ 14 \ 50$	$+ \ 138 .23$	$+ \ 138.68$
a	———————	$- \ 131 .07$	$+ \ 356.43$
	$+ \ 360°$ » »		

Les déviations sont prises avec le signe +, lorsqu'en marchant dans le sens indiqué par les flèches
elles ont lieu *à gauche*. Celles qui ont lieu *à droite*
sont affectées du signe —. Ceci n'est pas une convention arbitraire. En effet, nous allons tracer tout
à l'heure deux axes de coordonnées divisant le plan
en quatre régions, différentes par les signes de ces
coordonnées*. Il faudra donc que les signes des dé- * Intr. 71.
viations que l'on mesurera en cheminant suivant
chaque axe, de son pôle négatif à son pôle positif*, * Intr. 70.
et en s'écartant ensuite de cet axe, soit à gauche, soit
à droite, soient tels, que les signes des coordonnées
des points auxquels on parviendra se trouvent être
précisément les mêmes que les signes des coordonnées des points de la région où l'on pénétrera par cette
déviation. La somme algébrique de ces déviations
est égale à 360°, comme on sait que cela doit être*. * 142.

Si l'origine des coordonnées n'est pas fixée d'avance,
il conviendra de la choisir dans une position à peu près
centrale dans l'intérieur du polygone, que l'on construira d'abord à l'aide du rapporteur. Cette origine
une fois fixée, on tracera les deux axes $x'x$, $y'y$, en
donnant au premier telle direction qu'on voudra, si
rien ne fixe d'avance cette direction. Nous verrons
plus loin qu'on est dans l'usage de faire en sorte que
l'axe $x'x$ soit dirigé du sud au nord, c'est-à-dire coïncide avec un méridien. Mais pour le moment nous
laisserons de côté cette condition, qui n'a rien d'essentiel dans la question que nous voulons résoudre.

Les deux axes étant tracés, on mesurera à l'échelle

du plan les coordonnées aa', aa'' du point de départ.
Je suppose que l'on ait trouvé $aa' = 356^m.41$,
$aa'' = 131^m.08$, et l'angle $a''ab = 96°33'40''$. On
pourra prendre pour exactes ces premières données,
car les erreurs que l'on aura pu commettre en les mesurant n'auront aucune influence sur la forme du polygone. Si, par exemple, on a pris aa' et aa'' un peu trop
grands, on aura transporté tout le polygone parallèlement à lui-même dans le sens $y'y$ d'une quantité
égale à l'erreur commise sur aa', et pareillement on
aura transporté tout ce polygone parallèlement à lui-
même dans le sens $x'x$ d'une quantité égale à l'erreur
commise sur aa''. Quant à l'erreur que l'on aura pu
commettre sur l'angle $a''ab$, elle aura pour effet de
faire tourner tout le polygone autour du point a
d'une quantité angulaire égale à l'erreur commise.
Ce polygone conservera donc sa forme, nonobstant
les erreurs qui auront pu être commises dans la mesure des ordonnées du premier sommet, ainsi que
dans celle de l'angle qui détermine la direction du
premier côté par rapport à l'axe $x'x$.

Il nous reste encore à convenir des signes que
nous attribuerons aux coordonnées des sommets dans
les quatre angles xoy, yox', $x'oy'$, $y'ox$. Nous ferons
positives les abscisses des points situés au-dessus de
l'axe $y'y$ et les ordonnées des points situés à gauche
de l'axe $x'x$. Par suite de cette convention, on aura,
pour le point a, $x_a = -131^m.08$ et $y_a = +356^m.41$.
La déviation de ab par rapport à la parallèle à $x'x$
menée par le point a étant à *droite* est—$(96°33'40'')$.

Cette première déviation est celle que nous avons désignée ci-dessous* par D_o.

* 146.

Nous voici maintenant en mesure de calculer les coordonnées des autres sommets b, c, d, etc. A cet effet, nous remarquerons* que l'on a

* Intr. 96 et 99 [14, 15].

$$\text{Cos } D_o = \cos (- D_o) = \cos 96°33'40''$$
$$= - \sin 6°33'40'',$$
$$\text{Sin } D_o = - \sin (- D_o) = - \sin 96°33'40''$$
$$= - \cos 6°33'40'',$$

ce qui ramène à ne considérer que des angles positifs et compris dans les tables. Les calculs s'effectueront comme il suit :

Calcul de ab cos D_o.

Log sin 6°33'40''. . . .	$\overline{1}.05790$
Log 459.22.	2.66202
Log $(-ab \cos D_o)$. . . .	1.71992
$ab \cos D_o = -$	$52^m.47$
$x_a = -$	$131 .08$
$x_b = -$	$183^m.55$

Calcul de ab sin D_o,

Log cos 6°33'40''. . . .	$\overline{1}.99714$
Log 459.22. . . . . ,	2.66202
Log $(-ab \sin D_o)$. . . .	2.65916
$ab \sin D_o = -$	$456^m.20$
$y_a = +$	$356 .41$
$y_b = -$	$99^m.79$

Après avoir ainsi obtenu les coordonnées x_b, y_b du sommet b, on ajoute à l'angle D_0 la déviation D_b qui a lieu au sommet b, et qui est de $+ (64°58'40'')$. En ayant égard aux signes, on trouve $D_0 + D_b = - 31°35'$. On a donc $x_c = x_b + bc \cos 31°35'$, $y_c = y_b - bc \sin 31°35'$. On fera les calculs comme il vient d'être expliqué, ce qui donnera $x_c = -52^m.91$, $y_c = -180^m.11$. En poursuivant ces calculs de proche en proche, on obtiendra successivement les coordonnées de tous les sommets, et on reviendra ainsi au point de départ a. Le calcul donne pour ce point $x_a = -131^m.07$, $y_a = +356^m.43$; et comme nous avons pris d'abord $x_a = -131^m.08$, $y_a = +356^m.44$, il en résulte qu'une construction exacte transportera le sommet a de $0^m.01$ dans le sens $x'x$, et de $0^m.02$ dans le sens $y'y$. Or, pour faire entrer ce polygone dans une feuille de papier de grandeur ordinaire, il faudrait le construire à l'échelle de $0^m.001$ pour mètre, et par conséquent ces deux écarts ne pourraient être rendus sensibles par le dessin. On voit par là quel est l'avantage du calcul. Un autre avantage consiste en ce que la construction du polygone par le moyen des coordonnées calculées de ses sommets est plus exacte qu'on ne pourrait l'obtenir par des constructions purement graphiques. On fera bien de construire le polygone sur papier transparent par l'un et l'autre procédé, et de comparer les résultats par superposition.

148. Le retour au point de départ n'est pas la

seule vérification que comporte cette méthode. Supposons, par exemple, que l'on ait mesuré* les angles *Fig. 119.
abf, *bcf*, *dce*. On aura tout ce qui est nécessaire pour
résoudre les triangles *fab*, *fbc*, *ecd*, et par conséquent
pour déterminer les longueurs des diagonales *bf*, *cf*,
ce, ainsi que leurs déviations respectives par rapport
aux directions *ab*, *bc*; et par suite il sera facile de
calculer les coordonnées des sommets *e*, *f* par la méthode expliquée ci-dessus.

C'est ainsi que, l'observation ayant donné $abf =$
$46°53'50''$, on trouve immédiatement que la déviation pour passer de la direction *ab* à la direction *bf*
est $+ (133°6'10'')$, et que par conséquent la somme
$D_o + D_b$ est $+ (36°32'30'')$. Avec ces données, après
avoir calculé le logarithme de *bf*, on trouve sans peine
$x_f = x_b + bf \cos 36°32'30'' = + 138^m.22$, $y_f =$
$y_b + bf \sin 36°22'30'' = + 138^m.66$. La comparaison
de ces résultats avec ceux que nous avons obtenus
d'une autre manière met en évidence de petits écarts
qu'une construction graphique n'aurait pu révéler.

C'est encore ainsi que, l'observation ayant donné
$cbf = 68°7'30''$ et $ecd = 78°28'20''$, on obtient
$x_f = + 138^m.21$, $y_f = + 138^m.67$, $x_e = + 151^m.89$
$y_e = - 141^m.07$.

149. Ces exemples suffisent pour montrer l'esprit
de la méthode. Il est facile de voir qu'elle est applicable non-seulement à des polygones isolés, mais
aussi à tout système de lignes droites placées bout à
bout, dont on a mesuré les longueurs ainsi que les

25

angles qu'elles comprennent entre elles, de manière
à avoir un ensemble de données qui détermine complétement les positions relatives de ces droites et de
leurs points d'intersection. Cette méthode n'exige,
d'ailleurs, que des calculs fort simples, qui procèdent
de proche en proche suivant un mode uniforme.
Quand les données ont été recueillies sur le terrain
avec le soin convenable, les résultats que fournissent
ces calculs sont susceptibles de vérifications aussi
bien que les constructions directes, et on les obtient
exempts des erreurs inhérentes aux opérations purement graphiques. Enfin ces mêmes résultats s'appliquent sur le papier de la manière la plus simple,
car chacun des points à construire est finalement
déterminé par son abscisse et son ordonnée.

A la vérité, j'ai supposé, dans les calculs qui
précèdent, que les angles avaient été mesurés assez
exactement pour pouvoir assigner avec certitude les
dizaines de secondes, ou, en d'autres termes, pour
que l'erreur en plus ou en moins n'excédât pas 5″,
ce qui exige l'emploi d'un bon instrument et assez
d'habileté de la part de l'observateur. Mais la méthode serait encore avantageuse avec une précision
moindre ; tel serait le cas où l'on déterminerait chaque
angle à 15″ ou même 30″ près en plus ou en moins.
La précision doit être telle, que les écarts ne puissent être appréciables à l'échelle du plan. Cette condition est, en effet, celle qu'il faut remplir dans les
levers qui se traduisent immédiatement en constructions graphiques.

Procédé de la boussole.

150. Propriétés de l'aiguille aimantée. — Une aiguille aimantée, posée en équilibre sur un pivot vertical de manière à se maintenir horizontale, prend une direction particulière sous l'influence du globe terrestre, lequel agit comme le ferait un aimant très-éloigné. Si après l'avoir écartée de cette direction on l'abandonne à elle-même, elle y revient par une suite d'oscillations plus ou moins rapides. La durée de ces oscillations dépend à la fois de la longueur et de la forme de l'aiguille, et de l'énergie de son aimantation.

Cette aiguille est donc propre à faire connaître, dans le lieu où elle se trouve, une direction constante. Hâtons-nous de dire que cependant cette direction varie avec le temps, mais très-lentement. Elle varie également lorsqu'on transporte l'aiguille d'un lieu à un autre, mais les changements qu'elle éprouve alors ne deviennent appréciables qu'à des distances considérables; à moins que l'on ne soit dans le voisinage de quelque masse minérale attirable à l'aimant, auquel cas les directions que prend l'aiguille peuvent n'être plus parallèles entre elles.

151. On définit cette direction constante, que l'aiguille aimantée en équilibre et horizontale tend à prendre sous la seule influence générale du globe

14. terrestre, par l'angle qu'elle fait avec la méridienne du lieu*. Cet angle est désigné sous le nom de *déclinaison*. Il est actuellement d'environ 19°16' à l'ouest, c'est-à-dire à gauche du méridien en regardant vers le nord. C'est dans ce sens qu'on dit que l'aiguille *décline* actuellement (novembre 1861) de 19°16' vers l'ouest, et, en s'exprimant ainsi, on sous-entend toujours qu'il s'agit de la pointe qui se dirige vers les régions du nord (1).

Le plan vertical déterminé par la direction de l'aiguille est appelé, assez souvent, le *méridien magnétique*, bien qu'il ne soit pas fixe, comme le méridien terrestre. L'angle que fait tout autre plan vertical avec le méridien magnétique est désigné, par

15. suite, sous le nom d'*azimut magnétique**. Il est d'usage de compter les azimuts magnétiques de 0° à 360° en allant du méridien magnétique vers l'ouest, de l'ouest au sud, du sud à l'est, et de l'est au méridien de départ. Ils se comptent quelquefois à droite et à gauche de 0° à 180°.

----

(1) En 1580, époque des premières observations que l'on ait faites de la déclinaison de l'aiguille aimantée, cette déclinaison était orientale et de 11°30', c'est-à-dire que l'aiguille pointait à l'est en s'écartant de 11°30' du méridien. En 1663 l'aiguille marquait le vrai nord. Elle a ensuite passé à l'ouest, et a marché dans le même sens jusqu'en 1780, époque à laquelle elle déclinait de 19°55'. De 1785 à 1835 elle est restée entre 22° et 22°30'; mais, depuis 1835, elle paraît décidément avoir une tendance à revenir au vrai nord. La science n'a pas encore pénétré le mystère de ces mouvements.

152. DESCRIPTION DE LA BOUSSOLE. — Une aiguille aimantée suspendue sur un pivot vertical, au centre d'un cercle divisé pourvu de deux pinnules formant alidade, peut servir à la mesure des angles horizontaux. Faisons en effet correspondre le pivot au sommet de l'angle que déterminent deux alignements, et visons successivement suivant les directions des deux côtés; la portion du limbe qui aura passé devant l'une des pointes de l'aiguille sera la mesure de cet angle. On pourra d'ailleurs (et cela sera généralement de beaucoup préférable), considérer chaque lecture comme faisant connaître la position du côté correspondant par rapport à la direction constante de l'aiguille aimantée, c'est-à-dire l'azimut magnétique de ce côté. Il suffira, pour cela, de disposer le limbe de telle sorte que le rayon aboutissant au zéro de la graduation, ou le diamètre allant du point 180° au point 0°, soit parallèle au plan de collimation ou de visée. Toute direction observée se trouvera ainsi rapportée à la direction constante de l'aiguille aimantée, et il sera facile de la construire sur le papier, ainsi que nous le verrons bientôt. Tout instrument qui renferme une aiguille aimantée ainsi suspendue au centre d'un limbe divisé qu'accompagne un appareil visuel, de manière à pouvoir remplir les fonctions qui viennent d'être indiquées, est une *boussole*.

153. La boussole ordinaire, dite *d'arpenteur*, est une boite de bois*, de forme quarrée, de $0^m.10$ à $0^m.20$ * Fig. 120.

de côté, haute d'environ 0ᵐ.03, fermée ordinairement au moyen d'un couvercle à coulisse. Cette
boîte présente intérieurement une cavité cylindrique
recouverte d'un verre transparent, dans laquelle se
trouve logé le limbe. Au centre s'élève le pivot ou
la pointe qui supporte l'aiguille. Celle-ci est formée
d'une lame mince d'acier, découpée en forme de
losange allongé. On lui laisse sur la moitié nord de
sa longueur, la teinte bleue qui résulte du recuit de
l'acier; la moitié sud est blanchie. Au milieu est une
chape destinée à recevoir la pointe du pivot. Pour
éviter les frottements qui nuiraient à la mobilité de
l'aiguille, on fait la pointe du pivot en acier trempé
et poli, et on garnit le fond de la chape d'une pierre
dure telle que l'agate ou le rubis. On doit faire en
sorte que les extrémités de l'aiguille, lorsqu'elle est
horizontale, soient au niveau du plan supérieur du
limbe et en affleurent presque le bord. Un levier
que fait jouer le couvercle de la boussole, lorsqu'on
la ferme, soulève l'aiguille et la maintient pressée
contre le verre en empêchant tout ballottement. Cette
disposition empêche la chape et la pointe de s'user
pendant que l'on transporte l'instrument.

L'appareil visuel peut se composer, ainsi que je
l'ai dit ci-dessus, de deux pinnules placées sur deux
côtés de la boîte dans la direction d'un diamètre passant par le centre du limbe; mais cette disposition
n'est pas celle que l'on adopte le plus habituellement.
Dans la plupart des boussoles destinées au lever des
plans, l'appareil visuel, alidade, lunette ou viseur*,

79.

se place sur un des côtés de la boîte, dans une position excentrique, et on le rend susceptible de basculer autour d'un pivot parallèle au plan du limbe; ce
pivot est, par conséquent, horizontal quand le limbe
lui-même est rendu horizontal. Tout est d'ailleurs
disposé pour que l'axe visuel décrive, dans le mouvement de l'appareil, un plan perpendiculaire à ce
pivot *, ou du moins pour qu'on puisse assurer l'ac- * 90.
complissement de cette condition.

En outre, le plan que décrit l'axe visuel est parallèle au diamètre 180° — 0° du limbe. On satisfait à
cette condition en tournant le limbe dans la cavité
où il est enchâssé. Il résulte de là que, quand le plan
de visée est parallèle à la direction constante que
l'aiguille tend à prendre, les pointes de celle-ci indiquent les divisions 0° et 180°.

La graduation du limbe court de gauche à droite,
c'est-à-dire qu'un observateur placé debout, au centre
du limbe horizontal, lirait 10° à droite de 0°, 20° à
droite de 10°, et ainsi de suite en faisant le tour entier de la circonférence. Cependant on rencontre des
boussoles où le limbe porte deux graduations symétriques de 0° à 180°.

L'instrument se place sur un pied semblable à celui
du graphomètre, au moyen d'un genou à coquille *. * 133.
Il peut tourner à volonté autour d'un pivot engagé
dans la tige et dans la boule de ce genou. Pour arrêter ce mouvement, on se sert d'une pince armée
d'une vis de serrage qui embrasse entre ses mâchoires
le bord d'un plateau fixé à la tige du genou.

**154. Conditions de bonne construction et
vérification de la boussole.** — La première de
ces conditions, c'est que l'aiguille soit douée d'une
grande mobilité. Cette mobilité doit être telle, qu'en
écartant l'aiguille de 90° de la direction qu'elle tend
à prendre elle fasse au moins 25 oscillations avant
de s'arrêter. Avant de la soumettre à cette épreuve,
on remarque le point du limbe auquel correspond la
pointe bleue ; on vérifie ensuite si elle y est revenue
exactement.

La seconde condition essentielle, c'est que le pivot
soit au centre du limbe. Pour vérifier si cette condition est satisfaite, on fait mouvoir lentement la boîte,
et on examine si la portion du limbe qui se trouve
d'un côté de l'aiguille embrasse exactement 180°,
ou tout au moins embrasse un arc constant, car il
peut arriver que les deux pointes et le pivot ne soient
pas exactement en ligne droite, et que cependant le
pivot soit au centre du limbe *. On peut encore
mesurer à l'aide d'un microscope muni d'un micromètre, ou même estimer à simple vue, le petit
intervalle laissé entre l'une des pointes de l'aiguille
et le bord du limbe ; cet intervalle doit rester constant quand le pivot est exactement au centre du
limbe.

* 95.

Afin que l'on puisse toucher à l'aiguille et au pivot,
la sertissure de la glace qui les recouvre est composée
d'un gros fil de cuivre formant ressort, que l'on enlève sans peine et qu'il est facile de remettre en
place. Cette sertissure une fois enlevée, le verre lui-

même s'enlève sans aucune difficulté. Quand le pivot
n'est pas au centre du limbe, on rectifie sa position
au moyen d'une pince. Cette rectification exige de
l'adresse et quelque patience, car il n'est pas ordinaire qu'on y réussisse du premier coup. Lorsqu'on
met ainsi le pivot à découvert, il faut avoir soin de
le débarrasser de toute trace de rouille, et de le ra-
viver au besoin en le frottant avec un papier couvert
d'émeri très-fin.

Quant à l'aiguille, il arrive quelquefois qu'elle perd
de son aimantation, ce qui la rend moins sensible à
l'action du globe. Il faut alors l'aimanter de nouveau,
ce que l'on peut faire soi-même en suivant les indications données dans les *traités de physique ;* mais le
plus court est de s'adresser à un opticien. Il est bon
de se munir d'une aiguille de rechange et de conserver les deux aiguilles dans une boîte, en les plaçant
de manière que la pointe bleue de chacune d'elles
soit en regard de la pointe blanche de l'autre. Par
cette disposition bien connue leur aimantation se
conserve mieux.

Lorsqu'une aiguille non aimantée est préparée de
manière à se maintenir horizontale, étant suspendue
sur la pointe du pivot, elle s'incline après avoir été
aimantée, la pointe bleue tendant alors à s'abaisser ;
et on est obligé, pour la ramener à la direction horizontale, d'ajouter un petit contre-poids, par exemple
une goutte de cire, à la pointe blanche. Il résulte de
là qu'une perte d'aimantation a pour effet de relever
la pointe bleue et d'abaisser la pointe blanche.

Relativement à l'appareil visuel, il n'y a pas
d'autres conditions à remplir que celles qui ont été
153. mentionnées ci-dessus, et le constructeur de l'instrument a dû y pourvoir une fois pour toutes.

155. BOUSSOLES PLUS COMPLÈTES. — La boussole, telle que je viens de la décrire, est uniquement
propre au lever des plans, et entre les mains d'un
opérateur attentif et habile, elle suffit amplement à
cette destination. On a voulu la rendre également
propre au nivellement, afin d'avoir, dans un instrument unique, tout ce qui est nécessaire pour décrire
la configuration du sol; mais, pour cela, il a fallu y
ajouter un niveau à bulle d'air et remplacer le genou
à coquille par un genou à double mouvement, propre
à fournir un calage en rapport avec la sensibilité de
la bulle, ce qui ne permettait plus de se contenter
d'un pied à trois branches simples. On a dû, en même
temps, perfectionner l'appareil visuel, le rendre susceptible de rectifications, lui adjoindre un limbe vertical pour mesurer l'inclinaison de l'axe optique, et
ajouter à tout cela les rappels nécessaires.

De telles boussoles peuvent être fort utiles; mais,
en ce qui concerne les levers de plans, elles ne donneront pas, en général, des résultats plus exacts
que les boussoles plus simples qui ne sont pas destinées au nivellement; c'est pourquoi je crois inutile
de décrire avec détail ces instruments à deux fins.

156. Quel que soit le système de construction de

la boussole, il est essentiel de n'y faire entrer aucune pièce de fer qui puisse influer sur les indications de l'aiguille. C'est pourquoi toutes les parties métalliques de l'instrument autres que l'aiguille sont en cuivre, à l'exception du pivot et des pointes qui terminent les branches du pied. Celles-ci sont trop loin de l'aiguille pour avoir sur elle une action appréciable. Quant au pivot, les actions qu'il peut exercer sont nécessairement très-faibles à cause de son peu de volume. De plus, dans sa position centrale, elles sont à fort peu près symétriques, et conséquemment leurs composantes horizontales se détruisent à peu près complétement.

Lorsqu'on opère avec la boussole, il faut avoir soin de tenir éloignés de l'aiguille tous les objets en fer de quelque volume que l'on emporte avec soi sur le terrain, tels que la chaîne, le marteau, la hache, les grosses clefs, etc.; à 3 ou 4 mètres de distance, ils ne produisent aucun effet sensible.

157. **Manière de se servir de la boussole sur le terrain.** — Lorsqu'on veut lever un angle, on met la boussole en station, de manière que son pivot central soit dans la verticale du sommet de cet angle. A l'aide du genou, on rend la boîte aussi horizontale qu'on peut en juger à la simple vue, et c'est seulement après que ce résultat a été obtenu qu'on sort le couvercle de sa coulisse, et que, par conséquent, on donne à l'aiguille la liberté d'osciller sur son pivot. On achève de rendre le limbe

horizontal en se guidant sur les pointes de l'aiguille, et en même temps on tourne doucement la boîte, de manière que l'appareil visuel (préalablement mis au point, si c'est une lunette) soit amené à peu près dans la direction de l'un des côtés de l'angle. On vise enfin le jalon ou le point qui détermine cette direction.

Cela fait, et l'aiguille ayant cessé d'osciller, on lit l'angle marqué par la pointe bleue. On amène ensuite, en tournant la boussole, l'appareil visuel dans la direction du second côté; on vise, puis on lit le nouvel angle marqué par la pointe bleue de l'aiguille. On note ces angles sur un carnet, de même que tous les autres angles qu'on peut avoir à observer de la même station.

158. Précision des angles mesures a la boussole. — Influence de la variation diurne. — Un arc de 1° sur un limbe de 0m.06 de rayon a une longueur d'environ 0m.001 *. Il est ordinairement divisé en deux parties représentant chacune 30′, et l'estime sur ces dernières peut aller à un sixième, ce qui permet d'évaluer l'angle à 5′ près *. La mesure de chaque azimut magnétique n'est donc obtenue qu'avec une bien médiocre précision, et cependant cette précision suffit pour l'usage qu'on fait de la boussole. Il serait d'ailleurs inutile de s'attacher à obtenir des mesures plus exactes, du moins avec un instrument tel que ceux dont on se sert habituellement. En effet, le frottement qui naît du mode de suspension de l'aiguille

* Intr. 22.

* Intr. 127 et 128.

donne lieu à une première incertitude, laquelle a pour mesure la déviation que l'aiguille peut supporter sans revenir à la position primitive d'équilibre. En outre, cette position d'équilibre est continuellement modifiée par le phénomène de la *variation diurne*. Voici en quoi il consiste :

Le matin, au moment où le soleil paraît au-dessus de l'horizon, la pointe bleue dévie vers l'ouest, comme si elle fuyait la lumière de cet astre. Ce mouvement continue jusqu'à 1 heure 1/2 ou 2 heures de l'après-midi ; entre 3 heures et 4 heures, un mouvement rétrograde se manifeste, et l'aiguille revient graduellement à la position qu'elle avait le matin. Ce retour est à peu près complétement effectué à 11 heures du soir, et l'aiguille paraît demeurer stationnaire jusqu'au matin. A Paris, l'amplitude de cette excursion est de 8′ à 9′ pendant l'hiver, et d'environ 16′ pendant l'été. Elle s'élève quelquefois à 25′, mais rarement. On peut considérer ces résultats comme applicables à la France entière. Dans les pays du nord, les excursions de l'aiguille sont plus grandes ; elles diminuent à mesure qu'on s'avance vers l'équateur.

Pour rendre sensibles ces excursions de l'aiguille aimantée, il faut que celle-ci soit suspendue à un fil de soie sans torsion, de manière à éviter tout frottement. On observe ses mouvements à l'aide d'une lunette. Les dispositions à prendre pour cet objet sont indiquées dans les *traités de physique*.

Le phénomène de la variation diurne a lieu à

l'ombre aussi bien qu'au soleil. Il se manifeste dans les lieux souterrains, au sein de la plus profonde obscurité, comme à la surface de la terre.

On comprend qu'en présence d'une incertitude qui peut atteindre et même dépasser 15′ il est parfaitement superflu de chercher à obtenir les angles avec le degré de précision que comporte un bon graphomètre.

159. Précaution a prendre pour lever un polygone a la boussole. — Angles en retour. —

* Fig. 121. Pour lever un polygone *abcdef** avec la boussole, on se place successivement aux divers sommets a, b, c, etc., et on relève les azimuts magnétiques des côtés *ab*, *bc*, *cd*, etc. Avec ces données et les longueurs des côtés, il est facile de construire le polygone, ainsi qu'on le verra dans un instant, pourvu qu'il n'existe pas de cause perturbatrice locale qui empêche l'aiguille de prendre la direction qu'elle prendrait sous la seule influence générale du globe terrestre. Il importe donc de pouvoir se reconnaître en chaque station si l'aiguille reste parallèle à elle-même.

Le moyen que l'on emploie pour cela constitue ce que l'on appelle la *méthode des angles en retour*. Cette méthode consiste à mesurer non-seulement l'azimut magnétique de la direction *ab*, dans laquelle se trouve le sommet b où l'on doit se transporter après avoir stationné en a, mais aussi l'azimut du sommet f qui précède a. On obtient ainsi pour chaque côté *ab* deux azimuts, l'un moindre que 180° et l'autre plus grand, et tels que, en retranchant le plus petit du plus grand, la différence doit être égale à 180°. Si cette différence est plus grande que 180°, le point vers lequel les directions de l'aiguille convergent se trouve dans la région indiquée par la pointe bleue. Dans le cas contraire, c'est la pointe blanche qui indique la région dans laquelle ce point est situé.

Cependant il ne faut admettre l'existence d'une cause perturbatrice locale qu'autant que la quantité angulaire dont la différence entre les deux azimuts douteux est plus grande ou moindre que 180° ne peut pas être attribuée aux erreurs inévitables que comporte la nature des azimuts magnétiques. Avant d'admettre l'existence d'une cause perturbatrice, on doit vérifier les observations faites aux deux stations, et c'est alors seulement qu'on peut prononcer en suffisante connaissance de cause.

Lorsqu'on ne peut pas compter sur le parallélisme des directions de l'aiguille, les mesures fournies par la boussole permettent encore la construction du polygone; car cette méthode des angles en retour faisant connaître pour chaque station les azimuts des deux côtés qui y aboutissent, la différence entre ces azimuts est égale à l'angle que les côtés forment entre eux, et on se trouve dans le cas d'un polygone levé au graphomètre.

160. Construction d'un polygone levé a la

BOUSSOLE. — Supposons que l'on ait reconnu par la comparaison les angles en retour avec les angles directs, que les directions de l'aiguille aux différentes stations sont restées sensiblement parallèles entre elles, on pourra suivre, pour la construction du polygone, l'une des méthodes suivantes :

' Fig. 122. 1° Ayant tracé sur le papier une ligne indéfinie AB* pour représenter la direction constante de l'aiguille aimantée, et placé le premier sommet en a, on mènera par ce point une droite parallèle à AB, et une autre droite ab faisant avec elle un angle égal à l'azimut magnétique du côté ab, et on prendra sur cette dernière, à partir du point a, une longueur représentant à l'échelle du plan la longueur de ce côté. Par le point b ainsi obtenu, on mènera une parallèle à la droite AB, et une autre droite bc, faisant avec cette parallèle un angle égal à l'azimut magnétique du côté bc, puis on déterminera le point c en prenant bc sur l'échelle du plan, de manière à représenter la longueur de ce côté. On continuera ce système de construction de proche en proche. Au moyen des parallèles à la droite AB menées par les divers sommets a, b, c..., on construira sans peine avec un rapporteur ordinaire les droites ab, bc, cd, etc. Pour les azimuts qui ne dépasseront pas 180°, cette construction se fera immédiatement. Pour les azimuts plus grands, il faudra préalablement retrancher 180° et opérer sur le surplus, en plaçant le rapporteur à droite de la parallèle à AB.

2° On peut éviter d'avoir à mener par chaque

sommet une parallèle à une même droite AB. Pour
cela, il faut avoir tracé d'avance, sur le papier, des
parallèles équidistantes dans deux directions, les premières représentant des méridiennes magnétiques,
les autres des perpendiculaires à ces méridiennes.
Le plus ordinairement l'intervalle de ces lignes qui
partagent tout le papier en quarrés égaux est fixé
à $0^m.05$: on peut le porter à $0^m.10$ quand le diamètre du rapporteur est de $0^m.16$ à $0^m.20$.

Le papier étant ainsi préparé, supposons que le
point a soit le sommet a^* du polygone, et que l'azi-   * Fig. 123.
mut du côté ab à construire soit de 38°50′. On
placera le rapporteur comme on l'a indiqué, de
manière que le centre des divisions soit situé sur
la parallèle la plus voisine à droite de a, et que
l'angle marqué par cette parallèle soit de 38°50′;
après quoi on fera cheminer le rapporteur le long
de cette même parallèle jusqu'à ce que le côté rs de
la base du rapporteur passe par le point a. Ce côté rs
représente alors la direction cherchée de ab, et on
s'en sert pour tracer comme avec une règle la direction ab.

La construction des autres côtés bc, cd, etc., exige
que l'on donne au rapporteur d'autres positions qui
sont représentées sur la figure, et qui en appren-
dront plus que les détails dans lesquels je pourrais
entrer ici.

161. Rapporteur complémentaire. — Quelque
faciles que soient les petites opérations arithmétiques

à effectuer sur les angles pour pouvoir tracer avec le
rapporteur les directions des côtés, on a imaginé un
rapporteur qui dispense de ces opérations. Cet instru-
* Fig. 124. ment* ne diffère du rapporteur ordinaire que par
deux graduations nouvelles, qui ne sont autre chose
que les deux graduations 0° à 180° et de 180° à
360° déplacées de 90°. De ces deux graduations nouvelles, l'une commence, par conséquent, à 90°, qui
correspond à 0°, et la seconde à 270°, qui répond
à 180°. Cette dernière donne 360° sur le rayon de 90°
ou de 270° des graduations ordinaires ; elle se continue par 10°, 20°, etc., jusqu'à 90°. Il résulte de là
que, toutes les fois que la position du point par lequel
on doit faire passer une ligne dont la déclinaison est
assignée ne permet pas de se servir de la méridienne voisine en y plaçant le rayon du rapporteur
qui marque cette déclinaison, on place sur la perpendiculaire le rayon correspondant au même angle,
lequel se trouve nécessairement dans l'une des deux
graduations nouvelles, et au moyen de cette perpendiculaire on amène le côté de la règle du rapporteur
à passer par le point donné.

Ces graduations auxiliaires constituent ce que l'on
appelle le *rapporteur complémentaire*. On ne donne à
ce rapporteur que 50° d'amplitude de part et d'autre
du rayon de la graduation ordinaire qui marque 90°
ou 270°, attendu que les cas où il est nécessaire ou
avantageux de recourir aux perpendiculaires correspondent à cet intervalle de 100°.

162. Je dois faire observer que cette méthode, qui consiste à marquer sur le rapporteur la déclinaison par une méridienne ou par une perpendiculaire, et à se servir de la règle qui lui sert de base pour tracer le côté à construire, exige un tâtonnement. On commence par placer le rapporteur approximativement dans la position requise, sans se préoccuper des fractions de degré, puis on rectifie sa position en tenant compte de ces fractions, ce qui dérange un peu la base du rapporteur. Une nouvelle rectification la ramène sur le point donné. On arrive, avec de l'habitude, à faire tout cela très-promptement. On peut, d'ailleurs, abréger et tracer la droite sans qu'elle passe par le point assigné, mais de manière qu'elle en passe très-près. En construisant le point suivant au moyen de la longueur prise à l'échelle, on tient compte de l'écart par estime, ce qui se fait avec beaucoup de précision, puisqu'il s'agit alors d'apprécier l'égalité de deux écarts *.

* Intr. 128

Cette méthode, qui est la plus courte que l'on connaisse, ne donne des résultats satisfaisants qu'à la condition que les méridiennes et les perpendiculaires soient tracées sur le papier en traits fins, réguliers, et se coupant à angles droits. La finesse de ces traits est nécessaire pour pouvoir apprécier les fractions du demi-degré; et de la justesse de cette appréciation dépend en grande partie la fermeture du polygone.

163. APPLICATION DE CETTE MÉTHODE AUX POLY-

GONES LEVÉS AVEC LE GRAPHOMÈTRE. — La boussole diffère du graphomètre et des autres instruments du même genre, en ce que ceux-ci mesurent les angles eux-mêmes, tandis que la première fait connaître les azimuts des divers côtés par rapport à une direction fixe ou considérée comme telle pendant la durée du lever, et cette dernière circonstance donne lieu à la méthode de construction sur papier quadrillé, qui vient d'être décrite. Or il importe de remarquer que la même méthode s'applique également au cas où l'on a mesuré les angles eux-mêmes, moyennant une transformation très-facile. On détermine (ou on se donne, si l'on a entière liberté à cet égard) l'azimut D_o du

* Fig. 119. premier côté par rapport à une direction fixe $x'x$ *, qui sera, si l'on veut, celle de la méridienne magnétique ou celle de la méridienne terrestre, ou toute autre direction, et on y ajoute successivement les déviations D_b, D_c, D_d, etc., qui ont lieu aux sommets b, c, d, etc., en affectant du signe $+$ les déviations à gauche, et du signe $-$ les déviations à droite, et en supposant que l'on parte de la direction $x'x$ ou d'une parallèle à cette direction, menée par le sommet a, pour entrer ensuite dans le circuit que forme le polygone, et le parcourir dans le sens indiqué par la flèche; conventions que nous avons déjà

* 145 et 146. établies *. Les sommes $D_o + D_b$, $D_o + D_b + D_c$, etc., seront alors, ainsi qu'il est facile de s'en convaincre, les azimuts des côtés bc, cd, etc., par rapport à la direction fixe $x'x$; et par conséquent le polygone pourra être construit, comme dans le cas d'un lever

à la boussole, au moyen d'un papier quadrillé, dans lequel un des systèmes de parallèles représentera la direction fixe $x'x$.

Lorsque quelques-uns des azimuts D_o, $D_o + D_b$, etc., sont négatifs, on les construit à droite de la ligne qui représente $x'x$. On peut, si l'on veut, les rendre positifs, en leur ajoutant autant de fois 360° que cela est nécessaire. D'après cela, le polygone qui nous a servi d'exemple pour les levers de canevas au graphomètre fournira les éléments ci-dessous :

Côtés.	Azimuts positifs et négatifs.			Azimuts positifs.		
ab	—	96° 33′	40″	263° 26′	20″	
bc	—	31 35	»	328 25	»	
cd	—	67 40	50	292 19	10	
de	+	66 20	»	66 20	»	
ef	+	92 47	40	92 47	40	
fa	+	141 2	50	141 2	30	
ab	+	263 26	20	263 26	20	

Ce tableau contient deux fois l'azimut du côté ab. On obtient le dernier de ces deux azimuts en ajoutant à l'azimut du côté fe la déviation D_a qui a lieu en a, et qui est + (122°23′50″). Le résultat de ce calcul reproduisant identiquement l'azimut primitif de ab, on a ainsi une preuve de son exactitude.

164. Différence entre le procédé de la boussole et celui du graphomètre. — Lorsqu'on mesure avec le graphomètre les angles d'un polygone, les erreurs qui affectent les données obtenues par ce

procédé peuvent s'ajouter les unes aux autres, de
même qu'elles peuvent se compenser en tout ou en
partie. Il en est de même des erreurs qui affectent
les angles conclus de la mesure, obtenue à la boussole, des azimuts des côtés qui aboutissent à chaque
angle. Mais, dans ce dernier cas, chaque azimut
s'obtient directement par rapport à la direction, considérée comme constante, de la méridienne magnétique, et par conséquent l'erreur sur l'azimut de
chaque côté est constamment renfermée dans la
limite de l'erreur qu'on peut commettre sur une
mesure individuelle; de sorte que, si, par exemple,
cette limite est de 5′, comme nous l'avons admis,
l'erreur sur l'azimut d'un côté quelconque ne dépas-
sera jamais 5′. Or l'azimut d'un côté, conclu des
mesures d'angle obtenues au graphomètre, dépend
essentiellement de la somme des déviations par lesquelles on arrive à ce côté, et par conséquent de la
somme des angles qui leur correspondent, et rien ne
limite, comme dans le cas de la boussole, l'erreur
dont cette dernière somme peut être affectée.

Cette différence entre les deux procédés a été souvent citée comme décisive en faveur de la boussole.
Mais il faut remarquer, en faveur du graphomètre,
qu'il fait connaître les angles avec beaucoup plus de
précision, et que l'accumulation des erreurs n'est
pas en proportion du nombre des angles, mais de la
racine quarrée de ce nombre; que, par conséquent,
si l'erreur à craindre du graphomètre sur une observation individuelle est de 1′, il faudra un polygone

de 25 côtés pour que l'accumulation à craindre puisse atteindre 5′ comme dans la boussole. Or la pratique a fait reconnaître qu'avec la boussole il n'est pas prudent de dépasser 25 côtés. Dans ces conditions l'avantage reste au graphomètre; il est vrai que, pour arriver à la construction graphique, on doit passer par quelques calculs, afin d'avoir des azimuts rapportés à une direction fixe, mais c'est là un bien léger inconvénient.

165. INFLUENCE DES ERREURS D'EXCENTRICITÉ DE LA BOUSSOLE. — Je terminerai ce que j'ai à dire ici, en ce qui concerne la boussole, par quelques remarques sur l'erreur qui peut résulter de ce que l'alidade de cet instrument est excentrique par rapport au pivot vertical autour duquel il tourne. Il est évident que si, au lieu de viser du point a le point b, on visait un point situé à droite de b, et qui en fût distant d'une quantité précisément égale à l'excentricité, de manière à rendre le rayon de visée parallèle à la ligne ab, on ne commettrait aucune erreur. D'après cela, pour avoir la véritable position du point b sur le papier, il faudrait s'écarter à droite de ab d'une quantité représentant, à l'échelle du plan, l'excentricité du rayon de visée. Or cette excentricité ne dépasse guère $0^m.10$ à $0^m.12$, de sorte que, si l'échelle est de 1/1000 ou plus petite, la correction ne sera guère que de 1/10 de millimètre, et conséquemment pourra être négligée. On la néglige, en effet, toutes les fois que l'échelle du plan n'est pas

assez grande pour que cette excentricité puisse être
rendue appréciable sur le papier. C'est là, au surplus, le principe de tous les levers que l'on traduit
uniquement en constructions graphiques. On traite
alors comme n'existant pas tout ce qui, à l'échelle
du plan, n'est pas appréciable.

166. Ce qui est vrai d'une erreur individuelle
d'excentricité pourrait ne plus l'être pour plusieurs
erreurs d'excentricité se combinant ensemble. Il est
donc de quelque intérêt de pouvoir se rendre compte
de l'influence que ces erreurs, combinées entre elles,
peuvent avoir sur la position de chaque sommet du
polygone. A cet effet, nous remarquerons que la correction à apporter à chaque sommet, relativement
au côté dont il est l'extrémité, est représentée à fort
peu près par une perpendiculaire à ce côté égale à
Fig. 125. l'excentricité. Si donc on construit * un polygone
$a'b'c'd'e'f'$, en prenant $a'b'$ égal et parallèle à la correction à faire subir au point b perpendiculairement
à ab, puis $b'c'$ égal et parallèle à la correction à faire
subir au point c perpendiculairement à bc, et ainsi
de suite, ce qui se réduit à faire les côtés $a'b'$, $b'c'$,
$c'd'$, etc., tous égaux à l'excentricité et dirigés perpendiculairement aux côtés ab, bc, cd, etc., et de
façon que chaque déplacement soit dirigé de gauche
à droite pour quelqu'un qui parcourrait le polygone
dans le sens $abcdef$, les diagonales $a'b'$, $a'd'$, $a'c'$, $a'f'$
représenteront en grandeur et en direction les déplacements totaux des points b,c,d,e,f.

Procédé de la planchette.

167. DESCRIPTION DE LA PLANCHETTE. — L'in-
strument qui porte le nom de *planchette**, et dont nous   * Fig. 126.
allons maintenant nous occuper, consiste essentiellement dans une petite table à dessiner pourvue d'un
pied qui permette de l'installer sur le terrain, de la
rendre horizontale et de la tourner dans tous les
sens. On fixe sur cette table le papier destiné au
dessin du plan.

La planchette est accompagnée d'un appareil visuel
appelé *alidade**, qui en est indépendant. Cet appareil   * Fig. 127
est formé assez ordinairement d'une règle aux extrémités de laquelle s'élèvent deux pinnules semblables à celles de l'alidade d'un graphomètre. Ces
pinnules sont disposées de telle façon, que le plan
de collimation ou de visée qu'elles déterminent passe
par l'un des bords de la règle et soit perpendiculaire
à la face inférieure de celle-ci. Il résulte de là que
si l'on pose l'alidade sur la planchette préalablement
rendue horizontale, et que l'on tire une droite le long
du bord qui sert de ligne de foi, cette droite sera la
projection du rayon de visée sur le papier.

On obtient évidemment le même résultat au moyen
d'une lunette ou d'un viseur*, comme cela a lieu pour   * Fig. 128.
le cercle géodésique et d'autres instruments. Dans ce
cas, la condition essentielle à remplir consiste en ce
que le plan décrit par l'axe visuel soit perpendicu-

laire à la face inférieure de la règle; ce qui exige que le pivot autour duquel tourne la lunette ou le viseur soit parallèle à cette face. Pour la planchette, il est d'usage que le montant qui porte la lunette ou le viseur soit d'une seule pièce. L'accomplissement de la condition qui vient d'être indiquée dépend donc entièrement du constructeur.

Le plan décrit par l'axe de visée pourrait faire un petit angle avec le bord de la règle qui représente la ligne de foi, sans qu'il en résultât aucune déformation dans la configuration du canevas; son orientation serait seulement un peu changée par cette erreur de collimation.

168. Avant d'expliquer comment on procède dans un lever à la planchette, entrons dans quelques détails sur la construction de cet instrument.

La table de la planchette est rectangulaire ou quarrée; dans ce dernier cas, on lui donne ordinairement de $0^m.50$ à $0^m.60$ de côté; son épaisseur est d'environ $0^m.015$. Devant être exposée à de fréquentes alternatives d'humidité et de chaleur qui tendront à la faire *voiler*, on la forme d'un solide encadrement de bois de chêne de $0^m.07$ à $0^m.08$ de largeur, rempli par du sapin, ou mieux par du peuplier. La construction, les assemblages, et en général toute la menuiserie de cette pièce, demandent de grands soins. On fixe le papier soit en le collant par les bords, soit en l'assujettissant simplement au moyen de quelques clous à tête plate. On peut aussi le tendre par le moyen

de deux rouleaux que quelques planchettes portent
sur deux côtés opposés, et que l'on arrête à l'aide de
vis de serrage ou d'encliquetages.

Le pied est ordinairement à trois branches doubles;
un pied à branches simples ne procurerait pas assez
de stabilité. Dans les anciennes planchettes, la table
porte par-dessous un genou à coquille dont la douille
est reçue sur une tige au haut du pied. Mais il arrive
souvent que ce genou n'est pas assez fort pour maintenir la table dans une position horizontale, et parfois
un coup de vent suffit pour la renverser sur le côté;
et alors l'alidade, jetée par terre, peut se trouver mise
hors de service.

Le genou dit de Cugnot, du nom de l'officier français qui l'a fait connaître, n'a pas le même inconvé-
nient. Ce genou*, qui rappelle par sa forme l'organe   * Fig. 129.
mécanique connu sous le nom de *joint universel*, est
formé de deux plateaux portant chacun deux oreilles:
l'un est le plateau même du pied, ses deux oreilles
s'élèvent par-dessus; le second plateau est placé au-
dessus du premier, mais il porte ses deux oreilles
au-dessous de lui. Ils sont liés entre eux par une
pièce de bois appelée la noix, que traversent deux
boulons perpendiculaires l'un à l'autre, quoique ne
se rencontrant pas. Les deux oreilles du pied reçoivent les extrémités de l'un des boulons; celles
du plateau supérieur reçoivent les extrémités du second boulon. Chaque boulon est pourvu d'un écrou
de serrage qui presse les deux oreilles qu'il traverse
contre les faces correspondantes de la noix. Quand

l'un des écrous est serré, tout mouvement autour du boulon correspondant devient impossible. On place la table de la planchette sur le plateau supérieur, où elle est retenue par un boulon central portant aussi un écrou de serrage. La stabilité que procure ce genou tient à la grandeur des faces des oreilles et de la noix qui sont mises en contact.

Depuis quelque temps on construit des planchettes dont le genou n'est autre chose que le cercle, à colonne supportée par trois vis à caler, du niveau dit de Lenoir, dont j'ai donné la description dans.mon *Traité du nivellement*.

* 167.

Relativement à l'alidade dont j'ai déjà parlé *, il me reste peu de chose à en dire. Il convient de donner à la règle qui lui sert de base de $0^m.45$ à $0^m.55$ de longueur, et de $0^m.045$ à $0^m.055$ de largeur, et de faire les pinnules bien hautes, afin de rendre possible la plongée des rayons de visée, quand le terrain est très-accidenté.

169. Les vérifications relatives à la planchette concernent exclusivement l'alidade; elles sont au nombre de deux. Il s'agit principalement de s'assurer que le plan décrit par l'axe de visée est perpendiculaire à la face inférieure de la règle. A cet effet, après

* 167.

avoir rendu horizontale la table de la planchette *, on vise un point d'un fil à plomb suspendu à quelques mètres de distance; puis, la règle de l'alidade étant maintenue immobile, on vise successivement des points plus hauts et plus bas; si ces points se trouvent aussi dans l'axe de visée, on est certain que cet axe décrit un plan vertical.

Il s'agit ensuite de reconnaître si ce plan passe par le bord de la règle qui sert de ligne de foi. Quand l'alidade est à pinnules, cela est très-facile au moyen de l'expérience précédente. On place, pour cela, le bord de la règle très-peu en porte à faux sur le bord de la table, et on vise la partie inférieure du fil à plomb. Ce fil doit paraître alors suivre le bord de la règle. Quand l'alidade est à viseur, en inclinant celui-ci on peut viser le bord même de la règle ; mais ce moyen ne réussirait pas avec une alidade à lunette, parce que le bord de la règle serait beaucoup trop rapproché de l'objectif. On peut alors se servir de la lunette pour placer deux fils à plomb dans le plan décrit par l'axe de visée, et se servir ensuite de ces deux fils pour vérifier si le bord de la règle est dans leur alignement.

Je dois faire observer que cette deuxième condition n'est pas, à beaucoup près, aussi essentielle que la première. Lorsqu'il existe un petit écart entre le bord de la règle et le plan décrit par l'axe de visée, l'erreur produite par cet écart est presque toujours insensible, comme les erreurs d'excentricité auxquelles on peut l'assimiler.

170. MISE EN STATION DE LA PLANCHETTE. — S'il ne s'agissait que de construire sur le papier de la planchette l'angle formé par deux droites, la mise en station de l'instrument se réduirait à l'installer au-

dessus du sommet de cet angle, à rendre la table bien
horizontale et à y déterminer le point situé dans la
verticale du même sommet. On viserait ensuite successivement avec l'alidade dans les directions des
deux côtés, en faisant passer chaque fois la ligne de
collimation par le point ainsi déterminé, et on trace-
rait, à l'aide de cette ligne, les deux côtés de l'angle
à construire.

Mais la mise en station de l'instrument n'est pas,
en général, aussi simple : pour la décrire d'une manière plus complète, nous supposerons qu'une portion
du canevas est déjà figurée sur le papier; que, par
exemple, on a construit, comme il a été expliqué ci-
dessus, l'angle *baf**; qu'ensuite on a déterminé le
point *b* en mesurant la distance entre les points *a* et *b*,
et prenant pour *ab* la partie de l'échelle qui représente
le résultat de cette mensuration, et qu'il s'agit de
construire le côté *bc*. Il faut alors mettre la planchette
en station au point *b* et faire en sorte

1° Que la table de la planchette soit horizontale,
c'est-à-dire *se mettre de niveau;*

2° Que le point *b* du plan se trouve dans la verticale
du point correspondant du terrain : c'est ce que l'on
appelle *se mettre au point;*

3° Que la droite *ba* du plan se trouve dans le plan
vertical qui est le lieu de la droite correspondante
du terrain : c'est ce que l'on appelle *s'orienter* ou
orienter la planchette.

L'accomplissement de ces trois conditions exige
diverses précautions que je vais faire connaître.

* Fig. 130.

171. Disons d'abord que l'on abrége singulièrement la mise en station de la planchette, en ayant soin de commencer par placer celle-ci dans une position telle que les trois conditions énoncées ci-dessus soient satisfaites autant que l'on peut en juger à la simple-vue. Pour réaliser cette première approximation, on tourne la table de manière à faire correspondre la ligne *ba* du plan à la ligne *ba* du terrain ; puis on enlève tout l'instrument, de manière à faire correspondre le point *b* du plan au point *b* du terrain ; de plus, en manœuvrant adroitement les pieds, on se met à peu près de niveau. Un opérateur habile n'a souvent besoin que de cette préparation pour arriver à mettre la planchette en station, mais c'est là le fait d'un opérateur consommé dans son art. Avant de parvenir à ce degré d'habileté, on aura besoin, pendant longtemps, des indications ci-après.

172. On achève de s'assurer que la table est de niveau en posant dessus, sans appuyer, une bille de pierre ou d'ivoire. La table est de niveau quand la bille reste immobile ; dans le cas contraire, elle roule et indique ainsi de quel côté la table penche, et par conséquent dans quel sens il faut en modifier la position. Il est évident qu'on peut remplacer cette bille par un niveau sphérique*. On peut aussi se servir d'un niveau ordinaire à bulle d'air, mais ce dernier est surtout avantageux quand le genou est à double mouvement*. On dispose ce niveau perpendiculairement à l'un des axes autour desquels la table de

* 12.

* 168.

la planchette peut être inclinée, et on appelle la bulle entre ses repères en faisant tourner cette table autour de cet axe; on en fait ensuite autant relativement à l'autre axe, et alors la table est de niveau ou très-près de l'être, et, si on veut n'avoir plus rien à désirer sous ce rapport, on recommence cette rectification.

Quand la table est montée sur base triangulaire, la rectification se fait comme pour l'instrument à tracer les grands alignements *.

173. Pour se mettre au point, on se sert d'un instrument appelé *fourchette*, qui ressemble à un compas d'épaisseur. On pose l'une des pointes sur le point du plan que l'on veut faire correspondre au point du sol qu'il représente. Un fil à plomb, attaché à la seconde branche, indique dans quel sens il faut déplacer la planchette pour obtenir l'accomplissement de cette condition.

On peut aussi opérer sans fourchette de la manière suivante. On rend très-apparent le point du plan, en y piquant une aiguille à laquelle on a fait une grosse tête avec de la cire à cacheter (nous verrons, dans un instant, que le lever à la planchette exige que l'on ait, pour un autre but, une ou plusieurs aiguilles ainsi préparées). Cela fait, on projette par la vision un fil à plomb sur le point du terrain, en s'éloignant un peu de la planchette. On cherche dans quelle direction il faut se placer pour que ce fil à plomb couvre à la fois le piquet et l'aiguille; cette direction est celle dans laquelle la planchette devra être transportée. En faisant la même épreuve dans une direction perpendiculaire à la première, on voit immédiatement quels sont l'importance et le sens du déplacement à opérer.

On construit des planchettes dont la table est susceptible de deux mouvements de translation indépendants du pied. Ces mouvements de translation sont destinés à faciliter la mise au point ; mais c'est là une complication qui a plus d'inconvénients que d'avantages. On se met au point en transportant la planchette, avec son pied, de la quantité nécessaire, sauf à revenir sur cette mise au point si elle laisse encore à désirer.

174. Il faut enfin s'orienter. Si l'on a eu soin de maintenir toujours la planchette à peu près orientée et de niveau pendant l'opération de la mise au point, il ne restera plus qu'à lui imprimer un petit mouvement de rotation. A cet effet, on placera l'alidade sur la table de la planchette, de manière que la ligne de foi ou de collimation coïncide avec la direction ba du plan qu'il s'agit de faire correspondre à la direction ba du terrain. L'alidade étant ainsi placée, on fera tourner la table peu à peu, jusqu'à ce que le point a du terrain se trouve dans la direction de l'axe visuel. La planchette sera alors en station, et on l'y fixera en serrant convenablement les écrous destinés à empêcher tout mouvement ultérieur.

Dans chacune de ces manœuvres, on est exposé à défaire en partie ce que l'on a déjà fait ; c'est pour-

27

quoi il est bon de ne pas chercher à obtenir en une
seule fois un résultat complet; il vaut mieux se résoudre à revenir sur chaque partie de l'opération,
en approchant du but, seulement dans la mesure
que permet l'état de l'instrument. On ne devra fixer
celui-ci sur le sol en appuyant fortement qu'après
avoir obtenu une mise au point satisfaisante.

175. Manière de se servir de la planchette
sur le terrain. — Pour expliquer la mise en station de la planchette, nous avons supposé* qu'il
s'agissait de lever avec cet instrument le polygone
$abcdefa$*; et que du point quelconque a du papier
qui s'était trouvé, sur la planchette mise de niveau,
correspondre au sommet a du polygone proposé, on
avait d'abord tracé avec l'alidade les lignes ab, af.
Ce n'est pas tout à fait ainsi que l'on procède. On
fixe préalablement le point de départ sur le papier,
et pour cela il faut prévoir de quelle manière le polygone s'y trouvera disposé, afin d'éviter que les
constructions ne sortent des limites du papier ou de
la planchette; on met celle-ci au point et on l'oriente
en conséquence.

Cela étant fait, on pique en a, sur la planchette,
une de ces aiguilles à grosse tête de cire à cacheter
dont nous avons déjà parlé*. On met la règle de
l'alidade en contact avec cette aiguille par son bord
servant de ligne de collimation, et on dirige l'axe de
visée sur le point b du terrain. On trace avec un
crayon, le long de ce bord de la règle, une droite

* 170.

* Fig. 112
et 130.

* 173.

qui représente la direction du côté *ab* du polygone.
On dirige ensuite l'alidade sur le point *f*, en la maintenant en contact avec l'aiguille, et on trace sur le
plan une droite *af* qui représente la direction du
côté *af* du polygone.

Nous avons supposé que l'on avait, en outre, mesuré la longueur du côté *ab*, et pris sur le plan la longueur *ab* pour représenter, à l'échelle, le résultat de
cette mensuration, et que, le point *b* étant ainsi déterminé, on se transportait au sommet *b* pour y mettre la
planchette en station, en l'orientant au moyen de la
direction *ba*; on a vu ci-dessus le détail de cette mise
en station. La planchette étant en station, et l'aiguille qui était en *a*, à la station précédente, se trou-
vant plantée au point *b*, on appuie légèrement contre
elle le bord de l'alidade, et on amène ensuite l'axe
de visée successivement sur les points *c*, *f* que l'on
peut apercevoir de *b*, et on trace au crayon les directions *bc*, *bf*. Enfin on mesure *bc*, et on marque sur
le plan le point *c*.

Cela étant fait, on se transporte au sommet *c*, on
y met la planchette en station en faisant correspondre
le point *c* du plan à ce sommet, et en s'orientant au
moyen de la direction *cb*. On appuie légèrement l'alidade contre l'aiguille que l'on a dû planter en *c*, on
vise successivement les points *d*, *e*, *f*, et on trace les
directions *cd*, *ce*, *cf*. On continue de la même manière,
jusqu'à ce que l'on soit parvenu en *f*. La planchette
mise en station à ce sommet, et orientée au moyen
de la direction *fe*, doit, si l'on a bien opéré, se

trouver orientée en même temps sur le point *a*, et la
longueur *fa*, prise sur l'échelle, représenter exactement la distance *fa* mesurée sur le terrain.

Il est évident qu'on obtient, par ce mode de lever,
les mêmes résultats que donnerait un graphomètre ou
un instrument du même genre. C'est pour mettre en
évidence cette identité que j'ai choisi la figure même
qui nous avait servi pour le graphomètre et pour les
goniomètres en général. Il n'y a de différence qu'en
ce que la planchette ne fait pas connaître l'amplitude
numérique des angles.

176. Pour opérer avec exactitude, il faut que la
planchette demeure immobile en chaque station. On
s'assure, avant de quitter la station, qu'aucun dérangement n'est survenu, en visant de nouveau l'un
des points sur lesquels on a dirigé des rayons de
visée, ou celui sur lequel on s'est orienté. Quand il
résulte de cette épreuve que la planchette n'a pas
conservé son orientation, on rectifie sa position et
on vise de nouveau tous les points précédemment
visés de la station.

Il est nécessaire que le trait du crayon passe juste
par le centre de l'aiguille contre laquelle on appuie
l'alidade pour la diriger. A cet effet, on choisit des aiguilles fines, et on s'habitue à les planter bien verticalement. Le crayon ne doit être ni tendre ni trop dur;
il doit permettre de tracer un trait bien net et délié.
Ce trait doit s'étendre dans la direction de la ligne
qu'on veut représenter, non-seulement à partir de

l'aiguille, mais encore un peu en deçà, de manière à pouvoir constater, l'aiguille une fois enlevée, qu'il passe, en effet, par l'axe de l'aiguille. Il est essentiel de conserver au crayon la même inclinaison sur le papier.

Il ne faut pas que les lignes qui doivent servir à orienter la planchette soient trop courtes. C'est pourquoi on aura soin de tracer une petite longueur de chacune de ces lignes, près des bords du papier, afin de pouvoir s'en servir pour retrouver exactement la direction de l'alidade, direction qu'une ligne trop courte ne ferait connaître qu'imparfaitement.

La multiplicité des lignes tracées sur le plan peut engendrer la confusion. Pour se reconnaître, on note, sur les bouts de lignes tracés près du bord du papier, les points visés auxquels elles appartiennent. Lorsqu'une ligne telle que bf^* doit en *Fig. 112. couper une autre af déjà tracée, on ne trace la nouvelle ligne que sur quelques millimètres de longueur en deçà et au delà de af. Les points que l'on peut considérer comme définitivement obtenus se marquent finement, mais avec vigueur, en posant dessus la pointe du crayon et tournant le crayon entre les doigts. De là résulte un point bien noir que l'on entoure d'un petit cercle. Enfin, au moyen de lettres de renvoi et d'annotations sur un carnet, on évite de surcharger le plan.

177. USAGE DU DÉCLINATOIRE POUR ORIENTER LA PLANCHETTE. — Dans un lever à la planchette, la

table de l'instrument est orientée de la même manière en chaque station. En d'autres termes, on dispose en chaque station cette table parallèlement à la
position qu'on lui avait donnée dans la station précédente ; car tel est évidemment le résultat qu'on
obtient par l'accomplissement des diverses prescrip-
tions relatives à la mise en station. Par conséquent,
l'aiguille d'une boussole que l'on placerait à demeure
sur la table de la planchette indiquerait toujours le
même azimut.

L'idée de se servir de l'aiguille aimantée pour
orienter la planchette devait donc nécessairement
s'offrir, et elle s'est offerte, en effet, aux arpenteurs.
Pour mettre cette idée en pratique, on a construit
des planchettes portant une boussole fixée à l'un des
côtés de la table. Mais le plus ordinairement la planchette n'est pas accompagnée de cet appendice, et
on y supplée par le *déclinatoire*. On appelle ainsi
*Fig. 131. une boîte rectangulaire * plus longue que large, dans
laquelle une aiguille aimantée est en équilibre sur un
pivot. A chacune des deux extrémités de cette boîte
est une portion de limbe d'environ 40° d'amplitude
angulaire, ayant le zéro de sa graduation dans l'axe
longitudinal de la boîte.

Pour se servir du déclinatoire, on le pose sur la
table de la planchette au commencement de l'opération, et on tourne cette table jusqu'à ce que les pointes
de l'aiguille correspondent aux deux zéros. Cela étant
fait, on passe un crayon tout autour de la boîte, de
manière à en dessiner exactement le contour sur le

papier destiné au plan. Lorsqu'on veut ensuite s'orienter dans une autre station, il suffit de placer le déclinatoire dans le même contour, après que la table a été rendue horizontale, et de faire pivoter celle-ci jusqu'à ce que l'aiguille corresponde aux deux zéros. Il est bien entendu que, pour que la mise en station soit complète, on doit s'être en même temps mis au point. Lorsqu'on opère avec le déclinatoire, il faut en chaque station, comme avec la planchette ordinaire, faire trois choses, savoir : se mettre de niveau, se mettre au point, et s'orienter ou *se décliner;* car tel est le terme usité dans cette circonstance pour désigner la partie de la mise en station par laquelle on oriente la planchette par la déclinaison de l'aiguille aimantée.

Ce mode d'orientation offre, dans divers cas, une ressource précieuse, mais il n'a pas la précision du mode ordinaire que j'ai précédemment décrit*. • 174.

178. Quant à la manière de procéder à un lever avec la planchette et le déclinatoire, ou, pour employer une expression en usage, avec la *planchette orientée,* nous supposerons, pour en donner une première idée, que l'on ait à lever le polygone *abcdefa**. • Fig. 132.
Après s'être mis en station au point *a* et avoir construit l'angle *fab,* puis le point *b* au moyen de la mesure du côté *ab,* on mesurera le côté suivant *bc;* on se mettra en station en *c,* en ayant soin de placer le point *b* du papier dans la verticale du point *c* du terrain, et avec l'alidade appuyée contre une aiguille

plantée en *b* au-dessus de ce dernier point, on visera
le point *b* du terrain ; on tracera enfin, le long de la
règle, une ligne droite, qui sera la direction du côté *bc*.
Au moyen de la longueur connue de *bc*, on déterminera sur le papier le point *c*. On mesurera *cd*, et on
ira se mettre en station au sommet *e*, en ayant soin
de placer le point *d* dans la verticale de *e*; on visera
le point *d* du terrain, etc.

On voit, par là, que l'orientation de la planchette
au moyen du déclinatoire aura permis de supprimer
les stations de deux en deux, puisqu'il n'aura pas été
nécessaire d'en faire en *b, d, f*.

Emploi de la stadia.

179. Dans ce qui précède, j'ai supposé tacitement
que les distances sont mesurées avec la chaîne. Or
il est possible de substituer à celle-ci la stadia, et
de disposer, à cet effet, l'appareil visuel de l'instrument dont on se sert, que ce soit le graphomètre, la
boussole ou la planchette. Il faut seulement que cet
appareil consiste dans une lunette, préparée suivant
ce qui est indiqué dans le livre I de cet ouvrage [*].

* 44 et suiv.

Les distances dont la stadia peut donner la mesure
sans trop d'incertitude sont assez restreintes, comme
on l'a vu [*], lorsqu'on se sert d'une lunette ordinaire
d'instrument. On devra donc restreindre en conséquence les longueurs des côtés et les diagonales des
polygones formant le canevas. Il ne sera guère pos-

* 55.

sible d'étendre la portée d'une telle lunette au delà de 100 mètres ou même de 80 mètres.

Avec une lunette à oculaire triple, on obtient une portée beaucoup plus grande *, qui peut aller à 400 mètres et même plus, et alors l'emploi de la stadia présente de notables avantages, par suite de la facilité qu'elle procure de mesurer les distances horizontales entre des points séparés par des obstacles qui s'opposeraient au passage de la chaîne. On pourra souvent, d'une seule station, lever tous les sommets d'un polygone.

* 56.

180. TACHÉOMÉTRIE DE M. PORRO. — Depuis quelques années, M. Porro s'est appliqué à construire des instruments spécialement destinés aux levers avec la stadia. Le mot *tachéométrie*, qui signifie *l'art de mesurer vite*, exprime que l'emploi de ces instruments procure une grande économie de temps. M. Porro s'est proposé de fournir le moyen de faire le nivellement en même temps que le plan du terrain. En conséquence, chacun de ces instruments se compose d'un cercle horizontal, d'un cercle vertical et d'une lunette centralement diastimométrique*. Il en a créé trois modèles, savoir le *théodolite olométrique*, le *tachéomètre* et le *graphomètre universel*, différents par leur grandeur, la portée de la lunette et la nature des accessoires qui concourent à la précision des observations.

* 51 et 52.

181. L'un de ces accessoires, qui joue un rôle im-

portant dans la tachéométrie, est un déclinatoire ou
orientateur magnétique perfectionné, formé d'une
aiguille aimantée suspendue horizontalement à un
fil de soie sans torsion dans un tube dont une des
extrémités est fermée par une glace dépolie sur
laquelle on a tracé une échelle de divisions verticales. A l'autre extrémité de ce tube est un verre
convergent ayant son foyer principal de seconde espèce presque sur la graduation. Il résulte de là que
les rayons partis de chaque point du plan sur lequel
l'échelle est tracée sortent presque parallèles entre
eux, et que conséquemment cette échelle peut être
vue distinctement avec une lunette mise au point
pour des objets éloignés. Or, dans les levers auxquels
les instruments dont nous parlons sont appropriés,
l'opérateur est pourvu précisément d'une lunette ainsi
préparée, qui lui sert à reconnaître au loin le terrain.
Il lui suffit donc de regarder, avec cette lunette, ce
qui se passe dans l'orientateur pour apercevoir très-
distinctement l'échelle.

Pour pouvoir observer ainsi la pointe de l'aiguille
voisine de l'échelle, il faudrait l'armer d'un appendice vertical analogue au fil d'une pinnule à fenêtre;
mais cela serait peu commode. Il est beaucoup plus
avantageux de recourir à l'un des artifices suivants,
qui ont été l'un et l'autre mis en œuvre par M. Porro.

Le premier de ces artifices est emprunté à Gauss.
Il consiste à fixer, d'une part à l'aiguille, perpendiculairement à sa longueur et à peu près en son milieu, une glace étamée sur la moitié de sa hauteur,

et d'autre part à la monture de l'instrument, près du
verre convergent et dans le prolongement de l'axe de
l'aiguille, un fil vertical très-fin. On a soin de faire
la distance de ce fil à la surface réfléchissante égale
à la distance de cette surface au plan sur lequel les
divisions de l'échelle sont tracées. Il résulte de cette
disposition que, quand l'instrument est à peu près
orienté, l'opérateur voit par réflexion dans la partie
étamée de la glace l'image du fil vertical, et voit en
même temps au travers de la partie non étamée les
divisions de l'échelle. Cela étant, il ne lui reste plus,
pour achever de s'orienter ou de se décliner, qu'à
faire tourner l'instrument de la petite quantité angulaire nécessaire pour que l'image du fil vertical corresponde au zéro ou point central de la graduation.

La seconde manière d'orienter l'instrument consiste à associer à l'aiguille un prisme trapézoïdal isocèle. On implante l'aiguille dans ce prisme, et le tout
est suspendu de manière que l'aiguille soit horizontale et que les arêtes du prisme soient en même temps
verticales ; il s'agit ici, bien entendu, de l'état de repos. On a vu, dans le livre I *, qu'un pareil prisme   * 81.
présente un plan de collimation. Tout est disposé
pour que ce plan soit perpendiculaire à l'axe magnétique de l'aiguille. Entre ce prisme et l'échelle est
un objectif coupé suivant un diamètre horizontal, et
dont la moitié supérieure est enlevée. Le foyer principal de seconde espèce de cet objectif est presque
dans le plan sur lequel les divisions de l'échelle sont
tracées, de sorte que les rayons partis de chaque point

de ce plan sont rendus presque parallèles entre eux par ce dernier objectif. Ils sont reçus dans une lunette à réticule, fixée à demeure en deçà du prisme. Ceux qui arrivent à cette lunette sans traverser le prisme donnent une image; ceux qui ont traversé le prisme donnent une autre image inverse de la première, et elles ne se correspondent parfaitement que quand le plan de collimation du prisme passe par le zéro de l'échelle. L'opérateur n'aura donc, pour s'orienter ou se décliner, qu'à faire pivoter l'instrument jusqu'à ce que ces deux images se correspondent exactement. Si l'on a soin de faire correspondre le réticule de la lunette au zéro de la graduation, le fil vertical pourra servir à faire planter au loin un jalon. En dirigeant ensuite sur ce jalon la grande lunette de l'instrument, on a la relation qui existe entre l'orientation de l'aiguille et la direction du rayon qui marque le zéro du cercle horizontal.

Il est aisé de reconnaître que, dans ces deux constructions de l'orientateur magnétique, l'écart observé est double de l'écart que l'on observerait directement à la pointe de l'aiguille, ce qui double la précision de l'orientation.

Les diverses causes d'erreur qui, dans la boussole et dans le déclinatoire ordinaire, proviennent de l'imperfection du mode de suspension de l'aiguille sont évitées dans ces orientateurs; mais il reste la variation diurne, qui subsiste tout entière, et il faut trouver un moyen de l'éviter aussi, ou de la mesurer, pour en tenir compte dans la construction du plan.

M. Porro fait remarquer, à ce sujet, que l'on peut établir un observateur à poste fixe, qui serait chargé de suivre, pendant la durée des opérations, la marche de l'aiguille, dans un appareil convenablement disposé, et de noter, à des intervalles fixes, par exemple d'heure en heure, ou de quart d'heure en quart d'heure, les diverses directions qu'elle prendrait, tandis que l'opérateur indiquerait de son côté, sur un carnet, l'heure à laquelle il se mettrait en station. Cette méthode, qui rappelle les observations simultanées que l'on fait pour la mesure des hauteurs avec le baromètre, est fondée sur la supposition que, dans un rayon de quelques kilomètres, la variation diurne de l'aiguille aimantée est sensiblement la même à chaque instant; et cette supposition paraît être suffisamment exacte.

Ajoutons que, si l'on n'était pas en mesure d'établir ainsi un observateur à poste fixe, on pourrait obtenir une orientation sensiblement constante, en opérant seulement entre 11 heures du matin et 3 h. 1/2 du soir. On réserverait les premières et les dernières heures de la journée, soit à la construction du plan, soit aux travaux préparatoires qu'exige un lever.

182. Pour donner une idée complète de la manière dont l'orientateur magnétique est disposé dans les instruments de M. Porro, il faudrait des figures détaillées que cet ouvrage ne comporte pas. Je me bornerai à indiquer ici d'une manière générale l'un des types de ces instruments *. L'orientateur, que je

Fig. 133.

suppose être un orientateur à réflexion , traverse une boîte de métal placée sur le pivot central, et supportant elle-même le système du cercle horizontal , du cercle vertical et de la lunette. Une vis de rappel sert à imprimer à cette boîte et à tout le système supérieur un mouvement lent, et une vis de serrage permet d'arrêter tout mouvement. L'instrument repose, par trois vis à caler, sur un plateau que l'on place sur la tablette d'un pied à trois branches doubles, et que l'on y fixe par un boulon ; c'est autour de ce dernier que se font les mouvements prompts destinés à préparer l'orientation.

Les personnes qui désireraient plus de détails devront consulter l'ouvrage même de M. Porro (1).

183. Dans la tachéométrie, telle que M. Porro la conçoit, il n'y a pas d'opération spéciale pour le lever des détails, comme nous l'avons admis en décrivant les levers avec les instruments ordinaires, tels que la chaîne, le graphomètre, la boussole, la planchette. On lève tout en une seule fois, ce qui est sans doute plus prompt, mais ne permet peut-être pas de voir aussi bien les détails. Après s'être mis en station et avoir orienté l'instrument, et noté l'heure si on est en mesure de tenir compte de la variation diurne de l'aiguille aimantée*, on fait porter successivement la

• 181.

(1) *La Tachéométrie ou l'art de lever les plans et de faire les nivellements avec beaucoup de précision et une économie de temps considérable,* nouvelle édition, in-8. Paris, 1858.

stadia sur tous les points qu'il s'agit de lever et de niveler. On note les hauteurs de mire marquées par les fils qui déterminent l'angle diastimométrique, les azimuts, les angles verticaux. De là on déduit la distance horizontale de chaque point au centre de la station, sa hauteur au-dessus du centre de l'instrument, ce qui détermine complétement sa position. On a ainsi tout ce qui est nécessaire pour construire le plan du terrain autour du point de station, dans un rayon égal à la portée de la lunette.

Il ne reste donc plus qu'à relier entre eux ces plans partiels pour n'avoir qu'un seul plan. On peut, et ce sera même le mode le plus sûr, rattacher les stations les unes aux autres, comme on l'a indiqué pour les levers de canevas au graphomètre, c'est-à-dire en levant de chaque station le point qui servira à la station suivante, et en s'orientant en ce point sur celui que l'on vient de quitter, de manière à pouvoir construire une espèce de ligne de canevas dont les côtés serviront à orienter les plans partiels levés autour des sommets ; cela exige quelques soins spéciaux pour la mise en station de l'instrument.

M. Porro indique un autre moyen, qui consiste à rattacher une station à la suivante par deux points levés de chacune d'elles. Il est, en effet, bien clair que, si on décalque sur la feuille de plan de la première station la feuille de plan de la seconde, en ayant soin de faire coïncider les deux points communs, les deux stations se trouveront placées convenablement l'une par rapport à l'autre.

184. Ce que l'on peut ainsi obtenir par superposition des points communs à deux stations s'obtient aussi par le calcul. En effet*, *o* étant le centre de la première station et *o'* celui de la seconde, si *a*, *b* sont les points qu'elles ont de communs, c'est-à-dire que l'on ait mesuré de la première les distances *oa*, *ob*, et de la seconde les distances *o'a*, *o'b*, ainsi que les azimuts des directions suivant lesquelles ces quatre distances ont été mesurées, on connaîtra, dans le triangle *aob*, l'angle *aob* et les deux côtés qui le comprennent. En résolvant ce triangle*, on connaîtra les angles *oab*, *abo*, ainsi que la longueur de *ab* et l'azimut de ce dernier côté. Par suite, on connaîtra les trois côtés du triangle *o'ab*, et, en le résolvant*, on aura les angles *o'ab*, *o'ba*, et conséquemment les azimuts des directions *ao'*, *bo'*, ce qui fournira le moyen de déterminer les coordonnées de la station *o'*.

* Fig. 134.

* Intr. 57 et 58.

* Intr. 61.

Si en cette station on a déterminé les azimuts des directions *o'a*, *o'b* par rapport à la direction fournie par l'orientateur magnétique, le résultat du calcul sera une vérification de l'orientation fournie en ce point par cet orientateur.

Il est facile de voir que, si on considère *à priori* cette orientation comme suffisamment exacte, il ne sera pas nécessaire de calculer la longueur et l'azimut du côté *ab* commun aux deux triangles ; car alors l'azimut de *ao'* au point *a* s'obtiendra évidemment en retranchant 180° de l'azimut de *o'a* au point *o'*, et par conséquent on se trouvera, pour aller de *o* en *o'* par le chemin *oao'*, dans le cas d'une portion de polygone levé à la boussole. On pourra même aller de *o* en *o'* par le chemin *obo'*.

Je ne m'arrêterai pas davantage à ces emplois de la stadia; les résultats que l'on en obtient ne sont satisfaisants, sous le rapport de l'exactitude, qu'autant que l'on dispose d'instruments pourvus de lunettes assez puissantes, et malheureusement ces instruments sont restés jusqu'à présent d'un prix assez élevé.

M. Porro a construit, pour abréger les calculs, des échelles logarithmiques, tant pour les sinus, cosinus, tangentes, etc., des angles, que pour les nombres. Mais pour tous les objets, de même que pour les autres détails qu'on pourrait désirer, j'engage de nouveau le lecteur à consulter l'ouvrage même de M. Porro[*].

[* 182.]

IV. — *Problèmes qui se présentent dans les levers de plans.*

Manières diverses de rattacher un lever aux points d'une triangulation.

185. En parlant des trois ordres d'opérations que peut comprendre un lever de plan[*], j'ai fait connaître que pour assurer l'exactitude d'un lever de canevas, quand le plan doit embrasser une grande étendue de terrain, il faut recourir à une triangulation. Les résultats d'une telle opération sont des points que l'on

[* 126.]

place sur la feuille qui doit recevoir le dessin du plan.
Or il est rarement possible de pouvoir mettre en station, en ces points, l'instrument dont on se sert pour
le lever du canevas. De là résulte la nécessité de faire
connaître avec quelque détail les moyens d'y rattacher les lignes et les points de ce lever.

186. Premier cas : deux points sont donnés

SUR LE PLAN. — Supposons que l'on opère avec un
goniomètre, et que r, s^x soient les deux points donnés.
On choisira deux points a, b tels, que de chacun d'eux
on puisse voir les trois autres. On se mettra en station en a et on mesurera les angles ras, sab. On se
mettra ensuite en station au point b, et on mesurera
de même, ou on construira les angles sbr, rba. On
attribuera au côté ab une longueur arbitraire, par
exemple de 1000 mètres, et on aura ainsi tous les
éléments d'une figure semblable au quadrilatère $absr$.
En résolvant* les triangles rab, sab, on connaîtra les
longueurs des côtés ar, as, br, bs, et en résolvant
ensuite* l'un ou l'autre des triangles ars, brs, on
obtiendra pour le côté rs une certaine longueur.
Cette longueur ne sera pas, en général, égale à la
longueur connue de rs, puisqu'on sera parti d'une
supposition arbitraire sur la longueur du côté ab.
Pour avoir la vraie longueur de ce dernier, il suffira
de faire une proportion. Tout se réduira, en définitive, à multiplier la longueur connue de rs par le
rapport de la longueur arbitraire attribuée à ab à
la fausse longueur trouvée pour rs. On aura pa-

* Fig. 135.

* Intr. 54.

* Int. 57 et 58.

reillement les vraies longueurs des côtés ra, rb, sa, sb en les multipliant par le même rapport. Le calcul aura, en outre, fait connaître les angles que font les mêmes côtés avec rs, ce qui permettra de rapporter sur le plan les points a et b.

187. La solution de ce problème avec la planchette se réduit à construire sur une droite $a'b'$ de longueur arbitraire* une figure $a'b'r's'$ semblable à $abrs$, mais à une échelle plus grande ou plus petite que celle du plan, et dans laquelle les points r', s' ne coïncideront pas, en général, avec les points donnés r, s; de sorte qu'elle sera mal placée par rapport à rs; et à construire ensuite sur rs une figure $abrs$ semblable à $a'b'r's'$.

* Fig. 136.

188. Lorsqu'on peut se placer quelque part en a* sur la ligne qui joint les deux repères (ce qui exige un tâtonnement dont on a déjà vu un exemple*), la solution qui précède se simplifie. On choisit un second point b, on mesure ou on construit en stationnant au point a l'un des angles bar, bas, et en stationnant ensuite en b, et admettant pour ab une longueur arbitraire ab', on mesure ou on construit les angles abr, abs. Il résulte de là deux triangles $ab'r'$, $ab's'$ ayant pour bases ar', as'. La somme $r's'$ de celles-ci diffère en général de la longueur connue de rs; on modifie ce résultat en le multipliant, comme ci-dessus, par le rapport de rs à $r's'$, ou bien

* Fig. 137.

* 21.

en construisant sur rs un triangle brs semblable au triangle obtenu.

* Fig. 138.

189. SECOND CAS : TROIS POINTS SONT DONNÉS SUR LE PLAN. — Supposons que r, s, t^* soient les trois points donnés, et que l'on veuille placer sur le plan un point a d'où l'on aperçoit ces trois points. Si on mesure les angles ras, sat, tar, et que l'on construise sur les droites rs, st, tr trois segments de cercles, capables respectivement de ces angles, ces segments se couperont au point cherché.

Cette solution peut se traduire en calcul. A cet effet nous déterminerons d'abord les angles rsa, rta. On connaît la somme de ces deux angles, car elle est égale à $360°-(srt+ras+rat)$. Si donc nous parvenons à calculer la différence de ces mêmes angles, nous obtiendrons la grandeur de l'un en ajoutant la demi-différence à la demi-somme, et celle de l'autre en retranchant la même demi-différence de la même demi-somme.

Les triangles ras, rat donnent respectivement $ar = \dfrac{rs \cdot \sin rsa}{\sin ras}$, $ar = \dfrac{rt \cdot \sin rta}{\sin rat}$. En égalant entre elles ces deux valeurs de ar, il vient une nouvelle égalité, de laquelle on tire $\dfrac{\sin rsa}{\sin rta} = \dfrac{rt \cdot \sin ras}{rs \cdot \sin rat}$, d'où $\dfrac{\sin rsa + \sin rta}{\sin rsa - \sin rta} = \dfrac{rt \cdot \sin ras + rs \cdot \sin rat}{rt \cdot \sin ras - rs \cdot \sin rat}$. Or nous savons que la somme de deux sinus est à la différence des mêmes sinus comme la tangente de la demi-somme des angles qui leur correspondent est à la tangente de la demi-différence des mêmes angles*.   * Intr. 106 [34].

On a donc
$$\frac{\tan \frac{1}{2}(rsa+rta)}{\tan \frac{1}{2}(rsa-rta)} = \frac{rt . \sin ras + rs . \sin rat}{rt . \sin ras - rt . \sin rat}.$$

On tirera de cette dernière égalité la valeur de $\tan \frac{1}{2}(rsa - rta)$ et on achèvera de résoudre la question comme il a été expliqué ci-dessus. Connaissant ainsi les angles rsa, rta, on pourra résoudre l'un ou l'autre des deux triangles ars, art, ce qui fournira le moyen de déterminer complétement la position du point a.

190. Lorsqu'on opère avec la planchette, le moyen le plus simple de résoudre la question consiste à fixer sur le plan une feuille de papier transparent*. D'un   * Fig. 139.
point quelconque a', on trace les droites $a'r'$, $a's'$, $a't'$ dirigées respectivement sur les points r, s, t du terrain. On détache ensuite ce papier, et on cherche à faire en sorte que ces trois droites passent respectivement par les points r, s, t donnés sur le plan, et on y arrive en tâtonnant un peu. Cela étant fait, on pique le point a' sur le plan, et le point ainsi obtenu est le point demandé. On peut le marquer sur le terrain par un piquet, lequel se trouve ainsi rattaché aux points r, s, t. On peut arriver au même résultat en tournant peu à peu la planchette et faisant un certain nombre d'essais, dont la pratique apprend à abréger le nombre.

Il est bon d'avertir que ces solutions ne réussissent pas quand le point où l'on se met en station est sur la circonférence de cercle qui passe par les trois points r, s, t. On devra donc se tenir éloigné de cette circonférence*.

* 192.

191. Lorsqu'on peut trouver à se mettre en station dans la ligne que déterminent deux des points donnés*, l'opération devient plus simple. Supposons que s, t soient les deux points du terrain, et que la ligne st du plan se trouve placée exactement dans leur direction, ce que l'on obtient par tâtonnement. Il suffit alors de mener, par le point r du plan, une droite passant par le point r du terrain, et de la prolonger jusqu'à rs, pour obtenir sur la planchette le point de station a. On peut ensuite projeter le point sur le terrain, le marquer en y plantant un piquet, etc.

* Fig. 140.

Cette solution et les précédentes pourront, dans certaines circonstances, n'être pas applicables. Souvent on ne trouvera pas de lieu d'où l'on puisse voir les trois points du terrain marqués sur le plan; mais alors on aura la ressource des solutions relatives au premier cas, savoir celui où deux points seulement sont donnés.

192. La solution ci-dessus du cas de trois points donnés, qui consiste à se servir d'un papier transparent, suppose que, quand les droites qui joignent ces points r, s, t, donnés sur le papier, à leurs ho-

mologues existant sur le terrain, se coupent en un
même point, c'est que les droites rs,st,tr sont nécessairement parallèles à leurs homologues. Il ne
sera pas inutile de montrer qu'en effet il en est ainsi.

Pour cela nous allons chercher à quelle condition
il pourrait en être autrement. Supposons, s'il est
possible, que les droites Rr,Ss,Tt^*, qui joignent les
points R,S,T du terrain à leurs homologues r,s,t
donnés sur le papier, concourent en un même point a,
et que les droites rs,st,tr ne soient pas respectivement parallèles à RS,ST,TR. On pourra alors mener,
par le point s, des droites st',sr' parallèles à ST,RS
et ne coïncidant pas avec st, sr. On aura ainsi deux
triangles stt',srr' semblables entre eux ; car, par hypothèse, on a $st : sr :: ST : SR$; on a d'autre part,
à cause des parallèles, $st' : sr' :: ST : SR$, et, par
conséquent, l'angle $rst = r'st'$ et $rsr' = tst'$. On aura
donc l'angle $rr's = tt's$, ou, ce qui revient au
même, $rr' s = 180° — at's$, ou encore $rr's + at's$ ou
$ar's + at's = 180°$, ce qui est la condition pour que la
supposition que nous avons faite puisse se réaliser.
Cette condition signifie que le quadrilatère $ar's't'$ ou
aRST doit être inscriptible dans un cercle.

On reconnaît, en effet, très-facilement que, si le
point a est sur la circonférence de cercle passant
par les trois points R,S,T, tous les triangles tels
que rst, qui ont en s un angle égal et ont leurs sommets r,t sur les droites aR,aT, sont semblables entre
eux. On voit par là quel est le sens de la restriction
que j'ai faite ci-dessus* pour le cas où le point a se

* Fig. 141.

* 190.

trouverait sur la circonférence de cercle passant par
les points R,S,T.

193. Comme dernier exemple des opérations par
lesquelles on se rattache aux points d'une triangulation, je supposerai que l'on ne puisse trouver deux
stations d'où l'on puisse observer à la fois les

* Fig. 142. points *r*,*s**, et que, par nécessité, on doive se contenter d'une station *a*, d'où l'on peut voir *r* et non *s*,
et d'une autre station *b*, d'où l'on peut voir *a*,*r*,*s*.
On construira d'abord ou on résoudra le triangle *rab*
au moyen de la base *ab* et des angles adjacents *rab*,
rba, puis on construira ou on mesurera l'angle *rbs*.
Cela étant fait, on connaîtra dans le triangle *rab*,
construit ou résolu, le côté *br*, qui appartient aussi
au triangle *brs*. On connaîtra d'ailleurs dans ce dernier le côté *rs* et l'angle opposé *rbs*, données qui

* Intr. 55. suffisent pour construire ou résoudre ce triangle*.

Orientation des plans.

194. On dit qu'un plan est *orienté* quand la di-
* 14. rection de la méridienne du lieu* y est indiquée. La
connaissance exacte de cette direction, ou plutôt de
la manière dont les lieux sont disposés par rapport à
elle, facilite beaucoup l'intelligence d'un grand
nombre de questions que les plans servent à résoudre.

Toute triangulation complète comprend nécessairement la détermination des azimuts des côtés des triangles par rapport à la méridienne. Par conséquent, si un plan est rattaché à deux ou à un plus grand nombre de points d'une triangulation, tels que l'on connaisse les azimuts des droites qui les joignent, l'orientation de ce plan se réduira à construire une parallèle à la méridienne d'après l'un de ces azimuts, ce qui n'offre aucune difficulté.

Mais, quand cette donnée manque, on est obligé de recourir à divers procédés que je vais indiquer et entre lesquels on pourra choisir selon le cas. Les déterminations que fournissent ces procédés ne sont pas aussi précises que celle qu'on déduit de l'orientation des côtés des triangles d'une triangulation, mais elles suffisent dans un grand nombre de circonstances, parce que, le plus souvent, le but qu'on se propose est d'obtenir un à peu près qui puisse faciliter l'intelligence de la disposition des lieux relativement aux quatre points cardinaux, et qu'il n'est pas besoin, pour cela, d'une extrême précision.

195. Orientation au moyen de l'aiguille aimantée. — Le moyen le plus simple et le plus prompt d'orienter un plan est d'y indiquer la direction de l'aiguille aimantée, et d'y tracer ensuite une droite qui fasse, avec cette direction, un angle égal à la déclinaison de l'aiguille pour l'époque du lever. Lorsqu'on se sert de la boussole pour exécuter ce lever, il suffit alors de tracer sur le plan une droite qui fasse, avec la direction de l'aiguille aimantée ou

avec les parallèles qui représentent cette direction,
un angle égal à la déclinaison ; mais celle-ci ne peut
guère être connue avec une suffisante précision
qu'à Paris et dans les villes où il existe des observatoires. Sa valeur, au midi de la France, n'est pas la
même qu'au nord ; elle n'est pas non plus la même
à l'est qu'à l'ouest ; les différences peuvent s'élever
à 3 ou 4 degrés. Les indications de l'aiguille aimantée ne fournissent donc qu'un moyen bien imparfait d'orienter les plans.

196. ORIENTATION PAR L'ÉTOILE POLAIRE. —
Cette étoile paraît décrire, autour du pôle nord, un
très-petit cercle, dont le demi-diamètre sous-tend un
angle de 1°26′. Le mouvement rotatif de cette étoile
autour du pôle est extrêmement lent, à raison de la
petitesse de ce cercle. Pour la faire servir à déterminer la direction de la méridienne du lieu, on opère
pendant la nuit, au moment de son passage dans le
méridien. Ce moment suit d'environ vingt minutes
celui où la polaire et une autre étoile, ε de la Grande
Ourse*, se trouvent ensemble dans un même plan
vertical. D'après cela, on suspend à quelque objet
élevé, par exemple à une branche d'arbre, un fil à
plomb, et on se place à quelque distance de ce fil, de
manière qu'il occulte l'une ou l'autre étoile. On se
déplace successivement de manière à satisfaire toujours à cette condition. Il arrive un moment où les
deux étoiles sont occultées en même temps par le fil.
Si, à ce moment, on suspend, dans le lieu où l'on se

* Fig. 143.

trouve, un autre fil à plomb pour marquer le lieu de l'œil, l'alignement indiqué par les deux fils sera à fort peu près la direction de la méridienne. Il faut avoir préparé d'avance le support auquel on doit suspendre le second fil. Ce support peut consister dans une règle horizontale soutenue par deux piquets à la hauteur convenable.

On peut prendre pour appui la planchette préalablement mise en station et viser au travers d'un trou oculaire percé dans un disque soutenu au-dessus de la table par une tige montée sur un pied convenable. On déplace peu à peu ce pied sur la table, jusqu'à ce que les deux étoiles soient occultées en même temps par le fil. On fait ensuite planter des jalons dans la direction que déterminent le centre du disque et le fil. Pour cela, il faut faire porter une lumière dans cette direction; on juge qu'elle s'y trouve quand le fil se projette sur la lumière.

Je dois faire observer que l'heure du passage, soit supérieur, soit inférieur, de chaque étoile au méridien change d'un jour à l'autre. Au commencement de la nuit que l'on a choisie pour opérer, et dès que les étoiles sont visibles, on examine la position de la ligne qui doit devenir verticale, et, comme cette ligne tourne autour du pôle en 24 heures à quelques minutes près, on juge, d'après sa position, de . l'heure à laquelle aura lieu le passage au méridien.

Il y a d'autres manières de faire servir l'étoile polaire à la détermination de la méridienne; mais les indications qui précèdent sont suffisantes.

197. MÉTHODE DES HAUTEURS CORRESPONDANTES DU SOLEIL. — Le Soleil fournit un moyen assez commode de déterminer la direction de la méridienne. Chaque jour, cet astre paraît décrire, autour de l'axe polaire, un cercle dont nous apercevons une partie entre son lever est son coucher. D'après cela, quand l'horizon du lieu est très-découvert, il suffit, pour obtenir la direction de la méridienne, de planter un premier jalon, d'aligner sur celui-ci et sur le Soleil levant un second jalon, puis un troisième sur le premier et sur le Soleil couchant. La droite qui divise en deux portions égales l'angle formé par les deux droites ainsi obtenues est la méridienne à peu de chose près. Pour la déterminer plus exactement, on combine la seconde droite, celle qui répond au coucher du Soleil, avec une nouvelle droite que l'on fait correspondre, le lendemain, avec le lever de cet astre, et on répète la même construction, ce qui donne un résultat un peu différent. On prend pour méridienne la ligne qui partage en deux parties égales l'angle des deux bissectrices.

Mais cette méthode n'est pas applicable partout; c'est pourquoi on lui substitue celle que voici, qui la comprend d'ailleurs comme cas particulier :

Sur un terrain horizontal bien dressé ou sur la table d'une planchette on élève un style*, c'est-à-dire une sorte de jalon ou une tige portant, à son sommet, un disque circulaire percé, en son centre, d'un petit trou rond. La plaque dont ce disque est formé doit être disposée de façon à se présenter bien per-

Fig. 144.

pendiculairement au rayon solaire de midi. Par le moyen d'un fil à plomb, on projette le centre du trou sur le sol ou sur la planchette, et, du point ainsi obtenu comme centre, on décrit plusieurs arcs concentriques du côté où le style doit porter ombre. Tout étant ainsi préparé, on suit, quelques heures avant midi, la marche du rayon qui passe par le trou, et on marque, sur chacun des arcs, le point où se projette le centre de ce trou. On fait la même chose après l'heure de midi, ce qui fournit d'autres points sur les mêmes arcs. Les rayons qui aboutissent aux deux points marqués sur un même arc forment un angle dont la bissectrice est à fort peu près la direction de la méridienne. On a ainsi autant de déterminations différentes que d'arcs, et, si l'on a bien opéré, toutes ces déterminations doivent donner la même méridienne.

Cette méthode n'est susceptible que d'une médiocre exactitude, à moins qu'on ne l'applique dans des conditions spéciales et avec des précautions que ne comportent pas les opérations dont nous parlons ici. Le moment où elle donne les résultats les plus exacts est celui du solstice d'hiver.

V. — *Observations générales sur les levers.*

198. Ordre a suivre par les commençants. — On ne doit aller sur le terrain qu'après s'être rendu familiers, par des exercices suffisamment pro-

longés, les instruments dont on doit se servir. Après
cette préparation, il convient de s'appliquer d'abord
à bien lever de petits plans, comprenant des groupes
de détails peu étendus et susceptibles d'être rattachés à un petit nombre de lignes de canevas. Quoique les levers à la chaîne seule ne puissent être considérés que comme un expédient, il est bon de
les pratiquer au début, tant à cause du parti qu'on
peut en tirer dans l'occasion que pour se faire des
idées justes sur la valeur comparative de ce mode
de lever et des autres modes. On passera ensuite au
lever avec l'instrument pour lequel on se sera déterminé.

Dans les commencements, on construira à une
grande échelle, 1/100 ou 1/200, les plans que l'on
aura levés. On passera successivement à des échelles
plus petites, à mesure qu'on embrassera des étendues plus considérables de terrain.

199. Les circonstances que peut présenter un
lever de plan sont extrêmement variées. Le terrain
peut être uni, ondulé ou accidenté; nu, couvert de
cultures, de forêts, d'habitations; marécageux, coupé
par des haies et d'autres clôtures, des chemins creux,
des canaux, des levées, des cours d'eau. L'objet du
lever peut être l'intérieur d'un édifice (1) avec ses

(1) Lorsqu'on exécute un lever dans l'intérieur d'un bâtiment, on plante les jalons dans des seaux, pots ou vases à
fleurs remplis de terre ou de sable.

cours, ses jardins et autres dépendances, ou bien encore un lieu souterrain, comme des caves, des galeries de conduite d'eau ou d'égouts, de carrière, de mines, des tunnels de canaux et de chemins de fer, etc. (1). Il faut apprendre à se tirer d'affaire dans tous les cas. Les méthodes qui font l'objet du présent livre, et auxquelles il convient d'ajouter celles qui se rapportent au lever des sections horizontales du terrain* (2), ont toute la généralité désirable. Toutefois les diverses manières de déterminer sur le plan la position d'un point ne sont pas toujours également bonnes; il convient d'apporter beaucoup de discernement dans leur emploi.

*117.

200. On remarquera que toutes ces manières de déterminer la position d'un point ou de rattacher ce point à d'autres déjà marqués sur le plan se réduisent principalement à deux. Ou bien on détermine le point c^*, qu'il s'agit de rattacher à d'autres, tels que a, b, en menant de l'un de ces derniers, par exemple de b, la droite bc, construisant ensuite l'angle abc, et prenant enfin sur le côté bc de cet angle une longueur représentant, à l'échelle du plan, la distance bc mesurée directement sur le terrain. Cette méthode, lorsqu'on l'applique de proche

* Fig. 145.

(1) Les levers souterrains ou nocturnes exigent que l'on éclaire l'instrument et les jalons ou signaux et les fils à plomb employés dans l'opération.

(2) Ces méthodes sont décrites dans mon *Traité du nivellement*.

en proche à une suite de points reliés entre eux consécutivement par des lignes droites dont on mesure les longueurs ainsi que les angles qu'elles forment en chaque point, constitue ce que l'on appelle la *méthode de cheminement*. Elle présente l'inconvénient d'exiger que l'on fasse un plus grand nombre de stations et que l'on mesure tous les côtés du polygone à lever; mais elle procure, mieux que toute autre, la vue des détails du terrain et les moyens de lever ces détails très-exactement. C'est pourquoi on l'emploie de préférence.

Ou bien on détermine le point *c*, qu'il s'agit de rattacher aux points *a*, *b* en construisant les angles *abc,bac*, et alors le point *c* est donné par l'*intersection* des deux droites *ac,bc*, sans que l'on ait besoin de mesurer ni l'une ni l'autre. Ici l'exactitude du résultat obtenu dépend non-seulement du degré de précision avec lequel on a mesuré ou construit chacun des angles *abc,bac*, mais encore de la forme même du triangle *abc*. On comprend très-bien que,

Fig. 146.　si ce triangle est très-allongé*, la moindre erreur commise sur la direction du côté *bc* influera sur la position du point *c* beaucoup plus que si, ce point restant le même, on le déterminait d'une station *b'* plus éloignée du point *a* que *b*. Pour que l'intersection soit bonne, il faut que l'angle *c* ne soit ni inférieur à 30° ni supérieur à 150°. On peut déterminer, par cette *méthode des intersections*, tous les points d'un canevas; mais on se borne généralement à l'appliquer aux points inaccessibles.

A ces deux méthodes principales il faut ajouter la méthode de *recoupement*. Celle-ci s'entend de la détermination, dans le lever à la planchette, du point où l'on stationne au moyen de la droite passant par un point du terrain et par le point homologue du plan. J'ai donné un exemple de ce genre de détermination*.

* 191.

Enfin on distingue encore la méthode de *rayonnement*, à laquelle donne lieu l'emploi de la stadia. Cette dénomination s'explique d'elle-même.

Le procédé qui consiste à déterminer un point par ses distances à deux autres n'a pas reçu de dénomination particulière, bien qu'on l'emploie quelquefois.

204. CHOIX DES SIGNAUX. — Tant que l'on ne sera pas rompu aux difficultés du terrain, on devra signaler chaque point de quelque importance par un jalon, une perche ou une balise, selon le cas. Lorsqu'on commence, on est toujours tenté de se servir de points que l'on a remarqués et qu'on croit pouvoir reconnaître au besoin; mais, à moins que ces points ne soient en fort petit nombre, la mémoire est bientôt en défaut et on ne les reconnaît plus.

On doit, en outre, planter un fort piquet en chaque point important pour pouvoir le retrouver, et le rattacher à quelques objets voisins ou à certains alignements par quelques opérations géométriques de détail qu'on a soin de figurer sur le carnet de l'opération.

202. Exactitude que l'on doit rechercher dans un lever de plan. — Plusieurs auteurs ont indiqué des méthodes pour rectifier le résultat des opérations quand il s'y manifeste quelque discordance. Rien n'est plus dangereux que ces méthodes ; à moins que l'échelle d'un plan ne soit très-grande, les erreurs que l'on peut tolérer sont renfermées dans l'épaisseur du trait. Par conséquent, les polygones doivent toujours se fermer exactement lorsqu'on opère avec soin. Si le contraire arrive, c'est que l'on a mal opéré ; souvent cela vient de ce que le dessin du plan a été mal fait. Si l'on veut se rendre vraiment habile, il faut s'imposer la condition de ne jamais rien admettre d'imparfait et proscrire absolument ces pratiques arbitraires par lesquelles certains opérateurs donnent le *coup de pouce*.

Si, pressé par le temps, on ne peut pas recommencer, il vaut mille fois mieux garder le plan avec ses imperfections que de lui donner l'apparence d'une exactitude qu'en réalité il n'a pas.

203. Vérification des plans. — La vérification d'un plan est chose facile pour quiconque connaît à fond l'art des levers. Quand le plan est produit seul et que l'on ne sait rien de la méthode qui a été employée pour le construire, on se transporte sur les lieux et on lève quelques groupes de détails ; en comparant ce travail à celui qu'il s'agit de vérifier, on reconnaît sans peine si, sous ce rapport, il est bien fait. Après quoi on s'assure que les différents groupes sont bien placés les uns par rapport aux autres. Souvent cette partie de la vérification se réduit à tracer sur le terrain une longue ligne droite, et à y rattacher un certain nombre de points. Dans tous les cas on s'attache de préférence aux parties du lever où l'on sait, par expérience, que des erreurs ont pu être commises plus facilement.

204. IL EST BON DE DESSINER SUR LE TERRAIN. — Lorsqu'on lève avec la planchette, le plan se construit sur le terrain en vue des lieux, et alors il est impossible de rien oublier d'essentiel. Avec les autres instruments, tels que le graphomètre et la boussole, il existe deux méthodes qui ont, l'une et l'autre, leurs partisans. Ou bien on fait un croquis visuel que l'on transforme en un dessin régulier, lorsqu'on est rentré chez soi, au moyen des mesures de longueur et d'angles que l'on a eu soin d'enregistrer. Ou bien on a sur le terrain une petite table à dessiner, que l'on ajuste sur un pied de planchette construit avec la légèreté que permet cette destination, et on construit le plan à la vue des lieux.

Cette seconde méthode augmente un peu le matériel de l'opérateur, mais elle lui offre l'avantage précieux de n'avoir point à retourner sur le terrain, toute erreur ou omission étant reconnue sur-le-champ et corrigée sans désemparer.

Lorsqu'on fait un croquis, il arrive souvent que, en construisant ensuite le plan, on est arrêté par quelque difficulté que l'on ne pourrait se hasarder à lever dans le cabinet sans s'exposer à commettre une erreur, et alors il faut retourner sur les lieux.

Ce n'est pas à dire, toutefois, que l'usage des croquis doive être proscrit. Dans beaucoup de cas, on ne peut faire qu'un croquis, parce qu'on est pris au dépourvu. Il faut donc se rendre familier ce mode de lever, mais construire le plan à la vue des lieux toutes les fois qu'on le peut.

VI. — *Indications sommaires sur le dessin des plans.*

205. SOINS QU'EXIGE LE DESSIN DES PLANS. — Le dessin d'un plan, soit qu'on le fasse sur les lieux ou dans le cabinet, doit être d'abord tracé au crayon *avec la même correction qu'un plan mis à l'encre.* C'est là une habitude à prendre dont on se félicitera bientôt. Il faut, pour cela, n'employer que des crayons de bonne qualité, plutôt durs que tendres, mais pas assez durs pour rayer le papier. Il faut les tenir toujours convenablement taillés. Ce que je vais dire s'applique également au travail du crayon et à celui de la plume.

L'égalité et la finesse du trait sont la première condition à observer. Il est essentiel, pour le bon aspect du dessin, que chaque trait soit bien purement tracé, avec la même grosseur et la même intensité dans toute son étendue. Ce n'est pas à dire, cependant, que l'on ne puisse en faire varier la grosseur suivant les objets que l'on figure sur le plan.

On est, au contraire, dans l'usage d'accuser par un trait plus gros le contour des objets sur lesquels on veut appeler l'attention, tels que les édifices et les constructions en maçonnerie. Tels sont encore les canaux, digues, grandes routes, etc. Tout le reste s'exprime par un trait fin. On peut arriver, par des expériences répétées, à se faire trois et même quatre grosseurs de trait et à maintenir chacune d'elles constante pour chaque nature d'objet.

On emploie, pour la mise au trait, l'encre de Chine bien noire et récemment préparée. Pour le contour des eaux, on se sert d'indigo et quelquefois de bleu de Prusse.

On ajoute à l'effet des plans par un travail qui tient du dessin d'imitation, et par lequel on exprime les traits les plus caractéristiques de la localité. C'est ainsi, notamment, que l'on figure les masses aquatiques par une teinte bleue ou bien par des lignes parallèles aux rives, d'autant plus espacées entre elles et plus fines qu'elles sont plus loin du bord.

De petites hachures à l'encre noire servent à figurer les arrachements et autres accidents qu'on remarque dans les talus, le long des cours d'eau, des ravins, des chemins, etc. Les sables et graviers et les prairies s'expriment par un pointillé que l'on exécute à la plume de manière à représenter dans son ensemble une teinte grise et plate, au moyen de petits points ronds dans le premier cas, et, dans le second cas, par un pointillé imitant des touffes

d'herbe. Les marais, les arbres, les parcs et jardins
sont également susceptibles d'être figurés par un
travail à la plume. Dans la plupart des services publics, on remplace ce travail par des teintes conven-
tionnelles; cependant elles ne peuvent pas le suppléer complétement, et il faut toujours recourir plus
ou moins à la plume.

Quand le relief du sol est figuré sur le plan au
moyen de sections horizontales équidistantes, on
couvre quelquefois de hachures régulières les intervalles que ces sections laissent entre elles. Ces hachures sont dirigées suivant les lignes de plus grande
pente, et par conséquent sont normales aux sections. On les fait d'autant plus serrées qu'elles sont
moins longues. Leur espacement est en grande partie
une affaire de goût, bien que l'on ait tenté de le
soumettre à des règles précises. La plus simple et la
plus pratique de toutes ces règles consiste à tracer
d'abord des hachures divisant l'intervalle entre deux
sections horizontales consécutives en quadrilatères
approchant le plus possible de la forme d'un quarré;
à intercaler ensuite une hachure à égale distance des
deux premières, si elles sont égales, et un peu plus
près de la plus courte que de la plus longue dans le
cas contraire; à intercaler enfin deux nouvelles hachures.

Lorsqu'un plan est ainsi couvert de hachures, on
ne met pas à l'encre les sections horizontales. Elles
sont alors suffisamment indiquées par l'interruption
des hachures elles-mêmes.

L'emploi de ces hachures peut produire de beaux effets ; mais c'est, dans beaucoup de cas, aux dépens de la clarté du plan. Il vaut mieux se borner à dessiner finement les sections horizontales, sauf à mieux faire sentir les mouvements du terrain par des teintes appliquées au pinceau, que l'on fait d'autant plus intenses que le terrain est plus incliné.

Je ne saurais entrer dans tous les détails du dessin des plans. Avec les indications qui précèdent, quelques leçons d'un maître et en s'attachant à travailler d'après de bons modèles, on ne pourra manquer d'arriver à des résultats satisfaisants.

206. Écritures des plans. — Quelque talent que l'on ait apporté à l'exécution matérielle d'un plan, ce sera presque peine perdue si les écritures laissent à désirer. Je ne saurais donc trop recommander de s'exercer à écrire la lettre moulée et à la disposer de la manière la plus convenable. La grandeur de ces écritures doit être proportionnée à l'importance des objets que l'on veut désigner. Il faut les placer, autant que possible, parallèlement aux côtés horizontaux du plan et dans des endroits tellement choisis, qu'elles ne couvrent aucun détail de quelque importance.

Quant au genre de ces écritures, je n'ai pas d'autre recommandation à faire que celle d'imiter les modèles que fournit la typographie. On place le titre soit à l'intérieur du cadre, soit à l'extérieur. Quant à l'échelle, on la place généralement dans le bas de la feuille, soit à l'intérieur, soit à l'extérieur. Pour tous les détails, les services publics ont des règles auxquelles il faut se conformer.

207. MINUTES, COPIES ET RÉDUCTIONS DES PLANS. — On appelle *minute* d'un plan la feuille sur laquelle ce plan a été dessiné pour la première fois, soit sur le terrain, soit dans le cabinet. Cette feuille-minute doit être conservée avec le plus grand soin; il est essentiel d'y laisser subsister les lignes de canevas et toutes les lignes de construction, cotes numériques et annotations qui peuvent faciliter les vérifications. Il convient de tracer ces lignes avec une encre de couleur, par exemple au carmin, ou tout au moins, si l'on juge à propos d'employer l'encre de Chine, de les pointiller de manière qu'on ne puisse les confondre avec les limites de cultures ou de parcelles.

La manière la plus simple et la plus usitée d'obtenir la *copie* ou ce que l'on appelle l'*expédition* d'un plan consiste à piquer la minute sur la feuille destinée à cette copie. On trace ensuite au crayon les lignes du plan, en se guidant sur les petits trous faits par le piquoir, puis on passe à l'encre. L'emploi du piquoir, si simple qu'il puisse paraître, exige beaucoup d'attention et d'ordre; il s'agit de ne faire ni trop ni trop peu de trous. Les dessinateurs habiles parviennent à passer à l'encre immédiatement après le piquage, sans avoir besoin de faire aucun trait de crayon. On obtient ainsi des copies remarquables par leur aspect de fraîcheur et de propreté.

La méthode du piquage peut s'appliquer à plusieurs feuilles à la fois : il faut avoir soin de tenir le piquoir bien perpendiculaire au papier.

On obtient aussi la copie d'un plan en le *calquant* à la vitre. Ce procédé n'a besoin d'aucune explication. Il est moins exact que le piquage. En effet, il faut commencer par copier le plan sur papier transparent, et c'est au moyen de cette première copie appliquée sur la vitre qu'on obtient le calque sur papier plus solide. Cette double opération augmente les chances d'erreur.

Au lieu de calquer à la vitre, on peut se servir d'une feuille de papier dont un côté est frotté de mine de plomb. On met ce côté en contact avec la feuille destinée à recevoir le calque ; on étend sur la feuille frottée de mine de plomb le calque sur papier transparent et, avec une pointe mousse dite *à calquer*, on en suit tous les traits en appuyant assez fortement pour que la mine de plomb adhère au papier qui doit recevoir le calque.

Enfin la *réduction* d'un plan, c'est-à-dire son expédition à une échelle moindre que celle de l'original, s'obtient en traçant sur celui-ci un réseau de lignes parallèles et perpendiculaires entre elles, de manière à former des quarrés égaux entre eux. On trace de même un réseau de lignes formant semblablement des quarrés sur la feuille qui doit recevoir la copie réduite, mais de telle sorte que les côtés de ces quarrés soient, à ceux des quarrés tracés sur l'original, dans le rapport prescrit. On dessine ensuite à vue, dans chacun des nouveaux quarrés, ce que renferme le quarré correspondant.

On peut éviter de tracer le quadrillage de l'original en appliquant dessus soit un réseau de fils tendus sur un cadre, soit un verre où ce quadrillage est gravé.

Enfin on peut opérer cette réduction mécaniquement avec un pantographe. Je n'entrerai dans aucun détail sur cette application, qui, pour fournir un résultat satisfaisant, exige l'emploi d'un instrument dispendieux.

Mais la meilleure manière de réduire un plan, lorsqu'il est le résultat de mesures numériques relevées sur le terrain, est de le construire à nouveau à l'échelle demandée.

On agrandit quelquefois les plans au lieu de les réduire, mais alors leurs défauts sont exagérés, et cette pratique est généralement considérée comme mauvaise.

LIVRE TROISIÈME.

L'ARPENTAGE.

208. Tout GÉOMÈTRE-ARPENTEUR doit nécessairement savoir 1° lever un plan ; 2° mesurer la superficie ou contenance des parcelles de terrain, quelle qu'en soit la configuration ; 3° partager les propriétés dans les proportions et suivant les conditions qu'exigent les divers cas ; 4° enfin effectuer sur le terrain toutes les opérations que requiert la solution des problèmes de géométrie pratique. Telles sont les diverses parties de l'art du géomètre-arpenteur, et certes ce n'est pas trop pour les délicates fonctions d'expert et d'arbitre qu'il est souvent appelé à remplir.

Cependant l'ARPENTAGE (1) proprement dit aurait

(1) Le mot *arpent*, dont on a fait *arpentage*, est la désignation commune de plusieurs anciennes mesures dont on faisait usage en France avant l'établissement du système métrique. On doit regretter que les mots *arpentage, arpenteur*, qui rappellent ces anciennes mesures, n'aient pas cessé en même temps qu'elles d'être usités ; mais il aurait peut-être été difficile de leur trouver des équivalents convenables.

pour unique objet, suivant plusieurs auteurs, la mesure de l'étendue des terres, et ce serait à tort que l'on y aurait compris l'art de lever les plans. Sans m'arrêter à la question de savoir si cette opinion est fondée, je comprendrai ici sous le nom d'*arpentage* tout ce que j'ai dit ci-dessus que doit savoir le géomètre-arpenteur, à l'exception du lever des plans qui est décrit dans le livre précédent. Je commencerai par exposer, comme faisant suite à ce livre, les opérations géométriques qui se font sur le terrain, et notamment celles qui n'exigent que des instruments très-simples, tels que la chaîne et l'équerre. Je m'occuperai ensuite des questions relatives à la mesure et au partage des terres.

I. *Opérations géométriques sur le terrain.*

Problème I. — Trouver l'intersection des deux droites AB, CD.

209. Première solution. — Si vous opérez seul, *Fig. 147.* plantez un jalon en L*, en vous alignant sur les points ou jalons A, B; plantez de même un jalon en M, sur le prolongement de CD; puis, en vous alignant sur MD, parcourez la droite CD et examinez de temps à autre si vous êtes dans la direction LB. Par ce tâtonnement, vous déterminerez sans peine le point cherché I, et vous pourrez le marquer par un piquet ou le signaler par un jalon.

210. DEUXIÈME SOLUTION. — Si vous avez un aide, faites-le marcher dans la direction CD, un jalon à la main, et placez-vous quelque part en L, sur le prolongement de AB; vous déterminerez ainsi très-promptement le point I.

Problème II. — D'un point P donné sur une droite AB, élever une perpendiculaire à cette droite.

211. PREMIÈRE SOLUTION. — Ayez un cordeau sur lequel vous marquerez trois longueurs consécutives qui soient entre elles comme les nombres 3, 5, 4, et formez un triangle AMP avec ces trois longueurs. Ce triangle sera rectangle, car le quarré 25 du côté 5 sera égal à la somme des quarrés 9 et 16 des deux côtés 3 et 4. Il suffira donc, pour résoudre le problème, de placer l'angle droit en P*, et l'un des côtés de cet angle, par exemple AP, dans la droite donnée. Le second côté MP de l'angle droit coïncidera avec la perpendiculaire demandée.

* Fig. 148.

Avec 48 chaînons du décamètre on peut former un tel triangle, dont les côtés comprendront respectivement 12, 20 et 16 chaînons.

212. DEUXIÈME SOLUTION. — D'un point C* pris à volonté, portez, dans une direction quelconque, la longueur CD=CP. Sur le prolongement de DP prenez PC′=PC et faites PD′=PD; prolongez DC′, et sur ce prolongement prenez C′M=C′D′; la droite MP sera la perpendiculaire demandée.

* Fig. 149.

En effet, le triangle CDP est isocèle par construction, puisque CD=CP. Les triangles C'D'P, CDP sont égaux entre eux comme ayant un angle égal compris entre côtés égaux chacun à chacun, savoir, C'P=CP, D'P=DP. Donc, dans le triangle C'D'P, on a C'D'=C'P, et, comme on a pris C'M=C'D', le point P est sur la demi-circonférence décrite sur MD' comme diamètre; donc l'angle MPD' est droit, ce qu'il fallait faire.

Problème III. — D'un point C donné sur une droite AB mener une droite qui fasse avec AB un angle donné.

213. Première solution. — Si l'angle donné est formé par deux droites données GH, GK, on déterminera leur point d'intersection G*. On prendra sur un des côtés une longueur arbitraire GH, et par le point H on élèvera une perpendiculaire à ce côté jusqu'à la rencontre en K du second côté. Cela fait, on prendra sur AB, dans la direction convenable, CP= GH; on élèvera en P une perpendiculaire sur AB, et on prendra sur cette perpendiculaire PM= HK. La droite MC sera la droite demandée.

* Fig. 150.

214. Deuxième solution. — Quand l'angle MCP est assigné numériquement, c'est-à-dire en degrés, minutes et secondes, on prend à volonté le point P; on élève en ce point une perpendiculaire sur AB, et on mesure CP. Dans le triangle MPC on connaît donc le côté CP de l'angle droit et l'angle adjacent MCP.

L'autre côté MP de l'angle droit est donné par la formule* MP=CP tang MCP. On obtient donc immédiatement MP au moyen de la table des tangentes.

* Intr. 51.

Problème IV. — D'un point M donné hors d'une droite AB abaisser
une perpendiculaire MP sur cette droite.

215. PREMIÈRE SOLUTION. — Menez à volonté
l'oblique MC*, puis une droite CM' telle que l'angle
M'CB=MCB; prenez CM'=CM; la droite MM' sera
la perpendiculaire demandée. Son point d'intersection P avec AB sera facile à déterminer.

* Fig. 151.

216. DEUXIÈME SOLUTION. — Menez à volonté
deux obliques MC, MD*, et mesurez-les ainsi que CD;
puis prenez $CP = \dfrac{\overline{MC}^2 + \overline{MD}^2 - \overline{CD}^2}{2CD}$, le point P sera le
pied de la perpendiculaire cherchée.

* Fig. 152.

En effet, on a dans le triangle MCD la relation
$\overline{CD}^2 = \overline{MC}^2 + \overline{MD}^2 - 2CP.CD$, bien connue en géométrie élémentaire, et cette relation donne l'expres-
sion ci-dessus de CP.

REMARQUE. — Quand l'angle M est obtus, la
somme $\overline{MC}^2 + \overline{MD}^2$ est plus grande que $\overline{CD}^2$, et alors
on a $CP = \dfrac{\overline{CD}^2 - (\overline{MC}^2 + \overline{MD}^2)}{2CD}$.

Problème V. — D'un point donné C mener une droite parallèle à une
droite donnée AB.

217. PREMIÈRE SOLUTION. — Joignez AC*; prenez

* Fig. 153
et 154.

sur cette droite à volonté un point I; puis, sur la droite BI, portez $ID = \dfrac{IB.IC}{AI}$; CD sera la parallèle demandée.

En effet, il résulte de cette construction que l'on a ID : IG : : IB : IA, ce qui ne peut avoir lieu qu'autant que les droites AB, CD sont parallèles entre elles.

* Fig. 155.   **218. Deuxième solution.** — Du point donné C* abaissez sur AB la perpendiculaire CP, et, d'un point Q pris sur AB, élevez sur cette droite une perpendiculaire QD égale à PC; la droite CD sera la parallèle demandée.

Cela est évident.

* Fig. 156.   **219. Troisième solution.** — Joignez AC* et par le point C menez une droite CD telle, que l'angle ECD compris entre le prolongement CE de AC et CD soit égal à l'angle EAB. La droite CD sera la parallèle demandée.

Cela est évident.

Problème VI. — Tracer la bissectrice d'un angle donné.

* Fig. 157.   **220. Première solution.** — Soit BAC* l'angle donné. S'il n'est pas trop ouvert, prenez sur ses côtés AD=AE, AF=AG, et joignez EF, GD. Le point d'intersection I de ces deux droites sera évidemment sur la bissectrice de l'angle BAC; donc la droite AI sera cette bissectrice.

221. Deuxième solution. — Quand l'angle BAC est trop ouvert pour que l'intersection I soit bien nettement déterminée, on prolonge le côté BA* et on trace la bissectrice AI de l'angle supplémentaire CAB', puis on élève sur AI une perpendiculaire AM, qui est la bissectrice de l'angle donné BAC.

* Fig. 158.

Problème VII. — Tracer un arc de cercle tangent à deux droites données.

222. Observation. Ce problème se présente fréquemment dans le tracé des voies de communication. Les alignements formés par les directions des diverses parties de l'axe ou ligne magistrale sont d'abord marqués sur le sol par le moyen de piquets ou de balises que l'on plante aux points d'intersection de ces alignements. Il est nécessaire de raccorder ces derniers entre eux par des lignes courbes, qui sont le plus ordinairement des arcs de cercle, et il s'agit d'en déterminer sur le terrain un assez grand nombre de points pour qu'on puisse les tracer ensuite d'une manière continue.

Ceci étant compris, supposons que A et B* soient les points extrêmes du raccordement à tracer, que R soit le rayon de la circonférence à laquelle il appartient, et T la longueur commune des tangentes TA, TB comptée à partir du point d'intersection T des deux alignements. Les longueurs R et T sont liées l'une à l'autre par la relation très-simple $T = R \tan g D$, dans laquelle D représente la moitié de

* Fig. 159.

30

la déviation CTA, par laquelle on passe d'un alignement à l'autre. Cette relation est donnée par le

* Intr. 51. triangle rectangle OAT*. On a également R=TcotD;
de sorte que, si l'angle D est connu, on détermine
par ces deux formules T quand R est donné, et R
quand au contraire c'est T qui est donné.

223. PREMIÈRE SOLUTION. — Concevons que l'on
bissecte chacun des angles AOT, BOT, et que M,N
soient les points de rencontre des bissectrices avec
les tangentes AT,BT. La droite MN sera tangente
au raccordement demandé en un point S, situé sur
OT, et on aura $AM=BN=R \tan g \frac{1}{2}D$. En bissectant
les quatre nouveaux angles AOM,MOS,SON,NOB,
on aura de nouvelles tangentes, telles que PQ,
qui intercepteront sur les premières des longueurs
égales à $R \tan g \frac{1}{4}D$. En continuant le même mode de
subdivision, qui n'exige que très-peu de calculs et
qu'un petit nombre de constructions très-simples, on
aura très-rapidement un nombre de tangentes et de
points suffisant pour le tracé de la courbe.

224. DEUXIÈME SOLUTION. — Si l'on préfère
construire les points de la courbe par abscisses et
ordonnées, il conviendra de prendre pour axe des

* Fig. 160. abscisses de chacun des demi-arcs AS,BS* la tangente
correspondante. On aura pour l'abscisse BP et l'ordonnée NP du point N, c'est-à-dire pour l'angle V,

$BP = R\sin V$, $NP = 2R\sin^2\frac{1}{2}V^*$. Ces deux formules se * Intr. 102
[21].
prêtent bien à l'emploi des logarithmes et les calculs marchent rapidement. Il ne s'agit que de faire varier V par intervalles suffisamment petits pour obtenir autant de points qu'on voudra, lesquels seront uniformément répartis sur la courbe, si tous ces intervalles sont égaux entre eux.

II. *Opérations dans lesquelles le terrain présente des obstacles.*

Problème VIII. — Mesurer une droite AB entre les extrémités de laquelle il existe un obstacle qui empêche de la parcourir.

225. PREMIÈRE SOLUTION. — Choisissez un troisième point C^* tel que l'on puisse mesurer AC, BC * Fig. 161. et prolonger ces droites; sur leurs prolongements portez $CA' = CA, CB' = CB$. On aura $A'B' = AB$.

Car les deux triangles A'B'C, ABC seront égaux comme ayant un angle égal C compris entre côtés égaux chacun à chacun.

On obtiendrait également une solution en prenant $CA'' = CA, CB'' = CB$ et mesurant $A''B''$.

226. DEUXIÈME SOLUTION. — Ayant choisi, comme ci-dessus, un troisième point C^*, on fait l'angle * Fig. 162. $BCA' = BCA^*$ et $CA' = CA$. On a $A'B = AB$. * 213 et 214.

Car les deux triangles ABC, A'BC sont égaux par construction comme ayant l'angle C égal et compris entre côtés égaux chacun à chacun, savoir $CA'=CA$, et CB qui est commun aux deux triangles ; donc on a $A'B=AB$.

Quand l'angle C est droit, CA' est le prolongement de AC.

227. Troisième solution. — Quand l'obstacle entre A et B n'intercepte pas la vue, on peut élever Fig. 163. sur AB^* deux perpendiculaires AA', BB' égales entre elles, et on a $A'B'=AB$.

Car la figure $ABB'A'$ ainsi construite est un rectangle et, par conséquent, les côtés parallèles $A'B'$, AB sont égaux entre eux.

Fig. 164. **228. Quatrième solution.** — On fait l'angle C^* droit, et on a $AB=\sqrt{\overline{AC}^2+\overline{BC}^2}$.

Si A et B étaient en même temps demi-droits, on aurait $AB=AC\sqrt{2}$ ou $BC\sqrt{2}$.

Intr. 60. On a généralement, quel que soit l'angle C^*,

$$AB=\sqrt{\overline{AC}^2+\overline{BC}^2-2AC.BC\cos C}.$$

229. Cinquième solution. — Si de A on peut Fig. 165. voir B^*, élevez en A une perpendiculaire AC sur AB, et, ayant choisi le point C de manière que l'on puisse mesurer CA et CB, vous aurez $AB=\sqrt{\overline{CB}^2-\overline{CA}^2}=$ $\sqrt{(CB+CA)(CB-CA)}$.

Lorsqu'on peut faire B demi-droit, on a $AB=CA$, 129. ce que l'on a déjà remarqué[*].

230. Sixième solution. — Ayant mesuré les distances CA, CB à un troisième point C*, prenez sur ces droites les deux nouveaux points A′, B′ tels, que vous puissiez mesurer A′B′. Vous aurez

* Fig. 166.

$$AB = \sqrt{\overline{AC}^2 + \overline{BC}^2 - \frac{AC.BC}{A'C.B'C}(\overline{A'C}^2 + \overline{B'C}^2 - \overline{A'B'}^2)}.$$

Cette expression de AB n'est pas autre chose que celle qui a été rappelée ci-dessus, à la fin de la quatrième solution. On y a seulement remplacé cos C par sa valeur déduite du triangle A′B′C.

Problème IX. — Mesurer une droite AB qui n'est accessible qu'à l'une de ses extrémités A.

231. Première solution. — Prenez un point F* sur le prolongement de BA, un point E hors de cette droite, et un troisième point D sur FE; soit C le point d'intersection des droites AE, BD, vous aurez

* Fig. 167.

$$AB = \frac{AF.AC.DE}{CE.DF - AC.DE}.$$

Quand le point D est le milieu de EF, on a

$$AB = \frac{AF.AC}{CE - AC}.$$

Quand le point C est le milieu de AE, ce que l'on peut obtenir en traçant d'abord AE, on a

$$AB = \frac{AF.DE}{DF - DE}.$$

Cette solution dépend d'une théorie qui n'a point encore pris place dans la géométrie élémentaire.

Cette théorie a pour objet les propriétés des segments formés dans les figures géométriques par les *transversales*. Relativement au triangle ABC, la droite FDE est une transversale qui coupe en F,D,E les directions des trois côtés AB,BC,CA. De même BCD est une transversale relativement au triangle AEF. Le principe fondamental, dont je ne donnerai pas ici la démonstration, consiste en ce que *le produit des trois segments qui n'ont pas d'extrémité commune est égal au produit des trois autres*. Ainsi, dans le cas où AEF est le triangle et BCD la transversale, *les segments*, c'est à-dire *les distances des sommets du triangle à la transversale* sont AC,CE,ED,DF,FB,BA. On aura donc l'égalité AC.ED.FB=CE.DF.BA. d'où AB : BF : : AC.DE : CE.DF, et, par suite, AB : BF—AB ou AF : : AC.DE : CE.DF—AC.DE. Cette dernière proportion donne la formule générale ci-dessus.

˙ Fig. 168.   **232. DEUXIÈME SOLUTION.** — Menez AC* perpendiculaire à AB; marquez à volonté le point C sur cette droite AC, et portez sur son prolongement CA′=AC; menez A′B′ perpendiculaire sur AA′, et ˙ 209 et 210. déterminez* le point B′ où cette perpendiculaire est rencontrée par l'alignement BC; vous aurez A′B′=AB.

Cela est assez évident pour n'avoir pas besoin de démonstration.

Problème X. — Mesurer une droite AB entièrement inaccessible.

233. PREMIÈRE SOLUTION.—Choisissez un point C* d'où l'on puisse voir les points A et B de AB, déterminez, au moyen du problème précédent, les longueurs CA, CB, et vous pourrez appliquer ces longueurs suivant ce qui est indiqué dans plusieurs solutions du problème VIII.

On peut s'y prendre de la manière suivante pour obtenir ces longueurs CA, CB : marquez sur les prolongements de AC, BC deux points S, T, puis un troisième point R dans l'alignement ST ; marquez ensuite les intersections P, Q de RB, RA avec AS, BT, vous aurez, en considérant le triangle CTS et les deux transversales RQA, RPB,

* Fig. 169.

$$CA = \frac{CS.CQ.RT}{RS.QT - CQ.RT}, \quad CB = \frac{CT.CP.RS}{PS.RT - CP.RS},$$

expressions qui se simplifient quand le point R est le milieu de ST.

234. DEUXIÈME SOLUTION. — Sur une droite CD* abaissez des points A et B les perpendiculaires AC, BD ; marquez le milieu M de cette droite CD, et déterminez* les intersections A′, B′ des alignements AC, BM d'une part, BD, AM d'autre part ; vous aurez A′B′=AB.

* Fig. 170.

* 209 et 210.

C'est une double application de la deuxième solution du problème IX.

235. TROISIÈME SOLUTION. — Si l'on peut trouver
Fig. 171. trois points M,N,P tels que les angles ALB,AMB, ANB soient égaux, on aura, en appelant l,m,n les côtés du triangle LMN respectivement opposés aux angles L,M,N, p la demi-somme de ces trois côtés, et V la valeur commune des trois angles,

$$AB = \frac{lmn \sin V}{2\sqrt{p(p-l)(p-m)(p-n)}}.$$

287. On verra plus loin quelle est l'origine de cette formule.

Problème XI. — Prolonger une droite AB au delà d'un obstacle.

236. PREMIÈRE SOLUTION. — Tracez, en partant
Fig. 172. du point A, une ligne droite telle que Ad dans une direction exempte d'obstacles; menez Bb, qui fasse avec Ad l'angle quelconque BbA; faites en c et en d les angles CcA,DdA égaux à BbA, et prenez $cC = \frac{Bb \cdot Ac}{Ab}$,

$dD = \frac{Bb \cdot Ad}{Ab}$, les points C,D appartiendront au prolongement demandé.

Si l'on s'arrange de manière à avoir Bb=Ab, on a Cc=Ac,Dd=Ad.

Tout cela est assez évident pour n'avoir pas besoin de démonstration.

237. Deuxième solution. — Ayant tracé une droite quelconque ad^* dans une direction qui ne présente pas d'obstacle, menez les parallèles Aa, Bb, Cc, Dd, et faites

* Fig. 173.

$$Cc = \frac{Bb.ac - Aa.bc}{ab}, \quad Dd = \frac{Bb.ad - Aa.bd}{ab};$$

les points C, D seront sur le prolongement demandé.

Pour reconnaitre que ces expressions sont exactes, il suffit de remarquer que, si l'on mène du point A une parallèle Ad' à ad, les longueurs Bb', Cc', Dd' devront être respectivement proportionnelles à Ab', Ac', Ad'. Or, évidemment, on a $Bb' = Bb - Aa$, $Cc' = Cc - Aa, Dd' = Dd - Aa$. Retranchant, en conséquence, Aa de chacune des expressions ci-dessus, on trouve

$$\frac{Cc - Aa}{Bb - Aa} = \frac{ac}{ab} \text{ ou } \frac{Ac'}{Ab'}, \quad \frac{Dd - Aa}{Bb - Aa} = \frac{ad}{ab} \text{ ou } \frac{Ad'}{Ab'};$$

ce qui prouve qu'en effet les expressions ci-dessus sont exactes.

Si l'on peut mener ad parallèlement à AB, la solution se simplifie, car alors on a $Dd = Cc = Bb = Aa$.

Cette dernière construction est celle que l'on adopte le plus souvent.

238. Troisième solution. — Tracez une droite AM^* qui fasse avec AB un angle demi-droit; tracez ensuite MC, qui fasse avec AM un autre angle demi-

* Fig. 174.

droit, et prenez $MC = \dfrac{AM}{\sqrt{2}}$. Le point C appartiendra au prolongement demandé. On aura la direction de ce prolongement en menant une perpendiculaire CD à MC.

239. QUATRIÈME SOLUTION. — Tracez une droite
· Fig. 175.
AN^* qui fasse avec AB un angle demi-droit, puis NC perpendiculaire à AN, et prenez NC=AN. Le point C appartiendra au prolongement demandé. Pour avoir la direction de ce prolongement, menez la droite CD de manière que l'angle NCD soit égal à trois demi-droits.

Problème XII. — Par un point donné C mener une parallèle à une droite AB dont les extrémités A,B sont seules accessibles.

· Fig. 176.
240. SOLUTION. — Prenez sur l'alignement CB^* un point D d'où vous puissiez voir A. Dans l'aligne-ment AD portez, à partir du point D, $DE = \dfrac{AD.DC}{BD}$, la droite CE sera la parallèle demandée.

Car CE devant être parallèle à AB, et, par consé-quent, le triangle CDE être semblable au triangle BDA, il faut que l'on ait la proportion DE : DC : : AD:BD ; or cette proportion donne précisément la valeur ci-dessus de DE.

Problème XIII. — Par un point donné C mener une parallèle à une droite inaccessible AB.

241. PREMIÈRE SOLUTION. — Ayant pris un point I* sur CB et un point E dans l'alignement AI, puis ⋅ Fig. 177. un point F sur CE et marqué les intersections P,Q des alignements BF,AE d'une part, AF,BC d'autre part, on prendra

$$ID=\frac{QI.IE.FC(CF.EP-EF.PI)}{EF.PI(EF.QC-CF.IQ)},$$

et CD sera la parallèle demandée.

On parvient à cette solution en partant de la proportion ID : IC : : AI : BI. On exprime les distances AI et BI suivant ce qui est indiqué dans la première solution du problème X, en prenant pour transversales les droites AF,BF, et on obtient immédiatement l'expression ci-dessus.

Cette expression se simplifie quand le point F est le milieu de CE.

242. DEUXIÈME SOLUTION. — Faites l'angle BCA′=BCA*, et prenez le point A′ sur la perpen- ⋅ Fig. 178. diculaire abaissée de A sur BC, puis menez CD de manière que l'angle BCD=180°—(BCA′+BA′C); cette droite CD sera la parallèle demandée.

En effet, les triangles A′BC, ABC sont égaux entre eux par construction, donc l'angle BCA′=BCA et BA′C=BAC. Or, pour que CD soit parallèle à

AB, il faut et il suffit que l'angle BCD=ABC=
180° — (BCA+BAC) = 180° — (BCA'+BA'C), et
c'est là précisément ce que l'on a fait ; donc CD est
bien la parallèle demandée.

Problème XIV. — D'un point donné C abaisser une perpendiculaire
sur une droite inaccessible AB.

243. Solution. — Ayant mené, par le problème
Fig. 179. précédent, une parallèle CD à AB, élevez sur CD la
perpendiculaire CP ; cette droite sera la perpendiculaire demandée.

Cela est évident.

Problème XV. — En un point A d'une droite inaccessible élever une
perpendiculaire à cette droite.

244. Première solution. — Ayant mené CD pa-
Fig. 180. rallèle à AB par le problème XIII, on cherchera,
par tâtonnement, un point M sur cette parallèle, tel
que la perpendiculaire élevée sur celle-ci par ce
point M passe par le point A.

*Fig. 181. **245. Deuxième solution.** — Ayant mené CD* parallèle à AB par un moyen quelconque, abaissez
CN, DP, respectivement perpendiculaires sur AD,
AC, puis marquez le point I d'intersection de ces
deux perpendiculaires. La droite AI sera la perpendiculaire demandée.

En effet, on sait que, dans tout triangle, les perpendiculaires abaissées des trois sommets sur les côtés opposés passent par un même point.

Problème XVI. — D'un point inaccessible M abaisser une perpendiculaire sur une droite accessible AB, un obstacle qui arrête la vue étant sur le trajet de la perpendiculaire.

246. Solution. — En un point E* de AB, élevez la perpendiculaire EF jusqu'à la rencontre de AM ; sur le prolongement de FE, prenez EG=EF ; marquez le point d'intersection I de MG avec AB, et soit N le point d'intersection des droites AG, FI ; la droite MN sera la perpendiculaire demandée, dont on déterminera sans peine* le pied P sur AB.
Cela n'a pas besoin d'être démontré.

· Fig. 182.

· 236 et suiv.

Problème XVII. — D'un point inaccessible P d'une droite AB élever une perpendiculaire sur cette droite.

247. Solution. — D'un point accessible C* pris sur AB, élevez sur cette droite deux perpendiculaires égales CF, CG. Par le point G, menez GH parallèle à AB jusqu'à la rencontre de l'alignement FP. La perpendiculaire HL, élevée sur GK au point milieu H de cette droite, sera la perpendiculaire demandée.
La démonstration est très-facile.

· Fig. 183.

Problème XVIII. — Construire un angle égal à celui de deux droites inaccessibles AB, CD.

248. D'un point S* choisi de telle façon que les

· Fig. 184.

constructions soient possibles, menez des parallèles
SM,SN respectivement aux deux droites données
AD,CD, l'angle MSN sera égal à l'angle formé par
ces droites.

Problème XIX. — D'un point donné S mener une droite qui passe par
le point de concours inaccessible de deux droites AM,BN.

249. Première solution. — Ayant marqué à volonté les deux points A,B*, prenez sur AN un nouveau point A′, menez A′B′,A′S′ respectivement parallèles à AB,AS, puis du point B′ où A′B′ rencontre
BN, menez B′S′ parallèle à BS; la droite SS′ sera la
droite demandée.

La démonstration est très-facile.

Fig. 185.

250. Deuxième solution. — Menez à volonté les
deux droites ABI,MNI* qui se rencontrent en I, puis
AS,BS qui rencontrent MN en G,H; menez ensuite
une autre transversale A′B′I passant par le point I,
et marquez le point d'intersection S des droites A′G,
B′H; la droite S′S sera la droite demandée.

Fig. 186.

Cela résulte de ce qu'on peut toujours considérer
les trois droites TA,TB,TS comme étant la vue perspective des trois arêtes d'un angle trièdre dont la
base se projetterait sur MN, et le triangle ABS comme
la perspective d'une section faite dans ce triangle
par un plan qui couperait la face TAB suivant AB et
la base suivant une droite passant en I. Si on fait
tourner ce plan autour de son intersection avec la

base, il coupera le trièdre suivant de nouveaux triangles tels que A'B'S', dont les sommets S' seront sur la droite demandée TS, et les droites A'S', B'S' iront nécessairement couper l'intersection du plan sécant avec la base, aux mêmes points H, G que AS et BS.

Problème XX. — Mesurer la hauteur d'un édifice.

251. PREMIÈRE SOLUTION. — Plantez verticalement deux jalons OR, NQ*, dont la longueur et l'emplacement soient tellement choisis que les sommets O, N de ces jalons se trouvent en ligne droite avec le point dont vous voulez avoir la hauteur MP ; faites sur le deuxième jalon NQ une marque Q', et déterminez le point P' de MP qui se trouve sur la droite OQ' ; mesurez enfin les trois longueurs NQ', RP, RQ, vous aurez la proportion MP' : NQ' : : RP : RQ, d'où $MP' = \dfrac{NQ'.RP}{RQ}$. Connaissant MP', il n'y a plus qu'à y ajouter P'P pour avoir la hauteur totale MP.

* Fig. 187.

Il est bon que le jalon OR porte à son sommet un disque convenablement incliné et percé, à son centre, d'un trou oculaire.

252. DEUXIÈME SOLUTION. — Ayez, à une distance convenable du pied P* de la verticale à mesurer, une surface réfléchissante disposée horizontalement (une flaque d'eau peut suffire), dans laquelle vous

* Fig. 188.

puissiez voir par réflexion le point **M** au travers d'un trou oculaire que présente la tête du jalon **OR**. Déterminez sur la droite **PR** le point **I** et mesurez **OR**, **IR**,**IP**. Vous aurez, à cause que les triangles **ORI**, **MPI** sont rectangles et que les angles d'incidence et de réflexion sont égaux entre eux[*], la proportion

* Intr. 111.

$$\text{MP} : \text{IP} : : \text{OR} : \text{IR}, \text{ d'où } \text{MP} = \frac{\text{OR.IP}}{\text{IR}}.$$

* Fig. 189.

253. TROISIÈME SOLUTION. — Si le pied **P**[*] de l'édifice n'est pas accessible, ayez dans l'alignement **PR** une seconde surface réfléchissante de niveau avec la première; faites une opération semblable à la précédente avec le jalon **O'R'**, en ayant soin de faire en sorte que l'on ait **O'R'**=**OR**, puis mesurez avec soin **OO'** ou **RR'**, **II'** et **OR**, vous aurez la proportion **OO'** ou **RR'** : **II'** : : **MP**+**OR** : **MP**, d'où **RR'**—**II'** : **II'** : : **OR** : **MP**, et, par conséquent,

$$\text{MP} = \frac{\text{OR.II'}}{\text{RR'}-\text{II'}}.$$

254. QUATRIÈME SOLUTION. — Lorsqu'il fait soleil et que la partie de l'édifice dont on veut obtenir la hauteur porte ombre sur le sol, on peut conclure cette hauteur de la longueur de l'ombre mesurée à partir du pied de la verticale. A cet effet, on plante un grand jalon et on mesure la longueur de son ombre. La hauteur inconnue de l'édifice et la hauteur connue du jalon sont évidemment entre elles comme les longueurs des ombres portées (on sup-

pose le sol uniformément incliné). De cette proportion on déduit la hauteur de l'édifice.

III. *Mesure des surfaces ou contenances.*

255. OBSERVATION I. — Dans l'arpentage, toutes
les évaluations de contenances se font par la méthode
de *cultellation**, c'est-à-dire que, quand un terrain
n'est pas horizontal, ce que l'on entend par sa *contenance* n'est autre chose que l'aire de sa projection
horizontale. Il est d'ailleurs très-facile de passer,
lorsqu'on le veut, de la contenance ainsi définie à la
surface réelle. Il n'y a qu'à diviser la contenance par
le cosinus de l'angle qui mesure la pente du terrain.

Une autre convention qui s'est établie tacitement
consiste à ne tenir compte, dans l'évaluation du prix
d'un terrain, que de l'aire de cette projection horizontale. Ainsi un terrain de 10 642 mètres quarrés,
qui serait incliné de 20°, n'est compté que comme
10 000 mètres quarrés d'un terrain horizontal de
même qualité, attendu que sa projection horizontale
ne contiendrait que 10 000 mètres quarrés. Cette
convention paraît avoir son origine dans l'idée qu'un
terrain incliné ne produit qu'en raison de sa projection horizontale; mais cela est contestable, et d'ailleurs la convention dont il s'agit n'a, en définitive,
rien d'obligatoire, car le prix d'un terrain se débat
librement entre l'acheteur et le vendeur.

256. OBSERVATION II. — L'unité habituellement

employée dans l'évaluation des terrains est l'HECTARE,
qui vaut *dix mille* mètres quarrés. L'hectare se divise
en *cent* ARES, de sorte que l'are vaut *cent* mètres
quarrés. En réalité, l'*are* est l'unité légale; il représente un quarré de 10 mètres de côté. Le mètre
quarré, qui en est la centième partie, prend lui-même
le nom de CENTIARE.

Il résulte de là que, pour exprimer en ares l'évaluation d'un terrain obtenue en mètres quarrés, il
suffit de reculer de deux rangs vers la gauche le
signe qui sépare la partie décimale du nombre de
sa partie entière; que, pour exprimer cette même
superficie en hectares, il faut reculer encore le
même signe de deux rangs vers la gauche. Ainsi

$$122\ 833^{mq}.91$$

valent en ares $1228^{ares}33^{centiares}.91$,

et en hectares $12^{hectares}28^{ares}33^{centiares}.91$.

L'opération inverse se fait tout aussi facilement.

Problème XXI. — Mesurer l'aire d'un triangle ABC.

257. PREMIÈRE SOLUTION. — Ayant abaissé d'un
sommet A* une perpendiculaire AP, sur le côté opposé BC, prolongé s'il est nécessaire, mesurez AP
et BC; l'aire du triangle sera exprimée par le produit $\frac{1}{2}$AP.BC.

Cela est démontré en géométrie élémentaire.

Cette solution peut s'appliquer dans tous les cas

Fig. 190.

où l'on peut mesurer par un moyen quelconque la perpendiculaire AP et le côté BC.

258. REMARQUE. — Lorsque rien ne s'y oppose, on doit choisir entre les trois sommets A,B,C celui pour lequel la somme de la hauteur et de la base est la moindre. En effet, les erreurs à craindre dans la mesure des droites étant proportionnelles aux racines quarrées des longueurs de ces droites[*], la men- *112. suration de AP et de BC donnera, au lieu de AP, $AP+k\sqrt{AP}$, et, au lieu de BC, $BC+k\sqrt{BC}$. Le produit des deux mesures sera

$$AP.BC+k(\sqrt{AP}+\sqrt{BC})\sqrt{AP.BC}+k^2\sqrt{AP.BC}.$$

Or le produit AP.BC et sa racine quarrée, ainsi que k et k^2, seront les mêmes dans les deux expressions analogues formées avec les deux autres côtés et les perpendiculaires correspondantes. Ces trois produits ne peuvent donc différer que par la somme $\sqrt{AP}+\sqrt{BC}$. dont le quarré est $AP+BC+2\sqrt{AP.BC}$. Il faudra donc choisir la base et la hauteur dont la somme est la moindre, ou qui diffèrent le moins l'une de l'autre, ce qui revient au même.

La conclusion est identiquement la même, soit que l'on suppose les erreurs en *plus* ou en *moins*, ou l'une en *plus* et l'autre en *moins*.

259. DEUXIÈME SOLUTION. — Ayant mesuré deux côtés, par exemple AB,BC[*], et l'angle B qu'ils com- *Fig. 190. prennent, on a, pour la mesure de l'aire du triangle,

$$\frac{1}{2}AB.BC\sin B.$$

* Intr. 48. En effet, dans le triangle rectangle ABP on a[*] AP=ABsin B. Donc l'aire $\frac{1}{2}$AP.BC que donne la solution précédente a pour expression $\frac{1}{2}$AB.BCsinB.

Cette solution est utile lorsqu'un obstacle empêche de se servir d'un côté et de la perpendiculaire abaissée du sommet opposé sur ce côté.

260. TROISIÈME SOLUTION.

* Fig. 190. 260. TROISIÈME SOLUTION. — Si l'on peut mesurer un côté, par exemple BC[*], et deux angles, ce qui fait connaître le troisième, on a, pour la mesure de l'aire du triangle, $\frac{1}{2}\overline{BC}^2.\dfrac{\sin B \sin C}{\sin A}$.

* Intr. 53. En effet, on a[*] AB=BC.$\dfrac{\sin C}{\sin A}$; remplaçant AB pour cette expression dans l'aire donnée par la solution précédente, on trouve, pour la mesure de l'aire, $\frac{1}{2}\overline{BC}^2.\dfrac{\sin B \sin C}{\sin A}$.

On peut remplacer sinA par $\sin(B+C)$, puisque la somme A+B+C vaut 180°.

261. QUATRIÈME SOLUTION.

* Fig. 190. 261. QUATRIÈME SOLUTION. — Si, pouvant mesurer deux côtés AB, BC[*], vous ne pouvez mesurer que l'angle C opposé à l'un d'eux, vous aurez l'angle A par la formule $\sin A = \dfrac{BC}{AB}\sin C$, et, pour mesure de l'aire, $\frac{1}{2}$AB.BC$\sin(C+A)$.

Cette expression n'est autre chose que celle de la * 259. solution ci-dessus[*], dans laquelle on a remplacé sinB par sin(C+A), ce qui est permis, puisque les angles B et C+A sont supplémentaires l'un de l'autre*.

* Intr. 44
et 45.

262. Cinquième solution. — Représentons par P le demi-périmètre du triangle, c'est-à-dire la demi-somme des trois côtés AB, BC, CA, on a, pour la mesure de l'aire,

$$\sqrt{P(P-AB)(P-BC)(P-CA)}.$$

En effet, inscrivons un cercle dans le triangle*; du centre O menons aux trois sommets les droites OA, OB, OC, et abaissons du même point, sur les côtés, les perpendiculaires OD, OE, OF. Nous savons* que l'on a AE=AF=P−BC et $\tan OAE = \tan OAF = \tan \frac{1}{2}A = \sqrt{\dfrac{(P-AB)(P-AC)}{P(P-BC)}}$. Or le quadrilatère OEAF se compose de deux triangles égaux entre eux, ayant pour base P−BC et pour hauteur $(P-BC)\tan\frac{1}{2}A$ ou $\sqrt{\dfrac{(P-AB)(P-BC)(P-CA)}{P}}$. La surface de ce quadrilatère a donc pour mesure le produit de P−BC par cette dernière expression, qui représente le rayon du cercle inscrit. En faisant la somme des aires des quadrilatères analogues ODCE, OFBD, on trouve que ce rayon doit être multiplié par 3P—(AB+BC+CA) ou par P, ce qui donne finalement $\sqrt{P(P-AB)(P-BC)(P-CA)}$.

*Fig. 191.

* Intr. 61.

Problème XXII. — Mesurer l'aire d'un parallélogramme ABCD.

263. Première solution. — Prenez pour base un côté quelconque, par exemple BC*, et pour hauteur du parallélogramme la distance PQ du côté pris pour base au côté qui lui est parallèle. Le produit BC.PQ de cette base et de cette hauteur sera la mesure demandée.

* Fig. 192.

La démonstration est donnée en géométrie élémentaire.

264. Deuxième solution. — Le produit de deux côtés contigus par le sinus de l'angle qu'ils comprennent, par exemple le produit AB.BC sin ABC*, exprime aussi l'aire du parallélogramme.

* Fig. 192.

En effet, il est facile de voir que la hauteur PQ, dans la solution précédente, est égale à AB sin ABC. Donc AB.BC sin ABC est la mesure de l'aire ABCD.

Problème XXIII. — Mesurer un losange ABCD.

265. Solution. — La mesure de cette aire est égale à la moitié du produit AC.BD des deux diagonales AC, BD* du losange.

* Fig. 193.

Car ces deux diagonales sont perpendiculaires entre elles, et chacune d'elles divise le losange en deux triangles de même base qui ont pour hauteur les deux moitiés de l'autre.

266. REMARQUE. — Les deux solutions du problème XXII sont applicables au losange, attendu que cette figure est aussi un parallélogramme.

Problème XXIV. — Mesurer l'aire d'un trapèze ABCD dont AB,CD sont les deux côtés parallèles.

267. PREMIÈRE SOLUTION. — Menez PQ* per- * Fig. 194.
pendiculaire aux deux côtés parallèles. L'aire du trapèze aura pour mesure $\frac{1}{2}$(AB+CD)PQ.

268. DEUXIÈME SOLUTION. — M,N étant les milieux des côtés non parallèles DA,BC, l'aire du trapèze a pour mesure MN.PQ.

Cette solution et la précédente sont démontrées en géométrie élémentaire.

Problème XXV. — Mesurer l'aire d'un quadrilatère ABCD.

269. PREMIÈRE SOLUTION. — De deux sommets opposés A,C* abaissez AP,CR perpendiculaires sur * Fig. 195.
la diagonale BD qui passe par les deux autres sommets B,D. L'aire du quadrilatère aura pour mesure $\frac{1}{2}$(AP+CR)BD.

270. DEUXIÈME SOLUTION. — Si l'on peut mesurer l'angle V formé par les deux diagonales, on aura, pour la mesure de l'aire ABCD du quadrilatère, $\frac{1}{2}$AC.BDsinV.

Cette solution et la précédente sont très-faciles à démontrer.

271. TROISIÈME SOLUTION. — Si l'on ne peut mesurer la surface que de l'un des quatre triangles AVB, BVC, CVD, DVA formés par les diagonales et quatre côtés, par exemple, du premier de ces triangles, et que l'on puisse néanmoins mesurer les diagonales, on aura aireABCD $=$ aireAVB.$\dfrac{\text{AC.BD}}{\text{AV.BV}}$.

En effet, la deuxième solution ci-dessus nous apprend que l'on a aireABCD $= \dfrac{1}{2}$AC.BD sinV, et

* 259. nous savons* que l'on a aire AVB $= \dfrac{1}{2}$AV.BVsinV ; divisant ces deux égalités membre à membre et supprimant les facteurs communs, on trouve l'égalité qu'il s'agit de démontrer.

Problème XXVI. — Mesurer l'aire d'un quadrilatère ABCD dont la figure diffère peu d'un rectangle.

272. PREMIÈRE SOLUTION. — On peut prendre * Fig. 196. pour mesure de l'aire d'un pareil quadrilatère* $\frac{1}{4}$(AB+CD)(BC+DA), ou, si l'on veut, le produit de la demi-somme des deux côtés opposés AB, CD par la demi-somme des deux autres côtés BC, DA.

En effet, la diagonale AC partage le quadrilatère en deux triangles ABC, CDA dont les aires ont pour mesure $\frac{1}{2}$AB.BC sin B, $\frac{1}{2}$CD.DA sin D. Pareillement la diagonale BD divise ce quadrilatère en deux triangles qui ont pour mesure $\frac{1}{2}$BC.CD sin C, $\frac{1}{2}$DA.BC sin A. En faisant la somme de ces quatre triangles, on aura le double de l'aire totale, et conséquemment aire ABCD=

$$\tfrac{1}{4}(AB.BC\sin B + BC.CD\sin C + CD.DA\sin D + DA.AB\sin A).$$

Or, par hypothèse, les angles A, B, C, D sont presque droits, et, par conséquent, leurs sinus diffèrent très-peu de l'unité. En négligeant la différence, il vient aire ABCD$=\frac{1}{4}(AP+CD)(BC+DA)$, ainsi qu'on l'avait annoncé.

En supposant que i représente la plus grande différence avec l'angle droit que présentent les angles du quadrilatère, l'erreur commise est moindre que $\frac{1}{2}(AB+CD)(CD+DA)\sin^2\frac{1}{2}i$. De sorte que, pour $2°$, cette erreur serait moindre que 61 cent-millièmes de l'aire totale ; pour $5°$, elle serait tout au plus de 38 dix-millièmes, et conséquemment tomberait au-dessous de 4 millièmes.

273. Deuxième solution. — Menez les droites MN, PQ* qui joignent les milieux des côtés opposés ; le produit MN.PQ pourra être pris pour la mesure approchée de l'aire du quadrilatère.

En effet, MPNQ est un parallélogramme, puisque

* Fig. 197.

les côtés opposés MP, NQ sont parallèles à la diagonale AC, comme divisant en deux parties égales les côtés AB, BC du triangle ABC et CD, DA du triangle CDA, et que, par une raison tout à fait semblable, les côtés PN, QM sont parallèles à la diagonale BD. On voit en même temps que les triangles MBP, PCN, NDQ, QAM, extérieurs au parallélogramme MPNQ, équivalent ensemble à la moitié du quadrilatère : car les triangles MBP, MDQ sont respectivement le quart des triangles ABC, CDA dans lesquels la diagonale AC partage le quadrilatère. Il en est de même des triangles PBN, QAF. Les quatre font donc ensemble une moitié du quadrilatère, et, par conséquent, le parallélogramme intérieur MPNQ équivaut à l'autre moitié. Or ce parallélogramme a pour mesure $\frac{1}{2}$MN.PQ sin V, V étant l'angle de ces deux diagonales[*]; donc MN.PQ sin V est la mesure de l'aire du quadrilatère. Quand celui-ci diffère peu d'un rectangle, l'angle V diffère peu d'un angle droit et, par conséquent, MN.PQ est une mesure approchée de l'aire dont il s'agit.

270.

En appelant i la différence entre V et l'angle droit, l'erreur commise est une fraction de la surface marquée par $2\sin^2\frac{1}{2}i$, de même que dans la solution précédente. Cette seconde solution s'applique à tous les quadrilatères pour lesquels l'angle des droites MN, PQ diffère peu d'un angle droit, quelle que soit d'ailleurs leur forme.

Problème XXVII. — Mesurer l'aire d'un polygone quelconque.

274. Première solution. — Partagez le polygone
en triangles, mesurez chacun de ces triangles séparément, et faites la somme des aires obtenues ; cette
somme sera l'aire demandée.

La décomposition d'un polygone en triangles peut
se faire de différentes manières. Il faut choisir celle
qui donne des triangles de la forme la plus favorable
à l'exactitude, c'est-à-dire dont la base et la hauteur
approchent, autant que possible, de l'égalité*.   · 258.

Quand il s'agit d'un polygone convexe, c'est-à-
dire qui ne présente aucun angle rentrant, ou dont
toutes les *déviations* sont dans le même sens*, on   · 142.
prend ordinairement un point soit dans l'intérieur,
soit sur le périmètre (on peut choisir l'un des sommets), et de ce point on mène des droites aux divers sommets. On forme ainsi des triangles dont le
nombre est, au plus, égal à celui des côtés du polygone.

Quand le polygone n'est pas convexe, il est
toujours possible de le partager en deux ou en
un plus grand nombre de polygones convexes par
des diagonales menées des sommets des angles rentrants.

275. Deuxième solution. — Menez une droite
telle que AG*, qui divise le polygone en deux par-   · Fig. 198.

ties, et des sommets abaissez sur cette droite les
perpendiculaires B*b*,C*c*,D*d*, etc.; le polygone sera
ainsi divisé en trapèzes tels que BC*cb*,CD*dc*, etc., et
en triangles tels que AB*b*, FG*f*, etc. On mesurera séparément les aires de tous ces trapèzes et triangles,
puis on fera le total de tous les triangles intérieurs
et de tous les trapèzes, et on en retranchera les
triangles extérieurs tels que AM*m*. Le résultat de
cette opération sera l'aire demandée.

Cette méthode de mesurer l'aire d'un polygone est
la plus usitée, à cause de la facilité avec laquelle on
la met en pratique au moyen de l'équerre d'arpenteur.

* Fig. 199.

276. Troisième solution. — Inscrivez dans le
polygone un rectangle BMNP*, que vous ferez le
plus grand qu'il sera possible; prolongez-en, au
besoin, les côtés, et décomposez en trapèzes et en
triangles les parties du polygone extérieures de ce
rectangle. La somme de toutes ces aires partielles
sera l'aire demandée.

* Fig. 200.

277. Quatrième solution. — Tracez autour du
polygone proposé un rectangle MNPR*, le plus petit
qu'il sera possible, puis, sur des sommets B,C,D,F,I
qui ne se trouveront pas sur les côtés de ce rectangle,
abaissez sur ces côtés les perpendiculaires B*b*,C*c*,
D*d*,F*f*,I*i*; retranchez de l'aire du rectangle la somme
des aires des parties extérieures, la différence sera
l'aire du polygone proposé.

278. Cinquième solution. — Lorsqu'on a calculé les coordonnées des sommets d'un polygone*, il est *Fig. 119. facile d'en obtenir l'aire. Appelons $x_a, x_b, x_c, \ldots x_f$ les abscisses des sommets consécutifs que l'on rencontre en tournant dans le sens de la flèche, et $y_a, y_b, y_c, \ldots y_f$ les coordonnées des mêmes sommets, on aura, pour la mesure de l'aire cherchée,

$$\frac{1}{2}\left[(y_a+y_b)(x_a-x_b)+(y_b+y_c)(x_b-x_c)\ldots\ldots\right.$$
$$\left.\ldots\ldots+(y_f+y_a)(x_f-x_a)\right].$$

Pour appliquer cette formule, qui est la traduction algébrique de la deuxième solution ci-dessus, il faut avoir égard aux signes des coordonnées. En prenant pour exemple les nombres donnés au n° 147, on trouve

$y_a+y_b=+256^m.62$	$x_a-x_b=+\ 52^m.47$	$+\ 13464^{m.q}.851$
$y_b+y_c=-279\ .90$	$x_b-x_c=-130\ .64$	$+\ 36566\ .136$
$y_c+y_d=-581\ .34$	$x_c-x_d=-\ 90\ .78$	$+\ 52774\ .045$
$y_d+y_e=-542\ .31$	$x_d-x_e=-114\ .02$	$+\ 61834\ .186$
$y_e+y_f=-\ \ 2\ .40$	$x_e-x_f=+\ 13\ .66$	$-\ \ \ \ \ 32\ .784$
$y_f+y_a=+495\ .11$	$x_f-x_a=+269\ .30$	$+133333\ .123$

Somme algébrique. . . $+297939\ .557$

Demi-somme. . . . . $148969\ .779$

En effectuant les produits, qui sont tous positifs, à l'exception de celui de y_e+y_f par x_e-x_f*, on trouve *Intr. 78. pour l'aire du polygone la moitié de leur somme algébrique, c'est-à-dire $14^{hect}89^a69^c.78$.

279. Sixième solution. — Dans le cas d'un polygone levé par le procédé de la stadia, c'est-à-dire lorsqu'on connaît la longueur et l'azimut de chacun des rayons* sa, sb, sc, etc., menés du point de station s aux sommets a, b, c, etc., on calcule l'aire de ce polygone en évaluant les triangles sab, sbc, scd, etc., conformément à ce qui est expliqué dans la deuxième solution* du problème **XXI**. Seulement il faut avoir le soin de considérer chaque angle, tel que bsa, comme étant l'azimut du second côté sb *moins* l'azimut du premier côté sa; de sorte que, si sx est la direction à partir de laquelle on compte les azimuts*, on aura, pour la mesure de l'aire cherchée,

$$\frac{1}{2}\left[sa.sb.\sin(xsb-xsa)+sb.sc.\sin(xsc-xsb)\ldots\ldots\right.$$
$$\left.\ldots\ldots+sf.sa.\sin(xsa-xsf)\right].$$

Dans cette somme il faudra donner le signe — aux termes pour lesquels la différence des azimuts sera négative*.

*Fig. 201.

*259.

*15 et 151.

*Intr. 45.

Problème XXVIII. Mesurer l'aire d'un polygone régulier.

280. Solution. — Appelons a la longueur d'un côté du polygone et n le nombre des côtés. Le polygone se composera de n triangles isocèles, et, en désignant par R, r les rayons des cercles circonscrit et inscrit, on aura $a = 2r\,\text{tang}\,\dfrac{180^0}{n} = 2R\sin\dfrac{180^0}{n}$, et on pourra prendre pour la mesure de l'aire l'une des expressions

$$nr^2\tang\frac{180^0}{n}, \qquad \frac{1}{4}na^2\cot\frac{180^0}{n}, \qquad \frac{1}{2}nR^2\sin\frac{360^0}{n}.$$

Problème XXIX. Mesurer l'aire d'un terrain dont la limite est une ligne courbe en totalité ou en partie.

281. Première solution. — Inscrivez dans la courbe qui forme la limite du terrain un polygone rectiligne dont les côtés s'écartent peu de cette limite, et mesurez l'aire de ce polygone en appliquant l'une quelconque des solutions indiquées dans le problème **XXVII.** Il ne restera plus à mesurer que les aires* des segments compris entre les côtés ab, * Fig. 202.
bc, etc., et les parties correspondantes de la courbe. Pour mesurer ces segments, on divisera les arcs en parties $am, mm', m'm''$, etc., $bn, nn', n'n''$, etc., assez petites pour pouvoir être considérées, sans erreur sensible, comme des lignes droites; on abaissera sur les côtés ab, bc, etc., les perpendiculaires $mp, m'p'$, $m''p''$, etc., $nq, n'q', n'q''$, etc.; on mesurera les triangles et les trapèzes $amp, mpp'm'$, etc.; enfin on ajoutera ces surfaces à celle du polygone rectiligne ou bien on les en retranchera, suivant qu'il s'agira de segments extérieurs ou intérieurs. Le résultat de ces opérations sera évidemment l'aire demandée.

282. Deuxième solution. — On peut, de même

que dans la deuxième solution du problème XXVII,
décomposer la figure en trapèzes et en triangles par le
moyen de perpendiculaires $m_1p_1n_1, m_2p_2n_2$, etc., abaissées sur une base commune AG*. Il faut que les arcs
$m_1m_2.m_2m_3$, etc., n_1n_2, n_2n_3, etc., soient assez petits
pour que ces triangles et ces trapèzes puissent être
évalués sans erreur sensible comme s'ils étaient rectilignes. Il convient de n'appliquer ce mode d'évaluation, pour une base donnée AG, qu'aux parties de la
limite courbe dont les éléments ne s'éloignent pas
trop d'être parallèles à cette base. C'est pourquoi on
évalue les segments extrêmes m_1An_1, m_fGn_f au moyen
de perpendiculaires abaissées sur les perpendiculaires m_1n_1, m_fn_f qui servent de base à ces segments.

* Fig. 203.

L'évaluation de la partie centrale $m_1n_1n_fm_f$ se simplifie lorsqu'on peut mener les perpendiculaires par
des points équidistants de la base **AG**. L'intervalle
commun qui les sépare entre alors comme multiplicateur dans la mesure de chaque trapèze, de sorte
qu'on peut ajouter d'abord les demi-sommes des
perpendiculaires, puis multiplier le résultat de cette
addition par cet intervalle. Or, chaque perpendiculaire étant commune à deux trapèzes, à l'exception
des perpendiculaires extrêmes, le résultat de l'addition est égal à la somme des perpendiculaires intermédiaires, plus la demi-somme des perpendiculaires
extrêmes.

283. Troisième solution. — Les arpenteurs

exercés substituent aux limites courbes et sinueuses un périmètre rectiligne qui laisse d'un côté à peu près autant du terrain à mesurer qu'il en retranche de l'autre. Par ce procédé, on arrive à des résultats suffisamment exacts; mais il comporte un certain arbitraire. On ne peut l'appliquer d'une manière sûre qu'après s'être rendu habile dans la pratique de procédés plus rigoureux.

Problème XXX. — Mesurer l'aire d'un cercle.

284. Première solution. — Quand la surface à mesurer est celle d'un cercle dont on connaît le rayon R, la mesure de cette surface est πR^2, la lettre grecque π représentant le rapport de la circonférence au diamètre. La valeur approchée de ce rapport est $\frac{355}{113}$, ou 3.1416, en se bornant à quatre décimales[*], ce qui suffit dans tous les cas de la pratique. Cette valeur, très-approchée, pèche par excès.

[*] Intr. 17.

On se contente souvent d'une valeur moins approchée, mais plus simple, qui est $\frac{22}{7}$. Ce rapport pèche aussi par excès. L'erreur commise est d'environ $1/2500^e$ de la mesure exacte.

285. Deuxième solution. — Quand la surface à mesurer est un cercle dont on connaît la circonférence C, la mesure de cette surface est $\frac{C^2}{4\pi}$. En effet, on sait que la surface d'un cercle s'obtient en mul-

32

tipliant la circonférence C par la moitié du rayon.

Or $C = 2\pi R$, donc $\frac{1}{2}R = \frac{C}{4\pi}$, et $\frac{1}{2}CR = \frac{C^2}{4\pi}$.

286. Troisième solution. — Il peut arriver que
le cercle ne soit donné que par trois points L,M,N*,
par lesquels il doit passer, et que l'on connaisse
seulement les longueurs l, m, n des côtés MN,
NL, LM de ce triangle. Pour évaluer sa superficie, on commence par calculer le rayon R. Menons, à cet effet, le diamètre MOK. joignons KN et
abaissons MI perpendiculaire sur LN. Nous aurons
ainsi deux triangles semblables LMI, KMN comme
étant rectangles et ayant un angle aigu égal, savoir
K=L, attendu que ces deux angles sont inscrits dans
un même segment. De là résulte la proportion
KM ou 2R : MN ou l : : LM ou n : MI, et, par suite,
la relation $R = \frac{ln}{2.\mathrm{MI}} = \frac{lmn}{2m.\mathrm{MI}}$. Or le dénominateur
$2m.\mathrm{MI}$ est le quadruple de l'aire du triangle LMN;
donc on a

$$R = \frac{lmn}{4\sqrt{p(p-l)(p-m)(p-n)}},$$

$2p$ représentant le périmètre $l+m+n$ du triangle*.
et, par conséquent, l'expression de l'aire cherchée
est

$$\frac{\pi l^2 m^2 n^2}{16p(p-l)(p-m)(p-n)}.$$

287. Remarque. — L'expression de R trouvée
ci-dessus nous apprend que le multiplicateur de sinV,

* Fig. 204.

* 262.

dans la formule du n° 235, n'est autre chose que le
diamètre du cercle qui passe* par les points L,M,N,   * Fig. 171.
et, comme nous savons d'autre part que toute corde
AB est égale au diamètre multiplié par le sinus de
l'angle V inscrit dans le segment qui a pour base
cette corde*, la formule du n° 235 se trouve dé-   Intr. 53.
montrée.

Problème XXXI. — Mesurer l'aire d'un secteur de cercle.

288. Première solution. — Un *secteur* est la
surface comprise* entre deux rayons OA,OB et   * Fig. 205.
l'arc AMB. On évalue d'abord la longueur de cet
arc, puis on la multiplie par la moitié du rayon R,
et le produit exprime l'aire demandée.

L'arc est donné ordinairement par son amplitude
numérique soit en degrés, soit en minutes, soit en
secondes. On obtient sa longueur* en multipliant le   *Int. 94 et 95.
nombre des degrés par $\frac{\pi R}{180}$, celui des minutes par

$\frac{\pi R}{10\,800}$, celui des secondes par $\frac{\pi R}{648\,000}$, et, par suite,
on a l'aire du secteur en multipliant le nombre des

degrés par $\frac{\pi R^2}{360}$, celui des minutes par $\frac{\pi R^2}{21\,600}$, celui

des secondes par $\frac{\pi R^2}{1\,296\,000}$.

289. Deuxième solution. — Lorsque l'angle
AOB n'est pas donné par son amplitude numérique,
mais que l'on connait le rayon R et la longueur de

la corde AB, on cherche l'angle qui a pour sinus $\frac{AB}{2R}$. Le double de cet angle est l'amplitude numérique de l'arc AMB, et on est ramené ainsi à la solution ci-dessus.

Problème XXXII. — Mesurer l'aire d'un segment de cercle.

290. Première solution. — Si le rayon R est donné, ainsi que l'amplitude numérique de l'arc AMB*, on évaluera l'aire du secteur OAMB, puis on en retranchera ou on y ajoutera, suivant le cas, celle du triangle OAB, qui a pour mesure* $\frac{1}{2}R^2\sin AOB$.

* Fig. 206.

* 259.

291. Deuxième solution. — Si la corde AB et la flèche FM=f de l'arc AMB sont seules données, on déterminera l'angle V dont la tangente est $\frac{2f}{AB}$; le quadruple de cet angle V est AOB, et on a R=$\frac{AB}{2\sin 2V}$. Il ne reste plus qu'à appliquer la solution ci-dessus.

Problème XXXIII. — Mesurer l'aire d'une ellipse.

292. L'ellipse qu'il s'agit de mesurer est la courbe connue sous le nom d'*ovale du jardinier*. On la décrit* au moyen d'un cordeau FMF' dont les extrémités sont fixées à deux piquets F,F', et que l'on maintient tendu par un troisième piquet qui sert de traçoir. Soit AA'=$2a$ sa plus grande longueur ou son grand axe, BB'=$2b$ sa moindre largeur ou son

* Fig. 207.

petit axe, l'aire a pour mesure πab, π étant le rapport de la circonférence au diamètre.

En effet, on démontre que cette courbe n'est autre chose que le cercle décrit sur AA' dont on aurait raccourci les cordes perpendiculaires à AA' dans le rapport de a à b, et il est évident que les aires sont dans le même rapport. Or l'aire de cercle est πa^2, donc celle de l'ellipse est πab.

Si l'on fait $FF'=2c$, on a, en remarquant que $FM+F'M=2a$, $b=\sqrt{a^2-c^2}$; de sorte que l'aire est aussi exprimée par la formule $\pi a\sqrt{a^2-c^2}$.

IV. *Problèmes relatifs à la division des surfaces.*

293. OBSERVATION. — Dans les problèmes qui suivent, nous considérons le plus souvent les proportions suivant lesquelles les aires des figures sont partagées par certaines droites. Les rapports des diverses parties à la contenance totale sont désignés par les lettres m, n, p, etc. Ces rapports sont des *fractions* dont la somme $m+n+p+....=1$. Quand il n'y a que deux parties m, n, on a $n=1-m$. Ainsi, quand $m=\frac{2}{5}$, on a $n=1-\frac{2}{5}=\frac{3}{5}$.

Problème XXXIV. — Partager un triangle ABC en deux parties dont les aires soient entre elles dans un rapport donné.

294. 1° PAR UNE DROITE PARTANT D'UN ANGLE. — Supposons que la division doive être faite* par une droite menée de l'angle C. On déterminera sur le côté

* Fig. 208.

opposé **AB** un point **D** tel, que les segments **AD**,**BD** soient entre eux dans le rapport assigné, et on tirera **CD**. Cette droite résoudra le problème ; car, les triangles **CAD**,**CBD** ayant même sommet **C** et leurs bases **AD**,**BD** sur une même ligne droite, leurs aires seront entre elles comme ces bases.

293. 2° PAR UNE DROITE PARTANT D'UN POINT DONNÉ SUR L'UN DES COTÉS. — Supposons que la

* Fig. 209.
droite à déterminer doit passer par le point **D**[*] donné sur le côté **BC**, et que m indique la partie du triangle qui sera coupée par cette droite **DE**. Les deux triangles **CDE**,**CAB** ayant l'angle **C** égal, leurs aires sont entre elles comme les produits **CD.CE**,**CA.CB** des côtés qui comprennent cet angle. On posera donc la proportion **CD.CE** : **CA.CB** : : m : 1, d'où

$$CE = m . \frac{CA.CB}{CD} .$$

On admet ici, implicitement, que le point **E**, ainsi déterminé, tombera entre **A** et **C**, c'est-à-dire que **CE** n'est pas plus grand que **CA**. Quand le contraire arrive, on est averti par là que la division demandée ne peut pas s'opérer par une ligne telle que **DE** aboutissant à un point **E** de **CA**. Il faut opérer cette division par une autre ligne **DF** aboutissant à un point **F** de **AB**. Dans ce cas, le quadrilatère **CAFD** étant la partie m du triangle **ABC**, le triangle **BDF**

* 293.
en est la partie $1 - m$[*], et on résout la question, comme ci-dessus, en prenant $BF = (1 - m)\dfrac{BA.CB}{BD}$.

296. 3° PAR UNE DROITE PARALLÈLE A L'UN DES CÔTÉS.—Supposons que la droite ca^*, parallèle à CA, doit couper une partie m du triangle ABC. Les triangles aBc, ABC étant semblables, leurs aires seront entre elles comme les quarrés des côtés homologues, et, par conséquent, on aura $\overline{aB}^2 : \overline{AB}^2 : : m : 1$, d'où $Ba = BA\sqrt{m}$.

* Fig. 210.

Problème XXXV. — Partager un parallélogramme en deux parties, dont l'une soit la partie m du parallélogramme entier.

297. 1° PAR UNE DROITE PARALLÈLE A UN CÔTÉ. — Soit* ABCD le parallélogramme qu'il s'agit de partager par une droite parallèle au côté BC ou à son opposé AD. On prendra sur AB un point P tel que AP soit la partie m de AB, et, par ce point P, on mènera PQ parallèle à BC. Le parallélogramme APQD sera la partie m de ABCD. Cela n'a pas besoin de démonstration.

* Fig. 211.

298. 2° PAR UNE DROITE MENÉE DE L'UN DES ANGLES. — Supposons que la division doit s'opérer* par une droite AP menée de l'angle A, et que m soit la plus petite partie. On prendra $BP = 2mBC$, et le triangle ABP sera la partie m du parallélogramme ABCD. En effet, prolongeons BC, prenons CE=CB et joignons AE. Le triangle ABE sera équivalent au parallélogramme proposé, et conséquemment il suffira, pour en distraire par une ligne AP une partie m moindre que sa moitié ABC, de prendre BP égal

* Fig. 212.

à la partie m de BE ou de 2BC ; or c'est là précisément ce que l'on a fait.

299. 3° Par une droite menée d'un point donné
* Fig. 213. sur un des cotés. — Soit* P le point donné sur le côté AB, par lequel la droite doit être menée. L'aire du triangle BPQ et celle du parallélogramme opposé ABCD sont entre elles comme les produits PB.BQ, 2AB.BC ; en d'autres termes on doit avoir

$$PB.BQ : 2AB.BC :: m : 1, \text{ d'où } BQ = \frac{2m AB.BC}{PB}.$$

Cette solution satisfera à la question tant que BQ ne sera pas plus grand que BC, c'est-à-dire tant que PB ne sera pas inférieur à 2mAB.

300. Quand PB est inférieur à 2mAB, la division doit s'effectuer par une droite aboutissant soit à un point R situé entre C et D sur le côté CD, soit à un point S situé entre D et A sur le côté DA. Dans le premier cas, la figure PBCR est un trapèze, et on aperçoit sans peine que l'on doit avoir

$$\tfrac{1}{2}(PB+CR)BC : AB.BC :: m : 1,$$ et, par conséquent, $CR = 2m AB - PB$.

301. Dans le second cas, c'est-à-dire quand CR est égal ou supérieur à AB, ce qui exige que m soit au moins 1/2 et que PB soit au plus égal à (2m—1)AB, la question se résout en prenant $AS = \dfrac{2(1-m)AB.BC}{PA}$.

Problème XXXVI. — Couper une partie m d'un trapèze.

302. 1° Par une droite partant d'un point donné sur l'un des cotés parallèles. — Supposons que P* soit le point donné et PQ la droite demandée. Il faut faire $\frac{1}{2}$ PB.BQ : $\frac{1}{2}$ (AB+CD)BC : : m : 1, d'où BQ$=\frac{m(AB+CD)BC}{PB}$.

* Fig. 214.

Quand BQ est plus grand que BC, ou, en d'autres termes, si l'on a $m(AB+CD)>PB$, cette solution n'est plus admissible, attendu que l'angle PQB sort alors du trapèze.

303. Par suite, il faut supposer que la droite demandée aboutit à un point R de CD tel, que l'on ait $\frac{1}{2}$ (PB+CR)BC : $\frac{1}{2}$ (AB+CD)BC : : m : 1, d'où CR$=m(AB+CD)-$PB.

Cette solution n'est admissible qu'autant que CR n'est pas plus grand que CD.

304. Quand CR est plus grand que CD, la droite demandée aboutit en un point S de DA, que l'on détermine en prenant AS$=\frac{(1-m)(AB+CD)DA}{PA}$.

305. 2° Par une droite partant d'un point donné sur l'un des cotés non parallèles. —

Fig. 215. Du point donné P* menons les droites PB,PC. nous diviserons ainsi le trapèze proposé en trois parties m'. m'',m''', et il est facile de voir que l'on aura

$$m'=\frac{PA.AB}{(AB+CD)AD}, \qquad m''=\frac{PD.AB+PA.CD}{(AB+CD)AD},$$

$$m'''=\frac{PD.CD}{(AB+CD)AD}.$$

Cela posé, il pourra se présenter trois cas.

306. Si la partie m est moindre que m', la droite demandée aboutira quelque part en Q, entre A et B. Le triangle PQA sera la partie m du trapèze, PBA en sera la partie m', et, par conséquent, la droite PB divisera le triangle PBA en deux parties telles, que l'une d'elles PQA sera au triangle total PBA comme $m : m'$, problème que nous savons ré-

* 294. soudre*.

307. Si la partie m tombe entre m' et $m'+m''$, la droite demandée aboutira quelque part en R, entre B et C. Les triangles PRB,PRC seront respectivement les parties $m-m',m'+m''-m$ du trapèze. Cette droite divisera donc le triangle PBC en deux parties dans le rapport de $m-m'$ à $m'+m''-m$, problème que nous savons résoudre.

308. Enfin, si la partie m est plus grande que $m'+m''$, on résoudra la question en partageant par une droite PS le triangle PCD en deux parties qui soient entre elles comme $m-m'-m''$ est à $1-m$.

309. Par une droite parallèle aux bases. — Supposons que PQ* soit la droite demandée, et que les trapèzes ABPQ, QPCD doivent être respectivement les parties m, $1-m$ de ABCD. Concevons que l'on ait prolongé les côtés non parallèles AD, BC jusqu'à leur point de rencontre S, on aura (les triangles SAB, SDC étant semblables) $SB = \dfrac{AB.BC}{AB-CD}$, $SC = \dfrac{BC.CD}{AB-CD}$, et, par conséquent, le point S pourra être considéré comme donné sur le prolongement de BC. Ceci étant compris, il sera facile de déterminer SP. En effet, les aires des triangles semblables SBA, SPQ, SCD étant proportionnelles aux quarrés des côtés homologues SB, SP, SC, les aires des trapèzes ABPQ, ABCD seront entre elles comme $\overline{SB}^2 - \overline{SP}^2 : \overline{SB}^2 - \overline{SC}^2$; on aura donc $\overline{SB}^2 - \overline{SP}^2 : \overline{SB}^2 - \overline{SC}^2 :: m : 1$; d'où $SP = \sqrt{(1-m)\overline{SB}^2 + m\overline{SC}^2}$.

* Fig. 216.

Si l'on substitue à la place de SB et SC leurs expressions ci-dessus, et SP par SB—BP, on trouve

$$BP = \frac{BC}{AB-CD}\left(AB - \sqrt{(1-m)\overline{AB}^2 + m\overline{CD}^2}\right).$$

Problème XXXVII. — Diviser un triangle, un parallélogramme ou un trapèze en tant de parties qu'on voudra, qui soient entre elles dans des rapports assignés, par des lignes menées comme dans les problèmes précédents.

310. Supposons que les parties de la figure à diviser doivent être entre elles comme m, n, p, etc., de telle sorte que l'on ait $m + n + p \ldots = 1$. On mènera une première ligne retranchant de la figure la

partie m de son aire, puis une seconde ligne retranchant la partie $m+n$, puis une troisième retranchant la partie $m+n+p$, et ainsi de suite; ce qui n'exigera que l'application réitérée de tel ou tel des problèmes ci-dessus.

Problème XXXVIII. — Prendre sur un terrain une superficie de grandeur donnée.

311. 1° PAR UNE DROITE MENÉE D'UN POINT DU PÉRIMÈTRE. — PREMIÈRE SOLUTION. — Soit ABCD

* Fig. 217.
EFGA* le périmètre du terrain. Supposons qu'il s'agit de mener par le point P une droite PQ qui retranche de ce terrain une contenance assignée, et admettons, pour fixer les idées, que cette contenance doit être prise à gauche de PQ. On mènera les droites PA, PG, PF, etc., aux divers sommets; on mesurera les triangles PAB, PGA, PFG, etc., et on formera les sommes exprimant les contenances successives du quadrilatère PGAB, du pentagone PFGAB, etc. On arrivera ainsi à deux contenances consécutives telles que PGAB, PFGAB, qui seront l'une moindre, l'autre plus grande que la contenance prescrite. La droite PQ devra, par conséquent, aboutir à un point E situé entre F et G, de manière à diviser l'aire du triangle PGF dans le rapport de l'excès de PFGAB sur la contenance prescrite au déficit de PGAB, relativement à la même contenance. Or c'est là un problème que nous savons ré-

* 294.
soudre*.

312. Deuxième solution. — Quand on est par-
venu, comme dans la solution ci-dessus*, à deux con-   * 311.
tenances consécutives PGAB, PFGAB, l'une moindre,
l'autre plus grande que la contenance prescrite, on détermine la position du point Q, auquel doit aboutir la
ligne demandée PQ, en calculant la longueur de GQ
ou celle de FQ. Supposons, pour fixer les idées, que
l'on veuille calculer la longueur de GQ. On l'obtiendra en divisant l'aire du triangle PQG par le
double de sa hauteur, c'est-à-dire de la perpendiculaire abaissée du sommet P sur le côté opposé FG,
ou bien encore* par 2PG sin QGP.   * 259

**313. 2° Par une droite menée parallèlement
a une direction assignée. — Première solution.** — On mènera parallèlement à cette direction, en commençant du côté vers lequel la contenance prescrite doit être prise, les droites Gg, Bb,
Ff, Cc, etc. ; on mesurera le triangle GAg et les trapèzes BbGg, FbBf, etc., et on ajoutera successivement les contenances obtenues jusqu'à ce que l'on
en trouve deux entre lesquelles la contenance à
prendre soit comprise. Supposons que Cc, Ff soient
les deux parallèles pour lesquelles cela a lieu. Il ne
restera plus qu'à partager le trapèze FfCc par une
droite PQ parallèle aux bases, dans le rapport du
déficit connu FfPQ à l'excès PCcQ, également
connu, ce que nous savons faire.

314. Deuxième solution. — Quand le trapèze

à partager finalement est beaucoup plus long que large, on se borne à diviser l'un des côtés non parallèles, par exemple Cf, dans le rapport du déficit à l'excès, et à mener par le point P ainsi obtenu une droite PQ parallèle à la direction assignée. Cette solution est d'autant plus approchée que le trapèze à diviser approche davantage d'avoir la forme d'un parallélogramme. Comme il faut, dans tous les cas, vérifier *à posteriori* la contenance que donne la droite PQ, en calculant le trapèze FfPQ, si alors on trouve encore un excès ou un déficit, on applique de nouveau le même mode de solution approchée, et on obtient une plus grande approximation.

315. TROISIÈME SOLUTION. — Lorsqu'on est parvenu, comme dans la première solution ci-dessus*, à un trapèze FfCc, sur lequel il faut prendre une contenance donnée par la droite PQ, on obtient approximativement la hauteur du trapèze PQFf en divisant son aire connue par la longueur de Ff, et on rectifie cette première approximation en calculant par le même procédé la hauteur du nouveau trapèze à ajouter ou à retrancher pour parfaire la contenance à prendre.

* 313.

316. PAR UNE DROITE MENÉE D'UN POINT EXTÉRIEUR OU INTÉRIEUR. — La marche à suivre pour résoudre ce problème est analogue à celle que nous avons indiquée ci-dessus. Du point donné on mène des droites à tous les angles du périmètre, et lorsque,

parmi ces droites, on en a trouvé deux entre lesquelles est nécessairement comprise celle qui résout
la question, on détermine cette dernière droite par
des essais successifs.

Il peut arriver, quand le point donné est intérieur,
que la solution soit impossible. Par exemple, si on
demandait de mener, par le point d'intersection des
diagonales d'un parallélogramme, une droite coupant
le parallélogramme en deux parties inégales, le problème n'aurait pas de solution ; car toute droite
menée par ce point divise l'aire du parallélogramme
en deux parties égales.

Problème XXXIX. — Redresser une limite sinueuse.

317. Il arrive souvent que les propriétaires de
deux terrains contigus, dont la ligne de démarcation
ou limite commune est sinueuse ou irrégulière, demandent le redressement de cette ligne. Il faut alors
tracer une nouvelle limite, de telle façon que les
parties de terrain que cette nouvelle limite enlèvera
à chaque propriétaire soient l'équivalent de celles
qui lui seront abandonnées par son voisin.

On commencera par tracer la nouvelle ligne de
manière à satisfaire approximativement à cette condition et en même temps, s'il y a lieu, aux con-
venances particulières des deux propriétaires limitrophes. Cela étant fait, on mesure les parcelles en-
levées et abandonnées à chacun, et le résultat de
cette mensuration fait connaître dans quel sens le

tracé de la nouvelle limite doit être modifié, et de combien il doit l'être (au moins à peu près) pour rétablir l'égalité. Par ce tâtonnement, que la pratique apprend à abréger, on parvient bientôt à établir une exacte compensation entre ce que la nouvelle limite fait gagner ou perdre à chacun.

V. *Notions pratiques.*

318. Les trente-neuf problèmes qui précèdent renferment les solutions des questions qui se présentent le plus fréquemment au géomètre-arpenteur. Je n'ai pas cru devoir y ajouter divers autres problèmes qui, bien que très-intéressants, sont plus curieux qu'utiles. Il me paraît plus conforme au but du présent livre d'entrer ici dans quelques détails sur la pratique de l'arpentage.

319. MARCHE A SUIVRE POUR LA MESURE OU LA DIVISION D'UN TERRAIN. — Avant de procéder à la mesure ou à la division d'un terrain, on en marque le contour par un nombre suffisant de jalons ou de piquets plantés aux angles et on en fait un croquis, de manière à pouvoir se rendre compte des opérations géométriques qui seront nécessaires. On trace ensuite sur le terrain, et au besoin on mesure toutes les lignes qu'exige la solution des problèmes que l'on a à résoudre ; on les trace également sur le papier, et on inscrit sur chacune d'elles sa lon-

gueur; puis on effectue les calculs, et enfin, si l'objet qu'on se propose est la division du terrain, on trace, d'après le résultat obtenu, la ligne ou les lignes de séparation des diverses parties, et on les arrête définitivement soit par des bornes, soit par tout autre moyen équivalent *.

* 330 et suiv.

320. Quand il s'agit d'opérations compliquées ou d'un terrain de quelque étendue, on procède préalablement au lever du plan de ce terrain. Par là on se procure plusieurs avantages qu'un simple croquis ne peut présenter. Pour la mesure des contenances, un plan bien fait permet d'établir sur le papier des subdivisions commodes à évaluer, telles que des triangles, des rectangles, des trapèzes, etc. On mesure à l'échelle les longueurs des lignes qui doivent entrer dans les calculs. Pour le partage d'une propriété entre plusieurs intéressés, on commence par évaluer le tout en superficie, ou mieux encore en argent, puis on calcule la part qui doit revenir à chacun suivant ses droits, après quoi on trace sur le plan les lignes de séparation des divers lots que l'on juge pouvoir satisfaire le mieux possible aux diverses conditions qui résultent soit de la disposition des lieux, soit des intérêts des copartageants. S'il n'existe dans la propriété qu'un seul puits ou une seule fontaine, on fait en sorte que chacun puisse y avoir accès. Il en est de même dans le cas d'un passage, par exemple d'un pont sur un cours d'eau ou d'une porte; en un mot, on s'attache à établir chaque lot dans les meilleures

conditions possibles, et de manière que les avantages et les désavantages soient équitablement répartis ou compensés. Un tel résultat ne s'obtient pas immédiatement, mais par des essais successifs. Par un premier essai on arrive aisément à donner aux lots des valeurs en argent qui, sans être exactement en proportion des droits des copartageants, n'ont besoin que de modifications peu considérables. On évalue chaque lot au moyen des lignes tracées provisoirement; on reconnaît ainsi ce que chacun se trouve avoir de trop ou de moins, et il n'y a plus qu'à déplacer les lignes provisoires de séparation de manière à rendre aux uns ce qui leur manque, au moyen de ce que les autres ont de trop.

321. A peine est-il besoin de faire observer que, quand on se décide à recourir aux instruments propres au lever des plans, tels que la planchette ou le graphomètre, les solutions de divers problèmes que nous avons données, notamment pour la mesure de lignes inaccessibles en tout ou en partie, sont remplacées avantageusement par des opérations de l'espèce de celles qui se présentent dans les levers de plans. Veut-on, par exemple, déterminer la longueur d'une droite dont on ne voit que les extrémités sans pouvoir les aborder, on mesure une droite ou base sur le terrain accessible dont on dispose; de chacune des extrémités de cette droite on dirige des rayons de visée aux deux extrémités de la droite à mesurer, et, au moyen des angles que ces rayons font avec la base,

on construit ou on calcule une figure dont un côté
est la droite à mesurer*. Cet exemple suffira pour
guider dans les autres cas.

186.

322. MOYENS EMPLOYÉS POUR ABRÉGER LES CAL-
CULS. — Les arpenteurs, pour se rendre compte rapidement des contenances qu'ils ont à considérer,
emploient divers moyens. L'un de ces moyens consiste à transformer les figures en triangles équivalents, problème dont la solution est donnée en géométrie élémentaire. Un grand nombre d'arpenteurs
ont recours à un instrument appelé *vérificateur*: c'est
un quadrillage formé soit de fils très-fins tendus sur
un cadre, soit de lignes tracées sur une glace, de
manière à former des quarrés égaux représentant
chacun 1 are à l'échelle du plan. On applique sur
le papier la face sur laquelle les fils sont tendus ou
les lignes tracées, et on compte immédiatement les
ares entiers que contient le terrain à mesurer. Quant
aux quarrés qui se trouvent partagés par le périmètre
de la figure, on évalue par estime, mais sommaire-
ment, les portions qui doivent être ajoutées aux ares
entiers. Pour plus de facilité, parmi les fils ou les
traits qui forment ce quadrillage, il y en a de plus
apparents que les autres ou de couleur différente,
qui forment, les uns des quarrés d'un hectare, et
d'autres des quarts d'hectare ou des quarrés de
25 ares.

Ces deux moyens d'abréger les calculs ne donnent
que des approximations qui ne peuvent suppléer à

des évaluations rigoureuses. On les emploie surtout pour préparer la solution des problèmes relatifs à la division des terrains. On peut aussi en tirer parti pour se rendre compte approximativement de l'exactitude d'évaluations que l'on ne veut pas recommencer.

323. On a voulu aller plus loin et obtenir mécaniquement des résultats exacts. L'Académie des sciences de Paris a décerné, dans sa séance du 21 août 1837, un prix à M. Ernst, pour un instrument tellement construit, qu'il suffit de promener une pointe sur tout le contour d'une figure plane pour obtenir l'aire de cette figure. Mais, dans la pratique, cet instrument n'a pas toujours répondu aux espérances qu'avait fait concevoir l'ingénieux principe sur lequel il est construit (1). On en a proposé plusieurs autres qui paraissent pouvoir être fort utiles, mais je ne crois pas qu'il soit nécessaire d'en donner ici la description (2).

(1) Voyez la *Notice* de M. Arthur Morin *sur les divers appareils dynamométriques*, Paris, 1841, p. 32-38.

(2) Voyez, dans les *Annales des ponts et chaussées*, 1° année 1840, 2ᵉ semestre, un mémoire de M. Léon Lalanne sur la théorie et les divers usages d'un instrument qu'il appelle *arithmoplanimètre;* 2° année 1844, 2ᵉ semestre, une *Note* de M. Dupuit sur un instrument destiné à obtenir rapidement l'aire de toute surface plane; 3° année 1854, 2ᵉ semestre, des extraits d'un rapport de M. Bellanger sur un planimètre de M. Beuvière.

324. TRACÉ DES LIGNES NÉCESSAIRES POUR L'ARPENTAGE. — PERCEMENTS. — J'ai indiqué, dans le livre I de cet ouvrage, comment on effectue le tracé des lignes droites sur le terrain, dans les directions où la vue peut s'étendre ; il me reste à faire connaître les procédés auxquels on a recours dans les cas où des obstacles interceptent la vue. Il s'agit de se frayer, au travers de ces obstacles, un chemin dont plusieurs problèmes donnés dans le présent livre nous ont appris à déterminer la direction par des jalons ou des piquets; cette direction peut d'ailleurs être déterminée sur le plan des lieux si l'on a eu à le lever. Dans ce dernier cas, on détermine sur le terrain la direction de la ligne à ouvrir en se mettant en station en un point de la direction figurée sur le plan et en orientant celui-ci, et alors il n'y a plus qu'à appliquer l'alidade sur cette ligne et à faire planter des jalons dans la direction du plan de collimation. Ceci suppose qu'on se sert de la planchette. Si on s'était servi d'un goniomètre, on mesurerait ou on calculerait l'angle formé par la droite à tracer avec une autre droite du terrain, figurée sur le plan et accessible (ce sera généralement l'une de celles qui auront servi à tourner l'obstacle), et il ne resterait plus qu'à tracer un alignement faisant avec cette droite un angle connu, problème que nous savons résoudre *.

* 99.

On aura donc, dans tous les cas, à tracer une droite dans une direction fixée par deux jalons au moins.

325. Cette direction, pour un passage qui doit avoir une certaine largeur, comme une route ou une galerie souterraine, doit, autant que possible, représenter l'axe ou la ligne milieu du tracé à ouvrir. On commence par ouvrir ce tracé sur une largeur de $0^m.70$ à 1 mètre seulement, précaution nécessaire; car, lorsqu'on se dirige sur un point invisible en s'alignant sur deux jalons, la direction que l'on suit n'est assurée qu'imparfaitement, et par suite il est rare qu'on arrive juste au point qu'il s'agit d'atteindre. Il faut donc, en général, reporter ensuite le tracé un peu à droite ou un peu à gauche, de manière à corriger l'écart reconnu. En pratiquant d'abord un étroit passage dans l'axe, cet écart sera presque toujours compris dans la largeur définitive du passage à ouvrir, et on aura ainsi évité de faire du travail en pure perte.

Il est bien entendu que la même recommandation s'applique lorsqu'on attaque l'obstacle par les deux extrémités.

326. Dans le cas d'une galerie souterraine de quelque étendue, par exemple d'un long tunnel de chemin de fer, on a souvent intérêt à multiplier les points d'attaque. A cet effet on ouvre des puits, soit sur la ligne d'axe, soit à quelque distance de cette ligne. On commence par repérer exactement le tracé de celle-ci à la surface du sol, au moyen de forts piquets ou même de bornes en pierre scellées dans des massifs de maçonnerie. Après avoir ensuite déter-

miné l'emplacement de chaque puits et procédé au
fonçage jusqu'à la profondeur nécessaire, on tend
au-dessus de l'ouverture, dans l'alignement de la
galerie, un cordeau ou un fil de fer auquel on suspend deux fils à plomb que l'on fait descendre jusque
dans la galerie. Ces fils, lorsqu'ils sont en repos,
déterminent l'alignement à suivre pour le percement.
Pour arrêter promptement leurs oscillations et obtenir l'immobilité nécessaire, on fait plonger le plomb
de chaque fil dans un seau d'eau.

Quand les puits ne doivent pas être placés sur
l'axe même, mais latéralement, on est obligé de
regagner cet axe par une galerie latérale. Dans ce
cas, on se sert encore de deux fils à plomb pour
transmettre à l'intérieur du sol la direction de la
galerie projetée ; mais l'alignement de ces deux fils
est alors celui de la galerie latérale. On mesure avec
le plus grand soin, à l'extérieur, la distance de l'un
des fils à l'alignement prescrit, et on reporte cette
distance à l'intérieur, ce qui donne un point de l'axe
de la galerie. On mesure ensuite très-exactement
l'angle que forme l'alignement des fils avec celui de
la galerie qui est repéré à la surface du sol, et en
reportant cet angle à l'intérieur, on a la direction à
suivre pour l'exécution du travail souterrain.

A peine est-il besoin d'ajouter que, pour les grandes
percées souterraines, on ne se contente pas d'opérer
avec les instruments ordinaires d'arpentage. Il faut
recourir alors aux instruments et aux procédés propres aux opérations de haute précision.

327. Ce qui précède se rapporte aux tracés en
ligne droite. Lorsqu'il faut suivre une ligne brisée,
c'est-à-dire composée de plusieurs parties rectilignes,
on s'avance d'abord jusqu'à l'extrémité du premier
alignement, ce que l'on reconnaît par la longueur
parcourue, et on marque cette extrémité soit en
s'alignant sur les deux jalons qui ont servi pour
cette première partie du percement, soit en remet-
tant en station l'instrument avec lequel on a déterminé cet alignement même. On détermine ensuite
le second alignement au moyen de l'angle qu'il doit
former avec le premier, et on continue ainsi jusqu'au
point où il s'agit d'arriver, ou jusqu'à ce que l'on
rencontre une autre attaque, partant soit de ce point
même, soit d'un point intermédiaire.

Quand le percement doit être effectué en ligne
courbe, on substitue à l'axe courbe, pour l'ouverture
du premier passage, une portion de polygone régulier * dont les sommets soient compris dans la

* 222 et suiv.

largeur définitive du passage à ouvrir. On rectifie ensuite le tracé de cette ligne polygonale, et
enfin on obtient les divers points de l'axe curvi-
ligne au moyen d'ordonnées que l'on calcule à cet
effet.

Dans les travaux en galerie souterraine, on se sert
ordinairement, pour repérer la direction de l'axe, de
piquets fixés au ciel de la galerie. On visse dans ces
piquets des pitons auxquels on suspend des fils à
plomb dans l'axe même. On évite ainsi d'embar-
rasser la voie par des jalons.

328. Quand deux percements s'avançant à la rencontre l'un de l'autre ne se rencontrent pas, et que cependant le travail fait équivaut à la longueur totale comprise entre les deux points d'attaque, c'est une preuve que l'on a fait fausse route d'un côté ou de l'autre, ou des deux côtés; mais, comme l'écart est peu considérable, on entend de chaque percée le bruit que font les travailleurs dans la percée voisine, et on sait ainsi de quel côté il faut se diriger pour établir la communication.

329. La transmission du son à distance peut avoir d'autres applications utiles. Par exemple, quand on veut savoir quel est le point de la surface du sol qui correspond verticalement à une galerie souterraine, il suffit de faire frapper avec un marteau la voûte de la galerie. En prêtant l'oreille, on entend facilement le bruit au dehors, lorsqu'on connaît à peu près le tracé de la galerie; et en creusant à l'endroit où ce bruit parvient à l'oreille le plus distinctement, on est certain de trouver la galerie, lors même qu'elle est à plusieurs mètres de profondeur.

Lorsqu'on veut aboutir, au travers d'un bois, à un point déterminé, sans avoir un alignement pour se diriger, on y envoie quelqu'un que l'on charge de crier ou de tirer un coup de fusil. On obtient ainsi un tracé que l'on rectifie ensuite facilement au moyen d'ordonnées perpendiculaires.

On peut encore faire lancer des fusées pour obtenir une direction approchée; mais alors ce n'est plus le son, mais la lumière, qui sert à guider l'opérateur.

330. BORNAGE. — Les limites des propriétés sont de deux espèces. Les routes et chemins, les cours d'eau et les étangs, les fossés, les haies et autres clôtures forment les limites *apparentes*. Il existe d'autres limites non apparentes dont le tracé est déterminé par des points isolés marqués sur le sol. On peut convenir, par exemple, que certains arbres marquent la limite séparative de deux propriétés ; mais le plus souvent cette limite est marquée par des pierres isolées plantées en terre. Ces pierres portent spécialement le nom de *bornes*, et on appelle *bornage* l'ensemble des opérations qui ont pour objet l'établissement d'une limite de propriété par le moyen de bornes.

331. On emploie quelquefois comme bornes des pierres taillées, et alors il est impossible de les confondre avec des pierres brutes ; mais, le plus souvent, les bornes consistent dans des pierres d'une certaine grosseur, non taillées, et alors elles ne se distinguent des autres pierres qui peuvent se trouver à proximité que par la manière dont elles sont plantées. On les plante *debout*, ce qui empêche de les confondre avec les pierres qui gisent à plat sur le sol ; mais cela ne suffit pas : on entasse sous chaque borne quelques moellons ou pierres moins grosses que l'on nomme *témoins de la borne*. On est encore assez générale-

ment dans l'usage de casser une tuile et d'en placer
les morceaux sous la borne. Au lieu de tuile, on se
sert encore de charbon, d'ardoises, et même simplement de quelques poignées de petits cailloux. Le
but de ces précautions est de faire en sorte que la
pierre qu'on a plantée pour servir de borne puisse,
en cas de doute ou de contestation, être reconnue
en tout temps pour avoir ce caractère.

Quelquefois les bornes sont enfouies dans la terre
à une assez grande profondeur pour que le soc de la
charrue ne puisse les atteindre.

332. La plantation de bornes entre deux propriétés est d'ailleurs toujours constatée par un acte
authentique, ou tout au moins signé des deux propriétaires limitrophes s'ils sont d'accord. Cet acte,
que l'on appelle un *procès-verbal d'abornement*, doit
indiquer l'emplacement et, au besoin, donner la
description de chaque borne, de manière à éviter,
pour l'avenir, toute contestation.

« Tout propriétaire, dit l'article 646 du code
« Napoléon, peut obliger son voisin au bornage de
« leurs propriétés contiguës. Le bornage se fait à
« frais communs. » Cette disposition ne s'entend
que du mode de bornage qui est en usage dans la
localité. Tout autre mode serait aux frais de la partie
requérante, et ne pourrait être pratiqué que sur son
terrain.

On plante ordinairement une borne à chacun des
angles de la limite des deux propriétés, de telle sorte

qu'il suffise de joindre ces bornes par des lignes
droites pour retrouver, au besoin, cette limite.
Quelquefois on plante aussi des bornes intermédiaires quand les limites sont formées de très-
longues lignes droites.

La loi punit ceux qui déplacent ou suppriment
des bornes ou pieds corniers (1) ou autres arbres
plantés ou reconnus pour établir les limites entre
différents héritages. Quand une borne est douteuse,
l'arpenteur chargé de la vérifier ne peut la lever
qu'après s'y être fait autoriser par justice, ou par
les propriétaires intéressés, si la borne n'a été l'objet
d'aucune intervention de la justice.

Avant de procéder au levage d'une borne, il faut
avoir soin de se ménager les moyens de la remettre
exactement en place. A cet effet, on mesure les distances du point qu'elle détermine à plusieurs points
fixes pris sur des objets voisins ou à des piquets
plantés pour servir de repères.

333. Les opérations de bornage sont très-souvent
précédées de contestations sur la limite même qu'il
s'agit d'établir. Elles donnent lieu à des vérifications
de titres et de contenances, travail qu'il faut bien se
garder de confondre avec l'opération même du bornage, laquelle ne commence, à proprement parler,
qu'après que l'on s'est mis d'accord sur la ligne de

_____

(1) On appelle *pieds corniers* les arbres placés aux angles
d'une ligne servant de limite.

délimitation, ou, en cas de désaccord, que la question a été tranchée définitivement par les tribunaux.

Pour se diriger dans ces questions souvent difficiles, il faut avoir présents à l'esprit les principes de notre droit civil, notamment en ce qui concerne la propriété des immeubles, le voisinage, les servitudes ou services fonciers et la prescription. Il faut également connaître les usages de la localité dans laquelle on est appelé à opérer. Il y aurait tout un livre à écrire sur cet ordre de connaissances nécessaires à l'arpenteur; à défaut d'un tel livre, on devra recourir au texte même de la loi, sans jamais croire qu'on le sait assez bien pour pouvoir se dispenser d'ouvrir le code. Le sens des articles, obscur d'abord, se dégagera peu à peu par la pratique. L'essentiel est de savoir bien quelle est, dans chaque cas, la disposition que l'on applique, et de faire avec soin la part de la loi, celle des coutumes locales, celle des conventions écrites, et enfin celle de l'équité. Par ce procédé très-simple, l'arpenteur acquerra la connaissance du droit dans la mesure que requiert l'exercice des fonctions d'expert. Et alors non-seulement il procédera avec équité, mais encore il saura rendre son intervention utile à un autre point de vue : en prévenant les procès dont les actes d'un expert inhabile contiennent trop souvent le germe.

VI. *Conversion des anciennes mesures en nouvelles
et réciproquement.*

334. ANCIENNES MESURES. — Avant l'établissement du *système métrique*, on faisait usage, en France, d'une foule de mesures dont les dénominations diverses rempliraient un volume, et dont il existait souvent dans le même lieu plusieurs espèces différentes portant la même dénomination. C'était un véritable chaos, dont on est sorti par l'établissement de mesures uniformes pour toute la France. Mais il reste de cet ancien état de choses une quantité immense de titres dans lesquels on trouve des longueurs et des contenances exprimées en anciennes mesures. De là résulte la nécessité, pour les personnes appelées à apprécier ces titres, de savoir évaluer ces anciennes mesures en mesures nouvelles.

335. MESURES DE LONGUEUR. — Les longueurs, dans les anciens titres, sont ordinairement évaluées en toises, pieds et pouces. La *toise* vaut six *pieds*, le pied douze *pouces*. On subdivise encore le pouce en douze *lignes* et la ligne en douze *points*, mais les subdivisions moindres que la ligne sont exprimées habituellement en parties décimales de la ligne.

Le pied dont il est question ici est une unité principale, désignée souvent sous le nom de *pied de roi,* et que nous appelons simplement *pied.*

Le rapport entre la toise et le mètre résulte de ce que, d'une part, le mètre est la 10 000 000ᵐᵉ partie de la distance du pôle à l'équateur, et, d'autre part, de ce que cette distance, mesurée avec un étalon prototype de la toise, appelé la *toise du Pérou*, qui est conservé précieusement dans les archives, a été trouvée égale à 5 130 740ᵗ.74074. Le mètre légal est donc en toises la 10 000 000ᵐᵉ partie de ce nombre, ou en lignes 443ˡ.296. La loi du 19 frimaire an VIII (10 décembre 1799) fixe le mètre légal à 443ˡ.296 *de la toise du Pérou, en fer, à 13 degrés de Réaumur, ou 16° ¼ centigrades du thermomètre à mercure.*

On sait aujourd'hui que cette longueur du mètre légal est plus courte d'environ $\frac{44}{1000}$ de ligne, ou d'environ 1/10 de millimètre que la dix-millionième partie de la distance du pôle à l'équateur (1). Mais le mètre *légal* reste fixé conformément à la définition ci-dessus.

Ceci étant compris, puisque 5 130 740ᵗ.74074 valent 10 000 000ᵐ, on aura la longueur de la toise en mètres en divisant le second de ces nombres par le premier. On trouve ainsi pour cette longueur 1ᵐ.949036.

Par conséquent, la longueur du pied est de   0ᵐ.324839
Celle du pouce de. . . . .   0 .027070
Celle de la ligne de. . . . .   0 .002256

(1) **Biot**, *Astronomie physique*, 3ᵉ édition, t. III, p. 338.

336. Pour donner une idée de l'application de
ces résultats, supposons qu'un ancien titre indique
qu'une borne a été plantée sur une certaine direction, à partir d'un point bien défini et sur l'identité
duquel il n'y a pas discussion, à 127 toises 2 pieds
8 pouces de distance de ce point. On trouvera, en
transformant les toises, pieds et pouces en mètres
au moyen des nombres ci-dessus,

Pour 127 toises.	247^m.5276
Pour 2 pieds.	0 .6497
Pour 8 pouces.	0 .2166
Total pour 127^{t}2^{ri}8^{po}. . .	248^m.394

en se bornant à trois décimales. Telle est la distance
à laquelle il faut chercher la borne ou fouiller pour
la découvrir.

337. Il est utile d'avertir ici que, dans les diverses
provinces de l'ancienne France, le pied n'avait pas
la même longueur. Faute d'avoir égard à cette circonstance, on pourrait être induit en erreur. On doit
consulter à ce sujet les coutumes locales et rechercher avec soin si les mesures que l'on a à interpréter
sont données en pieds de la localité ou en pieds
de roi.

Quand ce ne sont pas des *pieds de roi*, il faut rechercher leur rapport avec ce pied, afin de les évaluer en pied de roi, et par suite en mesures nouvelles.

Cette observation s'applique également aux mesures de contenance ou de superficie dont nous allons nous occuper maintenant.

338. MESURES DE CONTENANCE OU DE SUPERFICIE. — On compte parmi ces mesures la *toise quarrée*, le *pied quarré*, le *pouce quarré*, etc., qui sont des quarrés ayant pour côtés la toise et ses subdivisions. Mais les mesures généralement usitées étaient l'*arpent* et la *perche*, analogues à l'hectare et à l'are.

Il y avait des perches de plusieurs grandeurs. Je citerai seulement celle de *Paris*, de 18 pieds de côté, et celle des *eaux et forêts*, de 22 pieds de côté. A ces deux perches correspondaient *l'arpent de Paris* et *l'arpent des eaux et forêts*, valant chacun 100 perches.

Il résulte de là

Que la perche et l'arpent de Paris étaient des quarrés de $5^m.8471$ et de $58^m.4711$ de côté, respectivement, ayant, par conséquent, pour contenances $34^{mq}.1887$ ou $34^{centiar}.1887$, et $3418^{mq}.8683$ ou $34^{ares}18^{cent}.8683$;

Que la perche et l'arpent des eaux et forêts étaient pareillement des quarrés de $7^m.1465$ et de $71^m.4647$ de côté, respectivement, ayant, par conséquent, pour contenances $51^{mq}.0720$ ou $51^{centiar}.0720$, et $5107^{mq}.1983$ ou $51^{ares}07^{cent}.1983$.

Par le moyen de ces nombres on convertira toute contenance donnée en arpents et perches, soit de Paris, soit des eaux et forêts, en hectares et subdivisions de l'hectare.

339. Inversement, en divisant l'unité par le nombre qui exprime chacun de ces arpents en hectares, on aura la valeur de l'hectare en arpents. On trouve ainsi, pour la valeur de l'hectare

En arpents de Paris. . . . . . $2^{arp}92^{per}.4945$
En arpents des eaux et forêts. 1   95   .8020

Si l'on veut réduire les parties décimales de la perche en unités plus petites, par exemple en toises quarrées, on remarquera que la perche de 18 pieds est égale à 9 de ces toises, et que, par conséquent, une toise est 1/9 de la perche. Pour avoir les toises contenues dans la partie décimale 0.4945, il faut la multiplier par 9, ce qui donne $4^{tq}.4505$. En multipliant 0.4505 par 36, on aurait les pieds quarrés, etc. Ces calculs sont tout à fait semblables à ceux auxquels donnent lieu les angles exprimés en degrés, minutes

Intr. 23. et secondes de la division sexagésimale du cercle.

Pour effectuer la réduction analogue sur la partie décimale 0.8020 de la perche de 22 pieds, il faut remarquer que son rapport à la toise est le quarré du nombre fractionnaire $\frac{22}{6}$ ou $\frac{11}{3}$, c'est-à-dire $\frac{121}{9}$. Il faut donc multiplier cette partie décimale par $\frac{121}{9}$, ce qui donne $13^{tq}.0047$. En multipliant ensuite par 36, on obtiendrait les pieds quarrés, etc.

340. Pour fixer les idées sur le genre d'applica-

tion dont ces nombres sont susceptibles, je supposerai qu'un titre assigne à un propriétaire une contenance de 8^{arp}3^{per}.62 des eaux et forêts, et que l'on veuille avoir la vérification de cette contenance.

On la convertira en mesures nouvelles, ce qui donnera

Pour 8 arpents. . .	4^{hect}08^{ares}57^{centi}.59
Pour 3.62 perches. .	1 84 .88
TOTAL. . .	4^{hect}10^{ares}42^{centi}.47

D'un autre côté, on fera l'arpentage du terrain en mesures nouvelles. Supposons que le résultat de cette opération soit 4^{hect}07^{ares}22^{centi}.03, il y aura un déficit de 3^{ares}20^{centi}.44.

Pour évaluer ce déficit en mesures de l'espèce de celles que porte le titre, on se servira des nombres donnés ci-dessus et on aura

Pour 2 ares.	5^{perches}.87
Pour 20 centiares 44. .	0 .40
TOTAL. . .	6^{perches}.27

341. On doit considérer comme un cas particulier du problème de la conversion des mesures l'évaluation d'une superficie que l'on a arpentée en se servant d'une chaîne plus courte ou plus grande que le décamètre.

Il n'est question ici que des cas où les subdivisions de la chaîne sont toutes plus courtes ou plus longues qu'elles ne devraient l'être, comme la chaîne elle-même.

Alors toutes les mesures relevées sont affectées dans la même proportion, et par conséquent la superficie déduite de ces mesures est, à la surface que l'on aurait déduite de mesures prises avec le décamètre, comme le quarré du nombre qui exprime en mètres la longueur de la chaîne dont on s'est servi est au quarré de 10 ou au nombre 100. Par conséquent, on aura la vraie contenance en multipliant par 100 la fausse contenance et en divisant le produit par le quarré de la longueur de la chaîne exprimée en mètres.

342. Je supposerai enfin que l'on ait un ancien plan, dépourvu d'échelle, d'un terrain dont la contenance est donnée en mesures anciennes, et que l'on veuille retrouver cette échelle.

On commencera par exprimer la contenance du terrain en mètres quarrés, puis on mesurera avec une échelle de millimètres la surface de la partie du plan comprise dans le périmètre du terrain, et on exprimera aussi cette surface en mètres quarrés. Le rapport de ce dernier nombre au premier sera le quarré du nombre qui exprime l'échelle demandée, puisque les superficies de deux figures semblables sont entre elles comme les quarrés des côtés homologues. On aura donc l'échelle demandée en extrayant la racine quarrée du rapport des deux superficies.

On comprend que l'échelle ainsi obtenue ne sera pas, en général, déterminée très-exactement. Si elle se trouve différer très-peu d'une des échelles qui étaient autrefois en usage, par exemple d'une ligne pour toise ou d'une ligne pour 2 toises, etc., cette échelle sera probablement la véritable.

343. On facilite les calculs de conversion des anciennes mesures en nouvelles et réciproquement, par des tableaux que chacun dresse en vue du travail qu'il doit effectuer le plus habituellement. Voici des exemples de la disposition qu'on peut donner à ces tableaux.

J'ai fait usage des valeurs suivantes :

Mètre légal en lignes = 443^l.296.

— en toises = 0^t.513074074074.

Toise en mètres. . . = 1^m.949036309824.

Table pour convertir les toises, pieds, pouces et lignes en mètres et parties du mètre.

TOISES.	MÈTRES.	PIEDS.	MÈTRES.	POUCES.	MÈTRES.	LIGNES.	MÈTRES.
1	1.94904	1	0.32484	1	0.02707	1	0.00226
2	3.89807	2	0.64968	2	0.05414	2	0.00451
3	5.84711	3	0.97452	3	0.08121	3	0.00677
4	7.79615	4	1.29936	4	0.10828	4	0.00902
5	9.74518	5	1.62420	5	0.13535	5	0 01128
6	11.69422	6	1.94904	6	0.16242	6	0.01353
7	13.64325	7	2.27388	7	0.18949	7	0.01579
8	15.59229	8	2.59872	8	0.21656	8	0.01805
9	17.54133	9	2.92355	9	0.24363	9	0.02030
10	19.49036	10	3.24839	10	0.27070	10	0.02256
100	194.90363	00	32.48394	11	0.29777	11	0.02481
1000	1949.03631	1000	324.83938	12	0.32484	12	0.02707

Table pour convertir les mètres, décimètres, centimètres et millimètres en toises, pieds, pouces et lignes.

MÈTRES.	TOISES.	DÉCI- MÈTRES.	PIEDS.	CENTI- MÈTRES.	POUCES.	MILLI- MÈTRES.	LIGNES.
1	0.51307	1	0.30784	1	0.36941	1	0.44330
2	1.02615	2	0.61569	2	0.73883	2	0.88659
3	1.53922	3	0.92353	3	1.10824	3	1.32989
4	2.05230	4	1.23138	4	1.47765	4	1.77318
5	2.56537	5	1.53922	5	1.84707	5	2.21648
6	3.07844	6	1.84707	6	2.21648	6	2.65978
7	3.59152	7	2.15491	7	2.58589	7	3.10307
8	4.10459	8	2.46276	8	2.95531	8	3.54637
9	4.61767	9	2.77060	9	3.32472	9	3.98966
10	5.13074	10	3.07844	10	3.69413	10	4.43296
100	51.30741	100	30.78444	100	36.94133	100	44.32960
1000	513.07407	1000	307.84444	1000	369.41333	1000	444.29600

OBSERVATION. — Après avoir fait usage de cette table, il reste à réduire les parties décimales du nombre obtenu en pieds, pouces et lignes, s'il s'agit de toises; en pouces et lignes, s'il s'agit de pieds; en lignes, s'il s'agit de pouces. Cette réduction s'opère en multipliant ces parties décimales par 6 pour obtenir les pieds, par 12 pour obtenir les pouces, et encore par 12 pour obtenir les lignes.

Table pour convertir les arpents en hectares et réciproquement.

ARPENTS DE 100 PERCHES QUARRÉES, LA PERCHE DE 18 PIEDS LINÉAIRES.				ARPENTS DE 100 PERCHES QUARRÉES, LA PERCHE DE 22 PIEDS LINÉAIRES.			
Arpents	Hectares.	Hec- tares.	Arpents.	Arpents	Hectares.	Hec- tares.	Arpents.
1	0.3419	1	2.9249	1	0.5107	1	1.9580
2	0.6838	2	5.8499	2	1.0214	2	3.9160
3	1.0257	3	8.7748	3	1.5322	3	5.8740
4	1.3675	4	11.6998	4	2.0429	4	7.8321
5	1.7094	5	14.6247	5	2.5336	5	9.7901
6	2.0513	6	17.5497	6	3.0643	6	11.7481
7	2.3932	7	20.4746	7	3.5750	7	13.7061
8	2.7351	8	23.3996	8	4.0858	8	15.6642
9	3.0770	9	26.3245	9	4.5965	9	17.6222
10	3.4189	10	29.2494	10	5.1072	10	19.5802
100	34.1887	100	292.4945	100	51.0720	100	195.8021
1000	341.8868	1000	2924.9445	1000	510.7198	1000	1958.0207

LIVRE QUATRIÈME.

LES OPÉRATIONS DE PRÉCISION.

---

1. *Moyens employés pour la mesure des longueurs et des angles.*

344. Quand on veut faire le plan d'un terrain de grande étendue, il faut, comme nous l'avons dit dans le livre II*, déterminer par une *triangulation* · 126. un certain nombre de points fondamentaux, auxquels on puisse rattacher sûrement les lignes qui formeront le canevas du lever proprement dit. Le présent livre sera consacré à cette spécialité d'opérations que j'apellerai *de précision,* car le but que l'on se propose en y recourant exige essentiellement que le degré de précision obtenu soit de beaucoup ou au moins notablement supérieur à celui qu'on peut se promettre de l'emploi des instruments et des méthodes ordinaires. Et ce n'est point à dire que, pour celles-ci, la précision puisse être négligée. Il faut entendre qu'elles ne peuvent fournir qu'une précision limitée, suffisante mais nécessaire pour les opérations d'un certain ordre.

La précision supérieure que nous avons en vue s'obtient par l'emploi d'instruments convenables et de certains procédés pour la mesure tant des longueurs que des angles. Je vais entrer, à cet égard, dans les explications nécessaires.

345. MESURE D'UNE BASE. — Dans une triangulation, on ne mesure directement qu'un petit nombre de longueurs qui prennent le nom de *bases*. Souvent même on ne mesure qu'une seule base. Au moyen de cette base et des angles des triangles auxquels elle appartient comme côté, on calcule trigonométriquement les autres côtés de ces triangles, lesquels peuvent être considérés comme de nouvelles bases et servir à calculer de même les côtés des triangles qui s'appuient sur celles-ci, et, en procédant ainsi de proche en proche, on arrive à la détermination des longueurs des côtés de tous les triangles formant le réseau. Cette marche est, en quelque sorte, imposée par les difficultés que présente la mesure d'une base et dont on peut se faire une idée par ce que je vais dire.

346. On établit la base sur un terrain découvert et uni, horizontal si c'est possible, ou tout au moins uniformément incliné. En se servant, au besoin, * 23 et suiv. d'un instrument à tracer les grands alignements*, ou d'un théodolite, on fait planter des jalons de dis-

tance en distance, de 100 en 100 mètres par exemple. La base étant ainsi tracée sur le terrain, il s'agit d'en obtenir la longueur avec la précision que requiert la nature de l'opération dont on s'occupe.

Le plus souvent on se borne à un chaînage fait avec une chaine bien étalonnée et des fiches. On répète l'opération un certain nombre de fois dans les deux sens, et si la chaîne, à la fin de l'opération, n'a pas subi d'allongement, on prend une *moyenne* entre les déterminations obtenues*. Ce procédé, le plus simple de tous, n'est pas susceptible de fournir des résultats d'une bien grande précision.

* 109.

On obtient un résultat beaucoup plus avantageux en employant le décamètre à ruban d'acier*; mais alors il faut tenir compte de l'allongement qu'éprouve le métal par la chaleur. En effet, le décamètre s'allonge de $0^m.00012$ pour 1 degré du thermomètre centigrade, et il n'est pas rare de le voir prendre, au soleil, une température de 40 à 50 degrés et, par conséquent, s'allonger de $0^m.005$ à $0^m.006$, quantité qui ne saurait être négligeable. Il faut donc compter chaque décamètre pour 10 mètres, plus l'allongement dû à l'excès de la température à laquelle on opère sur la température (préalablement déterminée par expérience) à laquelle le décamètre a exactement 10 mètres de longueur. Il faut encore ajouter l'allongement de quelques millimètres dû à l'effort de traction que l'on exerce sur ce ruban pour le tendre convenablement. On mesure expérimentalement cette tension; on mesure en même temps la flèche qu'elle

* 41.

38. laisse au ruban, et de cette flèche on conclut le raccourcissement dû à la courbure. Ce raccourcissement doit être soustrait de la longueur totale, obtenue en ajoutant à 10 mètres les deux allongements ci-dessus, et le reste est la longueur définitive à compter pour chaque décamètre. Il est bien entendu que la longueur obtenue pour la base doit
40. être réduite à l'horizontale.

Sur un terrain favorable et en prenant beaucoup de précautions, on peut parvenir à mesurer une base de 800 à 1 000 mètres de longueur à $0^m.03$ ou $0^m.04$ près.

347. Dans les grandes opérations qui ont eu pour objet la détermination des dimensions du globe terrestre, on a eu recours à divers procédés dont je ne puis indiquer ici que le principe. On se sert de deux ou trois règles métalliques dont la longueur a été préalablement déterminée très-exactement à une température connue. On place chacune de ces règles sur un madrier horizontal disposé sur deux supports solides. Chacun de ces madriers est un peu moins long que la règle qu'il supporte, de manière à la laisser dépasser un peu de chaque côté. On fait en sorte que l'axe de la règle soit exactement dans l'alignement de la base. Les deux ou trois règles sont ainsi disposées consécutivement, mais sans que leurs extrémités soient en contact immédiat. On mesure l'intervalle de l'une à l'autre au moyen d'une petite règle divisée, quand elles sont de niveau. Quand

elles sont à des hauteurs différentes, on mesure la
distance de la règle inférieure à un fil à plomb très-
délié qui touche le bout de l'autre règle et dont le
poids plonge dans un vase rempli d'eau pour arrêter
les oscillations. On tient compte du diamètre de ce
fil et on note la température des règles.

On transporte en avant la règle qui est en arrière,
c'est-à-dire la moins éloignée du point de départ,
puis la suivante, et ainsi de suite, et on mesure successivement les nouveaux intervalles. La longueur
de la base s'obtient en prenant la longueur de chacune des règles autant de fois qu'elle a été employée,
en ajoutant les intervalles, le diamètre du fil à plomb
autant de fois qu'il a été employé, et enfin les corrections relatives aux températures.

Comme il est très-long de rendre chaque règle
parfaitement horizontale, on préfère ne remplir cette
condition qu'à peu près ; mais alors il faut mesurer
la petite inclinaison laissée à la règle. On se sert,
pour cela, d'un clisimètre à perpendicule ou d'un
niveau, et on réduit à l'horizontale la longueur de la
règle à raison de l'inclinaison observée. On pourrait,
de même, tenir compte des déviations latérales.

M. Porro a proposé pour la mesure des bases, il
y a quelques années, un autre procédé dont voici le
principe. Concevons une suite de fils à plomb suspendus dans l'alignement de la base. On obtiendra
évidemment la mesure de cette base en mesurant
successivement les intervalles de ces fils à plomb.
M. Porro remplace ces fils par les axes de micro-

scopes verticaux. On a quatre ou cinq de ces microscopes que l'on dispose successivement dans l'alignement de la base. Chacun de ces microscopes est susceptible de recevoir un mouvement de rotation dans
sa monture et porte un niveau à bulle d'air servant
à rendre vertical l'axe autour duquel s'effectue cette
rotation. L'intervalle entre ces axes de rotation se
mesure à l'aide d'une règle un peu plus longue que
cet intervalle à peu près constant, et dont chaque
extrémité porte une échelle divisée en dixièmes de
millimètre. Ces échelles sont amenées au foyer de
chacun des microscopes, et on observe avec ces instruments les longueurs à ajouter à la distance connue
entre les zéros des deux échelles pour avoir la distance entre les deux foyers. Après chaque observation, on tourne le microscope de 180° et on répète
l'observation. La moyenne donne le résultat que l'on
aurait si l'axe optique coïncidait avec l'axe vertical
de rotation. On mesure l'inclinaison de la règle au
moyen d'un niveau à bulle d'air à forte courbure.
Des dispositions particulières permettent de mesurer
les écarts par rapport à l'alignement de la base et
d'en tenir compte au besoin.

Pour plus de détails, on consultera avec intérêt la
Géodésie de Francœur, *troisième édition.*

348. Les explications sommaires dans lesquelles
je viens d'entrer suffisent pour faire comprendre que
la mesure d'une base, lorsqu'on veut l'effectuer avec
la dernière précision, est une opération des plus dif-

ficiles. Mais il est extrêmement rare que l'on soit obligé d'effectuer cette mesure dans de telles conditions. Toutefois, si on jugeait insuffisante la mesure obtenue par le moyen du décamètre à ruban d'acier, on pourrait avoir recours au procédé suivant, qui est d'une application assez facile.

Ce procédé consiste à planter des piquets de distance en distance, de 50 en 50 mètres par exemple, dans l'alignement de la base, ayant leurs têtes arasées à peu près au niveau du sol, et à tendre ensuite un cordeau ou fil de fer passant sur les deux premiers piquets. L'une des extrémités de ce cordeau ou fil de fer, qui doit être tendu fortement, est fixée un peu en deçà de l'origine de la base, et son autre extrémité un peu au delà du piquet le plus voisin. On mesure ce premier intervalle au moyen de deux règles de bois dont on connaît la longueur exacte pour les circonstances dans lesquelles on opère. On place ces règles successivement et bout à bout le long du cordeau ou fil de fer, et on réitère deux ou trois fois la mesure de ce premier intervalle, ce qui n'est pas long. On mesure de même les intervalles suivants, et on réduit à l'horizontale s'il y a lieu.

Des règles formées d'un bois bien sec et recouvertes d'un vernis se dilatent très-peu sous l'influence de la chaleur. En opérant comme il vient d'être expliqué, on peut négliger les variations de longueur que cet agent physique leur fait éprouver.

349. MESURE DES ANGLES. — Le théodolite* est   • 138.

le type des instruments auxquels on doit recourir
quand il s'agit d'obtenir la mesure des angles avec
une certaine précision. Pour une triangulation, il
importe surtout que cette précision soit très-grande,
puisque tout dépend alors de l'exactitude des mesures angulaires*.

* 342.

Avec un cercle horizontal de 0^m.16 de diamètre et
deux verniers opposés accompagnés de loupes, on
obtient facilement les mesures angulaires à moins de
30″ près. Avec un cercle de 0^m.25 à 0^m.30 et de
construction soignée, on peut les obtenir à 5″ près.
Pour aller au delà, il faut employer le procédé de la
répétition ou celui de la *réitération*.

350. Ainsi que je l'ai dit dans le livre I, on pré-

* 74.

fère aujourd'hui la réitération à la répétition*. Le
premier de ces procédés consiste, comme on l'a vu,
à mesurer l'angle proposé plusieurs fois de suite, en
prenant successivement pour origines des points régulièrement espacés sur le limbe, comme 0°, 60°,
120°, 180°, 240°, 300°. Il en résulte que les diverses parties du limbe sont également mises en
œuvre, et que les imperfections de la graduation se
compensent plus exactement que par la répétition
proprement dite.

La réitération exige, il est vrai, une lecture pour
chaque pointé, tandis que la répétition n'exige de
lecture qu'au premier et au dernier. Mais cet inconvénient est amplement compensé par l'avantage de
pouvoir comparer entre elles immédiatement les dif-

férentes déterminations de l'angle à mesurer, et suivre la marche de leurs différences successives.

L'emploi de la réitération a, comme celui de la répétition*, une limite passé laquelle il cesse d'être avantageux. Cette limite se détermine de la même manière que pour la répétition.

• 73.

351. Pour pouvoir appliquer le procédé de la réitération, il faut que le cercle horizontal de l'instrument puisse tourner dans son propre plan sans déranger la base. A cet effet, la colonne qui supporte ce cercle reçoit dans son axe un pivot autour duquel elle peut tourner. Ce pivot est implanté perpendiculairement à la base de l'instrument. La colonne, rendue ainsi mobile, entraîne avec elle, à sa partie inférieure, un plateau circulaire gradué à sa circonférence ; une vis de serrage et une vis de rappel permettent de rendre à volonté ce mouvement prompt ou lent.

L'axe autour duquel l'alidade pivote avec tout le système qu'elle entraîne ne peut plus alors être descendu dans la colonne : celle-ci porte à son sommet, dans le prolongement de son axe, un pivot exactement centré qui fait corps avec elle ; ce pivot s'engage dans un manchon avec lequel l'alidade fait corps.

Dans ces instruments, l'alidade forme un plateau circulaire dont le plan affleure le plan du limbe. Le pivot horizontal autour duquel la lunette bascule est reçu sur deux appuis qui s'élèvent de part et d'autre du centre sur le plan de l'alidade. Ce système supérieur de la lunette doit être pourvu des moyens de rectification dont j'ai parlé en décrivant l'instrument à tracer les grands alignements. Le pied est également semblable à celui de cet instrument.

352. Dans le théodolite, la lunette n'est pas toujours disposée centralement. Il arrive quelquefois qu'elle est placée de côté, de manière à pouvoir faire un tour complet autour de son pivot horizontal, comme il arrive pour la boussole d'arpenteur*. De là résulte dans chaque observation une erreur d'excentricité égale à l'angle sous lequel l'excentricité de la lunette serait vue d'un point de même hauteur pris dans la verticale du point visé. On élimine cette erreur par le retournement. Après avoir fait une première observation de l'angle à mesurer, la lunette étant à droite du limbe, on en fait une seconde avec la lunette à gauche. La demi-somme des deux déterminations ainsi obtenues est indépendante de l'erreur due à l'excentricité de la lunette. Elle est également indépendante de l'inclinaison que pourrait avoir le pivot autour duquel la lunette bascule. La condition essentielle, c'est que le pivot central de l'instrument soit rigoureusement vertical. Le théodolite est accompagné des accessoires nécessaires pour remplir cette condition.

La démonstration de cette utile propriété est, d'ailleurs, très-facile. Soit* C le sommet de l'angle à mesurer SCT. La première observation donne l'an-

* 153.

*Fig. 219.

gle SAT, formé par les projections AS, AT des rayons de visée, la lunette étant à droite du cercle horizontal. La seconde observation donne l'angle SBT, compris entre les rayons BS, BT. Les droites CS, CT, qui sont les côtés de l'angle dont on veut avoir la mesure, divisent respectivement en deux parties égales les angles S et T. Les triangles DAS, DCT ayant un angle commun en D, on a $A+\frac{1}{2}S=C+\frac{1}{2}T$. De même, les triangles EBT, ECS donnent $B+\frac{1}{2}T=C+\frac{1}{2}S$. Ajoutant membre à membre ces deux égalités, il vient $A+B=2C$, ou $\frac{1}{2}(A+B)=C$; c'est ce qu'il fallait démontrer.

Cette méthode de compensation est d'un très-grand usage; elle est applicable à la boussole et à d'autres instruments.

353. Il est indispensable, pour le succès des opérations, que le cercle horizontal demeure fixe pendant que la lunette passe d'une position à l'autre; c'est pourquoi il est bon que tout théodolite employé à des opérations de précision soit pourvu d'une lunette de repère*.

* 92.

II. Précautions à prendre pour assurer l'exactitude des observations.

354. INSTALLATION DE L'INSTRUMENT. — On doit

35

rechercher, pour cette installation, une extrême solidité. Il convient que le pied destiné à supporter
l'instrument soit fortement charpenté. On se trouvera bien d'y ajouter, une fois mis en place, un poids
de 20 à 30 kilogrammes de pierres que l'on arran-
gera sur un faux plancher supporté par les branches
du pied.

Autant que possible, on l'appuiera directement
sur la terre. Les stations dans les édifices élevés,
que l'on est tout d'abord disposé à rechercher, ont
des inconvénients. Dans les tours élancées, il suffit
de quelqu'un qui monte ou descende l'escalier pour
imprimer à la masse des trépidations et gêner considérablement l'observateur. Si l'on était tenté de
placer l'instrument au sommet d'un échafaudage en
charpente, on serait bien vite convaincu de l'impossibilité de tirer un parti avantageux d'une station de
cette espèce.

Cependant on peut s'installer avec quelque chance
de succès sur un échafaudage très-solidement charpenté, pourvu que la hauteur n'excède pas notablement l'assiette de la base; mais il vaut encore mieux
se mettre en station sur un massif de maçonnerie à
pierre sèche.

Les plates-formes des grands édifices ont moins
d'inconvénients que les tours élancées et les clochers.

355. SIGNAUX. — L'un des meilleurs signaux que
l'on puisse employer est un disque de tôle em-

manché d'une longue perche. Ce disque doit être percé en son centre, de manière à laisser passer la lumière du jour. On le fait présenter bien en face de l'instrument. Le pointé s'obtient en faisant bissecter l'ouverture centrale, qui doit être circulaire, par les fils en croix de la lunette.

Le support de ce signal doit être *centré*, c'est-à-dire qu'il faut que, en présentant le disque dans les diverses directions d'où il devra être observé , les rayons de visée passent tous par un même point. A cet effet, le support du disque est engagé dans un pied en charpente qui le maintient vertical , en lui permettant de tourner. Cette disposition fournit le moyen de reconnaître si le centre du disque est bien placé et dans quel sens sa position a besoin d'être modifiée.

Un arbre bien droit, dépouillé de ses branches sur une grande partie de sa hauteur, forme un très-bon signal. On prend pour point de mire la partie du tronc qui est immédiatement au-dessous des branches conservées, et on suppose que son centre correspond au pied de l'arbre ; mais il peut arriver que cette supposition ne soit pas exacte.

Un autre signal très-employé consiste dans une perche portant à son sommet une botte de paille disposée en quenouille, de manière que l'axe de cette quenouille soit la perche. Ce signal se plante comme un jalon ; il risque beaucoup d'être renversé par le vent.

356. Les tiges des croix qui surmontent les flèches des clochers sont des signaux auxquels on pense tout d'abord ; mais il est, généralement, très-difficile de déterminer le point correspondant du sol ; néanmoins * 185 et suiv. on peut les utiliser, car nous avons vu* comment on rattache une station de lever de plan à des points visibles, mais inaccessibles : il conviendra donc de ne pas les négliger.

357. Il est d'une extrême importance que les signaux soient vus bien distinctement par l'observateur. Lorsqu'un objet est fort éloigné, il arrive parfois que sa partie éclairée est seule visible ; la lune nous offre un exemple familier de ce fait. Le pointé devient alors incertain.

On doit au célèbre Gauss un système de signaux qui sont visibles à des distances considérables et qui permettent toujours un pointé très-sûr. L'organe *Fig. 220. essentiel de ces signaux est un assemblage* de deux miroirs MV, M′V formant un angle droit. Si l'intersection V des deux surfaces réfléchissantes est perpendiculaire à la direction des rayons solaires SR, SR′ que ces surfaces reçoivent, les faisceaux divergents IR, I′R′ formés par ces rayons auront des directions exactement opposées. Car supposons que SI, IR soient les rayons incident et réfléchi par rapport au miroir MV. Prolongeons RI, et menons I′S′ parallèle à IS. Les angles VII′, VI′I valent ensemble 90°, puisque l'angle V est droit. On a donc $2VII′+2VI′I=180°$; d'un autre côté, on a, par construction, $SII' + SI'I = 180°$ et, par suite, $SII' + SI'I = 2VII' + 2VI'I$. D'un autre côté, en vertu de la loi de la réflexion, on a $SII' = 2VII'$, donc $SI'I = 2VI'I$, ce qui est précisément la condition nécessaire pour que les rayons $S'I', I'R'$ satisfassent à la loi de la réflexion[*]. [*] Intr. 111.

Concevons, maintenant, que cet assemblage de deux miroirs soit placé au devant de l'objectif d'une lunette, de telle sorte que l'arête V soit perpendiculaire à l'axe optique, et qu'une partie de l'objectif reste libre pour viser au loin. Si on rend l'arête V perpendiculaire aux rayons du soleil, et qu'on fasse tourner autour de cette arête l'ensemble des deux miroirs, de manière à faire pénétrer dans la lunette, parallèlement à son axe optique, les rayons réfléchis par l'un des miroirs, le faisceau réfléchi par l'autre miroir prendra la direction du prolongement de cet axe. Un aide muni d'une telle lunette et d'un support convenable pourra donc envoyer à l'observateur un faisceau de rayons solaires; il lui suffira, pour cela, de viser la lunette de l'observateur, et de faire jouer les deux miroirs de manière à voir lui-même le soleil dans sa propre lunette.

L'appareil qui réalise cette ingénieuse conception a reçu le nom de *signal héliotrope*.

358. A défaut de ces appareils, qui sont encore peu répandus, on peut tirer parti des images brillantes que fait la réflexion du soleil par certaines surfaces courbes. L'engin de chasse connu sous le nom de *miroir à alouettes*, et qui consiste dans une

pièce de bois revêtue de petits miroirs et douée d'un mouvement de rotation, serait peut-être un excellent signal.

III. *Réduction des observations au centre des stations.*

359. Il est important, dans les opérations où l'on recherche une grande précision, que tous les angles soient mesurés directement. On regarde cette condition comme remplie toutes les fois qu'il est possible de placer le pivot central de l'instrument dans la verticale du signal qui détermine le sommet de l'angle à mesurer. Cette verticale est alors considérée comme le *centre* ou l'*axe* de la station.

Or il arrive fréquemment que l'on ne peut pas se placer dans cette verticale même. On se place alors en un autre point, on mesure un angle qui a ce nouveau point pour sommet, et on corrige cet angle de la différence due à ce changement de station. Il peut se présenter telle circonstance où il y a nécessité de changer ainsi de station plusieurs fois autour d'un même sommet, à raison de l'impossibilité de trouver un point d'où l'on puisse viser tous les signaux environnants. Il faut alors autant de corrections qu'il y a d'angles à mesurer. C'est là ce que l'on appelle *réduire les observations au centre de la station.*

Fig. 221.   Supposons que BAC* soit l'angle à mesurer, et que l'on ait mesuré l'angle BA'C dont le sommet A' se trouve situé à une certaine distance du sommet A. Pour obtenir la valeur de l'angle BAC, il suffit de connaître les angles BA′P, CA′P, que font les côtés BA′, CA′, avec la direction A′P, que déterminent les deux sommets AA′, la longueur de AA′ et les longueurs des côtés AB, AC. En effet, on a BAP=BA′P+ABA′, CAP=CA′P+ACA′. Retranchant cette égalité de la précédente, membre à membre, il. reste BAP—CAP ou BAC=BA′P—CA′P (ou BA′C)+ABA′—ACA′. Or on a, pour calculer les angles ABA′, ACA′, les formules* sin ABA′= $\frac{AA′}{BA}$ sin BA′P, sin ACA′=$\frac{AA′}{AC}$ sin CA′P, dans lesquelles il n'entre que les données indiquées ci-dessus.

* Intr. 53.

Dans une triangulation, les longueurs AB, AC ne s'obtiennent, en général, que par le calcul, et ce calcul suppose la connaissance des angles des triangles. Il peut donc sembler que l'on est ici dans un cercle vicieux, puisque, d'une part, il faut connaître les angles d'un triangle pour pouvoir en calculer les côtés inconnus, et que, d'autre part, il faut connaître les côtés eux-mêmes pour pouvoir corriger les angles mesurés hors de l'axe et de la verticale d'un signal. Mais nous verrons bientôt que dans une triangulation on connaît toujours d'avance, par une opération préparatoire, les longueurs des côtés des triangles assez approximativement pour n'avoir pas à craindre d'erreur sensible en en faisant usage dans la réduction qui nous occupe. La distance AA′ étant, en général, très-petite vis-à-vis des côtés AB, AC, les angles de correction sont très-petits, et il en ré-

sulte que les erreurs que peut introduire dans l'évaluation de ces petits angles une évaluation simplement approximative des côtés AB, AC sont de
l'ordre des quantités dont on ne peut répondre dans
la mesure directe des angles.

Quand la distance AA′ est trop grande pour que
ces erreurs soient négligeables, on effectue néanmoins
la réduction au point A de l'observation faite en A′
par le moyen indiqué ci-dessus. On obtient ainsi
les éléments nécessaires pour déterminer avec plus
d'exactitude les longueurs des côtés AB, AC, et ces
nouvelles déterminations permettent, à leur tour,
d'effectuer avec plus d'exactitude la réduction dont
il s'agit.

360.   Lorsque rien ne s'y oppose, on peut choisir
'Fig. 2:2. le point A′, de telle façon que l'angle BA′C soit* égal
à BAC, et que, par conséquent, il n'y ait pas de réduction à faire. Il suffit, pour cela, de faire en sorte
que l'angle AA′C soit égal à l'angle ABC, qui est
· 359. approximativement connu*. Le point A′, ainsi déterminé, se trouve, à fort peu près, sur la circonférence qui passe par les sommets A,B,C du triangle,
et, par suite, les angles BAC,BA′C sont égaux entre
eux à fort peu près.

VI. *Opérations préparatoires.*

361. Avant d'entreprendre une triangulation, il
faut en arrêter le projet et faire les dispositions né-

cessaires pour que l'exécution ne puisse être arrêtée par des obstacles imprévus. On commence par reconnaître le terrain en le parcourant dans tous les sens, muni d'un instrument qui permette de relever rapidement les angles que comprennent entre eux les objets ou points remarquables qui s'offrent à la vue en chaque lieu que l'on juge pouvoir servir de station. Une planchette légère ou une boussole suffit pour obtenir le *tour d'horizon*. Chacun de ces tours d'horizon est tracé sur une feuille à part, et sur chaque rayon on inscrit soit la désignation de l'objet ou du point auquel il aboutit, soit une lettre ou un numéro de renvoi à cette désignation, si on préfère l'inscrire dans un carnet. On doit s'attacher à faire en sorte que chaque rayon figure sur deux tours d'horizon au moins. Il est essentiel de comprendre parmi les points visés les points qui forment les centres des stations et que l'on signale à cet effet.

Les instruments de réflexion ou à miroirs peuvent être utilisés dans ces opérations préparatoires. Il faut avoir soin, lorsqu'un angle est compris entre deux objets inégalement éclairés, de viser directement le moins éclairé, en faisant porter sur l'autre les pertes de lumière qu'entraîne la double réflexion.

Chemin faisant, on examine quelles sont les portions de terrain qui pourraient se prêter à l'établissement et à la mesure d'une base.

362. On décalque ensuite tous ces tours d'horizon

sur une même feuille de papier à calquer. A cet effet, on glisse sous cette feuille et on fait correspondre à son centre le tour d'horizon que l'on juge être le plus central par rapport au terrain qu'il s'agit de lever. Après l'avoir calqué, on l'enlève et on glisse sous la feuille de calque l'un des tours d'horizon dont le centre est sur l'un des rayons du premier tour d'horizon, et qui a lui-même un rayon dirigé sur le centre de ce premier tour d'horizon. On amène ces deux rayons à coïncider, en laissant entre les centres un intervalle arbitraire, mais tel cependant que tous les tours d'horizon puissent tenir sur la feuille de calque. On marque vigoureusement et on entoure d'un petit cercle les intersections des rayons des deux tours d'horizon qui correspondent à un même point. Cela fait, on calque un nouveau tour d'horizon, en ayant soin de l'orienter au moyen des rayons qu'il a de communs avec les deux premiers tours, et on marque les nouveaux points d'intersection des rayons qui ont été dirigés sur un même objet. On continue ainsi jusqu'à épuisement des tours d'horizon.

363. Le résultat de cette opération de décalque fait connaître la disposition des diverses stations les unes par rapport aux autres, ainsi que celle des points visés qui n'ont pas servi de station. C'est une sorte de plan réduit à ces stations et à ces points; mais l'échelle n'en est pas encore connue. Cette échelle sera déterminée ultérieurement : provisoirement, on

la détermine d'une manière approchée en mesurant, par les procédés ordinaires, l'une des distances figurées sur ce réseau de lignes* ; ce qui fournit le moyen d'évaluer toutes les autres avec le même degré d'approximation.

· 120.

On est, dès lors, à même d'étudier, sur cette feuille, le réseau de triangles auquel les observations définitives devront s'appliquer. Parmi les triangles dont les trois sommets sont des stations du canevas provisoire, on choisit ceux dont la forme est convenable. Le mieux serait, sans doute, qu'ils fussent équilatéraux (1); mais il est impossible, le plus souvent, de satisfaire à cette condition. On se contente de faire en sorte qu'aucun angle ne soit inférieur à 30° ou supérieur à 150°.

Quant aux points où il ne paraît pas possible d'établir de station et qui, néanmoins, peuvent être utiles pour y rattacher les lignes du canevas des détails, on choisit, pour les introduire dans la triangulation, ceux qui sont susceptibles d'être observés et déterminés dans les meilleures conditions.

Si le réseau ainsi obtenu ne pénètre pas suffisamment dans certaines parties du terrain à lever, on se

(1) La question de savoir quelle est la forme la plus convenable des triangles pour une triangulation a été l'objet de recherches théoriques dont nous ne pouvons nous occuper ici : on peut regarder comme suffisamment évident que, dans le cas d'une triangulation destinée à s'étendre en largeur aussi bien qu'en longueur, le mieux est que les triangles soient équilatéraux.

transporte de nouveau sur les lieux et on cherche les moyens de le compléter.

Dans cette étude, il ne faut pas oublier la base. Cette base devra, si la chose est possible, former un côté du réseau. Si la localité ne s'y prête pas, on devra se contenter de relier la base au réseau par un ou deux triangles auxiliaires.

Toutes les lignes du canevas projeté étant arrêtées, on les passe à l'encre et on trace l'échelle graphique nécessaire pour l'évaluation approximative des distances.

364. On fait, en outre, préparer et planter ou ériger les signaux nécessaires, d'après les indications que l'on a dû recueillir dans l'étude du projet de canevas ; puis on se rend compte du degré de précision dont sera susceptible chaque observation simple avec l'instrument que l'on emploiera pour la mesure des angles. On se rend familière, par des exercices répétés, la manœuvre de cet instrument, * 73 et 350. et on détermine enfin, par expérience, la limite de la précision qu'on peut en attendre soit par la répétition, soit par la réitération*, de manière à savoir d'avance jusqu'à quel point il pourra être nécessaire d'employer l'un ou l'autre de ces deux procédés. On se détermine, en cela, par la limite de l'erreur que l'on tolérera sur la position d'un point. Cette erreur est égale au produit de la distance du point considéré au point de station par la tangente trigonométrique de l'erreur angulaire. L'erreur angulaire

devra donc être telle que sa tangente n'excède pas le
quotient de l'écart admis comme tolérable par
la distance du point observé au point de station.

Quand la limite des erreurs angulaires déterminée
par cette considération est moindre que la limite
donnée par l'expérience, il faut ou bien sacrifier
quelque chose du degré de précision que l'on voulait atteindre, ou bien multiplier les stations et réduire la longueur des côtés du réseau. Mais cette
dernière ressource, qui ne compense qu'en partie
l'inconvénient à éviter, est rarement à la disposition
de l'observateur, parce que les endroits qui peuvent
servir de station sont indiqués par la configuration
du terrain et ne peuvent être changés à volonté.

IV. *Conduite et exécution des opérations définitives.*

365. Supposons donc que l'on ait tout examiné,
tout préparé, tout prévu, autant que possible; disons comment on procédera aux observations définitives.   * Fig. 22.

Afin de mieux fixer les idées, je vais décrire ces
observations en les appliquant à un réseau fictif*
disposé de manière à réunir les principales circonstances qui peuvent se rencontrer dans la pratique.
Je me donne d'avance, arbitrairement, les positions
des différents points A,B,C, etc., qui seront les
sommets des triangles composant le réseau, par
leurs distances à deux axes $x'x$, $y'y$ perpendiculaires
entre eux, ainsi qu'il suit :

Sommets des triangles.	Abscisses.	Ordonnées.
A. . . .	+ 730ᵐ.12. . . .	+ 304ᵐ.22
B. . . .	+ 1281 .90. . . .	— 566 .07
C. . . .	0 .00. . . .	0 .00
D. . . .	+ 1895 .23. . . .	+ 570 .81
E. . . .	+ 1428 .66. . . .	+ 1677 .34
F. . . .	+ 476 .77. . . .	+ 1345 .12
G. . . .	— 464 .95. . . .	+ 958 .31
H. . . .	— 850 .74. . . .	— 426 .54
I. . . .	— 1918 .33. . . .	— 744 .26
K. . . .	— 642 .61. . . .	— 1504 .98
L. . . .	+ 590 .47. . . .	— 1248 .04
M. . . .	+ 1712 .19. . . .	— 1368 .30

Le point C est pris pour origine des coordonnées; c'est pourquoi son abscisse et son ordonnée sont supposées égales à zéro.

Au moyen de ces nombres, il est facile de calculer l'angle que fait avec l'axe $x'x$ toute droite telle que AD joignant deux points A,D du réseau. Car, en menant, par ces deux points, des parallèles aux axes $x'x$, $y'y$, on forme un triangle rectangle dont le côté AD est l'hypoténuse, et dont les côtés de l'angle droit sont les différences respectives entre les abscisses et les ordonnées des deux points A,D. En résolvant ce triangle, on obtient et la longueur de AD et la valeur des angles que cette droite fait avec les axes. On comprend sans peine que, si l'on effectue ces calculs pour les côtés de tous les triangles du réseau, on en connaîtra les longueurs des côtés et des angles. On a obtenu, de cette manière et en se servant des tables de Callet, les nombres que renferme le tableau ci-après :

Triangles	côtés.			Angles opposés.			
ACB	AC =	790ᵐ.97		B =	33° 47' 56".14		
	CB =	1401 .32		A =	99 45 19 .32		
	BA =	1030 .47		C =	46 26 44 .54		
AD	AB =	1030ᵐ.47		D =	48° 45' 56".69		
	BD =	1291 .77		A =	70 30 45 .33		
	DA =	1195 .22		B =	60 43 17 .98		
ADE	AD =	1195ᵐ.22		E =	49° 49' 34".88		
	DE =	1200 .87		A =	50 08 54 .19		
	EA =	1540 .59		D =	80 01 30 .93		
ADF	AD =	1195ᵐ.22		F =	47° 41' 28" 31		
	DF =	1616 .04		A =	90 47 29 .31		
	FA =	1071 .29		D =	41 31 02 .38		
AFG	AF =	1071ᵐ.29		G =	51° 01' 23".72		
	FG =	1018 .07		A =	47 37 39 .17		
	GA =	1362 .36		F =	81 20 57 .11		
AGC	AG =	1362ᵐ.36		C =	93° 15' 41".43		
	GC =	1065 .15		A =	51 18 46 .87		
	CA =	790 .97		G =	35 25 31 .70		
ALB	AL =	1558ᵐ.53		B =	102° 13' 47".64		
	LB =	971 .16		A =	37 30 58 .56		
	BA =	1030 .47		L =	40 15 13 .80		
BCK	BC =	1401ᵐ.32		K =	40° 52' 18".12		
	CK =	1636 .43		E =	49 49 55 .05		
	KB =	2141 .33		C =	89 17 46 .83		
BLM	BL =	971ᵐ.16		M =	55° 40' 22".85		
	LM =	1128 .15		B =	73 36 08 .28		
	MB =	910 .34		L =	50 43 28 .87		
CGH	CG =	1065ᵐ.15		H =	47° 48' 18".84		
	GH =	1437 .58		C =	90 44 47 .23		
	HC =	951 .68		G =	41 26 53 .93		
HIK	CH =	951ᵐ.68		K =	34° 02' 42".98		
	HK =	1098 .34		C =	40 14 59 .97		
	KC =	1636 .43		H =	105 42 17 .05		
HIK	HI =	1113ᵐ.87		K =	48° 16' 07".65		
	IK =	1485 .32		H =	84 21 00 .19		
	KH =	1098 .34		I =	47 22 52 .16		

Tous les éléments de ce réseau étant ainsi connus d'avance, nous allons chercher à le reconstituer au moyen de la mesure directe d'une base et de mesures angulaires prises en se mettant en station soit aux sommets des triangles, soit en des points voisins quand ces sommets ou leurs verticales ne se prêtent pas à l'établissement de stations convenables. En nous donnant les coordonnées de chaque point de station, nous pourrons calculer les angles qui seraient réellement observés des mêmes points de station ; et par là nous serons à même de comparer avec la réalité les résultats que fournirait un instrument doué d'un degré de précision limité, et de montrer aussi comment et jusqu'à quel point on réussit à éliminer par certains artifices les erreurs provenant des imperfections de l'instrument lui-même.

366. MODES DIVERS D'OBSERVATION DES ANGLES HORIZONTAUX. — Avant d'aller plus loin, il convient de définir ou tout au moins de rappeler les diverses manières d'observer un angle horizontal. Je suppose qu'on doit se servir d'un cercle horizontal divisé, au centre duquel se meut un pivot vertical portant une lunette plus grande susceptible de basculer autour d'un axe ou pivot horizontal ; le tout étant accompagné des vis de serrage ou d'arrêt et de rappel et, au besoin, de loupes pour la lecture sur le vernier ou sur les verniers. Ce type renferme le théodolite et le cercle géodésique. Nous distinguons l'observation *simple*, qui consiste à

amener successivement l'axe optique de l'appareil visuel dans la direction des deux points de mire, à faire les deux lectures correspondantes et à prendre la différence de ces deux lectures;

L'observation *simple*, faite *comme il vient d'être dit et répétée en sens inverse*, c'est-à-dire en revenant du second point visé au premier : quand l'instrument n'est pas pourvu d'une lunette de repère, il est indispensable de recourir à ce mode;

L'observation *compensée*, c'est-à-dire répétée après avoir interverti les extrémités de l'axe ou du pivot autour duquel la lunette bascule. Ce mode permet d'éliminer l'erreur due à l'inclinaison que peut présenter cet axe par rapport à l'horizontale, et à l'excentricité de la lunette. En effet, si l'on commence par viser * l'objet S la lunette étant à droite du limbe en L, l'angle lu est affecté d'une erreur SCl =LSC, tendant à faire estimer la position du point S dans la direction Cl à gauche de CS. La lunette étant, au contraire, à gauche du limbe en L', l'angle lu est affecté d'une erreur SCl'=L'SC, tendant à faire estimer la position du point S dans la direction Cl' à droite de CS. La demi-somme des deux lectures sur un même vernier donnera le résultat qu'on aurait obtenu en visant de l'axe C, dans le plan vertical CV.

De là résulte une nouvelle démonstration du procédé que nous avons précédemment indiqué* pour rendre la mesure d'un angle indépendante de l'excentricité de la lunette dans le théodolite.

* Fig. 224.

* 352.

36

367. Rappelons ici que chaque visée peut donner lieu à une ou deux lectures, suivant que l'alidade porte un ou deux verniers, et que, dans ce dernier cas, l'erreur dépendant du défaut de centrage de l'alidade est presque entièrement corrigée. On a vu, en effet*, qu'en appelant $2v$ l'angle formé par les rayons allant du centre de pivotement de l'alidade aux zéros des deux verniers, e la distance de ce centre au centre du limbe, r le rayon du limbe, et u l'angle compris entre l'excentricité e et la bissectrice de l'angle $2v$, la partie non corrigée de l'erreur dont il s'agit a pour expression le produit variable avec u, $\frac{e}{r} \cos v \sin u$. Le facteur $\frac{e}{r}$ est toujours très-petit; du moins un artiste soigneux cherchera toujours à le rendre tel. D'un autre côté, $\cos v$ sera également très-petit, si les zéros des deux verniers et le centre de pivotement de l'alidade sont sensiblement en ligne droite, et $\sin u$ est compris entre — 1 et + 1. Le produit de ces trois facteurs sera donc lui-même très-petit. Si nous supposons, par exemple, $e = 0^m.00025$, $r = 0^m.075$ et $v = 89° 59'$, on trouvera que l'erreur, évaluée en secondes*, se réduit à $0''.4 \sin u$, et par conséquent est comprise entre — $0''.4$ et + $0''.4$.

A peine est-il nécessaire d'ajouter que ces valeurs de e et de 90° — v sont fort au-dessus de la limite des erreurs que peut commettre un artiste dans la construction d'un instrument destiné à une triangulation. La valeur de e, fût-elle cinq fois plus petite, serait facile à mettre en évidence*. On mettrait en

* 96.

* Intr. 95.

* 94.

évidence aussi aisément celle de $90°-v^*$, lors même qu'elle se réduirait à 15" au lieu de 1'.

* 95.

En général, il n'y aura pas lieu de se préoccuper de cette erreur.

Lorsque l'angle est ainsi donné par deux verniers, on fait, pour chaque visée, la somme des deux lectures, on retranche de cette somme 180°, et la moitié du reste obtenu est égale, sauf la petite erreur indiquée ci-dessus, au résultat qu'aurait fourni une lecture simple sur une alidade concentrique.

Dans les instruments spécialement destinés aux opérations de précision, l'angle est donné souvent par quatre verniers opposés deux à deux et divisant la circonférence en quatre parties égales. On fait alors la somme des quatre lectures, on en retranche 540°, et le quart du reste est le résultat qu'aurait donné une lecture simple sur une alidade concentrique au limbe.

Cette moyenne de quatre lectures faites sur des verniers divisant la circonférence en quatre parties égales est, en général, affectée d'une erreur constante, qui disparaît lorsqu'on retranche l'une de l'autre, pour obtenir la valeur d'un angle, les moyennes qui répondent à ses deux côtés. Appelons $2v$, $2v'$ les angles que forment les droites menées du centre de pivotement des alidades aux zéros des deux couples de verniers; u, u' les angles que forment les bissectrices de $2v$ et de $2v'$ avec le rayon qui va du centre du limbe au zéro de la graduation ; g_1, g_2, et g'_1, g'_2, les couples des lectures faites sur les deux alidades. La première donnera l'angle $\frac{1}{2}(g_1+g_2-180°)$, et la seconde l'angle $\frac{1}{2}(g'_1+g'_2-180°)$. Mais ce dernier est, par hypothèse, plus grand que le premier de $u'-u$. Retranchant cet excédant, on a une seconde détermination de la valeur du premier angle, et il vient, pour l'expression de la moyenne entre les deux,

$$\tfrac{1}{4}\,(g_1+g_2+g'_1+g'_2-540°)+\tfrac{1}{2}\{90°-(u'-u)\}.$$

L'erreur constante est donc

$$\tfrac{1}{2}\{90°-(u'-u)\}.$$

Elle est d'autant moindre que l'angle des deux alidades approche davantage d'être égal à 90°.

On fait abstraction ici, bien entendu, de la partie non corrigée de l'erreur due au défaut de centrage, pour chacune des deux alidades.

368. TOURS D'HORIZON. — Il y a deux manières d'effectuer ce que l'on a nommé un *tour d'horizon*, c'est-à-dire l'ensemble des observations sur les points visibles d'une même station.

Supposons, pour fixer les idées, que l'on veuille observer du point A* les angles CAB, BAD, DAE, EAF, FAG, GAC, on pourra prendre une direction arbitraire pour point de départ, ou pour position du zéro de la graduation, et cette position étant maintenue invariable, viser successivement les points C, B, D, E, F, G et déduire des lectures faites, par des soustractions successives, les angles à obtenir. Tel est le premier mode.

Le second consiste à mesurer chacun des angles partiels isolément, au lieu de les déduire des angles

* Fig. 223.

formés par les rayons de visée avec une direction
arbitraire. Dans ce second mode, on a une vérification
consistant en ce que la somme des angles doit être
égale à 360°. Il est aisé de voir que cette vérification
serait illusoire dans le premier.

L'un e l'autre peuvent fournir de bons résultats.
Cependant, si l'on préfère le premier, on agira pru-
demment en faisant suivre chaque lecture de la mesure partielle de l'angle adjacent au rayon de visée
correspondant à cette lecture. Par exemple, après la
lecture pour la direction AG, on reviendra sur AF,
ce qui donnera directement l'angle FAG, lequel sera
obtenu ensuite par voie de soustraction.

369. DONNÉES DU PROBLÈME. — Nous supposerons
que AB est la base, et qu'en mesurant plusieurs fois
cette base on a trouvé, par une moyenne entre plusieurs résultats différant peu les uns des autres *, * 107 et suiv.
AB = 1030^m.47.

Les autres données seront les angles mesurés de
chaque station, et déduits soit d'observations compensées, soit d'observations réitérées ou répétées.

Quand ces angles n'auront pas été mesurés du
centre même de la station, on y joindra les données
nécessaires pour leur réduction à ce centre. Ces données sont la longueur de la ligne qui va du point
central du limbe de l'instrument à l'axe du signal
de la station, et l'un des angles que cette droite fait
avec les rayons dirigés du centre du limbe sur les
divers points observés de ce centre.

370. Il est quelquefois difficile d'obtenir la mesure de cette longueur et de cet angle.

En premier lieu, il peut arriver que le centre ou l'axe de la station soit visible du point où l'instrument est installé, mais s'en trouve trop rapproché, eu égard à l'étendue de course que comporte l'organe de la lunette destiné à mettre celle-ci au *point*. Dans cette prévision, on fait adapter au corps de la lunette deux saillies extérieures formant pinnules et permettant de pointer sur les objets très-rapprochés. Avant de faire usage de ces appendices, il faut s'assurer que la ligne de visée qu'ils déterminent est parallèle au plan de collimation qui répond au fil vertical du réticule ou à la croisée des fils. On peut encore, en cas de désaccord, ou pour plus de sûreté, procéder par voie d'observations compensées[*].

* 366.

Ces pointés, obtenus ainsi en visant à l'œil nu, sont loin d'offrir la précision de ceux qu'on peut obtenir en visant avec la lunette. Mais, d'une part, rien n'empêche de réitérer l'observation et de prendre ensuite une moyenne. D'autre part, lorsque l'instrument se trouve très-peu distant de l'axe du signal, la correction à calculer est très-petite, et l'erreur commise en visant l'axe du signal n'altère que fort peu la valeur de cette correction[*].

* 359.

Quant à la distance de l'instrument à l'axe du signal, sa mesure, sans offrir dans ce cas aucune difficulté spéciale, doit être prise avec beaucoup de soin. La précision doit être poussée jusqu'aux millimètres.

371. En second lieu, l'axe du signal peut être invisible. Dans ce cas, il faut recourir aux expédients.

Supposons que l'instrument soit placé en C′*, près de la base d'une tour ronde dont le centre C porte un signal. Pour obtenir l'angle SC′C que forme la droite C′C avec la droite C′S qui va du point C′ au signal S, on mène deux rayons de visée C′T, C′T′ tangentiellement à la surface de la tour, et on mesure les angles SC′T, SC′T′. La demi-somme de ces deux angles est l'angle cherché.

On peut encore prendre sur les tangentes C′T, C′T′ des longueurs égales C′t, C′t'. Le milieu m de la droite tt' sera dans la direction C′C, ce qui permettra d'obtenir l'angle SC′C par une seule mesure angulaire.

Quant à la longueur CC′, on l'obtiendra en prolongeant C′m jusqu'en P et en ajoutant à C′P le rayon de la tour, déduit de la longueur de sa circonférence. On peut aussi employer la formule

$$CC' = C'P + \frac{C'P \cdot tt'}{2C'm} \cdot \cot\left(45° - \frac{TC'T'}{4}\right)$$

dont la démonstration est très-facile.

* Fig. 225.

372. Si l'axe C était le centre d'une tour quarrée* et que les extrémités de la diagonale AA′ fussent visibles du centre C′ de l'instrument, on mènerait les droites C′A, C′A′, et on les diviserait dans un même rapport, tellement choisi, que la ligne aa' pût

* Fig. 226

être menée par les points de division a, a' sans rencontrer la tour. Le milieu m de cette droite se trouverait dans la direction $C'C$, ce qui permettrait de mesurer l'angle $SC'C$.

On aurait ensuite

$$C'C = \frac{C'm \cdot C'A}{C'a}.$$

373. Ces exemples peuvent donner une idée des expédients auxquels on a eu recours dans certains cas. Mais le résultat obtenu est généralement incertain, parce qu'il arrive rarement que le centre de la base d'une tour soit la projection du centre de la partie supérieure. En effet, les édifices de cette nature sont sujets à éprouver des tassements inégaux après leur construction, et, par suite, leur axe, au lieu d'être vertical, se trouve plus ou moins incliné. Il arrive, en outre, que les formes géométriques qu'on a eu l'intention de leur donner ne sont réalisées qu'imparfaitement ; c'est pourquoi on fera bien de recourir au procédé suivant.

374. Supposons, pour fixer les idées, que l'axe C

Fig. 227. soit le sommet d'une pyramide à base irrégulière. On placera l'instrument en un point C', choisi sur l'alignement CJ', déterminé par un jalon J'. Pour trouver ce point C', on transportera l'instrument en J', et, dans le plan vertical $J'C$, on fera placer un jalon qui marquera le lieu C' de la station projetée ; on établira dans une autre direction un second alignement $CC''J''$ analogue au premier.

Cela étant fait, on mesurera l'angle SC'J', et son supplément sera l'angle SC'C.

On mesurera ensuite les angles J'C'C'', J''C''C', qui ont pour suppléments CC'C'', CC''C'. Enfin on mesurera C''C' très-exactement, de sorte que, dans le triangle CC'C'', on connaîtra la base C'C'' et les deux angles adjacents. On aura

$$C'C = \frac{C'C'' \cdot \sin CC''C'}{\sin(J'C'C'' + J''C''C' - 180°)}.$$

375. Observation d'un azimut pour l'orientation du réseau. — Il faut mesurer enfin l'angle formé par l'un des côtés du réseau avec la méridienne qui passe par l'une de ses extrémités. J'avais espéré pouvoir faire connaître dans ce volume les procédés auxquels on a recours dans les grandes triangulations pour la détermination d'un azimut, mais cela exigerait des développements de quelque étendue, qui peut-être ne seraient pas ici à leur place. On trouvera sur cet objet tous les détails nécessaires dans les traités d'*astronomie* et de *géodésie*. Le lecteur consultera, en outre, avec intérêt la *Nouvelle description géométrique de la France* publiée par le dépôt général de la guerre (troisième partie).

A défaut de ces procédés, on aura recours à l'orientation par l'étoile polaire que j'ai précédemment indiquée[*]; une détermination plus précise ne deviendrait nécessaire que dans le cas où, par exemple, on aurait besoin de coordonner plusieurs réseaux éloignés les uns des autres; il faudrait alors, pour fixer

[* 196.]

leurs positions respectives sur le globe terrestre, déterminer pour chacun la latitude et la longitude d'un point et son azimut.

V. *Calculs d'une triangulation.*

376. Je vais donner maintenant des exemples de quelques-uns des calculs numériques par lesquels on arrive à connaître finalement les coordonnées des divers sommets par rapport à deux lignes perpendiculaires entre elles, dont l'une est ordinairement la méridienne passant par un de ces points.

Je commencerai par placer sous les yeux du lecteur le résultat d'observations *réitérées* d'un angle, de manière à mettre en évidence le rôle de la *réitération*.

J'aborderai ensuite la réduction des angles aux centres des stations, le calcul des triangles et celui des coordonnées des sommets.

Je supposerai que la précision dans les mesures angulaires a été poussée jusqu'aux secondes. Sans doute il n'arrivera pas ordinairement que l'on puisse atteindre à ce degré de précision, mais ici mon but est principalement de faire connaître la marche des calculs, et dès lors il convient de prendre pour exemples des cas où ces calculs soient complets. Je ferai usage de tables de logarithmes à cinq décimales.

Rien n'empêchera le lecteur de reprendre les mêmes exemples en supposant une précision moindre dans la mesure des angles. Cet exercice aura l'avantage de montrer les déviations qui peuvent résulter de mesures angulaires qui ne donneraient que les dix secondes, ou la demi-minute, ou la minute.

Exemple de la manière dont on obtient la mesure d'un angle avec une précision supérieure à celle de l'instrument.

377. Supposons que l'on opère avec un cercle géodésique ou un théodolite qui donne à la lecture, soit immédiatement, soit par estime, une précision de 15″ et dont l'alidade soit affectée d'une erreur de centrage* égale à 9′ 10″ sin v cos u, v étant la moitié de l'angle à mesurer et u l'angle que fait la bissectrice avec la ligne qui passe par l'axe du pivot et par le centre du limbe. Cette erreur subsistera tout entière si on ne lit qu'un seul vernier. Concevons qu'il en soit ainsi et que l'on veuille mesurer l'angle CAB*.

* 94.

*Fig. 223.

Nous savons d'avance que cet angle est de 99° 45′ 19″.32, c'est le double de v; en en prenant la moitié, on a $v = 49° 52′ 39″.66$, et par conséquent 9′ 10″ sin $v = 7′ 04$″; on a donc, pour l'erreur provenant du centrage, 7′ 04″ cos u.

Mesurons douze fois l'angle CAB, en prenant successivement pour points de départ sur le limbe 0°, 30°, 60°, etc., et donnons à l'angle u arbitrairement la valeur initiale 102° 59′. Les valeurs suivantes de cet angle seront 132° 59′, 162° 59′, etc., et on aura les résultats que voici :

N⁰ˢ D'ORDRE.	ANGLES CALCULÉS.	ANGLES LUS.
1	99° 43′44″.93	99° 43′45″
2	40 32 .68	40 30
3	38 37 .26	38 30
4	38 29 .60	38 30
5	40 11 .75	40 15
6	43 16 .34	43 15
7	46 53 .89	47 00
8	50 06 .16	50 00
9	52 01 .58	52 00
10	52 09 .24	52 15
11	50 27 .09	50 30
12	47 22 .50	47 30
	543′53″.02	244′00″
Moyennes..	99° 45′19″.42	99° 45′20″

La moyenne obtenue dans cet exemple ne diffère pas de 1″ de la véritable valeur de l'angle CAB.

On voit par là comment, avec des lectures imparfaites, on peut obtenir une précision plus grande que l'instrument ne semble le comporter. La précision que l'on peut espérer en général, lorsqu'on prend ainsi une moyenne entre plusieurs observations, s'évalue en divisant la précision 15″ d'une observation simple par la racine quarrée du nombre des observations*. Ce nombre étant 12 dans le cas actuel, sa racine quarrée est comprise entre 3 et 4; par conséquent, la moyenne obtenue équivaut à une observation faite avec un instrument qui donnerait immédiatement une précision de 4″ à 5″. On a, de plus, l'avantage des compensations inhérentes au procédé de la réitération.

* 111.

On peut faire beaucoup d'autres remarques sur les lectures imparfaites, en calculant des observations fictives que l'on puisse leur comparer; mais je me bornerai à celles qui précèdent.

Si l'on avait des lectures exactes à 5″, vingt-quatre ou mieux trente-six observations donneraient les angles à 1″.

Exemples de la réduction des angles aux centres des stations.

378. Il suffira, pour notre but, de considérer les triangles **ACB, BCK, CHK**[*]. Je supposerai qu'il n'a ＊ Fig. 225. pas été possible d'observer directement des points C, H, K, et que l'on a dû se placer aux points **C′, H′, K**. Dans la figure, les lignes **CC′, HH′, KK′** sont tracées suivant leurs véritables directions; mais il a fallu les rendre beaucoup plus grandes qu'elles ne seraient en proportion des autres lignes de la figure, car autrement elles auraient été imperceptibles. Mais, dans les calculs qui vont suivre, on leur assignera leurs longueurs réelles, qui sont respectivement $1^m.287$, $5^m.655$ et $0^m.986$; elles ont pour projections[*],   ＊ Intr. 70.

	CC′	HH′	KK′
Sur l'axe $x'x$	$+ 0^m.495$	$- 5^m.508$	$- 0^m.264$
Sur l'axe $y'y$	$- 1^m.188$	$+ 1^m.281$	$+ 0^m.950$

379. EXEMPLE I. TRIANGLE **ABC**. — Le côté **AB** est connu; on suppose qu'il a été mesuré directement pour servir de base, et que les angles **A** et **B** ont aussi

été mesurés directement, ce qui a fourni les données suivantes :

$$AB = 1030^m.47, \qquad CC' = 1^m.287,$$
$$A = 99°45'19'', \qquad C' = 46°30'10'',$$
$$B = 33°47'56'', \qquad AC'C = 89°54'24'',$$
$$(C) = 46°26'45'', \qquad BC'C = 136°24'34''.$$

L'angle (C) est obtenu ici en retranchant de 180° la somme A + B. C'est un angle *conclu;* ce que j'indique en l'enfermant entre parenthèses. L'angle BC'C résulte de l'addition de C' et de AC'C. (Ces données sont déduites de la supposition que le point C' a pour coordonnées $x = 0^m.495$, $y = -1^m.188$.)

L'angle C que nous voulons déduire de C' est déterminé * par les formules

* 359.

$$C = C' + CBC' - CAC',$$
$$\sin CBC' = \frac{CC'.\sin BC'C}{BC}, \quad \sin CAC' = \frac{CC'.\sin AC'C}{AC}.$$

On a, d'ailleurs,

$$BC = \frac{AB.\sin A}{\sin (C)}, \quad AC = \frac{AB.\sin B}{\sin (C)},$$

et par conséquent

$$\text{Sin } CBC' = \frac{CC'.\sin BC'C}{AB} \times \frac{\sin (C)}{\sin A},$$
$$\sin CAC' = \frac{CC'.\sin AC'C}{AB} \times \frac{\sin (C)}{\sin B}.$$

Le premier facteur de chacune de ces expressions

est formé de données définitives, tandis que le second comprend des données qui peuvent n'être obtenues que par approximation, et qui, selon le cas, pourront être remplacées par d'autres après une première approximation. Il convient de disposer les calculs comme il suit.

CBC'.		CAC'.	
Log AB^{-1}.	$\overline{4}$.98696	Log AB^{-1}.	$\overline{4}$.98696
Log CC'.	0.10958	Log CC'.	0.10958
Log sin BC'C. . . .	$\overline{1}$.83854	Log sin AC'C. . .	0.00000
Log 1er facteur. . .	$\overline{4}$.93508	Log 1er facteur. . .	$\overline{3}$.09654
Log sin (C).	$\overline{1}$.86017	Log sin (C).	$\overline{1}$.86017
Log sin^{-1} A. . . .	0.00633	Log sin^{-1} B. . . .	0.25470
Log sin CBC'. . . .	$\overline{4}$.80158	Log sin CAC'. . . .	$\overline{3}$.21141
CBC' = 2' 10''.62.		CAC' = 5' 35''.61.	

Rappelons que, ces deux angles étant très-petits, il faut, pour les obtenir, avoir recours au procédé indiqué pour ce cas spécial*. On trouve enfin, au moyen de la relation $C = C' + CBC' — CAC'$, $C = 46° 26' 45''$. C'est précisément la valeur de l'angle (C) conclue de celles des angles A et B.

* Intr. 42.

380. EXEMPLE II. TRIANGLE BCK. — Le côté BC, ou plutôt son logarithme, est connu ; car on a, dans le triangle ABC, $BC = \dfrac{AB \cdot \sin A}{\sin C}$, d'où log BC = 3.14654. L'angle B a été mesuré directement. Les données sont

$\text{Log BC} = 3.14654.$	$CC' = 1^m.287,$	$KK' = 0^m.986,$
$B = 49°49'55''.$	$C' = 89°21'54'',$	$K' = 40°52'34'',$
	$BC'C = 136°24'34'',$	$BK'K = 100°27'00'',$
	$KC'C = 134°13'32'',$	$CK'K = 141°19'34''.$

Ici nous ne connaissons les angles C et K que par leurs valeurs approchées C', K' observées des stations C', K'. On a $B + C' + K' = 180°04'23''$. Nous prendrons pour point de départ de nos calculs (en retranchant des angles C' et K' des quantités angulaires $2'12''$ et $2'11''$ à peu près égales à la moitié de cet excédant de $4'23''$ et laissant B tel qu'il est) le triangle dont les angles seraient

$$(K) = 40°50'23'', \quad B = 49°49'55'', \quad (C) = 89°12'42'';$$

la somme de ces trois angles est égale à $180°$.

Nous avons ici les relations

$$K = K' + KCK' - KBK', \quad C = C' - (CBC' + CKC').$$

On a trouvé déjà, dans l'exemple I, $CBC' = 2'10''.62$. Il reste à calculer KCK', KBK' et CKC'. On aura recours, pour cet objet, aux formules

$$\text{Sin } KCK' = \frac{KK' \cdot \sin CK'K}{BC} \times \frac{\sin (K)}{\sin B},$$

$$\text{Sin } KBK' = \frac{KK' \cdot \sin BK'K}{BC} \times \frac{\sin (K)}{\sin (C)},$$

$$\text{Sin } CKC' = \frac{CC' \cdot \sin KC'C}{BC} \times \frac{\sin (K)}{\sin B},$$

dans lesquelles nous avons mis en évidence deux facteurs, dont l'un dépend uniquement des éléments définitifs fournis par l'observation, tandis que l'autre dépend d'éléments approximatifs et provisoires. On a, d'ailleurs*, log BC = 3.14654. Voici les calculs :

* 381.

KCK'.

Log BC^{-1}.	$\overline{4}$.85346
Log KK'.	$\overline{1}$.99388
Log sin CK'K. . .	$\overline{1}$.79580
Log 1er facteur. .	$\overline{4}$.64314
Log sin^{-1} B. . . .	0.11682
Log sin (K). . . .	$\overline{1}$.81554
Log sin KCK'. . .	$\overline{4}$.57550

KCK' = 1'17''.61.

CKC'.

Log BC^{-1}.	$\overline{4}$.85346
Log CC'.	0.10958
Log sin KC'C. . .	$\overline{1}$.85527
Log 1er facteur. .	$\overline{4}$.81831
Log sin^{-1} B. . . .	0.11682
Log sin (K). . . .	$\overline{1}$.81554
Log sin CKC'. . .	$\overline{4}$.75067

CKC' = 1'56''.68.

KBK'.

Log BC^{-1}.	$\overline{4}$.85346
Log KK'.	$\overline{1}$.99388
Log sin BK'K. . .	$\overline{1}$.99274
Log 1^{er}facteur. . .	$\overline{4}$.84008
Log sin^{-1} (C). . .	0.00003
Log sin (K). . . .	$\overline{1}$.81554
Log sin KBK'. . .	$\overline{4}$.65565

KBK' = 1'33''.34.

Angles réduits.

K = 40°52'18''
B = 49°49'55''
C = 89°17'47''

180°00'00''

Il est aisé de s'assurer que, en remplaçant dans ces calculs (C) et (K) par les valeurs obtenues pour C et K, les résultats ne sont pas sensiblement modifiés. Ces deux derniers angles sont, par conséquent, les angles cherchés.

384. Exemple III. Triangle CHK. — Les données sont :

CC' = 1^m.287,	HH' = 5^m.655,	KK' = 0^m.986,
C' = 40°17'42'',	H' = 105°13'09''	K' = 34°03'46'',
KC'C = 134°13'32'',	CH'H = 39°30'14'',	CK'K = 141°19'34'',
HC'C = 93°55'50'';	KH'H = 65°42'55'';	HK'K = 175°23'20''.

Nous avons ici à réduire trois angles. La marche que nous suivrons est analogue à celle qui a été suivie dans l'exemple précédent. Il faut d'abord répartir à peu près également entre les angles observés la différence de leur somme avec 180°.

On a $C' + H' + K' = 179°34'37''$. Ce total est, par rapport à 180°, en déficit de $25'23''$.

En conséquence, nous formerons un triangle qui ait pour angles C', H', K', augmentés respectivement d'environ un tiers de cet excédant, de manière toutefois à n'avoir que des minutes sans fractions. On obtient ainsi

$$(C) = 40°26', \quad (H) = 105°22', \quad (K) = 34°12'.$$

Les angles cherchés seront donnés par les relations

$$C = C' + CKC' - CHC',$$
$$H = H' + HCH' + HKH',$$
$$K = K' + KHK' - KCK'.$$

On a trouvé, dans l'exemple précédent, $CKC' = 1'56''.68$, $KCK' = 1'17''.64$. Il ne reste plus à calculer que CHC', HCH', HKH', KHK'. A l'instar de ce qui a déjà été fait*, on se servira des formules

$$\text{Sin } CHC' = \frac{CC' \cdot \sin HC'C}{KC} \times \frac{\sin (H)}{\sin (K)},$$

$$\text{Sin } HCH' = \frac{HH' \cdot \sin CH'H}{KC} \times \frac{\sin (H)}{\sin (K)},$$

$$\text{Sin } HKH' = \frac{HH' \cdot \sin KH'H}{KC} \times \frac{\sin (H)}{\sin (C)},$$

$$\text{Sin } KHK' = \frac{KK' \cdot \sin HK'K}{KC} \times \frac{\sin (H)}{\sin (C)},$$

*379.

dans lesquelles sont mis en évidence deux facteurs, dont le premier est formé d'éléments définitifs, tandis que les éléments du second sont approximatifs et provisoires. On a d'ailleurs * log KC = 3.21390. Voici les calculs :

       * 382.

CHC'.		HKH'.	
Log KC⁻¹.	$\overline{4}$.78610	Log KC⁻¹.	$\overline{4}$.78610
Log CC'.	0.10958	Log HH'.	0.75243
Log sin HC'C. . .	$\overline{1}$.99898	Log sin KH'H. . .	$\overline{1}$.95977
Log 1ᵉʳ facteur. .	$\overline{4}$.89466	Log 1ᵉʳ facteur. .	$\overline{3}$.49830
Log sin⁻¹ (K). . .	0.25020	Log sin⁻¹ (C). . .	0.18805
Log sin (H). . . .	$\overline{1}$.98419	Log sin (H). . . .	$\overline{1}$.98419
Log sin CHC'. . .	$\overline{3}$.12905	Log sin HKH'. . .	$\overline{3}$.67054
CHC' = 4'37".63.		HKH' = 16'05".98.	

HCH'.		KHK'.	
Log KC⁻¹.	$\overline{4}$.78610	Log KC⁻¹.	$\overline{4}$.78610
Log HH'. . . .	0.75243	Log KK'.	$\overline{1}$.99388
Log sin CH'H. . .	$\overline{1}$.80355	Log sin HK'K. . .	$\overline{2}$.90522
Log 1ᵉʳ facteur. .	$\overline{3}$.34208	Log 1ᵉʳ facteur. .	$\overline{5}$.68520
Log sin⁻¹ (K). . .	0.25020	Log sin⁻¹ (C). . .	0.18805
Log sin (H). . . .	$\overline{1}$.98419	Log sin (H). . . .	$\overline{1}$.98419
Log sin HCH'. . .	$\overline{3}$.57647	Log sin KHK'. . .	$\overline{5}$.85744
HCH' = 12'57".84.		KHK' = 14".85.	

Angles réduits.	Nouveaux angles provisoires.
C = 40°15'01"	((C)) = 40°15'02"
H = 105°42'13"	((H)) = 105°42'14"
K = 34°02'43"	((K)) = 34°02'44"
179°59'57"	180°00'00"
Déficit. . . 03"	

Les nouveaux angles provisoires, que je désigne

par des lettres enfermées entre doubles parenthèses, ont été obtenus en augmentant chacun des angles fournis par la première approximation du tiers du déficit de $3''$ accusé par leur somme.

La seconde approximation se réduit aux calculs ci-après :

CHC′.		HKH′.	
Log 1er facteur. .	$\overline{4}$.89466	Log 1er facteur. . .	$\overline{3}$.49830
Log sin^{-1}((K)). . .	0.25193	Log sin^{-1}((C)). . .	0.18967
Log sin ((H)). . .	$\overline{1}$.98348	Log sin ((H)). . . .	$\overline{1}$.98348
Log sin CHC′. . .	$\overline{3}$.13007	Log sin HKH′. . .	$\overline{3}$.67145
CHC′ = 4′38″.29.		HKH′ = 16′08″.00.	

HCH′.		KHK′.	
Log 1er facteur. .	$\overline{3}$.34208	Log 1er facteur. . .	$\overline{5}$.68520
Log sin^{-1}((K)). . .	0.25193	Log sin^{-1}((C)). . .	0.18967
Log sin ((H)). . . .	$\overline{1}$.98348	Log sin ((H)). . . .	$\overline{1}$.98348
Log sin HCH′. . .	$\overline{3}$.57749	Log sin KHK′. . .	$\overline{5}$.85835
HCH′ = 12′59″.67.		KHK′ = 14″.89.	

Angles définitifs.

$$C = 40°15'00''$$
$$H = 105°42'17''$$
$$K = 34°02'43''$$
$$\overline{}$$
$$180°00'00''$$

Une nouvelle approximation ne modifierait pas sensiblement ces résultats.

Calcul des côtés des triangles.

382. Ce calcul doit marcher parallèlement à la réduction des angles aux centres des stations. En

effet, d'une part il fournit à cette réduction le logarithme du côté connu dans chaque triangle ; d'autre
part il lui emprunte les angles réduits. La disposition
qu'il convient d'adopter est d'ailleurs extrêmement
simple. Considérons, par exemple, le triangle ACB.
La base BA étant connue, ainsi que les trois angles,
on calculera les deux côtés AC, CB comme il suit :

$$AC = \frac{BA \cdot \sin B}{\sin C}. \qquad\qquad CB = \frac{BA \cdot \sin A}{\sin C}.$$

Log sin^{-1} C.	. . . 0.13983		Log sin^{-1} C.	. . . 0.13983
Log sin B.	. . . . $\overline{1}$.74530		Log sin A.	. . . . $\overline{1}$.99367
Log BA.	. . . . . 3.01304		Log BA.	. . . . . 3.01304
Log AC.	. . . . . 2.89817		Log CB.	. . . . . 3.14654
	AC $= 790^m.98$.			CB $= 1401^m.32$.

De là on pourra passer à l'un quelconque des
triangles ayant un côté commun avec ACB, par
exemple BCK. Au moyen de ce côté commun et des
deux angles adjacents du nouveau triangle, on calculera ses deux autres côtés comme il vient d'être
indiqué.

383. Il convient de suivre dans ce calcul un ordre
tel que l'on doive être conduit à des vérifications.
Par exemple, nous calculerons d'abord la série des
triangles ACB, BCK, CHK, CGH, AGC. On véri-
fiera en premier lieu si la somme des angles autour
du sommet commun C est égale à 360°, ce qui doit
être et a lieu en effet. En second lieu, la détermination finale du côté AC dans le triangle AGC devra

donner sensiblement le même nombre que l'on aura trouvé en calculant d'abord ce côté dans le triangle ACB. Voici les données et les résultats du calcul pour cette suite de triangles :

Triangles.		Angles.	Côtés opposés.
ACB	A =	99° 45′ 19″	CB = 1401ᵐ.32
	B =	33 47 56	BA = 1030 .47
	C =	46 26 45	AC = 790 .98
BCK	B =	49° 49′ 55″	CK = 1636ᵐ.44
	C =	89 17 47	KB = 2141 .35
	K =	40 52 18	BC = 1401 .32
CHK	C =	40° 15′ 00″	HK = 1098ᵐ.35
	H =	105 42 17	KC = 1636 .44
	K =	34 02 43	CH = 951 .68
CGH	C =	90° 44′ 47″	GH = 1437ᵐ.57
	G =	41 26 54	HC = 951 .68
	H =	47 48 19	CG = 1065 .15
AGC	A =	51° 18′ 47″	GC = 1065ᵐ.15
	G =	35 25 32	CA = 790 .95
	C =	93 15 41	AG = 1362 .31

On voit que la longueur trouvée en dernier lieu pour le côté AC est de 790ᵐ.95, tandis qu'elle était de 790ᵐ.98 dans le triangle ACB. Il y a là une légère discordance qui ne doit pas surprendre, puisque d'une part nous avons négligé les fractions de seconde dans l'évaluation des angles, et d'autre part nous nous servons ici de tables de logarithmes à cinq décimales.

Calculons encore les triangles ABD, ADF, AFG, AGC qui ont pour sommet commun le point A, et

qui peuvent donner lieu à de semblables vérifications.
Voici les données et les résultats de ce calcul :

Triangles.	Angles.	Côtés opposés.
ABD	A = 70° 30' 45'' B = 60 43 18 D = 48 45 57	BD = 1291^m.79 DA = 1195 .22 AB = 1030 .47
ADF	A = 90° 47' 30'' D = 41 31 02 F = 47 41 28	DF = 1616^m.04 FA = 1071 .28 AD = 1195 .22
AFG	A = 47° 37' 39'' F = 81 20 57 G = 51 01 24	FG = 1018^m.05 GA = 1362 .34 AF = 1071 .28
AGC	A = 51° 18' 47'' G = 35 25 32 C = 93 15 41	GC = 1065^m.17 CA = 790 .97 AG = 1362 .34

Ici nous retrouvons, pour le côté CA, la même
valeur qu'au commencement de la série précédente,
à 1 centimètre près. C'est une preuve de l'exactitude
de nos calculs, laquelle, comme on le sait, est bor-
née, par suite de l'emploi que nous faisons de tables
de logarithmes à cinq décimales, ayant à calculer des
nombres qui ont jusqu'à six chiffres *.   * Intr. 11 et 12.

384. Il ne reste plus que les triangles ADE, ALB,
BLM, HIK, dont nous nous occupons en dernier
lieu, parce qu'ils ne peuvent pas fournir de vérifications comme les précédents. Je les réunis dans ce
dernier tableau :

Triangles.		Angles.	Côtés opposés.
ADE	A =	50° 08′ 54″	DE = 1200ᵐ.92
	D =	80 01 31	EA = 1540 .64
	E =	49 49 35	AD = 1195 .22
ALB	A =	37° 30′ 58″	LB = 971ᵐ.14
	L =	40 15 14	BA = 1030 .47
	B =	102 13 48	AL = 1558 .50
BLM	B =	73° 36′ 08″	LM = 1128ᵐ.13
	L =	50 43 29	MB = 910 .32
	M =	55 40 23	BL = 971 .14
HIK	H =	84° 21′ 00″	IK = 1485ᵐ.31
	I =	47 22 52	KH = 1098 .35
	K =	48 16 08	HI = 1113 .87

Moyens à employer pour faire disparaître les discordances qui peuvent se produire dans les calculs d'une triangulation.

385. Les calculs qui précèdent donnent naissance à une question très-délicate. Nous avons vu, par exemple, que les déterminations de la longueur AC* obtenues finalement dans les deux suites de triangles distribués autour des points C et A diffèrent quelque peu de la détermination obtenue en calculant le triangle ACB au moyen de la base AB et des angles de ce triangle. La production de tels désaccords dans les résultats que fournissent des calculs de quelque étendue est à peu près inévitable. Elle provient soit des erreurs que l'on a pu commettre, soit des petites quantités que l'on a négligées dans l'évaluation des angles, soit enfin de celles que l'on néglige dans le calcul.

Il devient nécessaire alors de modifier dans une

*Fig. 223.

certaine mesure les résultats du calcul, de manière
à rétablir l'accord. Ce problème est essentiellement
indéterminé. L'illustre Gauss a donné, il est vrai,
une méthode pour le résoudre qui peut être considérée comme la plus avantageuse. Cette méthode
repose sur des théories d'un ordre élevé auxquelles
j'ai emprunté ce qui a été dit dans le livre I sur la
précision des mesures, mais elle ne saurait être
développée ici. Je me bornerai à indiquer quelques
considérations élémentaires qui pourront être utiles
dans un grand nombre de cas.

386. Pour être autorisé à modifier les résultats
d'un calcul, il faut que les discordances soient de
l'ordre de celles qu'on sait ne pouvoir éviter, eu
égard aux conditions où l'on se trouve, et que l'on
se soit assuré qu'elles ne proviennent pas de fautes
de calcul.

Ceci étant bien entendu, considérons, pour fixer
les idées, la première suite de triangles que nous
avons calculée *, et qui nous a donné, pour la lon-   * 383.
gueur CA, dans le dernier triangle AGC, 790ᵐ.95
au lieu de 790ᵐ.98 que nous avions dans le premier
triangle ACB. L'idée qui se présente naturellement,
c'est d'augmenter graduellement les longueurs des
rayons CB, CK, CH, CG de manière à regagner la
différence. Celle-ci étant de 0ᵐ.03, il faut diviser en
six parties égales le périmètre du polygone ABKHGA,
conserver la longueur des rayons qui se trouveront
aboutir au périmètre dans la première de ces six par-

ties; donner 1 centimètre de plus à ceux qui aboutiront dans l'intervalle formé par les deux parties suivantes, qui sont la seconde et la troisième; donner 2 centimètres de plus aux rayons qui aboutiront dans l'intervalle formé par les deux parties suivantes, qui sont la quatrième et la cinquième; donner enfin 3 centimètres de plus aux rayons qui aboutiront dans la dernière partie.

Si l'on calcule les longueurs cumulées des parties du polygone depuis le point A jusqu'aux sommets et aux limites des intervalles dont nous parlons, on trouve les nombres que voici :

Portions de polygone.	Longueurs cumulées.
AB.	1030^m.47
1re partie.	1178 .34
ABK.	3171 .82
1re, 2e et 3e parties.	3535 .02
ABKH.	4270 .17
ABKHG.	5507 .74
1re, 2e, 3e, 4e et 5e parties. .	5891 .70
ABKHGA	7070 .05

En conséquence, nous ferons CK $= 1636^m.45$, CH $= 951^m.70$, CG $= 1065^m.17$.

Il est évident que les longueurs trouvées pour les côtés BK, KH, HG et GA devront être augmentées de quantités très-sensiblement égales aux projections, sur chacun de ces côtés, des accroissements des rayons aboutissant à ses extrémités. Ainsi BK doit être augmenté de $0^m.04 \times \cos$ CKB $= 0^m.00756$ ou $0^m.04$;

KH de $0^m.01 \times \cos CKH + 0^m.02 \times \cos CHK =$
$0^m.00287$ ou $0^m.00$;

HG de $0^m.02 \times \cos CHG + 0^m.02 \times \cos CGH =$
$0^m.0284$ ou $0^m.03$;

GA de $0^m.02 \times \cos CGA + 0^m.03 \times \cos CAG =$
$0^m.0354$ ou $0^m.04$.

On fera donc $BK = 2141^m.36$, $KH = 1098^m.35$,
$HG = 1437^m.60$, $GA = 1362^m.35$.

Quant au polygone CBDFGC, la discordance
trouvée ne s'élève qu'à $0^m.04$. La rectification à faire
consiste évidemment à augmenter de $0^m.01$ chacun
des rayons AF, AG. On fera donc $AF = 1071^m.29$,
$AG = 1362^m.35$, et il en résultera $FG = 1018^m.06$.

Ces rectifications n'apportent aucun changement
dans les longueurs des côtés des triangles ADE,
ALB, BLM, HJK, puisque les côtés sur lesquels ils
s'appuient ont conservé leurs longueurs.

387. On aura remarqué que les rectifications du
côté GA, dans les deux polygones, ont donné un
résultat identique. Or on comprend que cela peut
ne pas arriver. Il faut alors, en thèse générale, que
les deux polygones s'imposent des concessions mu-
tuelles, ce qui augmente la difficulté. Mais, dans la
plupart des cas, on pourra rectifier d'abord un polygone, puis rectifier l'autre, en considérant comme
invariables les résultats obtenus pour le premier, et
ainsi de suite de proche en proche.

388. Les rectifications que nous venons d'opérer

entraînent des variations correspondantes dans les
angles, et il convient d'en apprécier l'importance.
Or cela est très-facile. En effet, considérons, par
exemple, le triangle CHK. Les côtés CK, CH ont été
augmentés, l'un de $0^m.01$, l'autre de $0^m.02$; on aura
évidemment la tangente de la déviation angulaire
de KH en multipliant ces accroissements par les
sinus des angles CKH, CHK et divisant la différence
des produits par la longueur de KH. On trouve ainsi
que la déviation angulaire est, en nombre rond, de $3''$.
Telle serait l'altération en plus de l'angle CKH, et en
moins de l'angle CHK qui résulterait des discordances
que nous avons fait disparaître.

389. Le procédé qui vient d'être appliqué pourrait
servir à rectifier un polygone obtenu par la méthode
de cheminement *, ce que l'on est quelquefois réduit
à faire quand la localité ne se prête pas à une triangulation. Si le polygone obtenu ne se ferme pas, on
déterminera son centre de figure ou quelque autre
point central, et de ce point on mènera des rayons
aux différents sommets. Les rayons menés au point
de départ et à l'extrémité de la ligne polygonale formeront, en général, un certain angle; on établira
leur coïncidence en déplaçant le dernier rayon et
les rayons intermédiaires de quantités angulaires graduellement décroissantes, en se guidant sur ce qu'on
fait pour une différence de longueur.

* 200.

Calcul des coordonnées des sommets des triangles.

390. Proposons-nous maintenant de calculer les coordonnées des sommets de tous ces triangles par rapport à deux droites $x'x$, $y'y$ perpendiculaires entre elles, passant par un de ces sommets, que nous supposerons être le point C. Concevons que, par un moyen quelconque, on ait trouvé que l'une des lignes du réseau, par exemple CA, fasse avec $x'x$ un angle de 22° 37′ 12″; les angles de toutes les autres droites du réseau avec la même ligne $x'x$ seront déterminés, et on les obtiendra facilement. On calculera ensuite leurs projections sur les axes $x'x$, $y'y$ en se guidant au besoin sur ce qui a été dit dans le livre II[*]; puis *145 et suiv. en combinant ces projections par voie d'addition et de soustraction, ou plutôt par voie d'addition algébrique, on aura les coordonnées des différents sommets. Je n'entre pas dans les détails de ce calcul, qui est très-facile; en voici les résultats :

Sommets.	Abscisses.	Ordonnées.
A.	+ 730ᵐ.15	+ 304ᵐ.23
B.	+ 1281 .91	— 566 .04
C.	0 .00	0 .00
D.	+ 1895 .26	+ 570 .81
E.	+ 1428 .72	+ 1677 .39
F.	+ 476 .80	+ 1345 .16
G.	— 464 .96	+ 958 .34
H.	— 850 .76	— 426 .55
I.	— 1918 .37	— 744 .33
K.	— 642 .63	— 1504 .97
L.	+ 590 .49	— 1247 .99
M.	+ 1712 .19	— 1368 .26

En comparant ce tableau final avec les données qui nous ont servi de point de départ*, on voit quels sont les écarts qui peuvent résulter des hypothèses dans lesquelles nous nous sommes placé. En diversifiant ces hypothèses, en employant comparativement les tables de logarithmes à cinq ou à sept décimales, on se procurera des exercices très-instructifs.

* 365.

Division du canevas en feuilles pour les levers de plans.

391. Connaissant, par les calculs qui précèdent, les valeurs numériques des coordonnées des différents sommets, rien ne sera plus facile que de construire le canevas sur une feuille de grandeur convenable, qui permette de saisir l'ensemble. On figurera sur la même feuille, à l'échelle de ce canevas, un certain nombre de points appartenant au périmètre du terrain à lever. On aura eu soin de recueillir les données nécessaires pour cela dans l'opération préparatoire*, ou bien on se les procurera dans une reconnaissance spéciale.

* 361 et suiv.

Le périmètre du terrain une fois connu et suffisamment indiqué sur le canevas, on procédera à la division de celui-ci en feuilles destinées à recevoir le plan qu'une feuille unique ne pourrait contenir, eu égard à l'échelle que l'on aura adoptée.

On placera d'abord à vue, d'après les exigences du travail à exécuter, les lignes de cette division en feuilles; on les fera les unes parallèles, les autres perpendiculaires à $x'x$ que nous supposerons repré-

senter la direction de la méridienne du point C. Dans
notre exemple, nous aurons sept feuilles, comprenant chacune un espace de 1 800 mètres de largeur
sur 1 100 mètres de hauteur; ce qui, pour une échelle
de 1 mètre pour 2 000 mètres, donnera en dimension
réelle $0^m.90$ de largeur sur $0^m.55$ de hauteur.

Concevons que l'on ait ensuite jugé convenable de
faire passer deux de ces lignes, $p'r't$, $rr'r''$, par un
point r', ayant pour abscisse $72^m.28$, et pour ordonnée $86^m.18$; toutes les autres sp, $t'p''$, pp'', qq'',
ss'', tt' seront ainsi déterminées, puisqu'on connaîtra
leurs distances aux deux premières.

Ces dispositions arrêtées, on tracera le cadre de
chaque feuille, en prenant les précautions nécessaires
pour qu'il soit bien rectangulaire; on y rapportera
ensuite la portion correspondante du canevas.

Ainsi la feuille $pp'q'q$ recevra les deux points E, D.
Pour y déterminer le point E on remarquera que sa
distance au côté qq' est égale à l'abscisse $1428^m.72$
diminuée de la hauteur de la feuille contiguë $qq'r'r$
qui est de 1 100 mètres, et de l'abscisse du point r'
qui est $72^m.28$; cette distance est donc $1428^m.72 -$
$1172^m.28 = 256^m.44$. La distance du même point
au côté pq est de 1 800 mètres, moins l'ordonnée
$1677^m.39$ diminuée de l'ordonnée $86^m.18$ de r'. Elle
est donc égale à $1886^m.18 - 1677^m.39 = 208^m.79$.
Cet exemple suffit pour faire connaître comment les
autres points doivent être placés dans les diverses
feuilles.

Il sera utile de marquer aussi les directions des

lignes telles que DA, DB, DF, EA, etc., qui sont dirigées sur des points situés dans des feuilles voisines. Cela est fort aisé, puisqu'on connaît l'angle formé par chacune de ces lignes avec l'axe $x'x$, et par conséquent avec un côté du cadre de la feuille. On déterminera par le calcul les longueurs que ces lignes doivent intercepter sur les côtés du cadre, ce qui permettra de les tracer très-exactement.

Cela étant fait, chaque feuille est en état de servir au lever du plan de la portion de terrain comprise dans son encadrement. Si l'on a soin de prendre pour base du lever les points et les lignes qui s'y trouvent marqués, tous ces levers partiels devront s'accorder ensemble lorsqu'on les juxtaposera.

FIN.

ADDITION

Au nᵒ 140 de l'Introduction (p. 134).

———

Toute réflexion faite, je crois devoir indiquer ici, en faveur des personnes qui ne reculeraient pas devant un calcul un peu long, la manière de parvenir au résultat fondamental qui n'est qu'énoncé dans ce numéro.

Les coordonnées d'un point quelconque de la direction du rayon incident, pour une abscisse donnée x, seront[*]   Intr. 139.

$$x, \qquad \frac{b_0}{n_0}(x - x_i) + y_i, \qquad \frac{c_0}{n_0}(x - x_i) + z_i.$$

Les coordonnées du point correspondant de la direction du rayon réfléchi ou réfracté seront de même,

$$x, \qquad \frac{b}{n}(x - x_i) + y_i, \qquad \frac{c}{n}(x - x_i) + z_i.$$

Concevons que l'on prolonge ces deux rayons jusqu'aux points R_0, R où ils rencontrent le plan perpendiculaire à l'axe $x'x$ mené par le centre M de la surface ; ces trois points R_0, R, M seront en ligne droite, puisque le rayon incident, le rayon réfracté ou réfléchi et la normale à la surface sont dans un même plan[*]. Par conséquent, les ordonnées y, z [*] Intr. 111 et 113. des deux premiers R_0, R, que l'on obtiendra en faisant $x = M$ dans les expressions ci-dessus, seront proportionnelles aux longueurs $M R_0$, $M R$.

On aura donc

$$\frac{\frac{b}{n}(M-x_{1})+y_{1}}{\frac{b_{0}}{n_{0}}(M-x_{1})+y_{1}}=\frac{\frac{c}{n}(M-x_{1})+z_{1}}{\frac{c_{0}}{n_{0}}(M-x_{1})+z_{1}}=\frac{MR}{MR_{0}}.$$

Si l'on considère actuellement les deux triangles qui ont pour sommet commun le point d'incidence et pour bases *Intr. 53.* MR_{0} et MR, ces deux triangles donneront[*], en appelant i, r les angles d'incidence et de réfraction ou de réflexion.
$$MR_{0}:M-N::\sin i:\sin R_{0}, \quad MR:M-N::\sin r:\sin R.$$

On tire de ces deux proportions, en se rappelant que

Intr. 116. $\sin i=\dfrac{n}{n_{0}}\sin r$[*],

$$\frac{MR}{MR_{0}}=\frac{\sin r \sin R_{0}}{\sin i \sin R}=\frac{n_{0}\sin R_{0}}{n \sin R}.$$

Il vient, d'après cela,

$$\frac{b}{n}(M-x_{1})+y_{1}=\frac{n_{0}\sin R_{0}}{n \sin R}\left[\frac{b_{0}}{n_{0}}(M-x_{1})+y_{1}\right]$$

d'où

$$b=b_{0}\frac{\sin R_{0}}{\sin R}-\frac{(n\sin R-n_{0}\sin R_{0})}{\sin R}\frac{y_{1}}{M-x_{1}}.$$

On peut remplacer d'abord cette expression de b par celle-ci :

$$b_{0}-(n-n_{0})\frac{y_{1}}{M-x_{1}},$$

car la différence entre les deux est

$$b_{0}\frac{(\sin R-\sin R_{0})}{\sin R}+n_{0}\frac{(\sin R-\sin R_{0})}{\sin R}\frac{y_{1}}{M-x_{1}}.$$

Intr. 138. Les rayons de lumière que nous considérons[*], faisant des angles très-petits avec l'axe $x'x$, sont presque droits. Or
Intr. 104 [31]. on a[*]

$$\sin R-\sin R_{0}=2\cos\frac{1}{2}(R+R_{0})\sin\frac{1}{2}(R-R_{0}),$$

de sorte que $\sin R-\sin R_{0}$ est le double du produit d'un cosinus presque nul par un sinus presque nul. D'ailleurs, sin R est très-peu différent de l'unité. On peut donc négliger la différence ci-dessus comme très-petite à ce double titre vis-à-vis de b_0 et de y_1.

On peut ensuite remplacer x_1 par N dans le second terme $\dfrac{(n-n_0)\,y_1}{M-x_1}$ de l'expression de b ainsi simplifiée. En effet, l'erreur qui peut résulter de cette substitution est

$$(n-n_0)\,y_1\left[\frac{1}{M-N}-\frac{1}{M-x_1}\right]=(n-n_0)\,y_1\,\frac{(N-x_1)}{(M-N)\,(M-x_1)}.$$

Or, en appelant a l'angle très-petit que fait avec l'axe xx' la droite menée du centre M de la surface au point d'incidence, on a

$$x_1=M-(M-N)\cos a=N-(M-N)\,(1-\cos a)$$
$$=N-(M-N)\sin^2\tfrac{1}{2}\,a^{\star},$$

* Intr. 102 [21].

d'où

$$N-x_1=2\,(M-N)\sin^2\tfrac{1}{2}\,a \text{ et } M-x_1=(M-N)\cos a.$$

L'expression ci-dessus de l'erreur devient par conséquent

$$\frac{2\,(n-n_0)\,y_1\sin^2\tfrac{1}{2}\,a.}{(M-N)\cos a}$$

On peut donc faire abstraction de cette erreur, de même que de la précédente et par une raison semblable, et écrire dans les limites de nos hypothèses

$$b=b_0-\frac{(n-n_0)}{(M-N)}y_1.$$

On trouverait de même

$$c=c_0-\frac{(n-n_0)}{(M-N)}z_1.$$

ERRATA.

Page 8, première ligne de la note (1) : ne s'occuper de *lisez* ne s'occuper que de.

Page 57, ligne 11 en remontant : de même par *lisez* de même que.

Page 77, ligne 2 en remontant : ox lisez ox'.

Page 144, ligne 9 en remontant : Je le prolonge *lisez* je la prolonge.

Page 183, ligne 3 du n° 1 : direction de *lisez* direction de la.

Page 188, ligne 13 en remontant : 21,200 *lisez* 21,300.

Ibid., ligne 16 en remontant : 6,356,200 *lisez* 6,356,100.

Page 223, ligne 7 en descendant : 6,379,385 *lisez* 6,378,852.

Page 296, en marge : Fig. 92 *lisez* Fig. 91.

Page 313, ligne 13 en descendant : $(aa' + ab') - (ab' + bb') = a'b'$ $- ab$ lisez $(aa' + a'b) - (a'b + bb') = ab - a'b'$.

Ibid., ligne 9 en remontant : 648,000 *lisez* 1,296,000.)

Page 315, ligne 1 en remontant : $90° - v - \dfrac{180}{\pi} \dfrac{e}{r} \cos v \sin u$

lisez $\dfrac{180}{\pi} \dfrac{e}{r} \cos v \sin u$.

Page 316, dernière ligne du n° 97 : *ajoutez* en se servant tantôt de l'un tantôt de l'autre.

Page 340, lignes 6 et 7 en remontant : respectivement obliques *lisez* obliques respectivement.

Page 408, ligne 3 en remontant : $a'b'$, $a'd'$, $a'c'$ lisez $a'c'$, $a'd'$, $a'e'$.

Ibid., ligne 1 en remontant : b, c, d, etc., supprimez b.

Page 456, ligne 2 en descendant : les détails *lisez* ces détails.

Page 477, Problème XVII : Ce problème n'est qu'un des cas du problème XV; c'est par inadvertance qu'on en a fait un problème distinct.

Page 509, n° 313 : *ajoutez en marge* Fig. 218.

Pages 552 et 557 : les numéros VI et IV des titres dans ces deux pages doivent être remplacés par IV et V.

Page 557, en marge : Fig. 22 *lisez* Fig. 223.

Page 559, case 2 du tableau en descendant : AD *lisez* ABD.

Ibid., case 2 du tableau en remontant : HIK *lisez* CHK.

Page 560, ligne 7 en remontant : lunette plus grande *lisez* lunette plongeante.

Pl. 1.

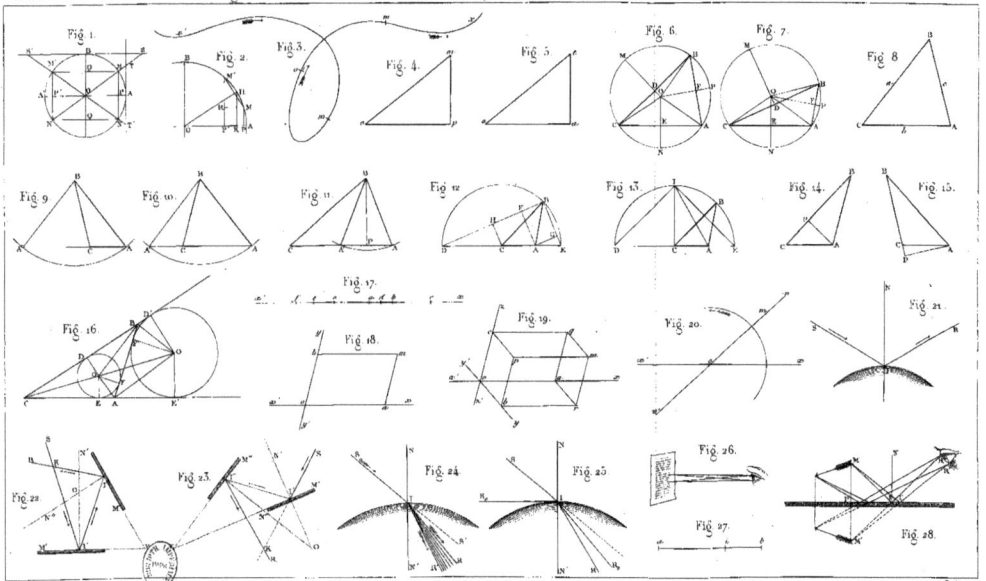

Fig. 1. Fig. 2. Fig. 3. Fig. 4. Fig. 5. Fig. 6. Fig. 7. Fig. 8.

Fig. 9. Fig. 10. Fig. 11. Fig. 12. Fig. 13. Fig. 14. Fig. 15.

Fig. 16. Fig. 17. Fig. 18. Fig. 19. Fig. 20. Fig. 21.

Fig. 22. Fig. 23. Fig. 24. Fig. 25. Fig. 26. Fig. 27. Fig. 28.

Pl. 2.

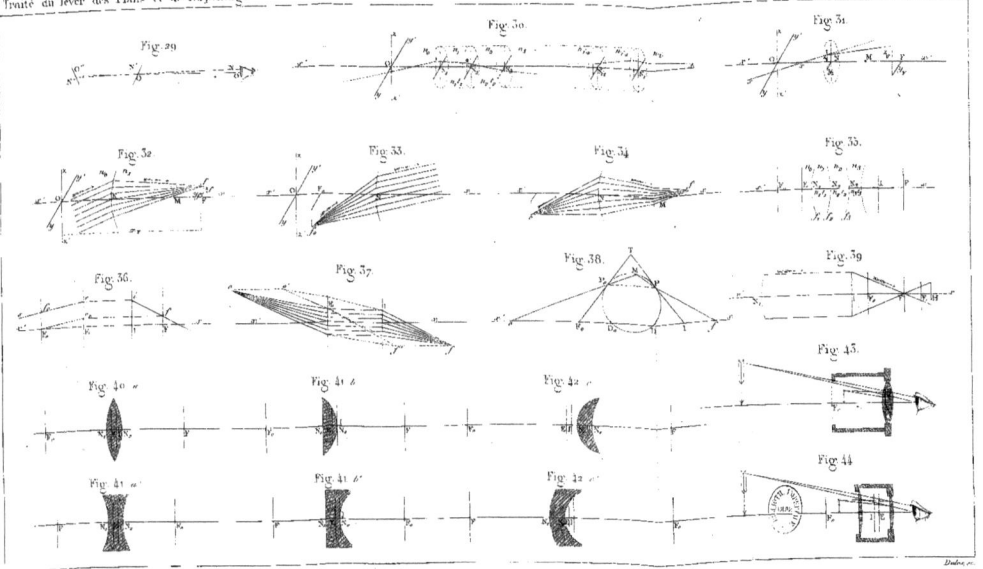

Fig. 29.

Fig. 30.

Fig. 31.

Fig. 32.

Fig. 33.

Fig. 34.

Fig. 35.

Fig. 36.

Fig. 37.

Fig. 38.

Fig. 39.

Fig. 40.

Fig. 41.

Fig. 42.

Fig. 43.

Fig. 41.

Fig. 41 b.

Fig. 42.

Fig. 44.

Pl. 3.

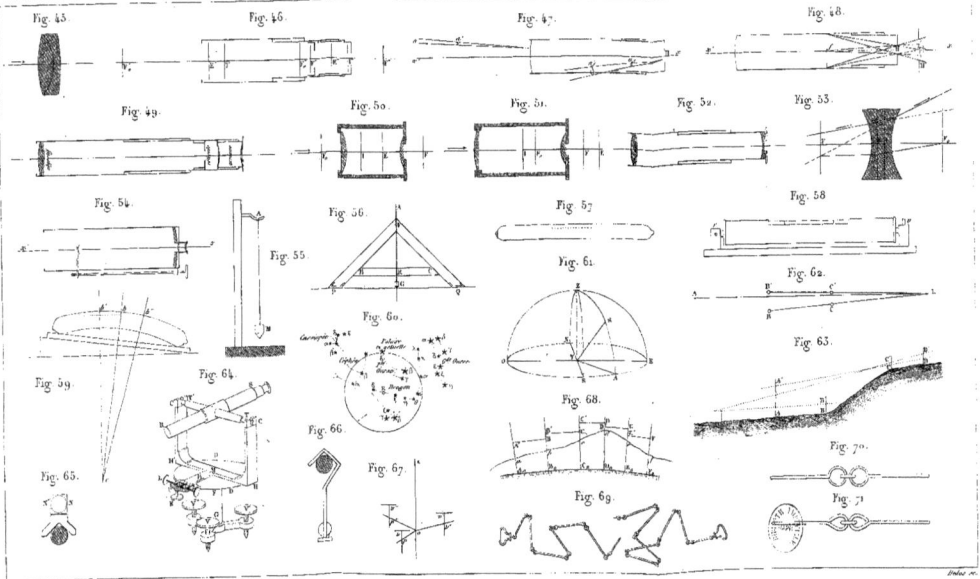

Fig. 45. Fig. 46. Fig. 47. Fig. 48.

Fig. 49. Fig. 50. Fig. 51. Fig. 52. Fig. 53.

Fig. 54. Fig. 55. Fig. 56. Fig. 57. Fig. 58.

Fig. 59. Fig. 60. Fig. 61. Fig. 62.

Fig. 63.

Fig. 64. Fig. 65. Fig. 66. Fig. 67. Fig. 68. Fig. 69. Fig. 70. Fig. 71.

Pl. 4.

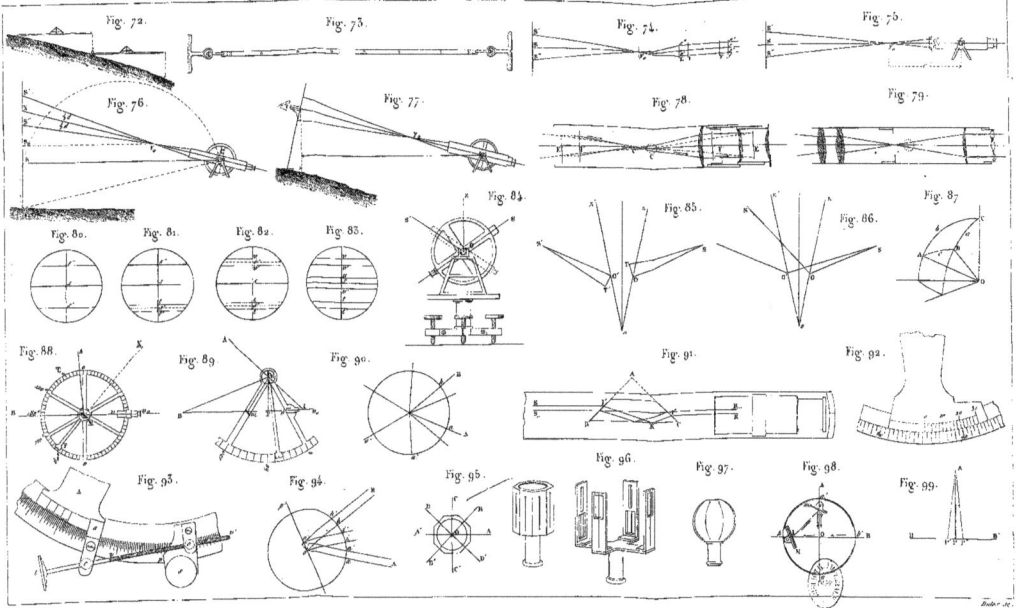

Fig. 72. Fig. 73. Fig. 74. Fig. 75.
Fig. 76. Fig. 77. Fig. 78. Fig. 79.
Fig. 80. Fig. 81. Fig. 82. Fig. 83. Fig. 84. Fig. 85. Fig. 86. Fig. 87.
Fig. 88. Fig. 89. Fig. 90. Fig. 91. Fig. 92.
Fig. 93. Fig. 94. Fig. 95. Fig. 96. Fig. 97. Fig. 98. Fig. 99.

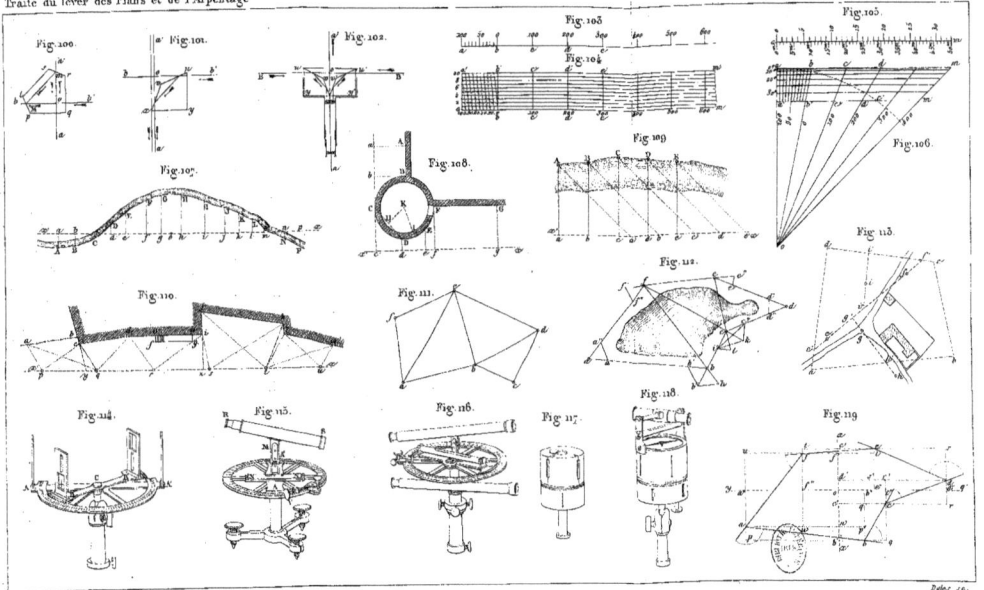

Pl. 6.

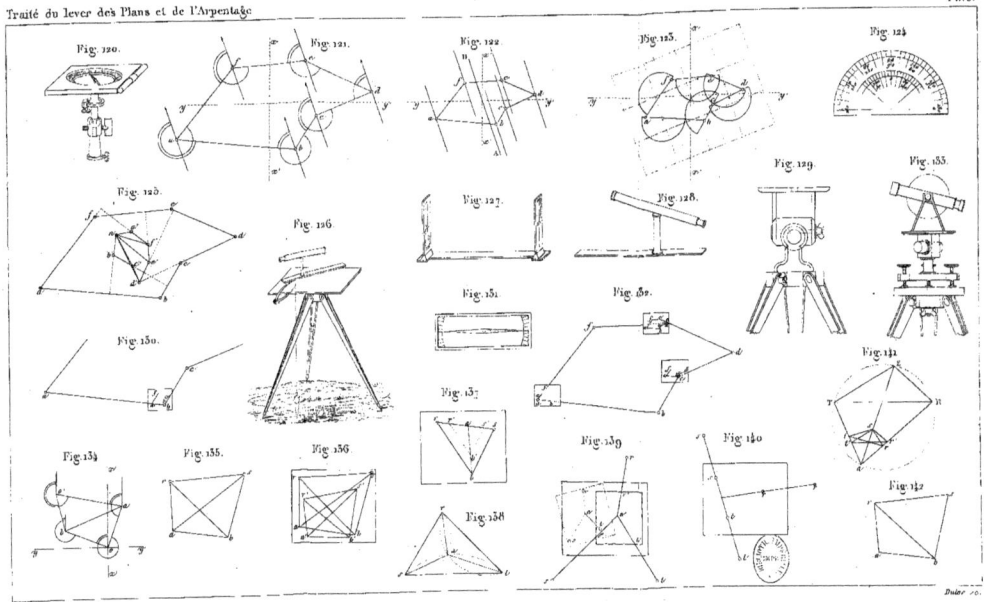

Fig. 120. Fig. 121. Fig. 122. Fig. 123. Fig. 124.

Fig. 125. Fig. 126. Fig. 127. Fig. 128. Fig. 129. Fig. 133.

Fig. 130. Fig. 131. Fig. 132. Fig. 141.

Fig. 134. Fig. 135. Fig. 136. Fig. 137. Fig. 139. Fig. 140. Fig. 142.

Fig. 138.

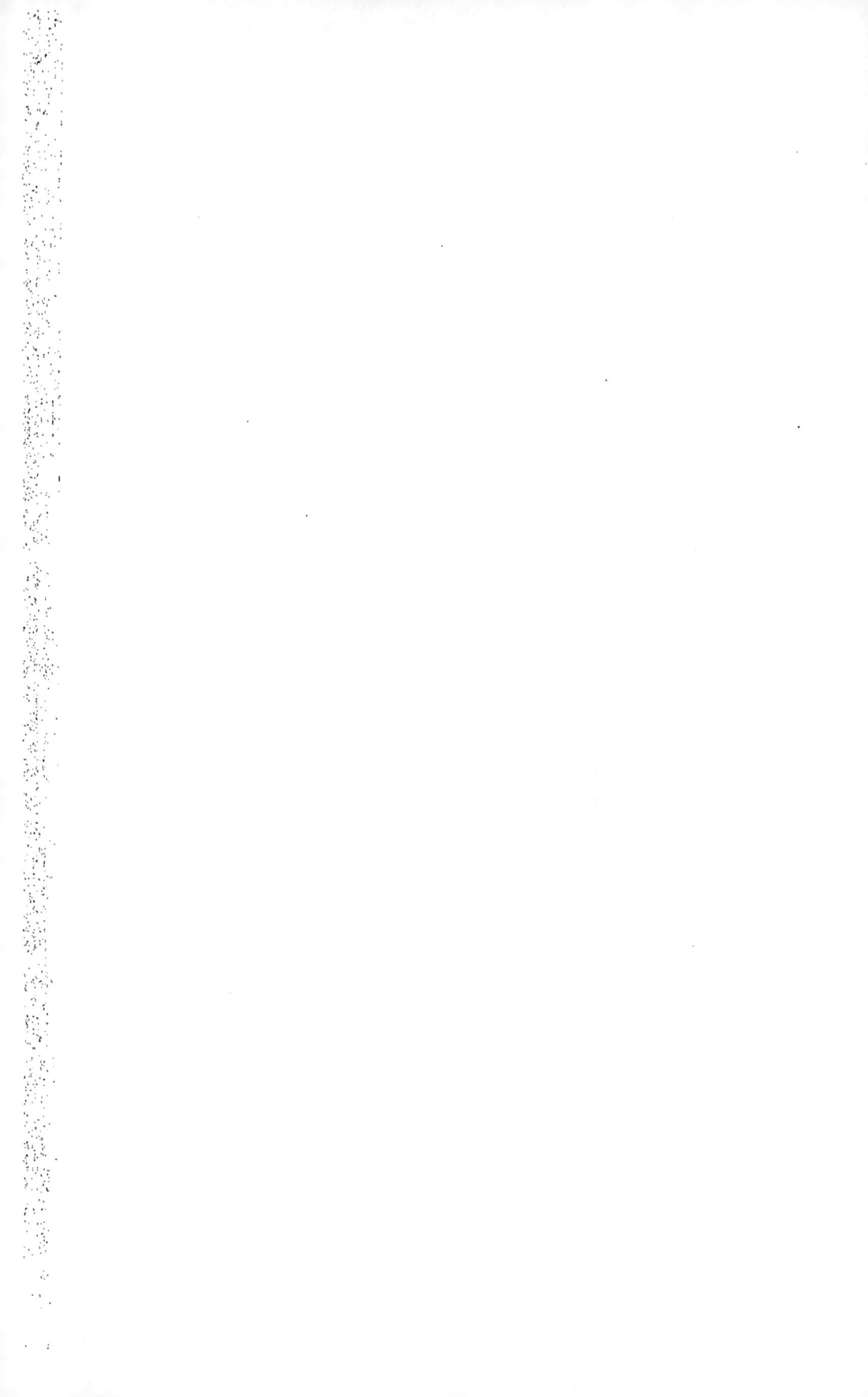

Pl. 7.

Fig. 143.

Fig. 144.

Fig. 145.

Fig. 146.

Fig. 147.

Fig. 148.

Fig. 149.

Fig. 150.

Fig. 151.

Fig. 152.

Fig. 153.

Fig. 154.

Fig. 155.

Fig. 156.

Fig. 157.

Fig. 158.

Fig. 159.

Fig. 160.

Fig. 161.

Fig. 162.

Fig. 163.

Fig. 164.

Fig. 165.

Fig. 166.

Fig. 167.

Fig. 168.

Fig. 169.

Fig. 170.

Fig. 171.

Fig. 172.

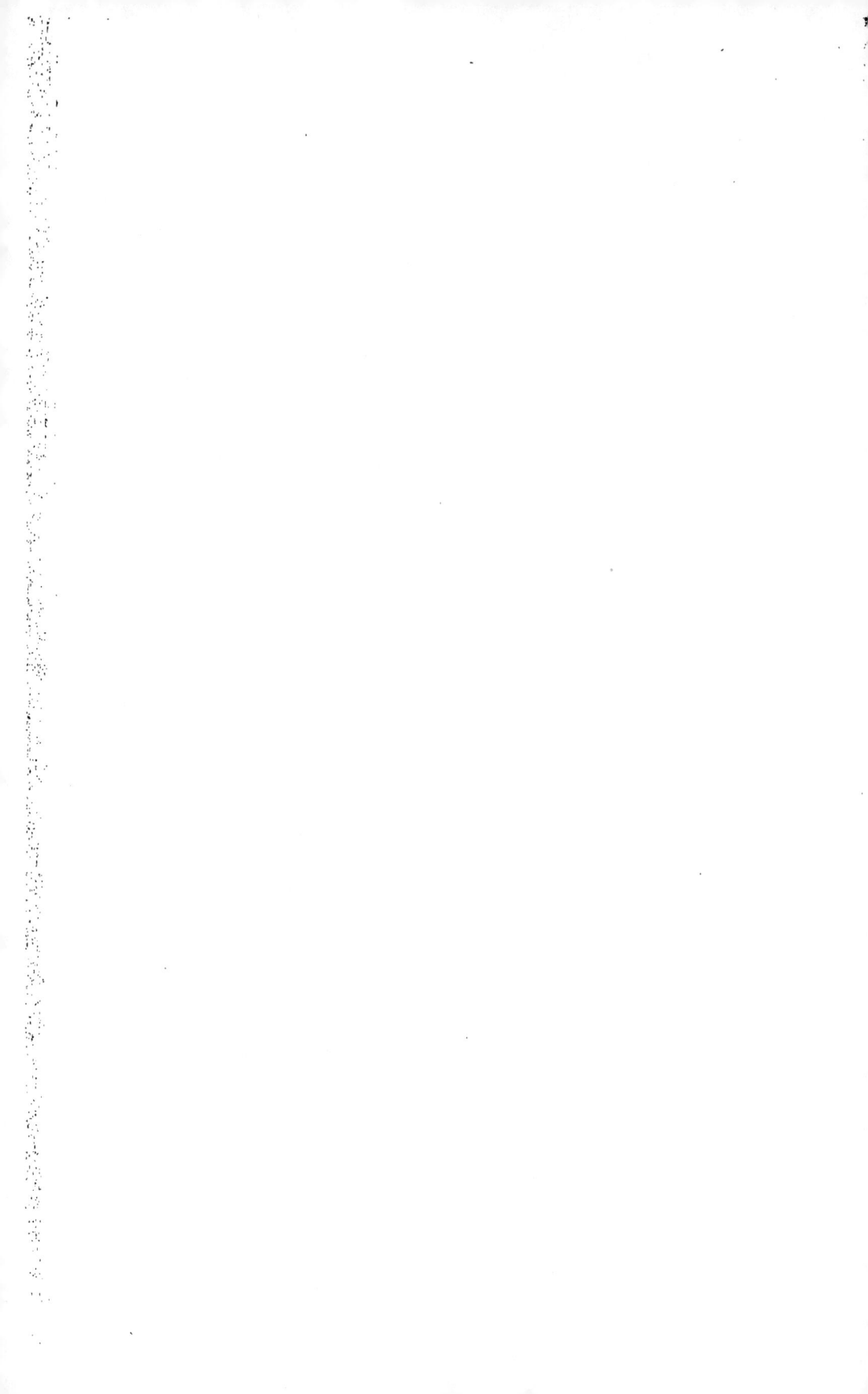

Traité du lever des Plans et de l'Arpentage.

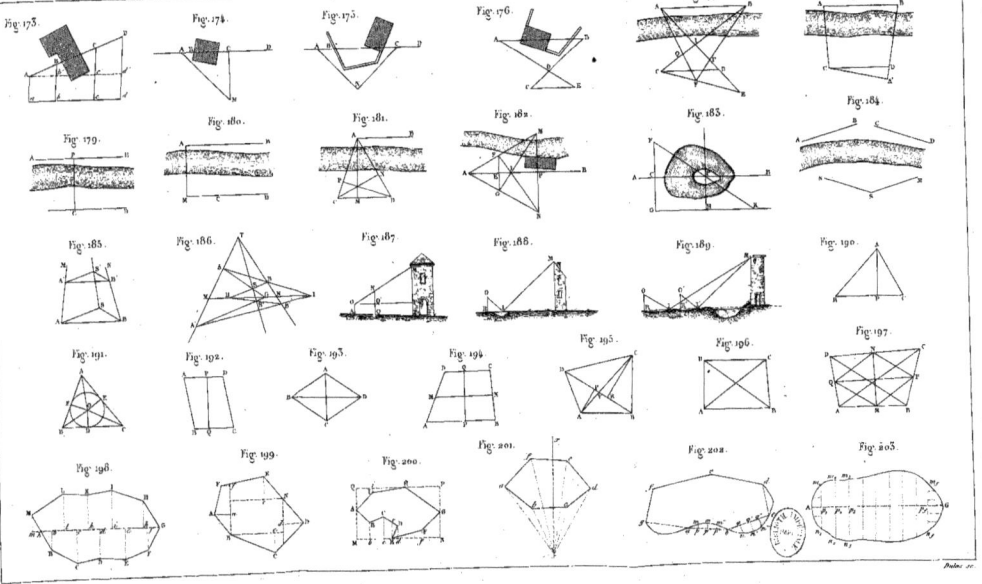

Fig. 173. Fig. 174. Fig. 175. Fig. 176. Fig. 177. Fig. 178.

Fig. 179. Fig. 180. Fig. 181. Fig. 182. Fig. 183. Fig. 184.

Fig. 185. Fig. 186. Fig. 187. Fig. 188. Fig. 189. Fig. 190.

Fig. 191. Fig. 192. Fig. 193. Fig. 194. Fig. 195. Fig. 196. Fig. 197.

Fig. 198. Fig. 199. Fig. 200. Fig. 201. Fig. 202. Fig. 203.

Pl. 9.

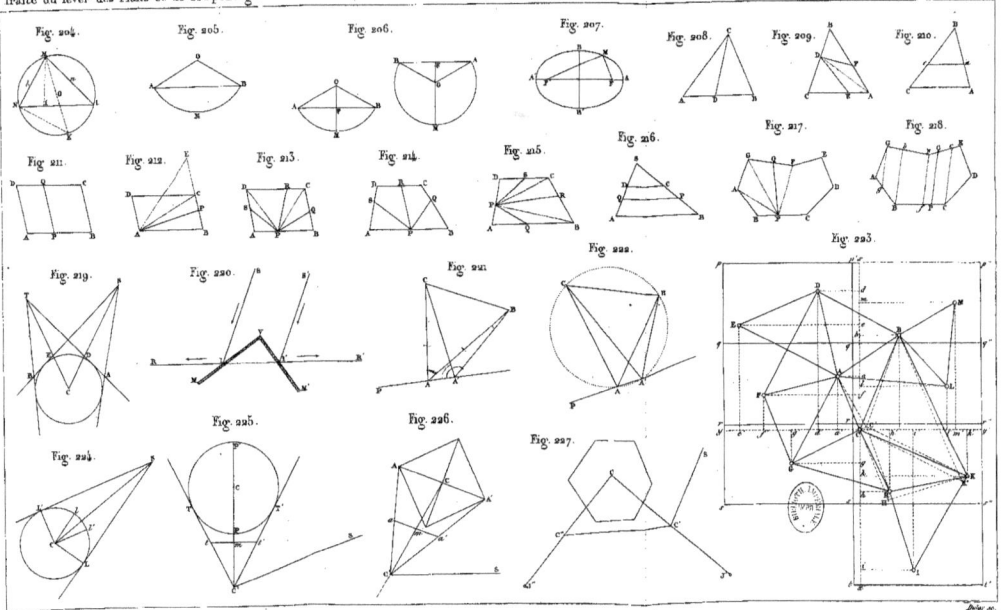

Fig. 204. Fig. 205. Fig. 206. Fig. 207. Fig. 208. Fig. 209. Fig. 210.

Fig. 211. Fig. 212. Fig. 213. Fig. 214. Fig. 215. Fig. 216. Fig. 217. Fig. 218.

Fig. 219. Fig. 220. Fig. 221. Fig. 222. Fig. 223.

Fig. 224. Fig. 225. Fig. 226. Fig. 227.

OUVRAGES DU MÊME AUTEUR.

TRAITÉ DU NIVELLEMENT comprenant la théorie et la pratique du nivellement ordinaire et des nivellements expéditifs, dits préparatoires ou de reconnaissance ; ouvrage autorisé par l'Université. Seconde édition revue, corrigée et augmentée. Un vol. in-8° avec 4 pl. grav.; prix. 5 fr.

L'auteur, chargé officiellement, depuis plusieurs années, de suivre les travaux entrepris par M. Bourdaloue pour l'établissement des bases du nivellement général de la France, a profité de cette circonstance pour introduire dans ce Traité les méthodes nouvelles mises en usage à cette occasion, sans toutefois négliger celles qu'employaient les devanciers de M. Bourdaloue.

Cet ouvrage et le Traité du lever des plans et de l'arpentage *forment ensemble un cours complet d'opérations sur le terrain.*

TRACÉ DE LA COURBE D'INTRADOS DES VOUTES DE PONT EN ANSE DE PANIER, d'après le procédé de Perronet. Nouvelle édition revue, améliorée et en partie refondue. Un vol. in-4° avec une planche gravée; prix. . . . . 3 fr.

Cet ouvrage résout un problème qui souvent embarrasse les constructeurs ; il fournit le moyen de calculer, dans un temps très-court, à 1/10 de millimètre près, pour **3, 5, 7** ou **11** centres, tous les éléments utiles de l'épure, y compris le développement des arcs d'intrados et le débouché.

Les courbes que donne ce procédé, dû à l'éminent ingénieur dont il porte le nom, sont celles qui, pour le même rayon de courbure à la clef, c'est-à-dire à stabilité égale, ont le plus grand rayon de courbure aux naissances et, conséquemment, le plus grand débouché.

Paris. — Imprimerie de madame veuve Bouchard-Huzard, rue de l'Éperon, 5. — 1865.

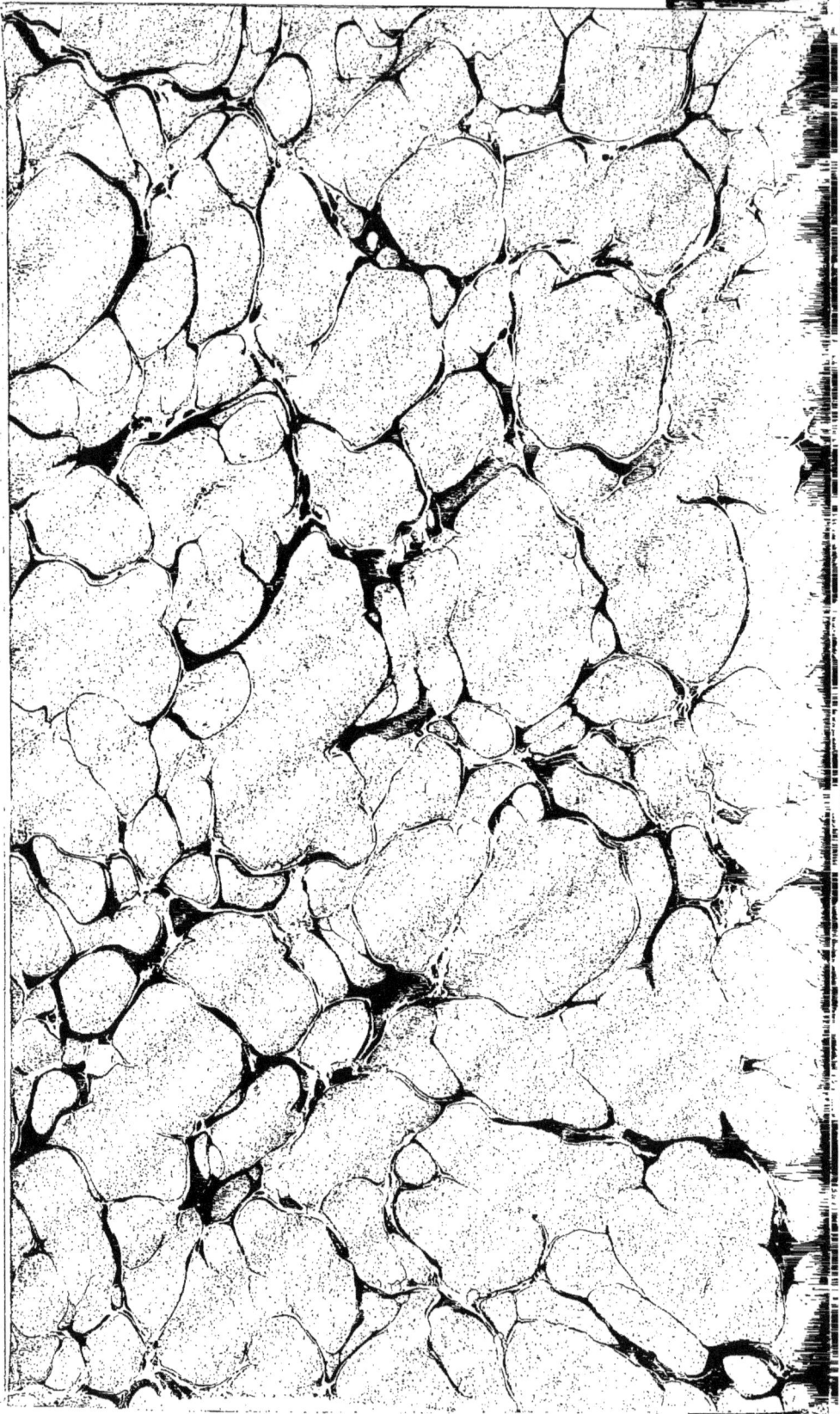

www.ingramcontent.com/pod-product-compliance
Lightning Source LLC
Chambersburg PA
CBHW031451210326
41599CB00016B/2191